"十二五"职业教育国家规划教材
经全国职业教育教材审定委员会审定

全国高职高专教育土建类专业教学指导委员会规划推荐教材

高层建筑施工

(第四版)

(土建类专业适用)

本教材编审委员会组织编写
朱勇年　主编
潘立本　白　俊　主审

中国建筑工业出版社

图书在版编目（CIP）数据

高层建筑施工/朱勇年主编．—4版．—北京：中国建筑工业出版社，2014.5

“十二五”职业教育国家规划教材．经全国职业教育教材审定委员会审定．全国高职高专教育土建类专业教学指导委员会规划推荐教材（土建类专业适用）

ISBN 978-7-112-16446-2

Ⅰ．①高…　Ⅱ．①朱…　Ⅲ．①高层建筑-工程施工-高等职业教育-教材　Ⅳ．①TU974

中国版本图书馆CIP数据核字（2014）第030563号

本书是全国高职高专教育土建类专业教学指导委员会规划推荐教材之一。从介绍高层建筑发展的简况、各种高层建筑结构体系等开始，结合国内高层建筑施工实践经验，系统介绍高层建筑基础工程、主体结构工程、专项施工方案设计、防水工程的施工，并对新技术、新工艺做了重点介绍，并节选了实际案例供大家学习参考。在编写上严格遵守国家现行建筑工程施工及验收规范，结合高职特点，做到理论联系实际，注重科学性、实用性和先进性，体系完整，内容精练，文字表达通畅，所附图力求准确、直观，以帮助学生充分理解所学内容。

本书可作为高职高专土建类专业学生使用，也可供有关工程技术人员参考使用。

如需课件请发邮件至 lm_bj@126.com。

* * *

责任编辑：朱首明　李　明

责任校对：张　颖　赵　颖

“十二五”职业教育国家规划教材

经全国职业教育教材审定委员会审定

全国高职高专教育土建类专业教学指导委员会规划推荐教材

高层建筑施工（第四版）

（土建类专业适用）

本教材编审委员会组织编写

朱勇年　主编

潘立本　白　俊　主审

*

中国建筑工业出版社出版、发行（北京西郊百万庄）

各地新华书店、建筑书店经销

霸州市顺浩图文科技发展有限公司制版

北京市密东印刷有限公司印刷

*

开本：787×1092毫米　1/16　印张：21¾　字数：503千字

2014年8月第四版　2015年7月第二十三次印刷

定价：**39.00**元（赠课件）

ISBN 978-7-112-16446-2

（25281）

修订版教材编审委员会名单

主　任： 赵　研

副主任： 危道军　胡兴福　王　强

委　员（按姓氏笔画为序）：

丁天庭　于　英　卫顺学　王付全　王武齐
王春宁　王爱勋　邓宗国　左　涛　石立安
占启芳　卢经杨　白　俊　白　峰　冯光灿
朱首明　朱勇年　刘　静　刘立新　池　斌
孙玉红　孙现申　李　光　李社生　杨太生
何　辉　张　弘　张　伟　张若美　张学宏
张鲁风　张瑞生　吴承霞　宋新龙　陈东佐
陈年和　武佩牛　林　密　季　翔　周建郑
赵琼梅　赵慧琳　胡伦坚　侯洪涛　姚谨英
夏玲涛　黄春蕾　梁建民　鲁　军　廖　涛
熊　峰　颜晓荣　潘立本　薛国威　魏鸿汉

本教材编审委员会名单

修订版序言

PREFACE

本套教材第一版是2003年由原土建学科高职教学指导委员会根据“研究、咨询、指导、服务”的工作宗旨，本着为高职土建施工类专业教学提供优质资源、规范办学行为、提高人才培养质量的原则，在对建筑工程技术专业人才培养方案进行深入研究、论证的基础上，组织全国骨干高职高专院校的优秀编者按照系列开发建设的思路编写的，首批编写了《建筑识图与构造》、《建筑材料》、《建筑力学》、《建筑结构》、《地基与基础》、《建筑施工技术》、《高层建筑施工》、《建筑施工组织》、《建筑工程计量与计价》、《建筑工程测量》、《工程项目招投标与合同管理》等11门主干课程教材。本套教材自2004年面世以来，被全国有关高职高专院校广泛选用，得到了普遍赞誉，在专业建设、课程改革和日常教学中发挥了重要的作用，并于2006年全部被评为国家及建设部“十一五”规划教材。在此期间，按照构建理论和实践两个课程体系，根据人才培养需求不断拓展系列教材涵盖面的工作思路，又编写完成了《建筑工程识图实训》、《建筑施工技术管理实训》、《建筑施工组织与造价管理实训》、《建筑工程质量与安全管理实训》、《建筑工程资料管理实训》、《建筑工程技术资料管理》、《建筑法规概论》、《建筑CAD》、《建筑工程英语》、《建筑工程质量与安全管理》、《现代木结构工程施工与管理》、《混凝土与砌体结构》等12门课程教材，使本套教材的总量达到23部，进一步完善了教材体系，拓宽了适用领域，突出了适应性和与岗位对接的紧密程度，为各院校根据不同的课程体系选用教材提供了丰厚的教学资源，在2011年2月又全部被评为住房和城乡建设部“十二五”规划教材。

本次修订是在2006年第一次修订之后组织的第二次系统性的完善建设工作，主要目的是为了适应专业建设发展的需要，适应课程改革对教材提出的新要求，及时吸取新标准、新技术、新材料和新的管理模式，更好地为提高学校的人才培养质量服务。本次修订工作是在认真组织前期论证、广泛征集使用院校意见、紧密结合岗位需求、及时跟进专业和课程改革进程的基础上实施的。在整体修订方案的框架内，各位主编均提出了明确和细致的修订方案、切实可行的工作思路和进度计划，为确保修订质量提供了思想和技术方面的保障。

今后，要继续坚持“保持先进、动态发展、强调服务、不断完善”的教材建设思路，不片面追求在教材版次上的整齐划一，根据实际情况及时对具备修订条件的教材进行修订和完善，以保证本套教材的生命和活力，同时还要在行动导向课程教材的开发建设方面积极探索，在专业专门化方向及拓展课程教材编写方面有所作为，使本套教材在适应领域方面不断扩展，在适应课程模式方面不断更新，在课程体系中继续上下延伸，不断为提高高职土建施工类专业人才培养质量做出贡献。

全国高职高专教育土建类专业教学指导委会
土建施工类专业分指导委员会

序言

高等学校土建学科教学指导委员会高等职业教育专业委员会（以下简称土建学科高等职业教育专业委员会）是受教育部委托并接受其指导，由建设部聘任和管理的专家机构。其主要工作任务是，研究如何适应建设事业发展的需要设置高等职业教育专业，明确建设类高等职业教育人才的培养标准和规格，构建理论与实践紧密结合的教学内容体系，构筑“校企合作、产学结合”的人才培养模式，为我国建设事业的健康发展提供智力支持。在建设部人事教育司的领导下，2002 年，土建学科高等职业教育专业委员会的工作取得了多项成果，编制了土建学科高等职业教育指导性专业目录；在“建筑工程技术”、“工程造价”、“建筑装饰技术”、“建筑电气技术”等重点专业的专业定位、人才培养方案、教学内容体系、主干课程内容等方面取得了共识；制定了建设类高等职业教育专业教材编审原则；启动了建设类高等职业教育人才培养模式的研究工作。

近年来，在我国建设类高等职业教育事业迅猛发展的同时，土建学科高等职业教育的教学改革工作亦在不断深化之中，对教育定位、教育规格的认识逐步提高；对高等职业教育与普通本科教育、传统专科教育和中等专业教育在类型、层次上的区别逐步明晰；对必须背靠行业、背靠企业，走校企合作之路，逐步加深了认识。但由于各地区的发展不尽平衡，既有理论又能实践的“双师型”教师队伍尚在建设之中等原因，高等职业教育的教材建设对于保证教育标准与规格，规范教育行为与过程，突出高等职业教育特色等都有着非常重要的现实意义。

“建筑工程技术”专业（原“工业与民用建筑”专业）是建设行业对高等职业教育人才需求量最大的专业，也是目前建设类高职院校中在校生人数最多的专业。改革开放以来，面对建筑市场的逐步建立和规范，面对建筑产品生产过程科技含量的迅速提高，在建设部人事教育司和中国建设教育协会的领导下，对该专业进行了持续多年的改革。改革的重点集中在实现三个转变，变“工程设计型”为“工程施工型”，变“粗坯型”为“成品型”，变“知识型”为“岗位职业能力型”。在反复论证人才培养方案的基础上，中国建设教育协会组织全国各有关院校编写了高等职业教育“建筑施工”专业系列教材，于 2000 年 12 月由中国建筑工业出版社出版发行，受到全国同行的普遍好评，其中《建筑构造》、《建筑结构》和《建筑施工技术》被教育部评为普通高等教育“十五”国家级规划教材。土建学科高等职业教育专业委员会成立之后，根据当前建设类高职院校对“建筑工程技术”专业教材的迫切需要，根据新材料、新技术、新规范急需进入教学内容的现实需求，积极组织全国建设类高职院校和建筑施工企业的专家，在对该专业课程内容体系充分研讨论证之后，在原高等职业教育“建筑施工”专业系列教材的基础上，组织编写了《建筑识图与构造》、《建筑力学》、《建筑结构》（第二版）、《地基与基础》、《建筑材料》、《建筑施工技术》（第二版）、《建筑施工组织》、《建筑工程计量与计价》、《建筑工程测量》、《高层建筑施工》、《工程项目招投标与合同管理》11门主干课程教材。

教学改革是一个不断深化的过程，教材建设是一个不断推陈出新的过程，希望这套教材能对进一步开展建设类高等职业教育的教学改革发挥积极的推进作用。

土建学科高等职业教育专业委员会

2003年7月

修订版前言

PREFACE

随着高层建筑的迅猛发展，高职高专的教学和岗位需求更加突出，为适应现阶段高职高专的教学需求，突出能力主线，注重教学内容的工程性和实践性，对本教材进行修订。

本书第一版自2004年1月出版发行以来，在全国高职院校相关专业的教学中使用，受到广大师生的厚爱和认可。本次修订的主要内容有：更新教材体例；根据新规范、新标准，更新时效性较强的内容；新增上海环球金融中心塔楼核心筒爬模施工实例和上海国际金融中心钢结构施工实例，突出教材真实性和实用性，以适应当前建筑业对土建施工类人才知识和能力的要求；根据“十二五”职业教育国家规划教材评审专家意见，删去了“防水工程施工”内容。同时本书配备助教课件，方便教师上课所需。

本书由朱勇年主编，周和荣任副主编。教学单元1～2由辽宁建筑职业学院刘萍编写，教学单元3、教学单元4中4.1、教学单元6由浙江建设职业技术学院朱勇年、彭根堂编写，教学单元4中4.2～4.5、教学单元5由四川建筑职业技术学院周和荣编写，PPT助教课件由浙江建设职业技术学院朱勇年指导，彭根堂制作。全书由朱勇年、周和荣、孙宝庆（长春工程学院）统稿，由泰州职业技术学院潘立本教授、辽宁建筑职业学院白俊主审。

本书在编写过程中参考了国内外许多书籍和文献，还得到了有关施工企业和个人的大力支持，在此一并表示衷心感谢！

限于编者自身能力及视野，书中缺陷和疏漏之处在所难免，恳切希望读者批评指正。

PREFACE

前言

“高层建筑施工”是建筑工程类专业的一门主要专业课程，是研究高层建筑施工关键工序的施工方案，主要工种的施工工艺、技术和方法，实践性很强的课程。本教材是根据高等学校土建学科教学指导委员会高等职业教育专业委员会制定的建筑工程技术专业的教育标准、培养方案和该门课程教学基本要求编写的。从介绍高层建筑发展的简况、各种高层建筑的结构体系等开始，结合国内高层建筑施工实践经验，系统介绍高层建筑基础工程、主体结构工程、防水工程的施工，编写中结合高等职业教育的特点，力求做到理论联系实际，注重科学性、实用性和先进性。在专业技术标准方面，采用国家新颁发的规范、标准和规定，教材中的专业术语、符号和计量单位采用最近修订的国家标准。通过本课程的学习，应使学生能根据高层建筑施工的特点，选用相应的施工机具，掌握深基坑支护、大体积混凝土的施工、地下室的防水，熟悉高层建筑结构的施工工艺和施工方法等。

本书按教学计划要求，讲授 70 学时，建议各章分配课时如下：

章	讲授学时	现场教学学时	备注
1	2		
2	6	2	
3	20	4	
4	20	4	
5	4	2	
6	4		
机动	2		
合计	58	12	

本书由朱勇年主编，周和荣任副主编。第一、二章由沈阳建筑职业技术学院刘萍编写，第三章、第四章第一节由浙江建设职业技术学院朱勇年编写，第四章第二、三、四、五节及第五章由四川建筑职业技术学院周和荣编写，第六章由湖北城建职业技术学院邹祖绪编写。全书由朱勇年、周和荣、孙宝庆（长春工程学院）统稿，由泰州职业技术学院潘立本教授主审。

高层建筑施工理论和实践发展很快，作者虽然希望在该教材中能反映我国高层施工的先进技术和经验，但限于作者水平，加之时间仓促，错误之处在所难免，我们恳切希望广大读者批评指正。

目◎录 CONTENTS

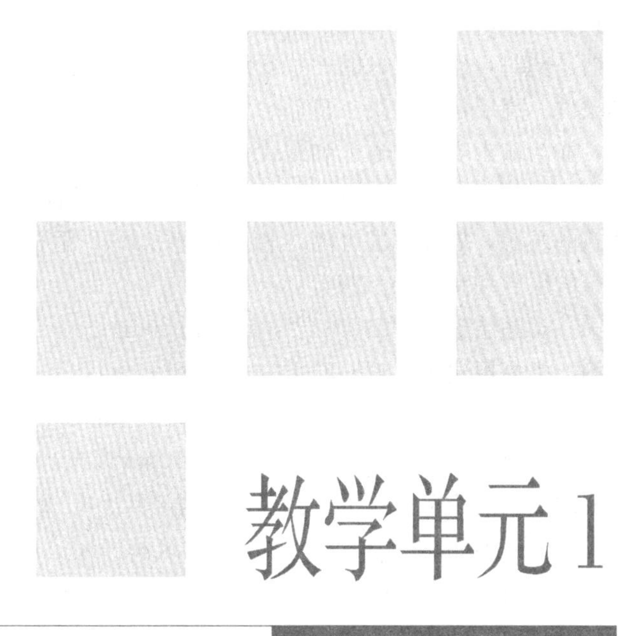

教学单元1

概　述

【教学目标】 通过本单元教学，使学生掌握高层建筑的主要结构体系，掌握高层建筑施工管理的特点和施工技术发展方向。

人类自古以来就有向天空发展的愿望和要求，并在建筑中得以实现。随着社会的发展，技术的进步，城市工业和商业的繁荣，国际交往的日趋频繁，高层建筑也得到了快速发展。同时，建筑领域的一些新结构、新材料、新工艺的出现也为高层建筑的发展提供了条件。高层建筑解决了日益增多的人口和有限的用地之间的矛盾，也丰富了城市的面貌，成为城市实力的象征和现代化的标志。

多少层或多么高的建筑物算是高层建筑？世界各国都没有固定的划分标准，随着高层建筑的发展，划分标准也随之相应调整。1972 年召开的国际高层建筑会议建议按高层建筑的层数和高度分为四类：

第一类高层建筑　9～16 层（最高到 50m）；

第二类高层建筑　17～25 层（最高到 75m）；

第三类高层建筑　26～40 层（最高到 100m）；

超高层建筑　40 层以上（高度 100m 以上）。

我国《高层建筑混凝土结构技术规程》JGJ 3—2010 中定义的高层建筑为：10 层及 10 层以上或房屋高度大于 28m 的住宅建筑和房屋高度大于 24m 的其他高层民用建筑。《民用建筑设计通则》GB 50352—2005 将 10 层及 10 层以上的住宅建筑和除住宅建筑之外的民用建筑高度大于 24m 者定义为高层建筑（不包括建筑高度大于 24m 的单层公共建筑），建筑高度大于 100m 的民用建筑为超高层建筑。

美国把 24.6m 或 7 层以上的建筑视为高层建筑；日本把 31m 或 8 层及以上的建筑视为高层建筑；英国把等于或大于 24.3m 的建筑视为高层建筑。

1.1 高层建筑发展简况

1.1.1 古代高层建筑

高层建筑在古代就有，公元前 280 年建成的亚历山大港口的灯塔，高 100 多米，全部用石砌筑，曾耸立在港口 1000 多年，引导船只避免触礁。在欧洲古罗马帝国的一些城市就曾用砖石为承重结构，建造了 10 层左右的建筑。

我国古代建造的不少高塔就属于高层建筑。如公元 523 年北魏建于河南登封县的嵩岳寺塔，10 层，高 41m 左右，为砖砌单层筒体结构，平面正 12 边形；公元 1055 年建于河北定县的开元寺塔，为我国现存最高的砖塔，11 层，高达 84m，砖砌双层筒体结构，平面正八角形，可登塔瞭望，监视敌情，所以俗称瞭敌塔。

此外，还有建于 1056 年，9 层，高 67m 的山西应县木塔，结构采用双层环形空间木构架，正八角形，是保存至今幸免于火的最古、最高的木结构。

坐落在西藏拉萨的布达拉宫，外 13 层，内 9 层，高 115.7m，海拔 3756.5m，初建于公元7世纪，17世纪后陆续重建扩建，用花岗岩砌筑，是海拔最高，集宫殿、城堡、寺院和藏汉建筑风格于一体的宏伟建筑。

1.1.2 近代与现代国外高层建筑的发展

近代高层建筑是从19世纪以后逐渐发展起来的，这与电梯和钢铁、水泥的发展有关。作为近代高层建筑起点的标志是1886年在芝加哥建成的家庭保险公司大楼，11层，高55m，采用铸铁框架，部分钢梁和砖石作承重外墙。1986年在美国芝加哥召开了第三届国际高层建筑会议，以纪念第一栋高层建筑诞生100周年。1891～1895年在芝加哥建造的共济会神殿大楼，20层，高92m，是首次全部用钢做框架的高层建筑。1903年在辛辛那提建造的英格尔大楼，16层，是最早的钢筋混凝土框架高层建筑。

1931年在纽约建成帝国大厦，102层，高381m，有65部电梯。在此之后的40年中，一直是世界上最高的建筑物。直到1972～1974年，在纽约建成了世界贸易中心北楼、南楼，均为110层，高度为417m和415m；在芝加哥建成了西尔斯大厦，110层，高度为443m，至此西尔斯大厦雄居世界最高建筑宝座21年。1996年马来西亚吉隆坡的石油大厦双塔建成，88层，高450m，成为世界最高建筑物，2003年在台北建成101大厦，110层，高508m。2010年在迪拜又建成了哈利法塔（原名迪拜塔），160层，高828m。此外2006年在纽约世界贸易中心的遗址上开始重建纽约世界贸易中心，104层，高541m，此建筑将成为纽约最高的建筑。

1.1.3 现代国内高层建筑的发展

我国现代高层建筑起源于上海，上海也是世界上发展高层建筑较早的地区之一。1903年建造的英国上海总会（即现在的外滩东风饭店）是第一座钢筋混凝土建筑，1906年建造的汇中饭店（即现在的和平饭店南楼）是上海第一次使用电梯的建筑，1916年建造的天祥洋行大楼（现在的大北大楼）是上海第一座钢结构建筑。1921年出现了10层的字林西报大楼（现在的桂林大楼），1927年建成10～14层钢结构的沙逊大厦（现在的和平饭店），1929年建成13层华懋饭店（现在的锦江饭店）。上海国际饭店建于1932～1934年，地下2层，地上22层，高82.5m，钢结构，是当时远东最高的建筑。在以后的30多年中，也一直是国内最高的建筑。1937年抗日战争爆发前，在上海已建成10层以上商务办公楼、公寓和饭店约35栋。此外，还有8层和9层大楼约60栋。

除上海外，天津于1936年建成渤海大楼，7层，局部11层；1938年建成利华大楼（即海河饭店），高10层，钢筋混凝土框架结构，均由天津永和营造工程公司承包。

广州于1934年兴建15层爱群大厦，1937年开业，为中国南部之冠长达30年。

1949年中华人民共和国成立以后，百废待兴，北京作为新中国的首都，在20世纪50年代建成一批8～13层的饭店、国家机关办公楼和大型公共建筑。20世纪50年代在广州、沈阳、兰州、太原等地建成一些8层、9层的旅馆、办公楼。

20世纪60年代，广州开始兴建旅游建筑，1968年建成的广州宾馆，27层，高

87.6m，首次在层数和高度上超过了1934年建成的上海国际饭店。香港60年代经济起飞，人口高度集中，开始大量兴建高层建筑。

20世纪70年代由于旅游、外事的逐步发展和解决城市住房的迫切需要，在北京、上海、广州、沈阳、天津、南京、武汉、青岛、郑州、无锡、苏州、兰州、南宁、桂林、柳州、长沙等地兴建了一批高层建筑，其中广州1977年建成33层、高112m的白云宾馆为我国大陆首栋超高层建筑。

进入20世纪80年代，全国各大城市和一批中等城市普遍兴建了高层建筑。如深圳于1985年建成的国际贸易中心，50层、高160m；北京于1989年建成的国贸大厦，39层，高155m；香港1989建成的中银大厦，70层，高369m，在世界高层建筑中排名第8位。

20世纪90年代以后是高层建筑发展最快时期，我国先后建成了深圳地王大厦，81层，高325m；广州中天广场，80层，高322m；上海金茂大厦，88层，高420m等世界著名的超高层建筑，它们分列当时世界高层建筑排名的第13、14、3位，另外高层建筑在中小城市也有很大的发展。

2000年以后高层建筑如雨后春笋般的冒了出来，遍布全国的各个城市。高层住宅已经成为城市居民主要居住场所。尤其是超高层建筑更是得到了迅猛的发展，在国内正在兴建和已经建成的超过400米的建筑就有十几座。上海环球金融中心，101层，高492m，已建成。上海中心大厦，121层，高632m，已建成。广州塔600m已建成。另外在深圳、广州、北京、沈阳、南京等城市都在兴建城市的代表作。

1.2 高层建筑的结构体系

高层建筑所采用的结构材料、结构类型和施工方法与多层建筑有很多共同之处，但高层建筑不仅要承受较大的垂直荷载，还要承受较大的水平荷载，而且高度越高相应的荷载越大，因此高层建筑所采用的结构材料、结构类型和施工方法又有一些特别之处。

1.2.1 结构类型及其特点

1. 框架结构

框架结构由梁、柱构件通过节点连接构成。框架结构的优点是建筑平面布置灵活，可形成较大的空间，有利于布置餐厅、会议厅、休息厅等，因此在公共建筑中的应用较多。建筑高度一般不宜超过60m。如图1-1（*a*）所示。

2. 剪力墙结构

这种结构是利用建筑物的内外墙作为承重骨架的结构体系。与一般房屋的墙体受力不同，这类墙体除了承受竖向压力外，还要承受由水平荷载所引起的弯矩，所以习惯上称剪力墙。如图1-1（*c*）所示。

剪力墙建筑高度一般不超过150m。

3. 框架-剪力墙结构

在框架结构平面中的适当部位设置钢筋混凝土剪力墙，也可以利用楼梯间、电梯间墙体作为剪力墙，使其形成框架-剪力墙结构。框架-剪力墙既有框架平面布置灵活的优点，又能较好地承受水平荷载，并且抗震性能良好，是目前高层建筑中经常采用的一种结构体系。适用于15～30层的高层建筑，一般不超过120m。如图1-1（*b*）所示。

4. 筒体结构

筒体结构是指一个或几个筒体作为承重结构的高层建筑结构体系。筒体体系建筑平面布置灵活，能满足建筑上要有较大的开间和空间的要求。

根据筒体布置、组成、数量的不同，又可分为框架-筒体、筒中筒、组合筒三种体系。如图1-1（*d*）、（*e*）、（*f*）所示。

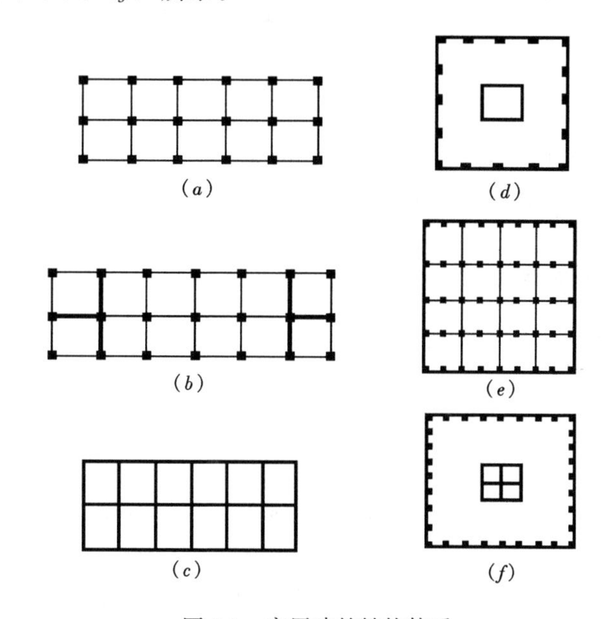

图1-1　高层建筑结构体系

（*a*）框架；（*b*）框架-剪力墙；（*c*）剪力墙；（*d*）框架-筒体；（*e*）组合筒；（*f*）筒中筒

5. 其他竖向结构

（1）悬挂结构

悬挂结构是由一个或几个筒体，在其顶部（或顶部及中部）设置桁架，并从桁架上引出若干吊杆与下面各层的楼面结构相连而成。

悬挂结构也可由一个巨大的刚架或拱的顶部悬挂吊杆与下面各层楼面相连而成。

（2）巨型结构

巨型结构是由若干个筒体或巨柱、巨梁组成巨型框架，承受建筑物的垂直荷载和水平荷载。在每道巨梁之间再设置多个楼层，每道巨梁一般占一个楼层并支承巨梁间的各楼层荷载。还有一种类型是巨型桁架。

(3) 蒙皮结构

蒙皮结构是将航空和造船工业的技术引入建筑领域，以外框架的柱、梁作为纵、横肋，蒙上一层薄金属板，形成共同工作体系。

此外，由于建筑功能和建筑艺术的需要，出现了一些大门洞、大跨度的特殊建筑。

1.2.2 施工方法选择

高层建筑主要以钢筋混凝土结构和钢结构为主，在长期的工程实践中总结出了许多经验，并形成了较系统的施工工艺。施工时应根据不同的结构形式及施工单位所具备的条件，选择合适的施工工艺。高层建筑主要的施工方法见本书以后章节。

1.3 高层建筑施工技术的发展

随着高层建筑的不断发展，施工技术也得到了很大的发展，并在实践中应用、总结、再应用，形成了较先进的施工技术体系。

1.3.1 高层建筑基础施工技术

从20世纪90年代以后，高层建筑越建越高，基础也就越做越深，这样就促进了基础施工技术的发展。

在基础工程方面主要有基础结构、深基坑支护、大体积混凝土浇筑、深层降水等施工。

高层建筑多采用桩基础、筏形基础、箱形基础、桩基与箱形基础或桩基与筏板基础的复合基础这几种结构形式。

桩基础方面，混凝土方桩、预应力混凝土管桩、钢管桩等预制打入桩皆有应用，有的桩长已超过70m。近年来混凝土灌注桩有很大发展，在钻孔机械、桩端压力注浆、成孔扩孔、动力试验、扩大桩径等方面都有很大提高，大直径钻孔灌注桩的应用愈来愈多，并在软土、淤泥质土的地区也成功应用。

筏形基础、箱形基础、桩基与箱形基础或桩基与筏板基础的复合基础方面，能形成空间大底盘，使地下空间很好地利用，结构刚度好，在20世纪90年代以后大量应用。

近年来，由于深基坑的增多，支护技术发展很快，多采用钢板桩、混凝土灌注桩、地下连续墙、深层搅拌水泥土桩、土钉支护等；施工工艺有很大改进，支撑方式有传统的内部钢管（或型钢）支撑，亦有在坑外用土锚拉固；内部支撑形式也有多种，有十字交叉支撑，有环状（拱状）支撑和混凝土支撑，亦有采用“中心岛”式开挖的斜撑；土锚的钻孔、灌浆、预应力张拉工艺也有很大提高。

大体积混凝土裂缝控制的计算理论日益完善，为减少或避免产生温度裂缝，各地都采用了一些有效措施。由于商品混凝土和泵送技术的推广，万余立方米以上的大体积混凝土浇筑亦无困难，在测温技术和信息化施工方面亦积累了不少经验。

在深基坑施工降低地下水位方面，已能利用轻型井点、喷射井点、真空深井泵和电渗井点技术进行深层降水，而且在预防因降水而引起附近地面沉降方面亦有一些有效措施。

1.3.2 高层建筑结构施工技术

在结构工程方面主要有现浇钢筋混凝土结构、钢结构。

现浇钢筋混凝土结构以其结构整体性好、抗震性强、用钢量少、防火性能好和造价较低的优点得到了很大的发展，从而促进了模板技术、钢筋连接技术、混凝土技术的发展。

在模板方面，从以前的木模板、钢模板发展到塑料模板、胶合板、竹胶板模板等新型模板，并形成大模板、爬升模板和滑升模板的成套工艺，大模板工艺在剪力墙结构和筒体结构中已广泛应用，已形成“全现浇”、“内浇外挂”、“内浇外砌”成套工艺，且已向大开间建筑方向发展。楼板除各种预制、现浇板外，还应用了各种配筋的薄板叠合楼板；爬升模板首先用于上海，工艺已成熟，不但用于浇筑外墙，亦可内、外墙皆用爬升模板浇筑，在提升设备方面已有手动、液压和电动提升设备，有带爬架的，亦有无爬架的，尤其与升降脚手结合应用，优点更为显著；滑模工艺亦有很大提高，可施工高耸结构、剪力墙或筒体结构的高层建筑，亦可施工框架结构和一些特种结构。

在钢筋连接技术方面除了采用传统的绑扎、手工焊接外，对于一些大直径钢筋的连接采用了电渣压力焊、气压焊、冷挤压、锥螺纹、直螺纹连接技术。尤其是冷挤压、锥螺纹、直螺纹属于机械连接，具有节省电能、钢材，不受季节气候变化影响，施工简便，接头质量易于控制，有很好的发展前景。

在混凝土方面，高强、轻质、高性能混凝土是当前混凝土的发展方向，高强混凝土即强度等级在 C50 及其以上的混凝土。目前我国 C50～C60 混凝土在工程中应用较多，世界上已有强度达到 $138N/mm^2$ 的混凝土在工程上应用。近几年来，商品混凝土在大中城市有了很大的发展，同时泵送技术也显示其运送混凝土所特有的优越性，泵送高度达到几百米。

钢结构高层建筑由于重量轻、抗震性能好、施工速度快等优点，在我国得到一定的发展，高层钢结构制造、安装、防火等技术都有很大的提高，钢-钢筋混凝土结构也会在今后有更多的应用。

1.3.3 高层建筑施工的管理

高层建筑由于层数多，工程量大，技术复杂，工期长，涉及许多单位和专业，必须在施工全过程实行科学的组织管理，特别要解决好以下一些问题：

1. 施工现场管理体制

施工现场必须设置有权威的管理机构，按照统一的施工计划部署，组织各方面的力量，排除各种障碍，使工程能按预定要求完成。

施工现场管理机构首先需要确定总负责人，有多栋号的现场还应确定各栋号的工程主管人。

在大型重要工程施工现场，常设立以工程总负责人为首的现场指挥部，以总包为主，吸收主要专业单位参加。必要时吸收建设单位和设计单位的代表参加。

在一般情况下，按照高层建筑的工程量大小，由施工队或工区（工程处）直接组织施工。

项目经理负责组成精干的管理班子，对工程进行全面承包。同时现场管理机构应主动与监理单位配合，在建设全过程中，自觉接受监理。

2. 施工与设计的结合

设计与施工是两个不同的阶段，又是两个不可分离的部门；特别是一些大型复杂的高层建筑，设计方案和施工方案的选定，需要经过多方面的调查研究论证，尤其需要集中设计和施工部门的集体智慧。

设计和施工的结合应贯穿建设的全过程，在不同的设计阶段和施工阶段有不同的结合内容。

3. 施工组织设计的编制

高层建筑由于层数多、工程量大、提供作业面大，装修及设备安装可以提前插入，应充分利用空间和时间，合理安排平行流水立体交叉作业，结构与装修设备有一定的层数间隔，但同样采用由下而上的施工顺序，以缩短总工期，并创造分层验收的条件。

高层建筑的层数虽多，但多数层为标准层，平面、立面、工程量和设计、施工做法相同，为采用工业化方法组织施工创造了条件。

施工组织设计的内容应首先解决好施工部署和施工方案，在此基础上安排好进度计划、现场施工平面等各方面的问题。

高层建筑一般在市区施工，用地紧张，应在制定施工方案时，采用各种节地和减少暂设工程的措施，如挖土不放坡，充分利用商品混凝土，由各生产基地及有关单位提供各种半成品及构配件等。

按照不同的工程类型采取不同的编制方法和编制内容。对一般单栋高层建筑可一次编制单位工程施工组织设计，对建筑群或大型民用建筑可先根据初步设计或技术设计编制施工组织总设计，再根据施工图编制单位工程施工组织设计和分项施工方案。

网络图能最形象地表达各施工过程的相互关系，应尽量采用。从工程总体网络图、单位工程网络图直至标准层网络图，采取分级编制与管理。在实施过程中，根据情况变化，利用电子计算机及时调整。

4. 施工准备工作

高层建筑在正式开工前，在编制施工组织设计的同时，除应按照常规做好现场三通一平，编制施工预算，进行必要的暂设工程，以及加工订货和材料、机具、劳动力的准备外，还应针对高层建筑深基础施工特点，做好挖土前的挡土支护及降排水设施；并针对高空作业的特点，做好垂直运输及安全、消防等准备工作。

5. 施工技术管理

对采用新技术、新工艺、新结构、新设备的项目应认真把好技术关；审查在技术上是否成熟，是否已经过鉴定和实践考验。带试验性的项目，要组织有科研、设计、施工和主管部门参加的协作组，明确职责分工，只有通过小型试验和中间试验，在技术上确有把握时，才能上正式工程。

高层建筑设计涉及各专业，接到图纸后，应认真组织施工有关人员，熟悉并审查图纸，各专业图纸交底无误后，再逐级进行技术交底。

高层建筑所采用的材料、制品，特别是新材料、新产品，应有质量检验合格证明，并在现场严格检查验收；必要时，应再抽样检验。

在施工过程中，应做好测量管理工作，指定专人积累施工技术资料，分阶段完成竣工图。

6. 质量、安全和消防管理

质量管理工作应根据高层建筑特点从加强质量保证体系和强化质量监督检查验收工作两方面进行。要有明确的质量目标和质量计划，对关键部位和重要环节，如地基处理、轴线和标高尺寸、结构连接构造、焊接等特别要把好质量关，要运用全面质量管理的工作方法不断总结提高，建立质量岗位责任制和开展质量管理小组活动。对大型复杂高层建筑，质量监督机构（或委托监理机构）和设计单位应有常驻现场代表，会同施工管理人员共同做好质量工作。

安全管理除做好常规工作外，要特别在深基础施工和高空作业两个方面采取措施。

消防管理要完善消防设施，在现场配置消火栓和高压水泵，保证高层消防用水所必需的水压和水量，交通道路畅通。对易燃易爆物品严格管理。施工现场除指定地点外，严禁吸烟。现场设专职人员负责消防工作。

单元小结

高层建筑的发展是人类生存的需求，是社会进步的标志，也是一个国家施工水平的体现。

高层建筑体系从材料使用上分，主要有混凝土结构和钢结构；从结构类型上分，主要有框架、剪力墙、框架-剪力墙、筒体等几种结构类型。高层建筑不是多层建筑的简单叠加，其独有的施工特点对施工技术和施工管理都提出了更高的要求。

复习思考题

1. 什么是高层建筑？高层建筑如何分类？
2. 从古代到现代对高层建筑的发展你有哪些认识？
3. 高层建筑的体系包括哪些？
4. 高层建筑施工技术中哪些是你不熟悉的？
5. 高层建筑施工管理主要包括哪些内容？

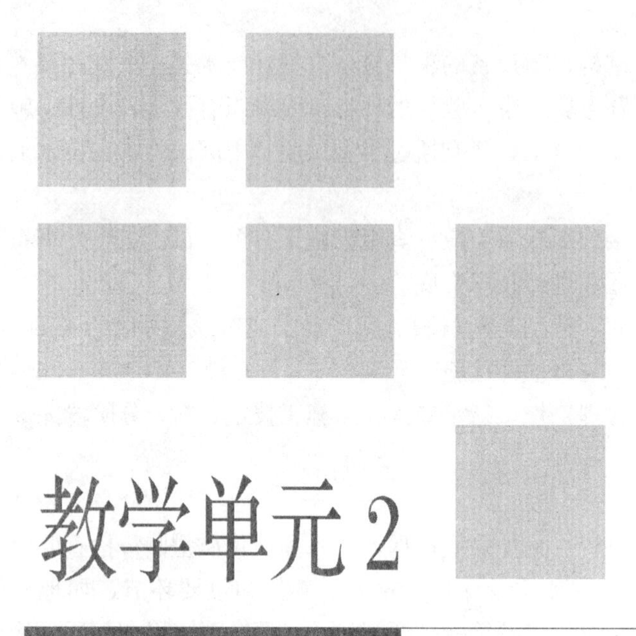

教学单元 2

高层建筑施工机具

【教学目标】 通过本单元教学，使学生掌握塔式起重机装拆程序和塔式起重机锚固要点，具备选择塔式起重机的能力，掌握高层建筑施工常用脚手架的构造及装拆要点。

高层建筑具有建筑物的高度高，基础埋置深度深，施工周期长，施工条件复杂，即高、深、长、杂这样的特点。因此高层建筑在施工中要解决垂直运输高程大，吊装运输量大，建筑材料、制品、设备数量多，要求繁杂，人员交通量大等一些问题。解决这些问题关键之一就是正确选择适合需要的施工机具。

另外，高层建筑施工使用机械设备的费用占土建总造价的5%～10%，所以合理地选用和有效地使用机械，对降低高层建筑的造价能起到一定的作用。

2.1 塔式起重机

塔式起重机简称塔式起重机，其主要特点是吊臂长，工作幅度大，吊钩高度高，起重能力强，效率高。由于上述的特点，塔式起重机成为高层建筑吊装施工和垂直运输的主要机械设备。

塔式起重机按其使用架设的要求分固定式、轨行式、附着式、内爬式。

2.1.1 塔式起重机的选择

建筑施工条件复杂多变，影响塔式起重机选择的因素有：建筑物的体型和平面布置；建筑层数、层高和建筑总高度；建筑工程实物量、建筑构件、制品、材料设备搬运量；建筑工期、施工节奏、施工流水段的划分以及施工进度的安排；建筑基地及周围施工环境条件；本单位资源条件；当时当地塔式起重机供应条件以及对经济效益的要求。

选择塔式起重机时所应遵循的原则如下：

1. 参数合理

塔式起重机的主要参数是：幅度、起升高度（或称吊钩高度）、起重量和起重力矩。

所谓幅度即通常所说的工作半径或回转半径，是从塔式起重机回转中心线至吊钩中心线的水平距离。幅度参数又分为最大幅度和最大起重量时的幅度，最小幅度。在选定塔式起重机时要通过建筑外形尺寸，作图确定幅度参数，再考虑塔式起重机起重臂长度、工程对象计划工期、施工速度以及塔式起重机配置台数，然后确定所用塔式起重机。一般说来，体型简单的高层建筑仅需配用一台自升塔式起重机，而体型庞大复杂、工期紧迫的则需配置两台或更多台自升塔式起重机。

所谓起重量是指所起吊的重物重量、铁扁担、吊索和容器重量的总和。起重量参数又分为最大幅度时的额定起重量（Q_0）和最大起重量（Q_{max}），前者是指吊钩滑轮位于臂头时的起重量，而后者是吊钩滑轮以多倍率（3绳、4绳、6绳或8绳）工作时的最大额定起重量。对于钢筋混凝土高层及超高层建筑来说，最大幅度时的额定起重量极为关键。若是全装配式大板建筑，最大幅度起重量应以最大外墙板重量为依据。若是现浇钢筋混凝土建筑，则应按最大混凝土料斗容量确定所要求的最大幅度起重量，一般取为

1.5～2.5t。对于钢结构高层及超高层建筑，塔式起重机的最大起重量是关键参数，应以最重构件的重量为准。

所谓起重力矩是起重量与相应工作幅度的乘积。对于钢筋混凝土高层和超高层建筑，重要的是最大幅度时的起重力矩必须满足施工需要。对于钢结构高层及超高层建筑，重要的是最大起重量时的起重力矩必须符合需要。

所谓起升高度是自钢轨顶面或基础顶面至吊钩中心的垂直距离。塔式起重机的起升高度不仅取决于塔身结构的强度和刚度，而且取决于起升机构卷筒钢丝绳容量和吊钩滑轮组的倍率。起升高度是一项关键主参数，不论塔式起重机其他参数如何理想，技术性能如何优越，如起升高度不合需要，仍然无法完成施工任务。塔式起重机进行吊装施工所需要的起升高度，同幅度参数一样，可通过作图和计算加以确定。

在选择塔式起重机时还要考虑工作速度参数，包括起升速度、回转速度、小车速度、大车速度和动臂俯仰变幅速度。速度参数不只是直接关系到塔式起重机的台班生产率，而且对安全生产极为重要。

2. 塔式起重机台班生产率必须充分满足需要

塔式起重机台班作业生产率 P 通常可按下式估算：

$$P=8QnK_qK_t \quad (t/h) \tag{2-1}$$

式中　Q——塔式起重机的额定起重量（t）；

n——1h 内的吊次，$n=\frac{60}{T_{吊}}$，式中 $T_{吊}$ 为 1 吊次的延续时间（min）；

K_q——塔式起重机额定起重量利用系数；

K_t——工作时间利用系数（考虑施工组织安排上、施工工艺和自然需要的停歇）。

必须根据施工流水段及吊装进度的要求，对塔式起重机台班作业生产率进行校核，务必保证施工进度计划不会因塔式起重机生产效率而受到拖延。

3. 形式合适

总结近年来国内钢筋混凝土高层建筑施工经验，在选用塔式起重机上可作如下安排：对于一般 9～13 层高层建筑，宜选用轨道式上回转塔式起重机（如 TQ60/80）和轨道式下回转快速安装塔式起重机（如 QTG60），以后者效益较好。对于 13～15 层的高层建筑，可选用轨道式上回转塔式起重机（如 TQ60/80）或 QT80、QT80A 等 800kN·m 级上回转自升塔式起重机，以前者费用较省。对于 15～18 层，可优先选用 TQ90、TQ60/80ZG 或 QTZ200、QTZ120 等塔式起重机，以前两种塔式起重机较为便宜。对于 18～25 层，应根据建筑构造设计特点和使用条件，选择 QTZ200、QTZ120、ZT120、QT80、QT80A 或 Z80 等型号附着式自升塔式起重机或内爬塔式起重机。对于 25～30 层可选用参数合适的附着式自升塔式起重机或内爬式塔式起重机。30 层以上高层建筑，应优先选用内爬式塔式起重机（如 QTP60 或 QT5-20/4）。

4. 投资少，经济效益好

通过对参数的对比分析，台班生产率的计算和选型研究，可知道采用某一种塔式起重机是比较恰当的。但我们在选择时还要考虑到企业自身所具备的条件，是租赁、购买还是现有，要根据不同的情况进行综合经济效益分析。例如：要购臂长为50～60m的自升式塔式起重机，一台是底架固定式，另一台是固定式，它们都满足前面的参数要求，但底架固定式塔式起重机的造价要比固定式塔式起重机的造价高2～3.5万元。从表面上来看，就一次性投资而言，购置底架固定式塔式起重机要比购置同参数的固定式塔式起重机多花一些钱似属不经济的决策。但是，如结合在塔式起重机使用寿命期间混凝土基础构筑费用的支出进行对比，则会得出迥然不同的结论。这两种不同形式塔式起重机的有效使用寿命均按9年计算，假定每年都转移一次施工现场，底架固定式塔式起重机的构筑混凝土基础累计耗用的资金约31500元，固定式塔式起重机约为157500元，很明显选择底架固定式塔式起重机要比购置同参数的固定式塔式起重机的综合效益要好一些。

2.1.2 附着式自升塔式起重机

附着式自升塔式起重机是高层建筑施工中常用的塔式起重机。它能较好地适应建筑体型和层高变化的需要，不影响建筑物内部施工安排，安装拆卸比较方便，不妨碍司机视线，便于司机操作和塔式起重机生产率的提高。

1. 附着式自升塔式起重机的构造及顶升过程

(1) 构造：附着式自升塔式起重机是由塔身、套架、转塔、起重杆、平衡臂、起重小车及起升、变幅、回转、配重、移位、液压顶升等机构组成，如图2-1所示。

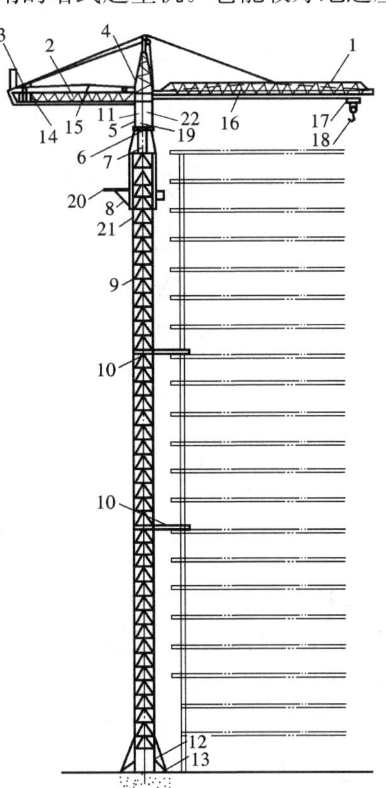

图2-1 附着式自升塔式起重机

1—起重臂；2—平衡臂；3—配重；4—操作室；5—转塔；6—旋转支承装置；7—液压缸；8—套塔；9—塔身；10—拉撑；11—电缆卷筒；12—塔身底座；13—地脚螺栓；14—起重卷扬机；15—起重位移绞车；16—小车运行绞车；17—起重小车；18—吊钩；19—旋转机构；20—悬臂和安装小车；21—油压顶升操纵机构；22—中央集电环

(2) 顶升过程：这种起重机在顶升前，首先要确定顶升高度，将所需数量的标准节吊到塔式起重机悬臂引进小车一侧起重臂的下方（每次接高一个标准节，即2.5m）；使起重臂就位，并朝向与引进小车方向相同的位置，予以锁定；再将一个标准节吊到引进小车上。

为使液压顶升时上部旋转机构的重心接近塔式起重机中心，即油压中心，以保证在顶升时的不平衡弯矩最小，应将平衡重移到规定位置上然后进行顶升。其顶升过程如图2-2所示。

图2-2 (*a*) 准备顶升。将标准节吊到摆渡小车上，并将过渡节与塔身标准节相连的螺栓松开。

图 2-2（b）顶升塔顶。开动液压千斤顶，将塔式起重机上部结构包括顶升套架向上顶升到超过一个标准节的高度，然后用定位销将套架固定，于是塔式起重机上部结构的重量就通过定位销传递到塔身。

图 2-2（c）推入塔身标准节。液压千斤顶回缩，形成引进空间，此时将装有标准节的摆渡小车开到引进空间内。

图 2-2（d）安装塔身标准节。利用液压千斤顶稍微提起标准节，退出摆渡小车，然后将标准节平稳地落在下面的塔身上，并用螺栓加以连接。

图 2-2（e）塔顶与塔身连成整体。拔出定位销，下降过渡节，使之与接高的塔身连成整体。如一次要接高若干节塔身标准节，则可重复以上工序。

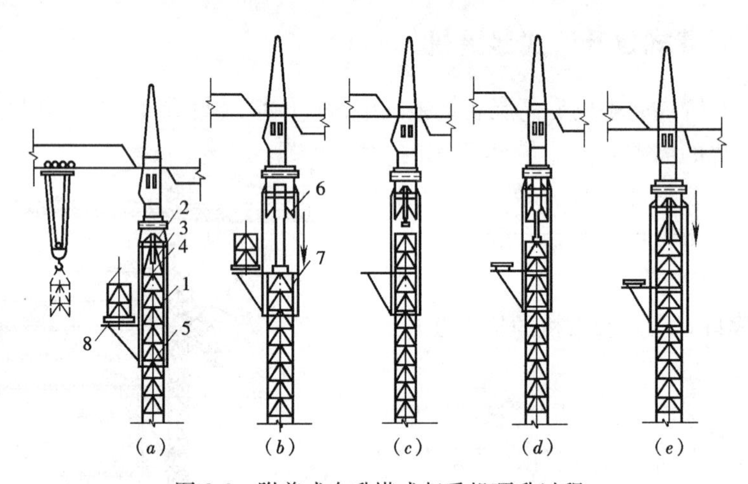

图 2-2 附着式自升塔式起重机顶升过程

（a）准备顶升；（b）顶升塔顶；（c）推入塔身标准节；（d）安装塔身标准节；

（e）塔顶与塔身连成整体

1—顶升套架；2—液压千斤顶；3—承座；4—顶升横梁；5—定位销；6—过渡节；

7—标准节；8—摆渡小车

2. 附着式自升塔式起重机混凝土基础的构筑

附着式自升塔式起重机的底部所设钢筋混凝土基础形式可分为分离式和整体式两种。附着式塔式起重机混凝土基础的构筑应符合使用说明书或有关技术文件的规定。混凝土基础采用二级螺纹钢筋骨架，混凝土强度为 C30 或 C35。施工时，先将基底夯实，有时需打桩再做垫层，然后安设钢筋骨架、模板和预埋件，再浇筑混凝土。

对于体型复杂的高层建筑综合体，当塔式起重机常需直接安装在基坑中的情况下，塔式起重机的混凝土基础可单独构筑或采用墩柱式结构与在施工建筑结构连成一体。也可在基坑底板浇筑之前，先在混凝土垫层上构筑混凝土基础安装塔式起重机，随后再结合施工进程使这种基础与底板联成一体。如塔式起重机必须固定于裙房顶板结构上时，则该处顶板应妥善加固，并设置必要的临时支撑。在深基础基坑旁安装塔式起重机时，必须慎重确定塔式起重机基础的位置，一定要留出足够的边坡。应根据土质情况和地基承载能力、塔式起重机结构自重及负荷大小，确定基础构造尺寸。一般说来，在基坑旁架立塔式起重机，以采用灌注桩承台式基础较好。在回填砂卵石基坑中构筑塔式起重机混凝土基础时，必须对基底进行分层压实，以保证不致有不均匀的沉降。

3. 附着式自升塔式起重机的附着

附着式自升塔式起重机的自由高度超过一定限度时，就需与建筑结构拉结附着。自由高度的限值与塔式起重机的额定起重能力和塔身结构强度有关，一般中型自升塔式起重机的起始附着高度为 25～30m，而重型的自升塔式起重机的起始附着高度一般为 40～50m。第一道附着与第二道附着之间的距离，轻、中型附着式自升塔式起重机为 16～20m，而重型附着式自升塔式起重机则为 20～35m。施工时，可根据高层建筑结构特点、塔式起重机安装基础高程以及塔身结构特点进行适当调整。一般情况下，附着式自升塔式起重机装设2～3道附着已可满足需要。

附着式自升塔式起重机的附着装置由锚固环、附着杆以及柱箍、固定耳板（墙箍）、紧固件、连接销轴和连固螺栓等部件组成。锚固环套装在塔身标准节的水平腹杆处或塔身标准节对接处，是由钢板或型钢组焊成的箱形断面空腹结构。锚固环通过卡板、楔紧件、连接螺栓和顶丝等部件同塔身结构主弦杆联固。柱箍一般都固定于柱的根部，固定耳板则通过预埋件和连接螺栓装设在混凝土板墙的下部。附着杆可用无缝钢管制成，也可采用槽钢拼焊而成，或用型钢焊接成空间桁架结构。附着杆的一端与套装在塔身结构的锚固环相连接，另一端通过销轴固定在柱箍上，或与固定耳板联固。锚固环构造示意图如图 2-3 所示。附着杆有多种布置方式，可根据工程对象结构特点和塔式起重机的具体安装位置，选用一种比较合适的布置。

塔身中心到建筑物外墙皮的水平距离称为附着距离。一般塔式起重机的附着距离多规定为 4～6.5m，有时大至 10～15m，两锚固点的水平距离为 5～8m。附着杆在建筑结构上的锚固点应尽可能设在柱的根部或混凝土墙板的下部，以距离混凝土楼板 300mm 左右为宜。附着杆锚固点区段（上、下各 1m 左右）应加设配筋并将混凝土强度等级提高一级。

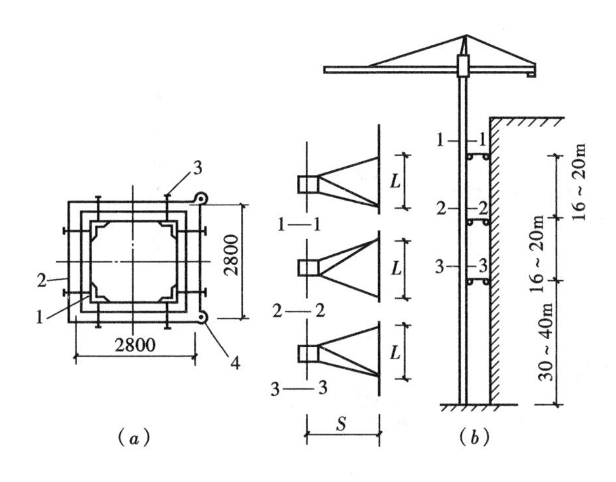

图 2-3　附着装置

(a) 锚固环；(b) 附着装置安装方式

1—塔身；2—锚固环；3—螺旋千斤顶；4—耳板

2.1.3 内爬式塔式起重机

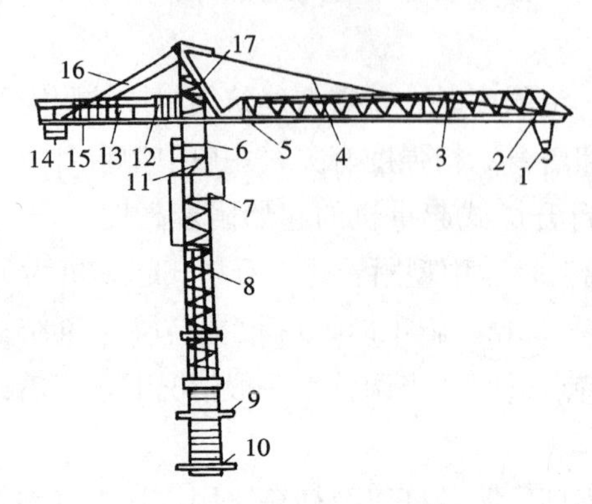

图 2-4 内爬式自升塔式起重机外形

1—吊钩；2—起重小车；3—起重臂；4—起重臂拉绳；5—小车牵引机构；6—司机室；7—回转支承；8—塔身；9—套架；10—底座；11—回转机构；12—电气系统；13—平衡臂；14—配重；15—起升机构；16—平衡臂拉绳；17—塔帽

内爬式塔式起重机是一种安装在建筑物内部（电梯井或特设空间）结构上，依靠爬升机构随建筑物向上建造而向上爬升的起重机，一般每隔两个楼层爬升一次。对于高度在100m以上的超高层建筑，可优先考虑用内爬式塔式起重机，这类起重机的外形如图 2-4 所示。

1. 爬升过程

内爬式塔式起重机的爬升过程如图 2-5 所示。

图 2-5（*a*）所示准备状态。将起重机小车收回到最小幅度处，下降吊钩，吊住套架并松开固定套架的地脚螺栓，收回活动支腿，做好爬升准备。

图 2-5（*b*）所示提升套架。首先，开动起升机构将套架提升至两层楼高度时停止；然后，摇出套架四角活动支腿并用地脚螺栓固定；最后，松开吊钩升高至适当高度并开动起重小车到最大幅度处。

图 2-5（*c*）所示提升起重机。首先，松开底座地脚螺栓，收回底座活动支脚；然后，开动爬升机构将起重机提升至二层楼高度停止；最后，摇出底座四角的活动支腿，并用预埋在建筑结构上的地脚螺栓固定。至此，爬升过程即告结束。

2. 爬升作业注意事项

(1) 风速超过六级时禁止进行爬升作业；夜间禁止爬升作业；

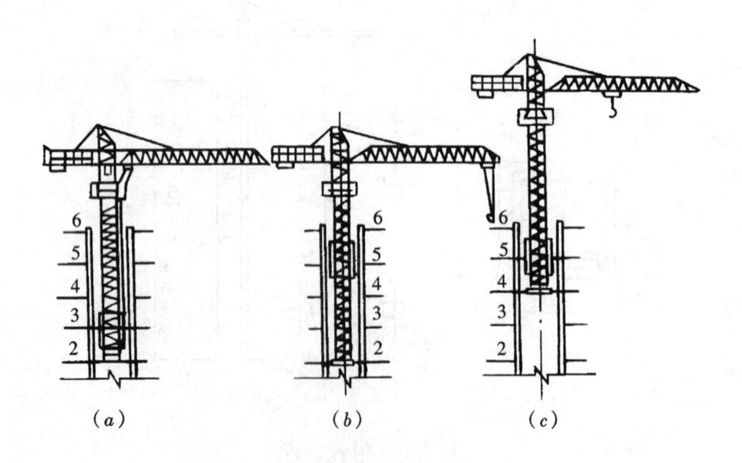

图 2-5 内爬式塔式起重机的爬升过程

（*a*）准备状态；（*b*）提升套架；（*c*）提升起重机

（2）在爬升过程中，禁止转动起重臂，禁止开动小车；

（3）整个爬升过程必须设专人负责指挥。遇有异常情况，应立即停机检查，只有在排除故障后方可继续爬升；

（4）爬升结束后，应立即锚固塔机底座，切断爬升系统电源，并对相应两层楼板进行支撑加固，对下部结构的爬升孔洞进行封闭处理。

3. 内爬式塔式起重机的拆除

内爬式塔式起重机的拆除工序复杂且是高空作业，困难较多，必须周密布置和细致安排。拆除所采用的设备主要有附着式重型塔式起重机，或屋面吊，或人字扒杆，视具体情况选用。

内爬式塔式起重机的拆除顺序是：

（1）开动液压顶升机组，降落塔式起重机，使起重臂落至屋顶层；

（2）拆卸平衡重并逐块下放到地面运走；

（3）拆卸起重臂，将臂架解体并分节下放到地面运走；

（4）拆卸平衡臂，解体并分节下放到地面运走；

（5）拆卸塔帽并下放到地面运走；

（6）拆卸转台、司机室并下放到地面；

（7）拆卸支承回转装置及承座并下放到地面运走；

（8）逐节顶升塔身标准节，拆卸、下放到地面并运走，直至完成全部拆卸作业。

4. 拆除时的注意事项

（1）建筑物外檐要有可靠的防护措施，以免拆塔时碰坏建筑物外檐饰面；

（2）拆卸作业范围四周要设置防护栏杆，禁止闲人入内，以免发生意外；

（3）要尽可能做到随拆随运，以节省二次搬运费用；

（4）要有统一指挥和统一检查，以利拆卸作业的安全顺利进行。

2.1.4 塔式起重机的操作要点

（1）塔式起重机应有专职司机操作，司机必须受过专业训练。

（2）塔式起重机一般准许工作的气温为－20～40℃，风速小于六级。风速大于六级及雷雨天，禁止操作。

（3）塔式起重机在作业现场安装后，必须遵照《建筑机械技术试验规程》进行试验和试运转。

（4）起重机必须有可靠接地，所有设备外壳都应与机体妥善连接。

（5）起重机安装好后，应重新调节各种安全保护装置和限位开关。如夜间作业，必须有充足的照明。

（6）起重机行驶轨道不得有障碍或下沉现象。轨道面应水平，轨距公差不得超过3mm。直轨要平直，弯轨应符合弯道要求，轨道末端1m处必须设有止挡装置和限位器撞杆。

（7）工作前应检查各控制器的转动装置、制动器闸瓦、传动部分润滑油量、钢丝绳磨损情况及电源电压等，如不符合要求，应及时修整。

(8) 起重机工作时必须严格按照额定起重量起吊，不得超载，也不准吊拉人员、斜拉重物或拔除地下埋物。

(9) 司机必须得到指挥信号后，方可进行操作。操作前司机必须按电铃、发信号。

(10) 吊物上升时，吊钩距起重臂端不得小于1m。

(11) 工作休息或下班时，不得将重物悬挂在空中。

(12) 起重机的变幅指示器、力矩限制器以及各种行程限位开关等安全装置，均必须齐全完整、灵敏可靠。

(13) 作业后，尚须做到下列几点：①起重臂杆转到顺风方向，并放松回转制动器，小车及平衡重应移到非工作状态位置，吊钩提升到离臂杆顶端2～3m处；②将每个控制开关拨至零位，依次断开各路开关，切断电源总开关，打开高空指示灯；③锁紧夹轨器，如有八级以上大风警报，应另拉缆风绳与地面或建筑物固定。

2.2 施工外用电梯

施工电梯又称人货两用电梯，是高层建筑施工设备中唯一可运送人员上下的垂直运输设备。如果不采用施工电梯，高层建筑施工中的净工作时间损失可达30%左右。因此施工电梯是高层建筑提高生产率的关键设备之一。如图2-6所示。

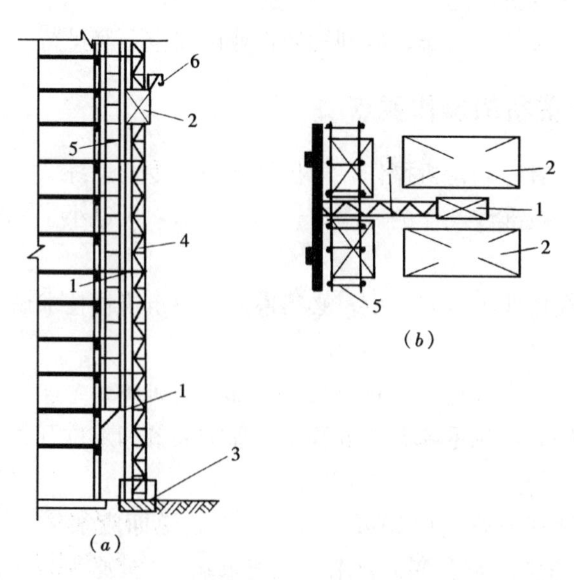

图2-6 无配置双梯笼

(a) 立面图；(b) 平面图

1—附着装置；2—梯笼；3—缓冲机构；4—塔架；5—脚手架；6—小吊杆

2.2.1　齿轮齿条驱动式施工电梯

齿轮齿条驱动施工电梯是利用安装在吊厢框架上的齿轮与安装在塔架立杆上的齿条相啮合，当电动机经过变速机构带动齿轮转动时吊厢即沿塔架升降。

齿轮齿条驱动施工电梯按吊厢数量可分为单吊厢式和双吊厢式。每个吊厢可配用平衡重，也可不配平衡重。同不配用平衡重的相比，配平衡重的吊厢在电机功率不变的情况下，承载能力可稍有提高。按承载能力，施工电梯可分为两级，一级能载重物1000kg或乘员11～12人，另一级载重量为2000kg或载乘员24名。国产施工电梯大多属于前者。

齿轮齿条驱动施工电梯的主要特点是：采用方形断面钢管焊接格桁结构塔架，刚度好；电机、减速机、驱动齿轮、控制柜等均装设在吊厢内，检查维修保养方便；采用高效能的锥鼓式限速装置，当吊厢下降速度超过0.95m/s时，便会动作并掣住吊厢，从而保证不致发生坠落事故；能自升接高，安装转移迅速；可与建筑物拉结，随建筑物向上施工而逐节接高。附着后的悬臂高度（即附着点以上的自由高度）为12～15m，升运高度一般为100～150m，目前变频调速施工升降机的最大提升高度在450m以上。适于建造25层特别是30层以上的高层建筑。

2.2.2　绳轮驱动式施工电梯

绳轮驱动施工电梯是利用卷扬机、滑轮组，通过钢丝绳悬吊吊厢升降，是近年来我国的一些科研单位和生产厂家合作研制的。

绳轮驱动施工电梯常称为施工升降机。有的人货两用，可载货1000kg或乘员8～10人，有的只用以运货，载重亦达1000kg。

绳轮驱动施工电梯主要特点是：采用三角断面钢管焊接格桁结构立柱，单吊厢，无平衡重，设有限速和机电联锁安全装置，附着装置比较简单；其结构比较轻巧，能自升接高，构造较简单，用钢量少，造价仅为齿轮齿条施工电梯的2/5，附着装置费用也比较省，适于建造20层以下的高层建筑使用。

2.2.3　施工电梯的使用

施工电梯主要用于运送人员上下楼层，运送人员所用的时间占运营时间的60%～70%，运货仅占30%～40%。统计资料表明，施工人员沿楼梯进出施工部位所耗用的上、下班时间，随楼层增高而急剧增加。如在施建筑物为10层楼，每名工人上下班所占用的工时为30min，自10层楼以上，每增高一层平均约需增加5～10min。采用施工电梯运送工人上下班，确可大大压缩工时损失和提高工效。

施工电梯在运量达到高峰时，可以采取低层不停，高层间隔停的方法。此外施工电梯使用时要注意夜间照明及与结构的连接。

一台施工电梯的服务楼层面积约为600m^2。在配置施工电梯时可参考此数据并尽可能选用双吊厢式施工电梯。

施工电梯在日常使用中需要注意的事项主要有：

（1）施工电梯的操作必须由专职人员操作，应看清吊笼在停层站卸料完毕或有运行指挥信号后方可启动运行，切忌莽撞操作。

（2）应保证吊笼在额定载荷下工作，不应超载运行，司机应时刻掌握吊笼的载重员。

（3）吊笼不能装载超过吊笼内尺寸的物料升降，严禁人为压迫联锁开关和开门运行。

（4）每日工作完毕，司机应将吊笼停在升降机底部，并在离开前断开总电源，关上所有的门。

（5）如所有联锁装置到位，施工电梯接通电源后吊笼仍不启动，应切断总电源，通知维修人员前来排除故障，司机不得擅自离开操作位置。

（6）吊笼运行中，如发现运行速度有明显变化，应立即就近停靠，停止使用，并查明原因。

（7）如笼门没关上时吊笼即启动运行，应立即停止使用，进行检查。

（8）吊笼在运行中，如发现有异常噪声、振动、冲击，应停止运行，进行检查。

（9）吊笼无论在停止或运行时，发现有失控现象，应立即按急停按钮，切断电源。

（10）当发现吊笼及金属结构有麻电现象时，应停止运行，进行检查。

（11）在吊笼正常使用条件下，限速器、断绳保护装置误动作时，应停用检修。

2.3 泵送混凝土施工机械

自从水泥发明后，混凝土的输送与浇筑就一直是人们研究的对象。以往，对大型建筑物浇筑混凝土，传统的方式是采用吊斗。随着建筑物体积与高度的增大，吊斗浇筑混凝土的缺陷明显暴露出来。20 世纪 60 年代，如南京长江大桥桥墩封底，一次灌注 $3000m^3$ 混凝土，耗时 72h。80 年代采用泵送之后，如宝钢电厂 $7000m^3$ 基础，只用了 28h 便灌注完成。目前，应用较多的是液压活塞混凝土输送泵，输送能力可达到 $150m^3/h$，最大水平运距可达 800m，最大垂直运输高度可达 300m。混凝土施工机械成为建筑业不可缺少的施工设备。

在混凝土结构的高层建筑中，混凝土的运输量非常大，因此在施工中正确的选择混凝土运输机械就尤为重要。现在高层建筑中普遍应用的有混凝土搅拌运输车、混凝土泵和混凝土泵车。

2.3.1 混凝土搅拌运输车

混凝土搅拌输送车简称搅拌车，是一种长距离运送混凝土的专用车辆。在汽车底盘上安置一个可以自行转动的搅拌筒，搅拌车在行驶的过程中混凝土仍能进行搅拌，因此它是具有运输与搅拌双重功能的专用车辆。如图 2-7 所示。

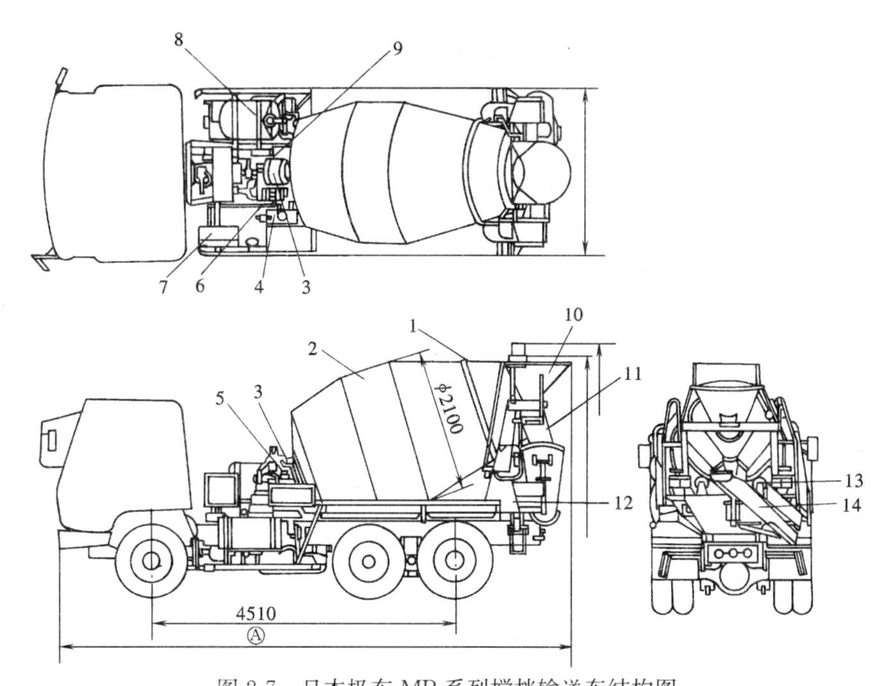

图 2-7 日本极东 MR 系列搅拌输送车结构图

1—滚道；2—搅拌筒；3—轴承座；4—油箱；5—减速器；6—液压马达；7—散热器；8—水箱；9—油泵；10—漏斗；11—卸料槽；12—支架；13—托滚；14—滑槽

1. 混凝土搅拌输送车的形式

搅拌车可按汽车底盘、搅拌筒的驱动力及其传动形式进行分类。按汽车底盘的结构形式可分成普通汽车底盘和专用挂式底盘两类；按搅拌筒的驱动力可分为从汽车发动机引出动力与单独设发动机供给动力两类；按搅拌车的传动形式可分为液压式与机械式。

随着搅拌车生产的规格化，目前市场上的搅拌车底盘基本上为专用汽车底盘，半挂式的汽车底盘已被淘汰；搅拌筒不再采用独立发动机带动，基本上采用汽车发动机通过变速器分动轴驱动油泵，再通过液压进行动力传递。机械式的传动方式也已被淘汰。采用液压传动的优点是工作平稳，可无级变速，容易实现正转进料搅拌、反转出料的要求。

在特殊情况下，搅拌车也可作为混凝土搅拌机用。这类搅拌车称为干式搅拌车。此时配好的生料从料斗灌入，搅拌筒正转。安装在搅拌车上的供水装置根据要求定量供水。这样一边运输，一边对干料进行加水搅拌，既代替了一台搅拌机，又可以进行输送。但由于干料是松散的，因此进行干料搅拌时搅拌筒的工作容积应进行折减，一般为正常拌合料的三分之二。另一方面，进行干料混合搅拌对搅拌筒的磨损较为严重，会较大幅度地折减使用寿命，所以除极特殊情况外一般不采用干料搅拌。

2. 混凝土搅拌输送车使用注意事项

(1) 在运输行驶的过程中，搅拌筒的转速不要超过 3r/min，一般在 1.5～2r/min即可。

在灌注前的强迫搅拌过程中，搅拌筒的转速不要超过 10r/min，一般可在 7～8r/min 进行强迫搅拌。注意，宁可时间长一些，也不要在过高的转速下进行强迫搅拌，避免可能造成汽车其他部件的损坏。

（2）作为商品混凝土输送，一般要求输送距离不要超过 20km，时间不超过 40min。过长的运输时间会引起坍落度较大的损失。

（3）若在灌注之前发现坍落度损失过大，在没有值班工程师批准之前，严禁擅自加水进行搅拌。若需加水搅拌，至少应强迫搅拌 30r。

（4）干拌混凝土时，搅拌速度可控制在 6～8r/min，但最大不得超过10r/min，从加水时间计起，总的搅拌转数可控制在 100r 内。

（5）应经常注意检查分动箱输出轴、万向节搅拌筒支承、滚轮，注意加油保养。

（6）搅拌车使用完毕应及时清洗，除去各部分贴上的混凝土，特别是搅拌筒内靠近球面底部的混凝土。经常发生的故障是由于长期清洗不干净，在球壳处形成一层硬结的混凝土层，它们的存在不但减小了容积，而且容易损坏底部刮板，结果底部混凝土越积越厚。

（7）在超长距离输送时，往往采取两次添加附加剂的办法以保持坍落度不受较大的损失。采用这种做法时应严格按照工艺实施。

2.3.2 混凝土泵和混凝土泵车

早在 20 世纪初，欧洲人与美国人就开始研究混凝土泵。1927 年德国人弗瑞茨·海尔设计了第一台可应用于生产的混凝土泵，此后，德国人制造了立式单缸混凝土泵。由于这种泵球阀开启关闭的效率不佳，吸入困难，所以未能推广。1932 年荷兰人库依曼将立式泵改制成卧式泵，奠定了现代混凝土泵的基础。直到 20 世纪 50 年代，德国施维因公司才生产出全液压混凝土泵，从而为现代混凝土泵的发展翻开了新的一页。

我国从 20 世纪 50 年代引入原苏式 C-284 型泵，由于效率不高，未能推广。70 年代，夹江水工机械厂与沈阳振动器厂开始试制混凝土泵并形成了一定的生产规模。90 年代后，我国几家主要的混凝土泵的生产厂家，利用进口的液压件成功地研制出大排量、性能可靠的混凝土泵，并逐渐占领了国内市场，使我国混凝土泵的生产达到一个新的高度。

1. 混凝土泵

混凝土泵经过半个世纪的发展，从立式泵、机械式挤压泵、水压隔膜泵、气压泵发展到今天的卧式全液压泵。目前，世界各地生产与使用的全是液压泵。按照混凝土泵的移动方式不同，液压泵分为固定泵、拖式泵和混凝土泵车。

卧式双缸混凝土泵，两个混凝土缸并列布置，由两个油缸驱动，通过阀的转换，交替吸入或输出混凝土，使混凝土平稳而连续地输送出去。如图 2-8 所示。

液压缸的活塞向前推进，将混凝土通过中心管向外排出，同时混凝土缸中的活塞向回收缩，将料斗中的混凝土吸入。当液压缸（或混凝土缸）的活塞到达行程终点时，摆动缸动作，将摆动阀切换，使左混凝土缸吸入，右混凝土缸排除。在混凝土泵中，分配阀是核心机构，也是最容易损坏的部分。泵的工作好坏与分配阀的质量与形式有着密切

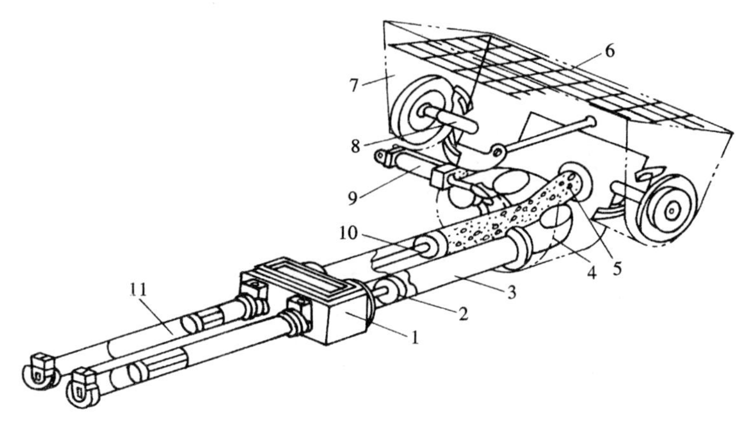

图2-8 泵送机构（日本新潟）

1—结合块；2—活塞；3—混凝土泵缸；4—吸入导管；5—摆动管阀；
6—料斗格；7—料斗；8—搅拌机构；9—摆动缸；10—活塞杆；11—液压缸

的关系。泵阀大致可分为闸板阀、S形阀、C形阀三大类。如图2-9所示。

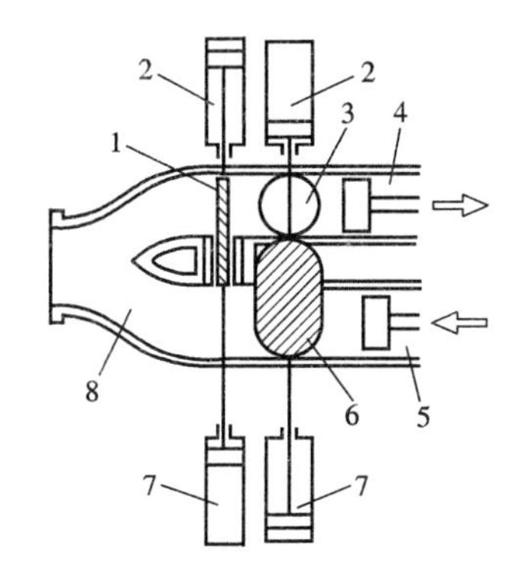

（*a*）平置闸板阀

1—排出闸板；2—左液压缸；3—料斗出料口；
4—左混凝土缸；5—右混凝土缸；6—吸入闸板；
7—右液压缸；8—Y形输送管

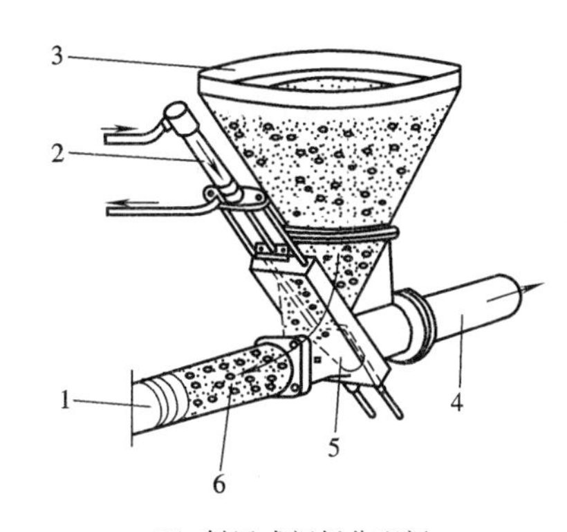

（*b*）斜置式闸板分配阀

1—工作活塞；2—液压缸；3—集料斗；4—输送管；
5—闸板；6—混凝土工作缸

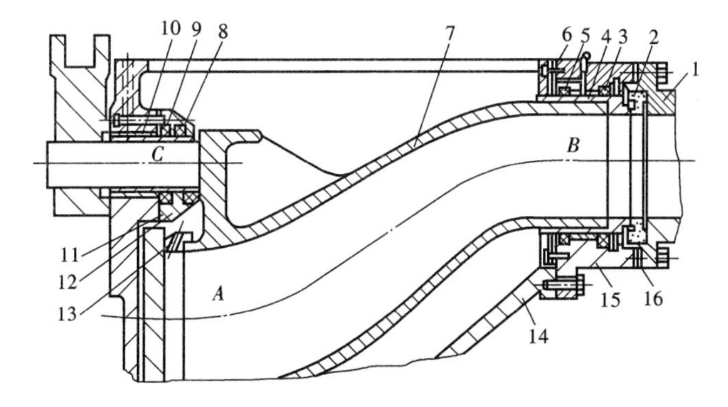

（*c*）S阀的基本结构

1—连接法兰；2—减磨压环；3、9—蕾形密封圈；4—护帽；5、8—Y形密封圈；
6—密封环；7—阀体；10—轴套；11—“O”形圈；12—密封圈座；13—切割环；
14—装料斗；15—支承座；16—调整垫片

图2-9 混凝土的分配阀

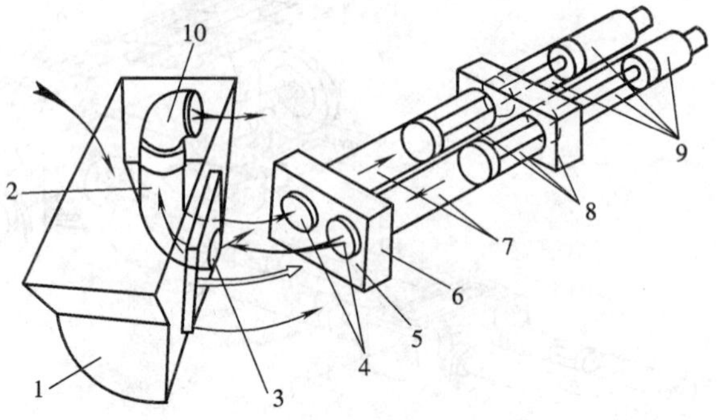

（*d*）C形管分配阀

1—集料斗；2—管形阀；3—摆动管口；4—工作缸口；5—可更换的摩擦板面；
6—缸头；7—工作缸；8—清水箱；9—液压缸；10—输送管口

图 2-9　混凝土的分配阀（续）

2. 混凝土泵车（图 2-10）

混凝土泵车是将混凝土泵安装在汽车底盘上，利用柴油发动机的动力，通过动力分动箱将动力传给液压泵，然后带动混凝土泵进行工作。混凝土通过布料杆，可送到一定高程与距离。对于一般的建筑物施工这种泵车有独特的优越性。它移动方便，输送幅度与高度适中，可节省一台起重机，在施工中很受欢迎。

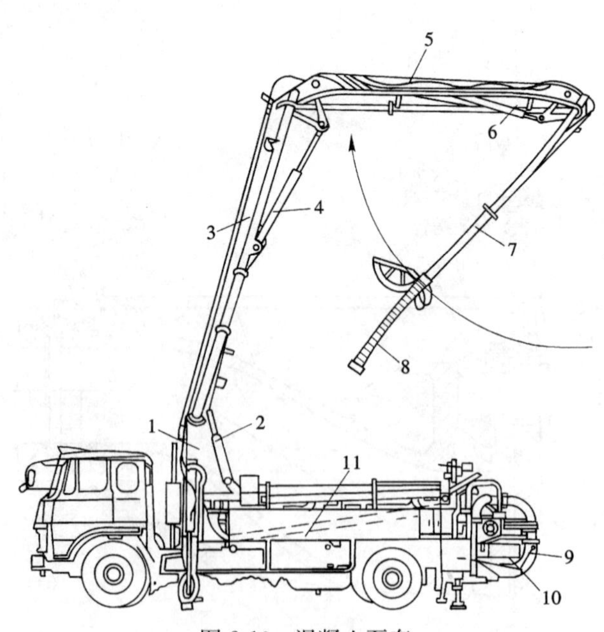

图 2-10　混凝土泵车

1—回转支承装置；2—变幅液压缸；3—第 1 节臂架；
4—伸缩液压缸；5—第 2 节臂架；6—伸缩液压缸；
7—第 3 节臂架；8—软管；9—输送管；10—泵体；11—输送管

3. 混凝土泵的故障及处理

混凝土泵最容易引起施工停顿，造成事故的问题大致有下面几类：①堵管；②液压系统故障，包括油温过高引起的故障；③摆阀（或闸板阀）间隙过大，或引起切割环与眼睛板密封不严，或造成摆阀无法摆动到位；④混凝土缸或活塞头磨损严重。下面分别就这四类问题作详细说明。

(1) 堵管

在前面介绍的三种阀中，最容易发生堵管的是S阀。闸板阀发生堵管的概率也不大。堵管混凝土一般都是逐渐形成的。如果前一次使用后，未能对工作缸及S阀进行彻底清洗，第二次工作时，如果泵道作业不十分连续，中间停顿时间过长，或天气较热，混凝土质量不好，则在S阀有残留混凝土处混凝土可能逐渐干结、加厚以致最终造成堵管。

此刻能解决问题的较为可靠的办法是在判断正确的基础上，先将料斗内的混凝土从底阀下排出，同时解开向外输送的管卡，用手锤在S阀下方与两侧用力敲击，再用铁钎通捣。在多数情况下，后来凝结的混凝土会被敲击破碎或被捣碎。早先硬结的混凝土虽然不一定被击碎，但由于S管内通径加大，混凝土泵仍可继续工作。对于单泵单独工作的施工点，应及时排除故障继续施工。如果用上述方法仍然不能将堵管打通，唯一的途径就是将S管拆开，破碎堵管混凝土。

(2) 液压系统故障

混凝土泵在正常工作时，液压泵始终在高压大流量状态下工作，双缸切换频繁。在这种状态下，除去液压件本身的损坏可能引起故障外，造成液压系统无法正常工作的一个主要因素是油温过高。造成油温过高的原因是多方面的，可能是：①液压箱油量不足；②冷却器风扇停转；③冷却器散热片积尘过多，散热性能不好；④冷却器内部回路阻塞；⑤液压回路中某些辅助系统的中低压溢流阀设定压力过高或损坏；⑥液压系统内泄漏过大。

解决的具体办法可用外循环水降低油温。这种降低油温的办法是非常有效的，只是施工现场要具备水源充足、排水方便的条件。此外液压油要保持一定的清洁度。油液中所含细金属颗粒若夹在滑阀芯中滑动，会很快引起阀芯的磨损。为有效防止这种情况发生，可将回油过滤器的过滤精度提高（相应滤芯面积要加大），这样成本加大且更容易堵塞；或者按使用说明书更换滤芯。液压油的滤芯就好比人体的肾脏，对整个机器的正常运转是极其重要的。至今，许多使用者仍未重视这种问题，结果油的污染大大缩短了机器的寿命。

(3) 摆阀的故障

通常摆阀的故障有两类。一种情况是料斗与摆动杆的支承密封由于缺油慢慢磨损，最后料斗中的水泥砂浆渗漏到轴颈中，大大地增加了阻力，最后使S阀不能转动或转动不能到位。S阀没有到位，进（出）料口不能密封，无法建立泵送压力。另一种情况是直接咬死、根本无法转动。

在泵送混凝土施工中，一旦出现这类故障，处理是相当困难的。这就要求施工人员在工作前认真检查，在工作中勤加润滑脂，始终保持轴颈转动副腔内充满润滑脂，使料斗中的水泥砂浆无法渗入。

另一个摆阀故障为切割环与眼睛板磨损导致的故障。目前国外生产混凝土泵的眼睛板是由硬质合金制成的。这类眼睛板硬度大，抗磨性能好，同时还有一定的韧性，不易在切割环的运动中崩坏。由于这些良好的特性，这种眼睛板特别适用于高层楼房的施工。国内大部分混凝土泵的眼睛板为堆焊制成，硬度与抗磨性能远不及国外同类产品，使用周期要短得多。

切割环与S管之间有一个弹性橡胶环起压力补偿作用。切割环磨损3mm左右，摆阀仍可以正常工作。如果磨损过大，则密封性能大大下降，泵送压力降低，因此使用一段时间后应及时更换切割环与眼睛板。更换时不要采用自行制造的代用品，以免得不偿失。

(4) 混凝土缸与活塞头磨损

一般混凝土缸的材料是相当硬且耐磨的，活塞头的橡胶唇边要比缸径大3～4mm，安装时，先将唇边内压通过缸端部的斜口滑入缸内。这种尺寸的配合可以保证活塞头与缸的密封性。随着工作时间加长，活塞头的唇边逐渐磨损。当唇边磨损到一定程度后，活塞向前推进时，部分混凝土砂浆液就会留在混凝土缸中，造成混凝土缸与活塞头磨损。

通常采用的方法是由液压缸与混凝土缸之间的封水腔中的水冲，洗去混凝土砂浆液，以防止这种含有很细固体微粒的浆液，渗漏到液压缸的油液中。因此，使用者应经常注意封水的混浊程度，通常一个台班，更换2～3次封水。若发现封水在短时间内迅速变浑，这表明活塞已磨到极限，应在下次使用前将活塞更换。根据使用工况的不同，在排送3～5万m^3混凝土后，混凝土缸的磨损将达到极限，此时应更换混凝土缸。

2.4 脚手架

建筑脚手架是建筑施工中的重要施工工具。长期以来，我国普遍使用竹、木脚手架，20世纪60年代以来，研究和开发了各种形式的脚手架。扣件式钢管脚手架具有搭设简便，搬运方便，通用性强等优点，已成为我国使用量最多、应用最普遍的一种脚手架，占脚手架使用总量的70%左右，在今后较长时间内，这种脚手架仍占主导地位。但是，这种脚手架的安全保证性较差，施工工效低，脚手架最大搭设高度规定为50m，不能满足高层建筑施工的发展需要。80年代起，我国研究开发的门式脚手架和碗扣式脚手架等新型脚手架，在一些地区已大量推广应用，取得较好的效果。现在为了满足高层建筑施工的需要，整体爬架和悬挑式脚手架这种新型脚手架得到了发展，同时取得了很好的经济效益。

2.4.1 门式组合脚手架

门式脚手架由美国首先研制成功，它具有装拆简单、承载性能好、使用安全可靠等特点，发展速度很快。到 20 世纪 60 年代，欧洲、日本等国家先后引进并发展了这种脚手架。70 年代以来，我国先后从日本、美国、英国等国家引进门式脚手架体系，在一些高层建筑工程施工中应用。到了 80 年代初，国内有一些厂家开始试制门式脚手架，产品在部分地区的工程施工中大量应用，取得了较好效果。

1. 门式脚手架的构造

门式脚手架由千斤顶底座、门式框架、腕臂锁扣、十字撑、承插连接扣、梯子、脚手板、脚手板托梁框架、扶手拉杆、桁架式拖梁等部件组成。搭设方式示意图如图2-11所示。

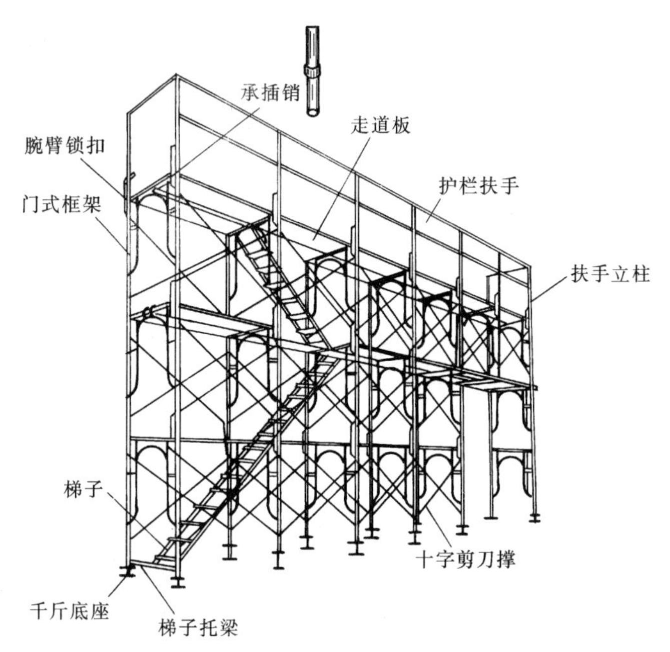

图 2-11 门式脚手架搭设方式示意

2. 门式脚手架搭设

门式脚手架尺寸为：高 1700～1950mm，宽 914～1219mm，搭设高度一般为 25m，最高不得超过 45m。垂直和水平方向每隔 4～6m 应设一扣墙管与外墙连接，整幅脚手架的转角应用钢管通过扣件扣紧在相邻两个门架上。当门型架架设超过 10 层应加设辅助支承，一般在高 8～11 层门型架之间，宽在 5 个门型架之间，加设一组，使部分荷载由墙体承受。当脚手架高度超过 45m 时，允许在两步架子上同时作业；当总高在 19～38m 时，允许在 3 步架子上作业；当高度为 17m 时，允许在 4 步架子上同时作业。

3. 使用要求

（1）组装前的准备工作

组装门架之前，场地必须整平，在下层立框的底部要安装底座，基础有高差时，应使用可调底座。门架部件运到现场，应逐个检查，如有质量不符要求，应及时修整或调换。组装前还必须做好施工设计，并讲清操作要求。

（2）组装方法和要求

立框组装要保持垂直，相邻立框间要保持平行，立框两侧要设置交叉斜撑。要求使用时，斜撑不会松动。在最上层立框和每隔三层以内立框必须设置横框或钢脚手板，横框或钢脚手板的锁紧器应与立框的横杆锁固住。立框之间的高度连接，用连接管进行连接，要求立框连接能保持垂直度。

（3）使用要求

立框的每个立杆容许荷重为25kN，每一单元的容许荷重为100kN。横框在承受中心集中荷重时，容许荷重为2kN，承受均布荷重时为每横框4kN。可调底座的容许荷载为50kN，连墙杆的容许荷重为5kN，在使用过程中，要增加施工荷载时，必须先经过核算，要经常清扫脚手板上的积雪、雨水、砂浆及垃圾等杂物。对电线、电灯的架设需要采取安全措施。同时每隔30m应接装一组地线，安上避雷针。在钢脚手板上搁放预制构件或设备时，必须铺设垫木，以免荷载集中，压坏脚手板。

（4）拆除和维护管理要求

拆除门式脚手架时，应用滑轮或绳索吊下，严禁从高处向下摔。拆除的部件应及时清理，如因碰撞等造成变形、开裂等情况，应及时校正、修补或加固，使各部件保持完好。拆除的门架部件应按规格分类堆放，不可任意交叉堆放。门架尽可能放在场棚内。如露天堆放时，应选地势平坦干燥之处，地下用砖垫平，同时盖上雨布，以防生锈。

门式脚手架作为专用施工工具，应切实加强管理责任制，尽可能建立专职机构，进行专职管理和维修，积极推行租赁制，制定使用管理奖惩办法，以利于提高周转使用次数和减少损耗。

2.4.2 悬挑式脚手架

悬挑式脚手架是从建筑物外缘悬挑出承力构件，并在其上搭设脚手架，是高层建筑常采用的一种脚手架。这种脚手架可减轻钢管扣件脚手架底部荷载，较好地适应钢管脚手架稳定性和强度要求，并可节约钢管材料的用量。如图2-12所示。

悬挑式脚手架主要由支承架、钢底梁、脚手架支座、脚手架这几部分组成。

支承架大致有四种不同的做法：①以重型工字钢或槽钢作为挑梁；②以轻型型钢为托梁和以钢丝绳为吊杆组成的上挂式支承架；③以型钢为托梁和以钢管或角钢为斜撑组成的下撑式支承架；④三角形桁架结构支承架。

支承架的布置视柱网而定，最大间距以不超过6m为宜。支承架可通过预埋件固定在楼层结构上，或利用杆件和连接螺栓与建筑结构柱联固。支承架的上弦杆可选用［12或［14，斜撑可用ϕ89×3mm、ϕ95×3.5mm或2L75×5mm制作，吊杆可选用6×37-14钢丝绳。在支承架上用螺栓固定两根Ⅰ20或Ⅰ24做成的底梁，工字钢上焊有插装脚手架立杆的钢管底座，其间距为1.5～2m。

外挑式脚手架为双排外脚手架，且分段搭设，每段搭设高度一般约12步架，每步脚手架间距按1.8m计，总高不超过21.6m为宜。脚手架与建筑物外皮的距离为20cm，

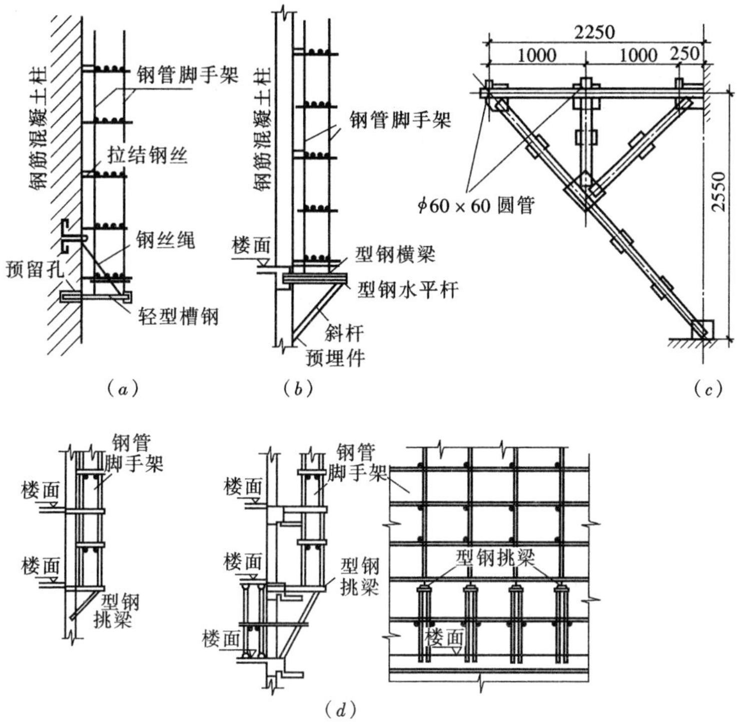

图 2-12　悬挑式钢管扣件脚手架示意

(*a*) 上挂式外挑脚手架；(*b*) 下撑式外挑脚手架；

(*c*) 三角形悬挑桁架构造；(*d*) 按立柱纵距布设的外挑脚手架

每三步脚手架设置一道附着，与建筑物拉结。外挑式脚手架底层应满铺厚木脚手板，其上各层脚手架可满铺薄钢板冲压成型穿孔轻型脚手板。各层脚手架均应备齐护栏、扶手、踢脚板和扶梯马道。

脚手架上严禁堆放重物，脚手架外侧用小眼安全网封闭，以防施工人员及物料坠落，从而造成意外伤害。

此外，随着高层建筑施工技术的发展，悬挑式脚手架还有移置式和插装式，在工程中均有应用。移置式脚手架是将脚手架部分预先在地面上搭设好，脚手架在带短钢管立柱插座的型钢纵梁上牢靠地固定之后，用塔式起重机将其安装在从楼层结构上挑出的支承架上。待脚手架就位妥当之后，每隔 4～6m 另用钢管和钢丝绳顶拉杆件与建筑物拉结稳固。随着施工作业面向上转移，移置式脚手架可借助塔式起重机一组组地逐段逐层向上转移。

插装式外脚手架也称插口架，适用于外墙为预制墙板或无外墙板的框架结构高层建筑，能充分满足安全防护和施工人员交通的需要。插口架按在建筑物上固定方式的不同，可分为甲、乙、丙三种形式。甲型插口架，适用于外墙板有窗口部位，利用悬臂杆件插入窗口内，用双扣件与室内立柱联结，借助别杠与建筑物固定，其构造如图 2-13 所示。乙型插口架适用于外墙板无窗口的部位。插口架上部通过穿墙钩环与螺栓固定在建筑物上，下部则通过横向水平杆顶在外墙上。其构造如图 2-14 所示。丙型插口架可用于无外墙板的钢筋混凝土框架结构高层建筑。插口架底部伸出的横向水平杆支承在楼板上，并与楼板预埋件连接牢固。插口架的上部则用钢丝绳和花篮螺栓与楼板拉结。钢丝绳花篮拉杆的间距应不大于 2m，其构造如图 2-15 所示。

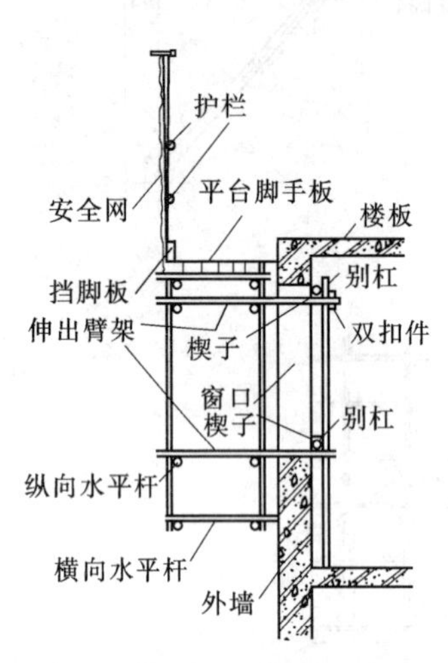

图 2-13　甲型插口架构造示意

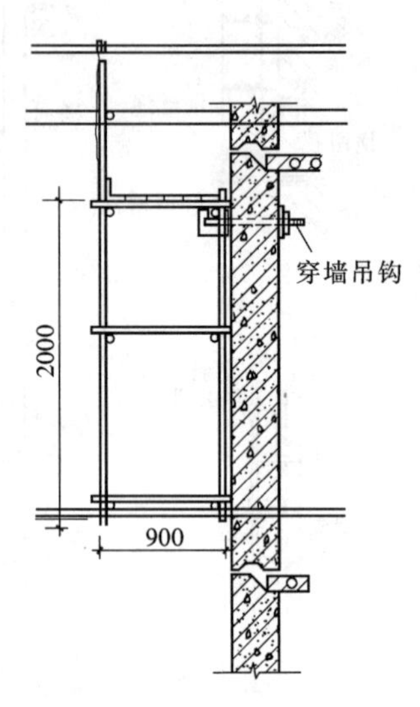

图 2-14　乙型插口架构造示意

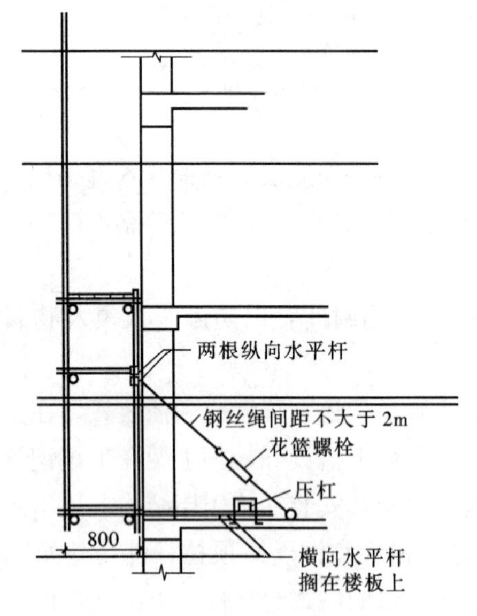

图 2-15　丙型插口架构造示意

2.4.3　附着式升降脚手架

20 世纪 80 年代以来，随着高层建筑施工技术的发展，附着式升降脚手架悄然兴起，这种脚手架具有使用方便，节省大量材料、劳动力和工时的特点，建筑物越高，其经济效益越显著。据资料介绍，建筑总面积 3～3.5 万 m^2，总高为90～110m 的高层建筑，采用附着式升降脚手架进行结构和外墙装饰工程施工，同采用一落到底外脚手架相比，约可节省脚手架费用 60%。因而近年来附着式升降脚手架在高层建筑施工中应用发展迅速，已成为高层建筑，尤其是超高层建筑施工脚手架的主要形式。

附着式升降脚手架出现初期仅用于剪力墙施工，近年来在框架结构施工中，得到较多应用。附着式升降脚手架按爬升机具的不同可分为手拉葫芦式和电动葫芦式；按爬升导向装置则可分为套筒（管）式和导杆式；按脚手架构造尺寸和操作层数的特点，又可分为双层区段式和多层整体式。目前，用于剪力墙施工的附着式升降脚手架大多是双层套筒（管）式，而用于框架结构施工的则是导杆式整体多层附着升降脚手架。

1. 套筒（管）式附着升降脚手架

套筒（管）式附着升降脚手架是由提升机具、操作平台、爬杆、套管（套筒或套架）、横梁、吊环和附墙支座等部件组成，如图 2-16 所示。

提升机具采用起重量为 1.5～2t 的手拉葫芦（倒链）。

操作平台是脚手架的主体，又分为上操作平台（亦称小爬架）和下操作平台（亦称大爬架）。下操作平台焊装有细而长的立杆起着爬杆的作用。上操作平台与套管或套筒联结成一体，可沿爬杆爬升或下降，套管或套筒在爬架升降过程中起着导向作用。在爬杆顶部横梁上，上、下操作平台顶部横梁以及上操作平台底部横梁上均焊装有安装手拉葫芦用的吊环。另外各操作平台面向混凝土墙体的一侧均焊装有 4 个附墙支座，其中两个在上，两个在下，通过穿墙螺栓联结作用，使爬架牢固地附着在混凝土墙体上。

在这种爬升脚手架的上操作平台上，工人可进行钢筋绑扎，大模板安装与校正，在预留孔处安装穿墙钢管、浇灌混凝土以及拆除大模板等作业。

套筒式附着升降脚手架的爬升过程如下：①首先拔出爬架上操作平台的 4 个穿墙螺栓；②将手拉葫芦挂在爬杆顶端横梁吊环上；③启动手拉葫芦，提升上操作平台；④使上操作平台向上爬升到预留孔位置，插好穿墙螺栓，拧紧螺母，将上操作平台固定牢靠；⑤将手拉葫芦挂在上操作平台底横梁吊环上；⑥松动下操作平台附墙支座的穿墙螺栓；⑦启动手拉葫芦，将下操作平台提升到上操作平台原所在的预留孔位置处；⑧安装穿墙螺栓并加以紧固，使下操作平台牢固地附着在混凝土墙体上，爬升脚手架至此完成向上爬升一个楼层的全过程，如此反复进行，爬升到顶层完成混凝土浇筑作业。如图 2-17 所示。

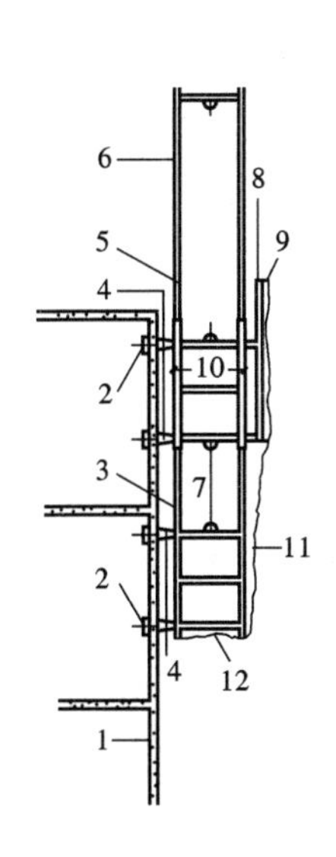

图 2-16　套筒式附着升降脚手架示意图

1—剪力墙；2—穿墙连固螺栓；3—下操作平台；4—附墙支座；5—上操作平台；6—立柱（爬杆）；7—吊环；8—上操作平台护栏；9—钢丝网；10—套筒；11—细眼安全网；12—兜底安全网

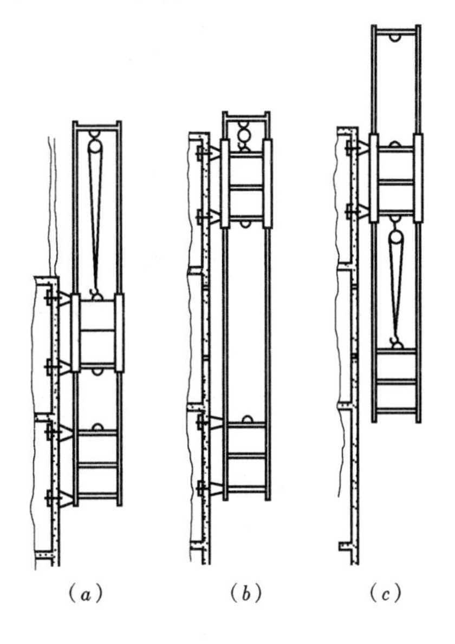

图 2-17　套筒式附着升降脚手架的爬升过程示意图

(a) 爬升脚手架爬升；(b) 用手拉葫芦提升上操作平台；(c) 用手拉葫芦提升下操作平台

套筒式附着升降脚手架的下降过程是爬升的逆过程。工人可登上操作平台进行外墙粉刷及其他装饰作业。

2. 整体式附着升降脚手架

整体式附着升降脚手架或称整体提升脚手架，是一种省工、省料，结构简单，提升时间短，能够满足高层建筑结构、装修阶段施工要求的脚手架，主要用于框架结构。

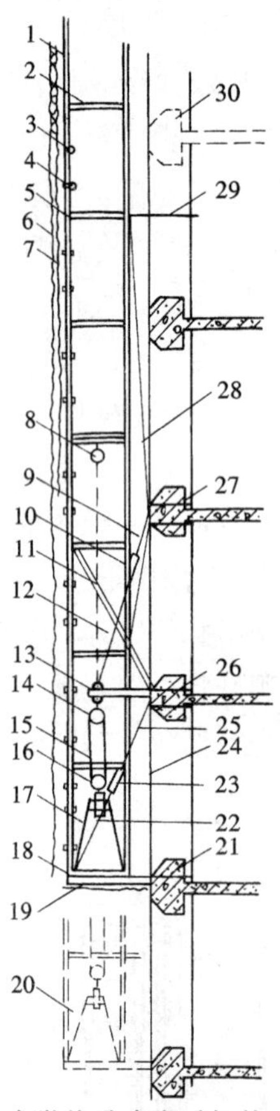

图 2-18 整体式附着升降脚手架构造示意图
1—立杆；2—横杆；3—扶手；4—护栏扶手；5—纵向水平杆；6—细眼安全网；7—钢丝网；8—手拉葫芦；9—挑梁拉杆上节；10—挑梁拉杆中节；11—临时固定钢管；12—挑梁拉杆下节；13—挑梁；14—电动葫芦；15—提升链条；16—提升机动滑轮；17—承力架吊架；18—承力架；19—兜底安全网；20—起始提升位置；21—承力架穿梁螺栓；22—承力架拉杆下节；23—承力架拉杆中节；24—导向轮；25—承力架拉杆上节；26—挑梁穿梁螺栓；27—穿梁承重螺栓；28—防外倾装置；29—临时固定钢管；30—待浇筑混凝土梁

整体式附着升降脚手架由承力架、承重桁架、悬挑钢梁、吊架、电控升降系统、脚手架、防外倾装置、导向轮、附墙临时拉结、安全挡板、安全拉杆、安全网、兜底网、防雷装置、脚手板、抗风浮力拉杆及手拉葫芦等组成。如图 2-18 所示。

整体式附着升降脚手架的提升步骤如下：①检查电动葫芦是否挂妥，挑梁安装是否牢固；②撤出架体所有人员及杂物（包括材料、施工机具等）；③试开动电动葫芦，使电动葫芦与吊架（承力托）之间的吊链拉紧，且处于初始受力状态；④拆除（松开）与建筑物的拉结，检查是否有阻碍脚手架体向上升的物件；⑤松解承力托与建筑物相连的螺栓和斜拉杆，观察架体稳定状态；⑥开动电动葫芦开始爬升，爬升过程中指定专人负责观察机具运行以及架体同步情况，如发现有异常或不同步情况，应立即暂时停机进行检查和调整，整体式附着升降脚手架的提升速度一般为80～100mm/min，每爬升一个层高平均约需 1～2h；⑦架体爬升到位后，立即安装承力托与混凝土边梁的紧固螺栓，将承力托的斜拉杆固定于上层混凝土的边梁，然后再安装架体上部与建筑物的各拉结点；⑧检查脚手板及相应的安全措施，切断电动葫芦电源，即可开始使用，进行上一层结构施工；⑨将电动葫芦及悬挑钢梁摘下，用手动葫芦及滑轮组将其倒至上一层相应部位重新安装好，准备下一层爬升。

3. 附着式升降脚手架的构造

（1）附着式升降脚手架架体的尺寸

架体高度不应大于 5 倍楼层层高；架体宽度不应大于 1.2m；直线布置的架体支承

跨度不应大于 8m；折线或曲线布置的架体支承跨度不应大于 5.4m；整体式附着升降脚手架架体的悬挑长度不得大于 1/2 水平支承跨度和 3m；单片式附着升降脚手架架体的悬挑长度不应大于 1/4 水平支承跨度。升降和使用工况下，架体悬臂高度均不应大于 6.0m 和 2/5 架体高度，架体全高与支承跨度的乘积不应大于 $110m^2$。

(2) 附着式升降脚手架架体的结构

架体必须在附着支承部位沿全高设置定型加强的竖向主框架，竖向主框架应采用焊接或螺栓连接的片式框架或格构式结构，并能与水平梁架和架体构架整体作用，且不得使用钢管扣件或碗扣架等脚手架杆件组装。竖向主框架与附着支承结构之间的导向构造不得采用钢管扣件、碗扣架或其他普通脚手架连接方式。

架体水平梁架应满足承载和与其余架体整体作用的要求，采用焊接或螺栓连接的定型桁架梁式结构；当用定型桁架构件不能连续设置时，局部可采用脚手架杆件进行连接，但其长度不能大于 2m，并且必须采取加强措施，确保其连接刚度和强度不低于桁架梁式结构。主框架、水平梁架的各节点中，各杆件的轴线应汇交于一点。

架体外立面必须沿全高设置剪刀撑，剪刀撑跨度不得大于 6.0m；其水平夹角为 45°～60°，并应将竖向主框架、架体水平梁架和构架连成一体。

悬挑端应以竖向主框架为中心成对设置对称斜拉杆，其水平夹角应不小于 45°。

单片式附着升降脚手架必须采用直线形架体。

(3) 附着支承结构的构造

附着支承结构采用普通穿墙螺栓与工程结构连接时，应采用双螺母固定，螺杆露出螺母应不少于 3 扣。垫板尺寸应按设计确定，且不得小于 80mm×80mm×8mm。

当附着点采用单根穿墙螺栓锚固时，应具有防止扭转的措施。

附着构造应具有对施工误差的调整功能，以避免出现过大的安装应力和变形；位于建筑物凸出或凹进结构处的附着支承结构应单独进行设计，确保相应工程结构和附着支承结构的安全；对附着支承结构与工程结构连接处混凝土的强度要求应按计算确定，并不得小于 C10。

在升降和使用工况下，确保每一架体竖向主框架能够单独承受该跨全部设计荷载和倾覆作用的附着支承构造，均不得少于两套。

4. 附着式升降脚手架的装置

(1) 附着式升降脚手架的防倾装置

防倾装置应用螺栓同竖向主框架或附着支承结构连接，不得采用钢管扣件或碗扣方式；在升降和使用两种工况下，位于在同一竖向平面的防倾装置均不得少于两处，并且其最上和最下一个防倾覆支承点之间的最小间距不得小于架体全高的 1/3；防倾装置的导向间隙应小于 5mm。

(2) 附着式升降脚手架的防坠落装置

防坠落装置应设置在竖向主框架部位，且每一竖向主框架提升设备处必须设置一个；防坠装置必须灵敏、可靠，其制动距离对于整体式附着升降脚手架不得大于 80mm，对于单片式附着升降脚手架不得大于 150mm；防坠装置应有专门详细的检查方法和管理措施，以确保其工作可靠、有效；防坠装置与提升设备必须分别设置在两套附着支承结构上，若有一套失效，另一套必须能独立承担全部坠落荷载。

(3) 附着式升降脚手架的安全防护

架体外侧必须用密目安全网（≥800 目/100cm^2）围挡；密目安全网必须可靠固定在架体上；架体底层的脚手板必须铺设严密，且应用平网及密目安全网兜底。应设置架体升降时底层脚手板可折起的翻板构造，保持架体底层脚手板与建筑物表面在升降和正常使用中的间隙，防止物料坠落；在每一作业层架体外侧必须设置上、下两道防护栏杆（上杆高度 1.2m，下杆高度 0.6m）和挡脚板（高度 180mm）；单片式和中间断开的整体式附着升降脚手架，在使用工况下，其断开处必须封闭并加设栏杆；在升降工况下，架体开口处必须有可靠的防止人员及物料坠落的措施。

附着式升降脚手架在升降过程中，必须确保升降平稳。升降吊点超过两点时，不能使用手拉葫芦。同步及荷载控制系统应通过控制各提升设备间的升降差和控制各提升设备的荷载来控制各提升设备的同步性，且应具备超载报警停机、欠载报警等功能。

遇五级（含五级）以上大风和大雨、大雪、浓雾和雷雨等恶劣天气时，禁止进行升降和拆卸作业，并应预先对架体采取加固措施。夜间禁止进行升降作业。当附着升降脚手架预计停用超过一个月时，停用前采取加固措施。当附着式升降脚手架停用超过一个月或遇六级以上大风后复工时，必须进行安全检查。

2.4.4 升降平台

在高层建筑施工中，升降平台是旅游宾馆门厅、多功能厅和四季厅等室内装饰和机电设备安装用的一种重要机具。

按工作原理分，升降平台可分为伸缩式和折叠式两种。按支承结构的构造特点，升降平台可分为立柱式和叉式两种。按移动方式来区分，升降平台又分为牵引式和移动式两种。牵引式升降平台的底架装有行走轮胎和牵引杆，借助人力推动转移施工部位，如图2-19所示。移动式升降平台则以轻型卡车为基础改装而成，主要供裙房外檐装饰工程和庭园机电设备安装工程使用。

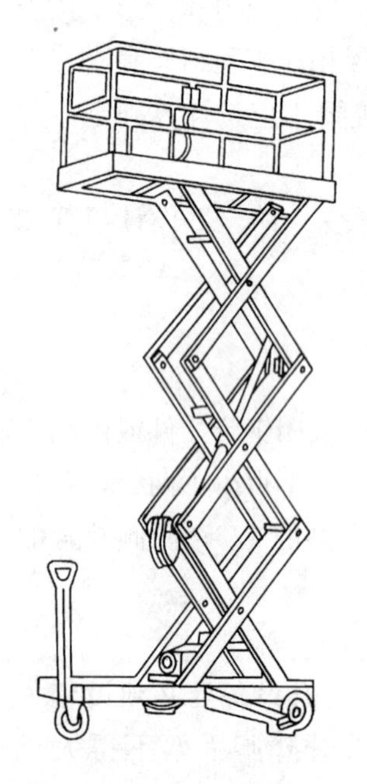

图 2-19　牵引式升降平台

目前，应用较广的是叉式升降平台，这种设备又称剪刀撑式升降台或叉架剪式升降台。

叉式升降平台的工作平台用型钢和钢板焊成。剪刀式升降架用轻量型钢制成，铰点销轴具有良好的润滑，转动极为灵活。升降架采用双作用液压油缸进行升降，液压升降机组安置在底架上，液压升降系统回路设有液压锁并配以机械限位装置，故工作平稳，无坠落危险。施工时，可根据作业性质选用参数合适的型号。

叉式升降平台可单个使用，也可多台组合使用，能适应不同工作面的需要。叉式升降平台的特点是：①升降平稳，高度可随意调节；②转移迅速，功效高；③可分别在平台上和地面上操纵升降，使用方便，保养简单；④工作面和升降高度均可自由安排，能代替局部满堂架子，机动灵活。

2.4.5 吊篮脚手

吊篮脚手（简称吊篮）是一种新型的建筑机械，它设备简单，操作方便，工效高，经济效益好。因此在高层和超高层建筑外檐装修施工中，得到日益广泛的应用，此外它还能进行建筑设备的安装、维修和外墙清洁工作。

吊篮脚手分为手动吊篮和电动吊篮两大类。按其作业面又分为单层式吊篮、双层式吊篮。从吊篮的构造来说都是由悬挑钢架（挑梁）、吊篮结构（包括操作平台、护身栏和吊环）、吊索、安全装置、电动卷扬机或手拉葫芦组成。

手动吊篮结构采用薄壁型钢或铝合金型材制成，可整体拆卸和快速组拼；采用两台手动提升机进行升降；设有安全锁和独立的安全钢丝绳，当吊篮发生意外超速下降时，安全锁便会自动地将吊篮锁定在安全钢丝绳上，因而能确保施工人员的安全；吊篮的屋面机构为移动式悬挂臂架或女儿墙夹紧悬挂机构，移动方便，架设迅速，适应性强。

电动吊篮的提升机构由电动机、制动器、减速器、压绳和绕绳机构组成。

电动吊篮装有可靠的安全装置，通常称为安全锁或限速器。当吊篮下降速度超过1.6～2.5倍额定提升速度时，该安全装置便会自动地煞住吊篮，不使吊篮继续下降，从而保证施工人员的安全。

电动吊篮的屋面挑梁系统可分为简单固定式挑梁系统、移动式挑梁系统和装配式桁架台车挑梁系统三类。在构造上，各种屋面挑梁系统基本上均由挑梁、支柱、配重架、配重块、加强臂附加支杆以及脚轮或行走台车组成。挑梁系统采用型钢焊接结构，其悬挑长度、前后支腿距离、挑梁支柱高度均是可调的，因而能灵活地适应不同屋顶结构以及不同立面造型的需要。吊篮构造如图 2-20 所示。

使用吊篮时要严格遵守操作规程；严禁超载运行；风速超过 5 级时，不得登吊篮操作；不准在吊篮内进行焊接作业；吊篮停于某处施工时，必须锁紧安全锁，当要继续升降至某施工点时，再打开安全锁；安全锁必须按规定日期进行检查和试验。

无论使用手动吊篮或电动吊篮均必须严格遵循以下几点：

(1) 每天作业前，须先使吊篮上升、下降数次，经确认无故障后，才能投入作业。

(2) 安全锁只允许在所规定的安全限期使用。每天工作开始前，应用手向上抽动安全锁绳数次，当确认其灵敏有效后，才可使用吊篮。

(3) 安全钢丝绳下端应用坠绳器坠紧，使其绷直，否则容易使安全锁连续锁绳。一旦锁绳，可将吊篮提升，使安全锁自动开锁，切不可硬性敲击。

(4) 钢丝绳上不得有油、结冰、霜。发现有断丝、松股或扭伤必须换新时，应选用规格符合要求的钢丝绳。

(5) 在吊篮操作平台上必须存放手提电动工具或建筑材料时，应注意保持吊篮平稳无倾斜现象。如在吊篮升降过程中发现有倾斜现象时，必须立即停机，调整到水平位置后，再继续升降。

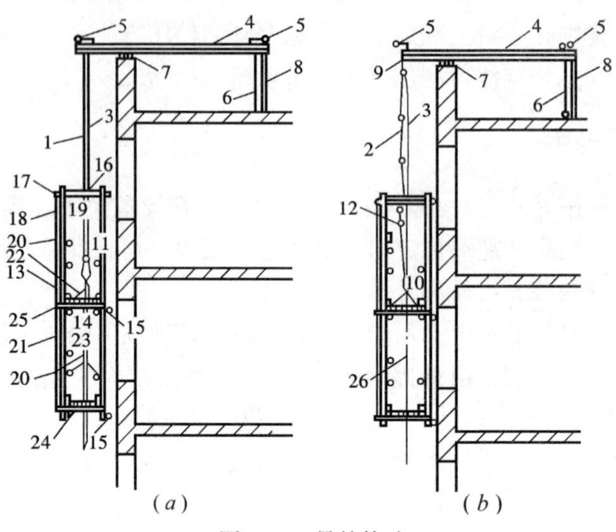

图 2-20　吊篮构造

（a）电动吊篮；（b）手动吊篮

1—钢丝绳；2—链杆式链条；3—安全绳；4—挑梁；5—连接挑梁水平杆；6—挑梁与建筑物固定立杆；7—垫木；8—临时支柱；9—固定链杆式链条钢丝绳；10—固定吊篮与安全绳的短钢丝绳；11—手扳葫芦；12—手拉葫芦；13—挡脚板；14—工作平台；15—护墙轮；16—护头棚；17、25—横向水平杆；18、24—纵向水平杆；19—立杆；20—正面斜撑；21—安全网；22—吊钩；23—护身栏；26—吊篮架体

单元小结

合理地选用、配备垂直运输设备机具，是保证高层建筑施工效率的重要前提条件。塔式起重机能够完成施工原材料、构配件，以及模板机具的垂直及水平运输，是高层建筑施工必不可少的设备，其他如负责施工人员的垂直运送的施工电梯，完成混凝土水平运送的混凝搅拌车，完成混凝土垂直运送的混凝土泵，以及混凝土布料机具，还有高层施工用的各种脚手架等，都是应高层建筑施工的需要而出现的施工机具，在施工中应该根据工程的实际情况合理选用，科学配置。

复习思考题

1. 选用塔式起重机应遵循哪些原则？
2. 塔式起重机的主要参数有哪些？
3. 构筑附着式自升塔式起重机基础时有哪些要求？
4. 试述附着式自升塔式起重机的锚固构造。
5. 内爬式起重机爬升时的注意事项？
6. 施工电梯的主要作用有哪些？
7. 混凝土搅拌运输在运输时可以擅自加水吗？
8. 混凝土泵容易引起的故障有哪些？如何处理？
9. 试述门式脚手架的架设和使用要求。
10. 试述悬挑式脚手架的构造。
11. 试述附着式升降脚手架的构造。
12. 附着式升降脚手架应配置哪些装置？

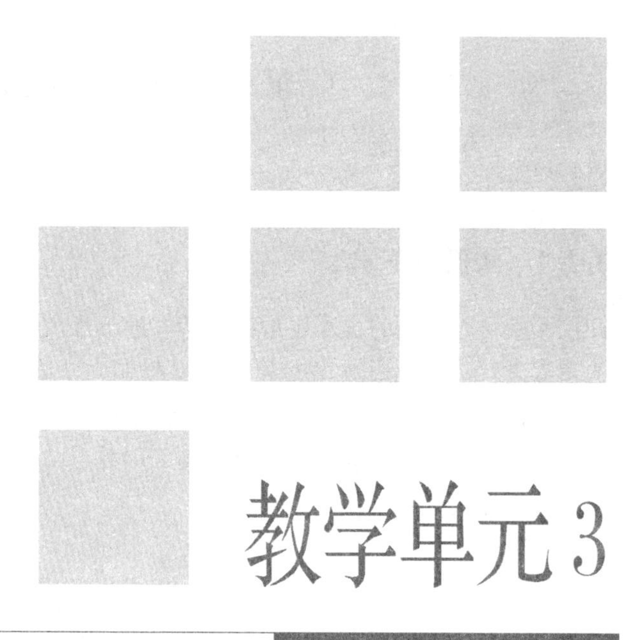

教学单元3

基础工程施工

【教学目标】 通过本单元教学，使学生掌握如何降低地下水位及组织深基坑土方开挖的方法，具备选择深基坑挡土支护结构类型的选择能力，掌握桩基、地下连续墙、土层锚杆、土钉支护在深基坑工程中的施工要点，具备相应验收能力。具备提出大体积混凝土基础结构施工对应措施能力。

3.1 降低地下水与基坑土方开挖

3.1.1 降低地下水

开挖深基坑时，土的含水层常被切断，地下水就会不断地渗流入基坑内。为了保证施工的正常进行，防止边坡塌方和地基承载能力下降，深基坑开挖与支护工程采取降水、止水、排水以及防管涌等技术措施是十分重要的。如采用水泥搅拌桩、压力注浆和深层旋喷桩等方法形成阻水帷幕，或直接采用井点降水等，使坑底保持干燥。

常见降水方法有：

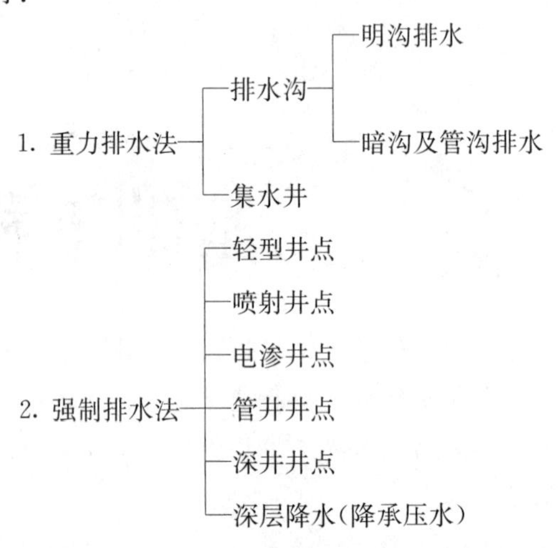

集水井降水，是在开挖基坑时沿坑底周围开挖排水沟，再于坑底设集水井，使基坑内的水经排水沟流向集水井，然后用水泵抽出坑外。但是，在深基坑中，容易引起流沙、管涌和边坡失稳。

轻型井点降低地下水位，是沿基坑周围以一定的间距埋入井管（下端为滤管），在地面上用水平铺设的集水总管将各井管连接起来，再于一定位置设置真空泵和离心泵，开动真空泵和离心泵后，地下水在真空吸力作用下，经滤管进入井管，然后经集水总管排出，这样就降低了地下水位。

喷射井点有喷水井点和喷气井点之分，其工作原理相同，只是工作流体不同，前者以压力水作为工作流体，后者以压缩空气作为工作流体。

喷射井点用作深层降水，其一层井点可把地下水位降低 8～20m，甚至 20m 以下。其工作原理如图 3-1、图 3-2 所示。喷射井点的主要工作部件是喷射井管内管底端的扬水装置——喷嘴和混合室（图 3-2），当喷射井点工作时，由地面高压离心水泵供应的高压工作水，喷嘴喷出，在喷嘴处由于过水断面突然收缩变小，使工作水流具有极高的流速（30～60m/s），在喷口附近造成负压（形成真空），因而将地下水经滤管吸入，吸入的地下水在混合室水流压力相对增大，把地下水连同工作水一起扬升出地面，经排水管道系统排至集水池或水箱，由此再用排水泵排出。

采用喷射井点时，当基坑宽度小于 10m 可单排布置；大于 10m 则双排布置。当基坑面积较大时，宜环形布置。井点间距一般为 2～3m。埋设时冲孔直径约 400～600mm，深度应大于滤管底 1m 以上。

工作水要干净，不得含泥沙和其他杂物，尤其在工作初期更应注意工作水的干净，因为此时抽出的地下水可能较浑浊，如不经过很好的沉淀即用作工作水，会使喷嘴、混合室等部位很快的磨损。如果扬水装置已磨损，在使用前应及时更换。为防止产生工作水反灌现象，在滤管下端最好增设逆止球阀。

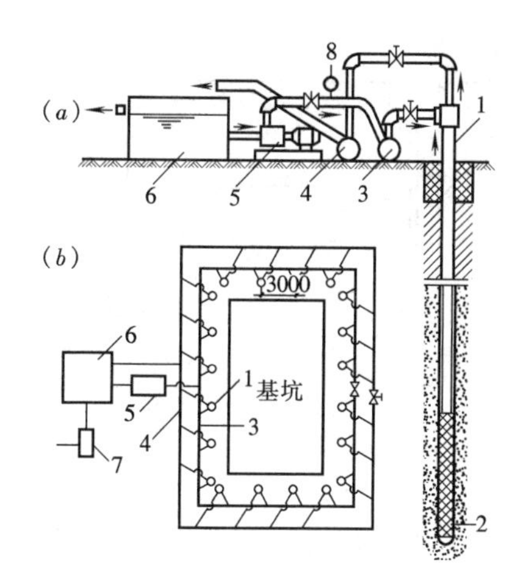

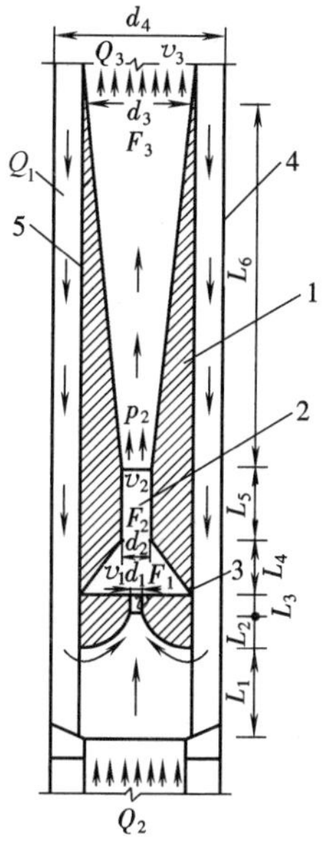

图 3-1　喷射井点布置图

1—喷射井管；2—滤管；3—供水总管；4—排水总管；5—高压离心水泵；6—水池；7—排水泵；8—压力表

图 3-2　喷射井点扬水装置

1—扩散室；2—混合室；3—喷嘴；4—喷射井点外管；5—喷射井点内管；L_1—喷射井点内管底端两侧进水孔高度；L_2—喷嘴颈缩部分长度；L_3—喷嘴圆柱部分长度；L_4—喷嘴口至混合室距离；L_5—混合室长度；L_6—扩散室长度；d_1—喷嘴直径；d_2—混合室直径；d_3—喷射井点内管直径；d_4—喷射井点外管直径；Q_1—工作水流量；Q_2—单井排水量（吸入水流量）；Q_3—工作水加吸入水的流量（$Q_3=Q_1+Q_2$）；p_2—混合室末端扬升压力（MPa）；F_1—喷嘴断面积；F_2—混合室断面积；F_3—喷射井点内管断面积；v_1—工作水从喷嘴喷出时的流速；v_2—工作水与吸入水在混合室的流速；v_3—工作水与吸入水排出时的流速

电渗井点是在降水井点管的内侧打入金属棒（钢筋、钢管等），连以导线。以井点管为阴极，金属棒为阳极，通入直流电后，土颗粒自阴极向阳极移动，称电泳现象，使土体固结；地下水自阳极向阴极移动，称电渗现象，使软土地基易于排水，如图 3-3 所示。它用于渗透系数小于 0.1m/d 的土层。

电渗井点是以轻型井点管或喷射井点管作阴极，$\phi20\sim\phi25$ 的钢筋或 $\phi50\sim\phi75$ 的钢管为阳极，埋设在井点管内侧，与阴极并列或交错排列。当用轻型井点时，两者的距离为 0.8～1.0m；当用喷射井点则为 1.2～1.5m。阳极入土深度应比井点管深 500mm，露出地面 200～400mm。阴、阳极数量相等，分别用电线联成通路，接到直流发电机或直流电焊机的相应电极上。

电渗井点降水的工作电压不宜大于 60V。土中通电的电流密度宜为 0.5～1.0A/m²，为避免大部分电流从土表面通过，降低电渗效果，通电前

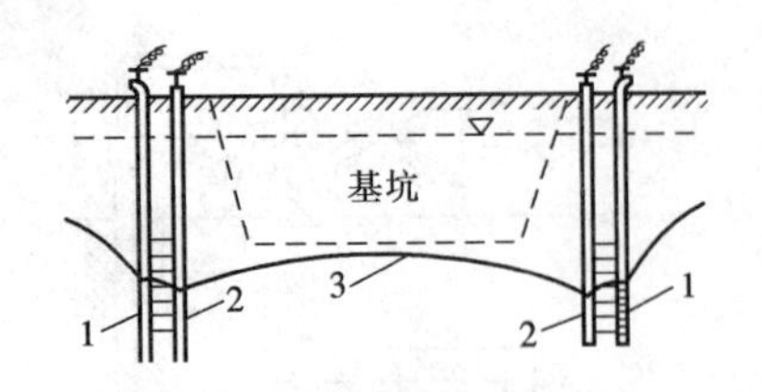

图 3-3 电渗井点原理图
1—井点管；2—金属棒；
3—地下水降落曲线

应清除阴阳极间地面上的导电物，使地面保持干燥，如涂一层沥青则绝缘效果更好。通电时，为消除由于电解作用产生的气体积聚在电极附近，使土体电阻增大，加大电能消耗，宜采用间隔通电法，即每通 24h，停电 2～3h。在降水过程中，应量测和记录电压、电流密度、耗电量及水位变化。

管井井点就是沿开挖的基坑，每隔一定距离（20～50m）设置一个管井，每个管井单独用一台水泵（潜水泵、离心泵）进行抽水，降低地下水位。用此法可降低地下水位 5～10m，适用于渗透系数较大（土的渗透系数 K=20～200m/d）地下水量大的土层中。

带真空的深井泵是近年来在上海等地区应用较多的一种深层降水设备（图 3-4）。每一个深井泵由井管和滤管组成，单独配备一台电动机和一台真空泵，开动后达到一定的真空度，则可达到深层降水的目的，在渗透系数较小的淤泥质黏土中亦能降水。

这种真空深井泵的吸水口真空度可达 0.05～0.095MPa；最大吸水作用半径 15m 左右；降水深度可达－8～－18m（井管长度可变）；钻孔直径 ϕ850～ϕ1000；电动机功率 7.5kW；最大出水量 30L/min。

安装这种真空深井泵时，钻孔设备应用清水作水源冲钻孔，钻孔深度比埋管深度大 1m。成孔后应在 2h 内及时清孔和沉管，清孔的标准是使泥浆达到1∶1.1～1∶1.15。沉管时应使溢水箱的溢出口高于基坑排水沟系统入水口 200mm 以上，以便排水。滤水介质用中粗砂与 ϕ10～ϕ15 的细石，先灌入 2m 高（一般孔深 1m 用量 1t）的细石，然后灌中粗砂。砂灌入后立即安装真空泵和电动机，随即通电预抽水，直至抽出清水为止。这种深井泵应由专用电箱供电。

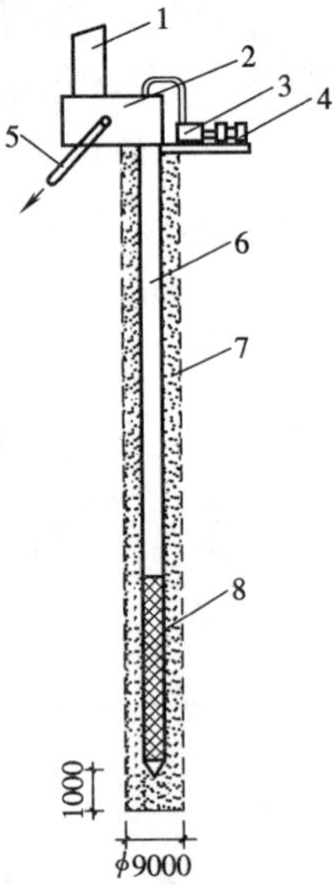

图 3-4 真空深井泵
1—电气控制箱；2—溢水箱；
3—真空泵；4—电动机；
5—出水管；6—井管；
7—砂；8—滤管

深井泵由于井管较长，挖土至一定深度后，自由端较长，井管应与附近的支护结构支撑或立柱等连接，予以固定。在挖土过程中，要注意保护深井泵，避免挖土机撞击。

这种真空深井泵在软土中，每台泵的降水服务范围约 200m^2。

降水方法的选择：视土的渗透系数、降水深度、设备条件及经济比较等而定。

当土的渗透系数 K<5m/d 时，宜选用轻型井点和喷射井点；当土的渗透系数 K=5～20m/d 时，可选用轻型井点、喷射井点，亦可选用管井井点。

当土的渗透系数 K<0.1m/d 时，此时土的渗透性很差，可在轻型井点管的内圈增设一些电极（钢筋或钢管），通入直流电，以加速地下水向井点管渗透，加速排水，这就成为“电渗井点”。

一般轻型井点降低水位的深度，一层井点为3～6m，当地下水位较高，而基坑较深时，用轻型井点降水，则需两层甚至多层井点进行降水。这样，设备数量多，基坑挖土量大。如改用“喷射井点”进行降水，其降水深度可达8～20m。所以，进行深层降水宜用喷射井点的方法。

当降水深度更大，在管井内用一般的水泵降水满足不了要求时，可改用特制的深井泵，此法即“深井泵降水法”。深井泵法适用于土的渗透系数$K=10\sim80$m/d、降水深度大于15m的情况。

为了减少井点降水对四邻的影响和危害，主要可采取以下几项措施：

(1) 采用密封形式的挡土墙或采取其他的密封措施。如用地下连续墙、灌注桩、旋喷桩、水泥搅拌桩以及用压密注浆形成一定厚度的防水墙等，将井点排水管设置在坑内，井管深度不超过挡土止水墙的深度，仅将坑内水位降低，而坑外的水位则尽量维持原来水位。

(2) 适当调整井点管的埋置深度。在一般情况下，井点管埋置深度应该使坑中的降水曲面在坑底下0.5～1.0m，但在没有密封挡土墙的情况下，井点降水不仅使坑内水位下降，也会使坑外水位下降，如果在降水影响区范围内有建筑物、构筑物、管线需保护时，可以在确保基坑不发生涌砂和地下水不从坑壁渗入的条件下，适当地提高井点管的设计标高。另外，井点降水区域还随着降水时间的延长向外、向下扩张，当处在两排井点的坑中，降水曲面的形成较快，坑外降水曲面扩张较慢。因此，当井点设置较深时，随着降水时间的延长，可适当地控制抽水流量或抽吸真空达到设计要求值；当水位观察井的水位达到设计的控制值时，调整设备使抽水量和抽吸真空度降低，以达到控制坑外降水曲面的目的。这需要通过设置水位观察井来观察水位变化情况，控制水流量和真空度。

(3) 采用井点降水与回灌相结合的技术。其基本原理与方法是在降水井管与需保护的建筑和管线间设置回灌井点、回灌砂井或回灌砂沟，持续不断地用水回灌，形成一道水带，以减少降水曲面向外扩张，保持邻近建筑物、管线等基础下地基土中的原地下水位，防止土层因失水而沉降。降水与回灌水位曲线应视场地环境条件而定，降水曲线是漏斗形，而回灌曲线是倒漏斗形，降水—回灌水位曲线应有重叠，为了防止降水和回灌两井相通，还应保持一定的距离，一般不宜小于6m，否则基坑内水位无法下降，失去降水的作用。回灌井点的深度一般应控制在长期降水曲线下1m为宜，并应设置在渗透性较好的土层中，如果用回灌砂沟，则沟底应设置在渗透性较好的土层内。在降水井点与回灌之间，或两井内外都应设置水位观察点，根据水位变化情况，控制好运用、调节水量，以达到既长期保持水幕作用，又防止回灌水外溢造成危害。

(4) 采用注浆固土技术防止水土流失。为了减少坑内井点降水时，减少降水曲面向外扩张，保持邻近建筑物基础下地基土因地下水位下降水土流失而沉降，在井点降水前，安排在需要控制沉降的建筑物基础的周边，布置注浆孔（每隔2～3m设一个），控制注浆压力，以达到挤密土层中孔隙为度，达到降低土的渗透性能，不产生流失，以保证基坑邻近建筑物、管线的安全，不产生沉降和裂缝。

3.1.2 基坑土方开挖

高层建筑的基坑，由于有地下室，一般深度较大，开挖时，除用推土机进行场地平整和开挖表层外，多利用反铲挖土机和抓斗、拉铲挖土机进行开挖，根据开挖深度，可分一层、二层或多层进行开挖，要与支护结构计算的工况相吻合。常见的开挖方式有分层全开挖、分层分区开挖、中心岛法开挖、土壕沟式开挖。

在制定基坑开挖施工组织设计前，应认真研究工程场地的工程地质和水文地质条件、气象资料、场地内和邻近地区地下管线图和有关资料以及邻近建筑物、构筑物的结构、基础情况等。深基坑开挖工程的施工组织设计的内容一般包括如下几方面：

1. 开挖机械的选择

除很小的基坑外，一般基坑开挖均优先采用机械开挖方案。目前基坑工程中常用的挖土机械较多，有推土机、铲运机、正铲挖土机以及反铲、拉铲、抓铲挖土机等，前三种机械适用土的含水量较小且基坑较浅时，而后三种机械则适用于土质松软、地下水位较高或不进行降水的较深大基坑，或者是在施工方案比较复杂时采用，如逆作法施工等。总之，挖土机械选择应考虑到地基土的性质、工程量的大小、挖土机和运输设备的行驶条件等。

2. 开挖程序的确定

较浅基坑可以一次开挖到底，较深大的基坑则一般采用分层开挖方案，每次开挖深度可结合支撑位置来确定，挖土进度应根据预估位移速率及气候情况来确定，并在实际开挖后进行调整。为保持基坑底土体的原状结构，应根据土体情况和挖土机械类型，在坑底以上保留 5～30cm 土层由人工挖除。进行两层或多层开挖时，挖土机和运土汽车需下至基坑内施工，故在适当部位需留设坡道，以便运土汽车上下，坡道两侧有时需加固处理。

3. 施工现场平面布置

基坑工程往往面临施工现场狭窄而基坑周边堆载又要严格控制的难题，因此必须根据现有场地对装土、运土及材料进场的交通路线、施工机械放置、材料堆场、工地办公及食宿生产场所等进行全面规划。

4. 降、排水措施及冬期、雨期、汛期施工措施的拟定

当地下水位较高且土体的渗透系数较大时应进行井点降水。井点降水可采用轻型井点、喷射井点、电渗井点、深井井点等，可根据降水深度要求、土体渗透系数及邻近建（构）筑物和管线情况选用。排水措施在基坑开挖中的作用也比较重要，设置得当可有效地防止雨水浸透土层而造成土体强度降低。

5. 合理施工监测计划的拟定

施工监测计划是基坑开挖施工组织计划的重要组成部分，从工程实践来看，凡是在基坑施工过程中进行了详细监测的工程，其失事率远小于未进行监测的基坑工程。

6. 合理应急措施的拟定

为预防在基坑开挖过程中出现意外，应事先对工程进展情况预估，并制定可行的应

急措施，做到防患于未然。

7. 基坑土方开挖施工应重视的几个问题

深基坑工程有着与其他工程不同的特点，它是一项系统工程，而基坑土方开挖施工是这一系统中的一个重要环节，它对工程的成败起着相当大的作用，因此，在施工中必须非常重视以下几方面：

(1) 做好施工管理工作，在施工前制定好施工组织计划，并在施工期间根据工程进展及时作必要调整；

(2) 对基坑开挖的环境效应做出事先评估，开挖前对周围环境做深入的了解，并与相关单位协调好关系，确定施工期间的重点保护对象，制定周密的监测计划，实行信息化施工；

(3) 当采用挤土和半挤土桩时应重视其挤土效应对环境的影响；

(4) 重视支护结构的施工质量，包括支护桩（墙）、挡水帷幕、支撑以及坑底加固处理等；

(5) 重视坑内及地面的排水措施，以确保开挖后土体不受雨水冲刷，并减少雨水渗入；在开挖期间若发现基坑外围土体出现裂缝，应及时用水泥砂浆灌堵，以防雨水渗入，导致土体强度降低；

(6) 当支护体系采用钢筋混凝土或水泥土时，基坑土方开挖应注意其养护龄期，以保证其达到设计强度；

(7) 挖出的土方以及钢筋、水泥等建筑材料和大型施工机械不宜堆放在坑边，应尽量减少坑边的地面堆载；

(8) 当采用机械开挖时，严禁野蛮施工和超挖，挖土机的挖斗严禁碰撞支撑，注意组织好挖土机械及运输车辆的工作场地和行走路线，尽量减少它们对支护结构的影响；

(9) 基坑开挖前应了解工程的薄弱环节，严格按施工组织规定的挖土程序、挖土速度进行挖土，并备好应急措施，做到防患于未然；

(10) 注意各部门的密切协作，尤其是要注意保护好监测单位设置的测点，为监测单位提供方便。

3.2 深基坑挡土的支护结构

3.2.1 支护结构的选型

从基坑支护机理来讲，基坑支护方法的发展最早有放坡开挖，然后有悬臂支护、支撑支护、组合型支护等。最早用木桩，现在常用钢筋混凝土桩、地下连续墙、钢板桩以及通过地基处理方法采用水泥挡墙、土钉墙等。钢筋混凝土桩设置方法有钻孔灌注桩、人工挖孔桩、沉管灌注桩和预制桩等。

基坑挡土、支撑、开挖组合分类：

（1）板桩式挡土结构（悬臂）＋分层全开挖（只适用于浅基坑）

（2）板桩式挡土结构＋{内支撑 / 土　锚 / 拉　锚}＋分层全开挖

（3）板桩式挡土结构＋支撑（水平撑、换撑、斜撑）＋岛区式开挖

（4）板桩式挡土结构＋内支撑＋壕沟式开挖

（5）板桩式挡土结构（连续墙）＋逆作法开挖

（6）重力式挡土结构（自立式）＋分层全开挖

（7）刚性重力式（自立式）挡土结构和柔性板桩式挡土结构组合，各种内支撑和土锚、拉锚组合。

悬臂式支护结构示意图如图 3-5 所示。悬臂式支护结构常采用钢筋混凝土排桩墙、木板桩、钢板桩、钢筋混凝土板桩、地下连续墙等形式。钢筋混凝土桩常采用钻孔灌注桩、人工挖孔灌注桩、沉管灌注桩及预制桩。悬臂式支护结构依靠足够的入土深度和支护墙体的抗弯能力来维护整体稳定和结构的安全，它对开挖深度很敏感，容易产生较大的变形，而对周围环境产生不利影响，因而适用于土质较好、开挖深度较浅的基坑工程。

水泥搅拌桩重力式支护结构示意图如图 3-6 所示。水泥搅拌桩在进行平面布置时常采用格构式（图 3-7）。水泥土与其包围的天然土形成重力式挡墙支挡周围土体，保证基坑边坡稳定。水泥搅拌桩重力式支护结构常应用于软黏土地区开挖深度约在 6m 左右的基坑工程。由于水泥土抗拉强度低，因此适用于较浅的基坑工程，其变形也较大。优点是挖土方便成本低。

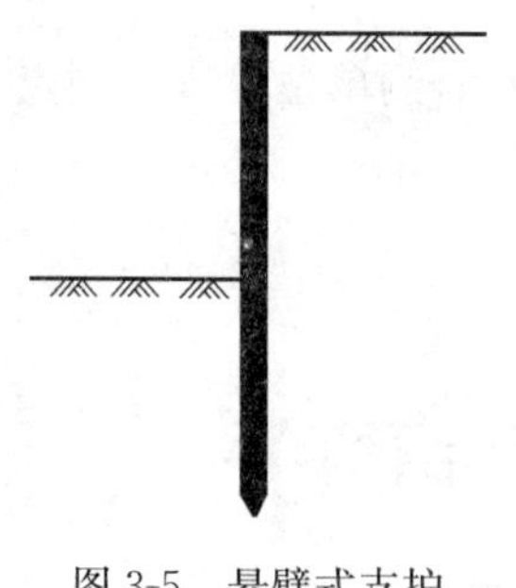

图 3-5　悬臂式支护结构示意图

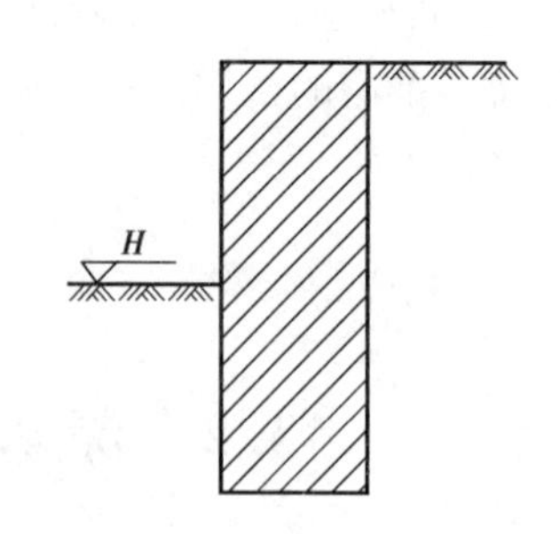

图 3-6　水泥土重力式支护结构示意图

内支撑式支护结构由支护墙体和内支撑体系两部分组成。支护墙体可采用钢筋混凝土排桩墙、地下连续墙或钢板桩等形式。内支撑体系可采用水平支撑和斜支撑。根据不同开挖深度可采用单层支撑和多层支撑，如图 3-8（*a*）、（*b*）及（*d*）所示。当基坑面积较大，而基坑开挖深度又不太大时，可采用单层斜支撑形式（图 3-8*c*）。

内支撑常采用钢筋混凝土支撑和钢管（型钢）支撑两种。钢筋混凝土支撑体系的优

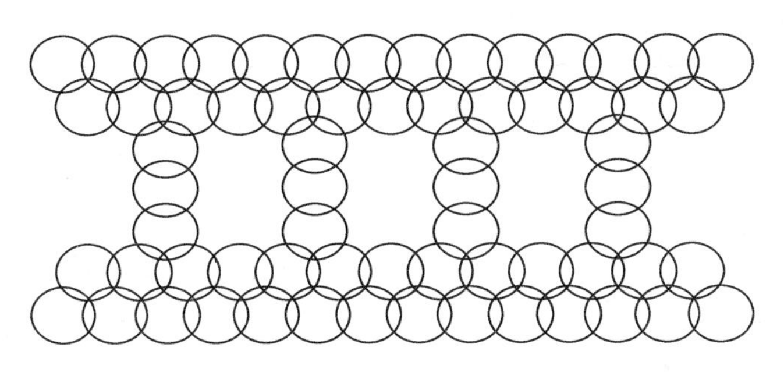

图 3-7　格构式重力式挡墙平面图

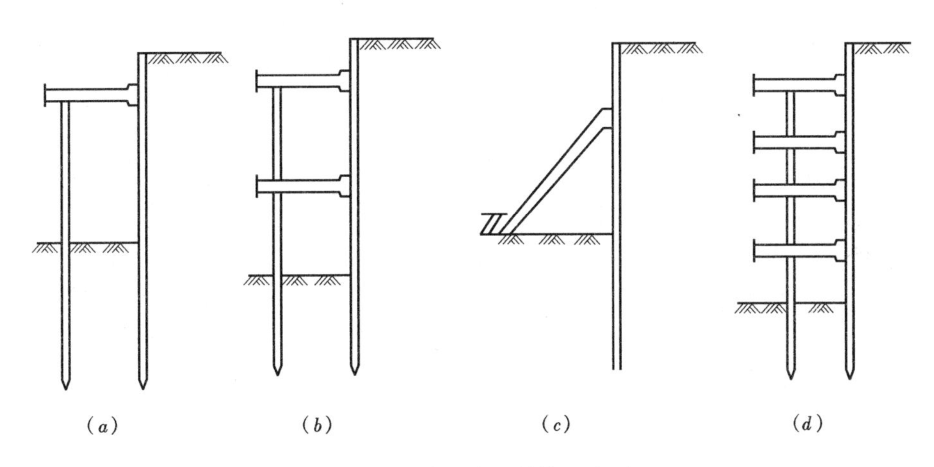

图 3-8　内撑式支护结构示意图

点是刚度大、变形小、布置灵活，而钢支撑的优点是可重复使用，施工速度快，且可施加预压力。图 3-9 所示为一基坑工程支撑体系示意图。

图 3-9　空间结构内撑体系示意图

内支撑式支护结构适用范围广，可适用于各种基坑和基坑深度。

拉锚式支护结构由支护墙体和锚固体系两部分组成。支护墙体同内支撑式支护结构。锚固体系可分为土层锚杆和拉锚式两种。随基坑深度不同，土层锚杆可分为单层锚杆、二层锚杆和多层锚杆，拉锚式支护结构和双层土层锚杆支护结构示意图分别如图 3-10（*a*）和（*b*）所示。拉锚式需要有足够的场地设置锚桩或其他锚固物。土层锚杆式需要地基土能提供较大的锚固力，较适用于砂土地基或黏土地基。由于软黏土地基不能提供锚杆较大的锚固力，所以很少使用。

土钉一般通过钻孔、插筋和注浆来设置，传统上称砂浆锚杆。也有采用打入或射入方式设置土钉。施工时边开挖基坑，边在土坡中设置土钉，在坡面上铺设钢筋网，并通过喷射混凝土形成混凝土面板，形成土钉墙支护结构。土钉墙支护结构的机理可理解为通过在基坑边坡中设置土钉，形成似加筋土重力式挡墙起到挡土作用。土钉墙支护结构示意图如图 3-11 所示。土钉墙支护适用于地下水位以上或人工降水后的黏性土、粉土、

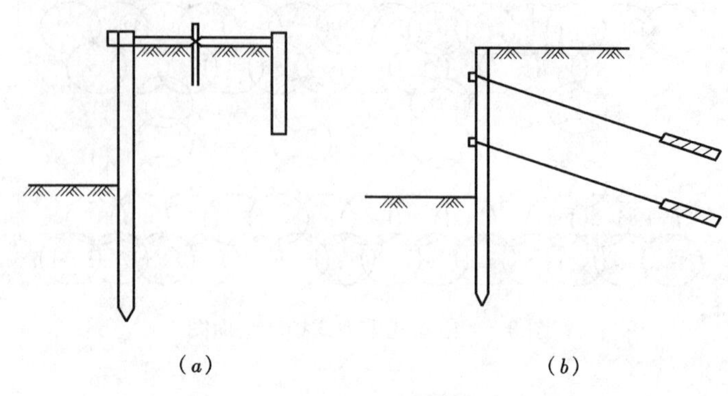

图 3-10　拉锚式支护结构示意图

(a) 地面拉锚式；(b) 双层锚杆式

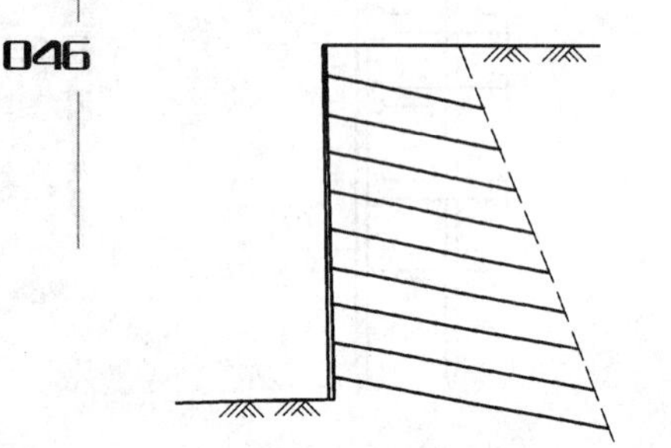

图 3-11　土钉墙支护结构示意图

杂填土及非松散砂土、卵石土等，不适用于淤泥质土及未经降水处理地下水位以下的土层地基中基坑支护。土钉支护基坑深度一般不超过 18m，使用期限不超过 18 个月。

其他形式支护结构主要包括门架式支护结构、拱式组合型支护结构、喷锚网支护结构、加筋水泥土墙支护结构和冻结法等。

(1) 门架式支护结构

门架式支护结构如图 3-12 所示。目前在工程中常用钢筋混凝土灌注桩、冠梁及联系梁形成门架式支护结构体系。其支护深度比悬臂式支护结构深，适用于基坑开挖深度已超过悬臂式支护结构合理支护深度的基坑工程。其合理支护深度可通过计算确定。

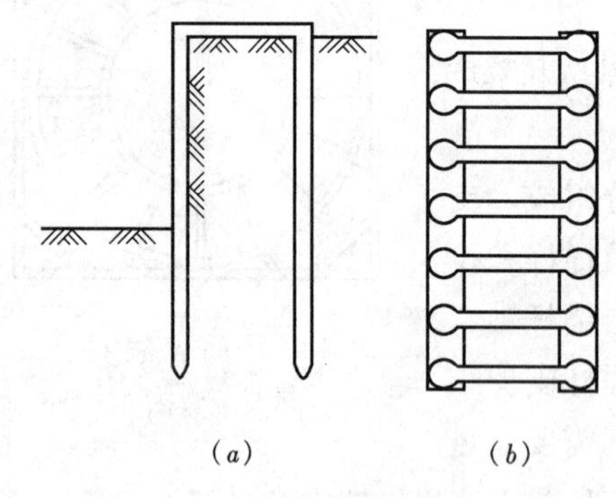

图 3-12　门架式支护结构示意图

(a) 剖面图；(b) 平面图

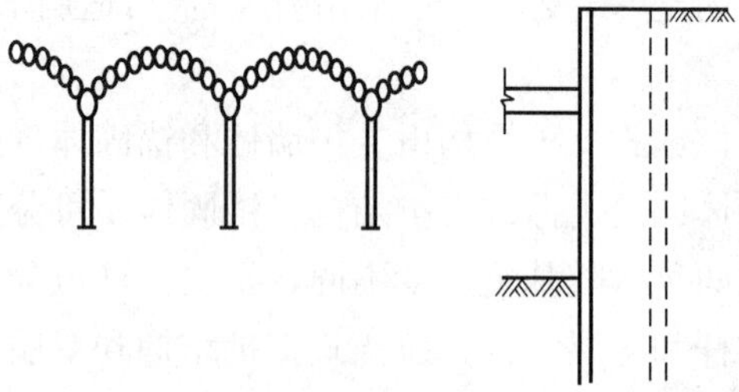

(a)　(b)

图 3-13　拱式组合型支护结构示意图

(a) 平面图；(b) 剖面图

(2) 拱式组合型支护结构

图 3-13 所示为钢筋混凝土灌注桩与深层水泥搅拌桩拱组合形成的支护结构示意图。水泥土抗拉强度小，抗压强度大，形成水泥土拱可有效利用材料性能。拱脚采用钢筋混凝土桩，承受水泥土传来的土压力，通过内支撑平衡土压力。合理采用拱式组合型支护结构可取得较好的经济效益。

(3) 喷锚网支护结构（图 3-14）

喷锚网支护结构是由锚杆（锚索），钢筋网喷射混凝土面层与边坡土体组成。其结构形式与土钉墙支护结构类似，其受力机理类同土层锚杆，常用于土坡稳定加固，也有人将它归属于放坡开挖。分析计算主要考虑土坡稳定，不适用于含淤泥土和流沙的土层。

(4) 加筋水泥土挡墙支护结构（图 3-15）

由于水泥土抗拉强度低，水泥土重力式挡墙支护深度小，为克服这一缺点，在水泥土中插入型钢，形成加筋水泥土挡墙支护结构。在重力式支护结构中，为了提高深层搅拌桩水泥土墙的抗拉强度，人们常在水泥土挡墙中插入毛竹或钢筋。

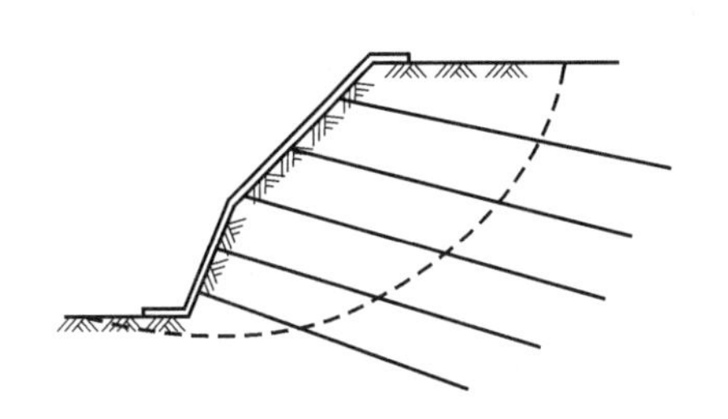

图 3-14 喷锚网支护结构示意图

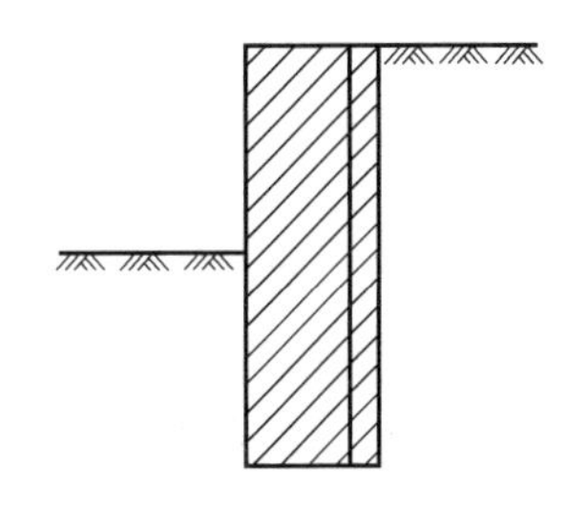

图 3-15 加筋水泥土挡墙支护结构示意图

(5) 沉井支护结构

采用沉井支护结构形成支护体系。

(6) 冻结法支护

通过冻结基坑四周土体，利用冻结土抗剪强度高，挡水性能好的特性，保持基坑边坡稳定。冻结法支护对地基土适用范围广，但应考虑其冻融过程对周围的影响，电源不能中断，以及工程费用等问题。

另外，通过对基坑支护体系被动区土质改良、降低地下水位等措施可有效改善支护结构的受力性状。

3.2.2 支护结构的计算分析

1. 支护结构设计方案考虑的因素

(1) 基坑的几何尺寸：基坑场地的形状、深度和宽度等。

(2) 基坑支护结构所受的荷载

1) 侧向土压力荷载；

2) 垂直地面荷载；

3) 施工动荷载；

4) 工期长的大型工程还要考虑地震荷载。

(3) 基坑场地的工程地质和水文地质情况

1) 勘测资料报告；

2) 勘探数据测试方法；

3）地下水情况及分布，地表水位、承压水层、承压气体。

（4）环境条件

1）基坑施工所在地及周围的地区性质；

2）基坑周围建筑物状况；

3）基坑周围公用设施分布及地下构筑物管线状况；

4）基坑周围交通状况及水域（河流）状况；

5）基坑所处地区环境特殊状况对基坑施工的特殊要求。

（5）基坑施工其建筑物的基础结构及上部结构情况要求。

（6）基坑开挖及排水等方法。

（7）对基坑支护结构施工（噪声、振动、地面污染）的要求。

（8）基坑场地周围已有基坑支护结构形式或类似基坑支护结构的形式在施工中的成功、失败原因、教训。

（9）现已应用的各种支护技术的特点及适用范围。

2. 非重力式支护结构计算分析

（1）支护结构承受的荷载

支护结构承受的荷载，一般包括土压力、水压力和墙后地面荷载引起的附加荷载。

1）土压力。支护结构所承受的土压力，要精确地加以确定是有一定困难的。这是因为土的性质比较复杂，而且土压力的计算还与支护结构的刚度和施工方法等有关。目前，对土压力的计算，仍然是简化后按库伦公式或朗肯公式进行计算，即假定土为砂砾，黏聚力 $c=0$，此时：

主动土压力
$$p_{\mathrm{a}}=\gamma H\tan^2\left(45°-\frac{\varphi}{2}\right) \tag{3-1}$$

被动土压力
$$p_{\mathrm{p}}=\gamma H\tan^2\left(45°+\frac{\varphi}{2}\right) \tag{3-2}$$

式中 γ——土的重力密度（kN/m^3）；

H——基坑的深度（m）；

φ——土的内摩擦角（°）。

如果土不是纯砂砾，具有黏聚力（$c\neq0$），则此时的主动土压力和被动土压力为：

$$p_{\mathrm{a}}=\gamma H\tan^2\left(45°-\frac{\varphi}{2}\right)-2c\cdot\tan\left(45°-\frac{\varphi}{2}\right) \tag{3-3}$$

$$p_{\mathrm{p}}=\gamma H\tan^2\left(45°+\frac{\varphi}{2}\right)+2c\cdot\tan\left(45°+\frac{\varphi}{2}\right) \tag{3-4}$$

式中 c——土的黏聚力（Pa）；

其他符号同上。

对于支点（或拉锚）为两个或多于两个的多支点（拉锚）挡土结构，由于其施工条件和引起的变形，不完全符合库伦土压力产生的条件，所以其土压力不同于库伦理论的土压力。

实际上，侧向土压力的分布是一个较复杂的问题，它与支护结构的刚度、变形，支撑的加设及顶紧力大小、土质、附近的环境条件等都有关。目前有的地区，对非重力式支护结构的主动土压力，在基坑开挖深度范围内按式（3-3）计算。在基坑开挖深度以下，主动土压力取常量，取基坑开挖深度处按式（3-3）计算的主动土压力值。而被动土压力则按侧向弹性地基反力法计算。

2）水压力。作用于支护结构上的水压力，一般按静水压力考虑，水的重力密度 $\gamma_w = 10kN/m^3$，有稳态渗流时按图 3-16（*a*）所示的三角形分布计算。在有残余水压力时，按图 3-16（*b*）所示梯形分布计算。

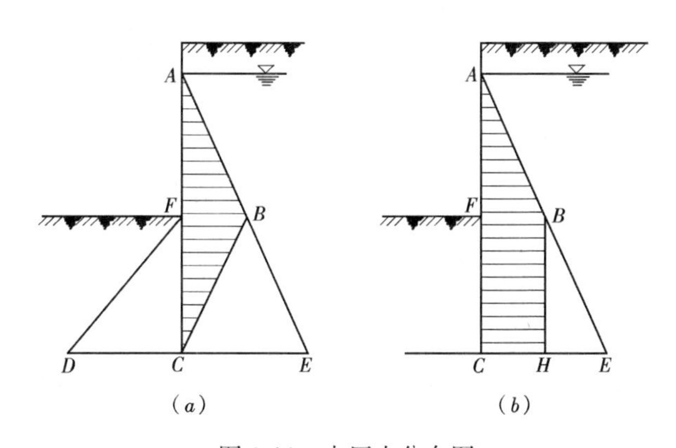

图 3-16 水压力分布图

（*a*）三角形分布；（*b*）梯形分布

至于水压力与土压力是分算还是合算，目前两种情况均有采用。一般情况下，由于在黏性土中水主要是结晶水和结合水，宜合算；在砂性土中土颗粒之间的空隙中充满的是自由水，其运动受重力作用，能起静水压力作用，宜分算。合算时，地下水位以下土的重力密度采用饱和重力密度；分算时，地下水位以下土的重力密度采用浮重力密度，另外单独计算静水压力，按三角形分布考虑。

3）墙后地面荷载引起的附加荷载。有下述三种情况：

（*A*）墙后有均布荷载 q，如墙后堆有土方、材料等，如图 3-17（*a*）所示。地面均布荷载 q 对支护结构引起的附加荷载按下式计算：

$$e_2 = q \cdot \tan^2\left(45° - \frac{\varphi}{2}\right) \tag{3-5}$$

（*B*）距离支护结构一定距离有均布荷载 q，如图 3-17（*b*）所示，距离支护结构 L_1 有均布荷载 q。此时压应力传到支护结构上有一空白距离 h_1，在 h_1 之下产生均布的附加应力：

$$h_1 = l_1 \cdot \tan\left(45° + \frac{\varphi}{2}\right) \tag{3-6}$$

$$e_2 = q \cdot \tan\left(45° - \frac{\varphi}{2}\right) \tag{3-7}$$

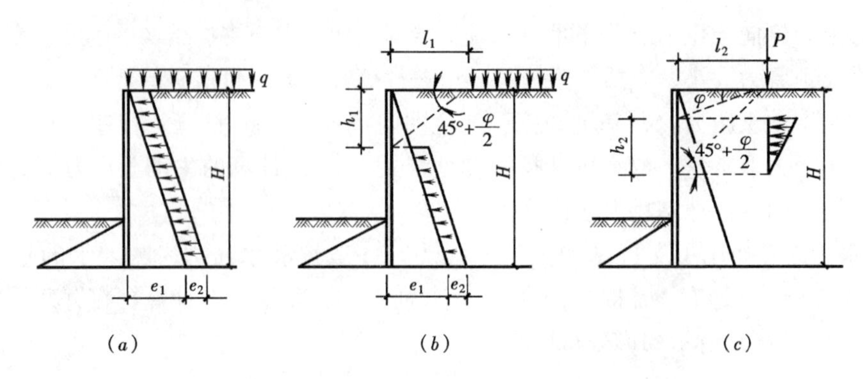

图 3-17　墙后地面荷载引起的附加荷载

(*a*) 墙后有均布荷载；(*b*) 距离支护结构一定距离有均布荷载；(*c*) 距离支护结构一定距离有集中荷载

(*C*) 距离支护结构一定距离有集中荷载 *P*，如图 3-17 (*c*) 所示，距离支护结构 L_2 有集中荷载 *P*，如布置有塔式起重机、混凝土泵车等。由 *P* 引起的附加荷载分布在支护结构的一定范围 h_2 上。计算比较繁琐，有时可近似地折成平面均布荷载。

(2) 单锚（支撑）式板桩常见破坏的方式（图 3-18）

1) 锚定系统破坏。可能是拉杆断裂、锚碇失效、横梁破坏，亦可能是拉杆端部配件和连接横梁与板桩的螺栓失效等。此外，无意地过多增加了附加荷载，锚下面存在水

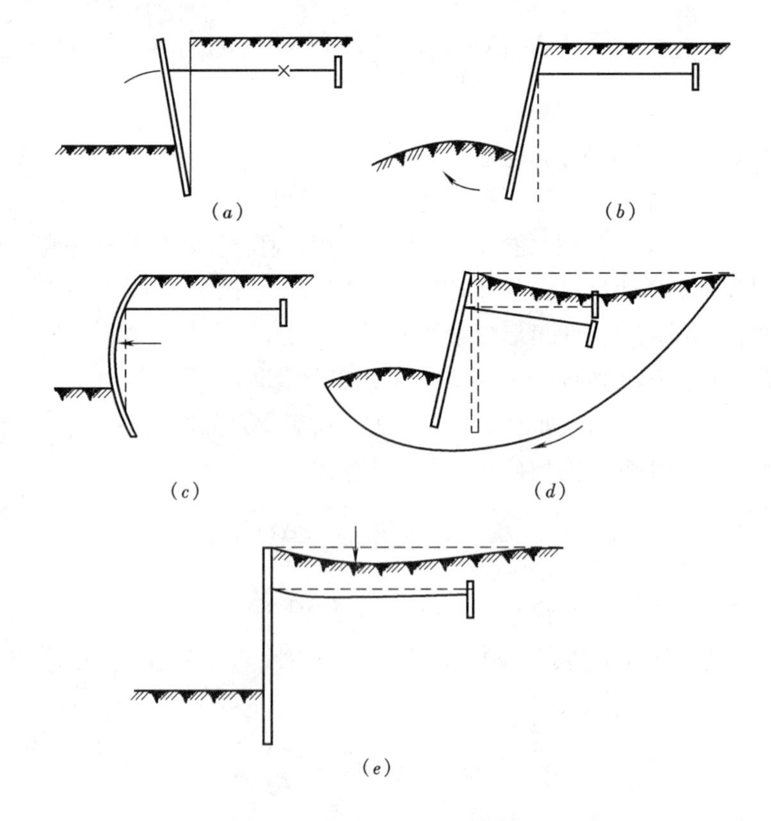

图 3-18　单锚式板桩的破坏方式

(*a*) 锚定系统破坏；(*b*) 板桩底部向外移动；(*c*) 板桩弯曲破坏；(*d*) 整体圆弧滑动破坏；(*e*) 墙后沉降

平的软黏土层亦有可能引起锚定系统破坏。

2）板桩底部向外移动。当板桩的入土深度不够，或由于挖土超深，水流的冲刷等原因都可能发生这种破坏。

3）板桩弯曲破坏。对土压力的估算不准确，所用的填土材料不适当，墙后无意地增加了大量附加荷载，挖土超深和水流冲刷而降低了挖土线等都可能产生这种破坏。

4）整体圆弧滑动破坏。可能因为软黏土发生圆弧滑动而引起整个板桩墙的破坏。

5）墙后沉降。由于桩后填土本身发生固结，或原有的软黏土层在新加的填土重量作用下产生沉降，都会引起桩后填土产生过多沉降。这种沉降可能会把拉杆往下拉，从而在拉杆内产生过大的应力而使拉杆断裂或失效，从而引起板桩墙发生破坏。

（3）验算的相关内容

1）支护结构的强度计算。计算的方法有很多，如：等值梁法、弹性曲线法、竖向弹性地基梁法、有限元法，对刚度较小的钢板桩、钢筋混凝土板桩常用“弹性曲线法”或“竖向弹性地基梁法”；对刚度较大的灌注桩、地下连续墙，常用“竖向弹性地基梁法”等。

2）支护结构的稳定验算

（A）整体滑动失稳验算。单锚式支护结构，如有足够强度的拉锚，且锚碇在滑动土体以外，可以认为不会发生整体滑动失稳。多层支撑（拉锚）式支护结构，如支撑不发生压曲，或拉锚长度在滑动面之外，一般亦不会产生整体滑动失稳，为慎重起见仍需采用通过墙底下土层的圆弧滑动后进行验算。

对于悬臂式支护结构，按边坡稳定进行整体滑动失稳验算。

（B）坑底隆起验算。开挖较深的软黏土基坑时，如果桩背后的土层重量超过基坑底面以下地基的承载力时，地基中的平衡状态受到破坏，就会发生坑底隆起现象。坑底隆起与支护结构挡墙的入土深度有关。入土深度减小虽可降低造价，但过小的入土深度会造成基底土体不稳定，存在产生坑底隆起的危险。为此，对于较深的基坑需验算坑底抗隆起。

（C）管涌验算。基坑开挖后，地下水形成水头差 h'，使地下水由高处向低处渗流。因此，坑底下的土浸在水中，其有效重量为浮重力密度 γ'。

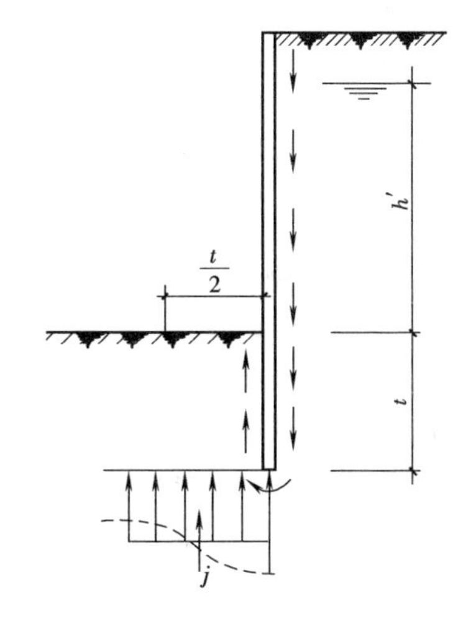

图 3-19 基坑管涌的计算

基坑管涌的计算简图如图 3-19 所示。当地下水的向上渗流力（动水压力）$j \geqslant \gamma'$时，土粒则处于浮动状态，于坑底产生管涌现象。要避免管涌现象的产生，则要求

$$\gamma' \geqslant Kj \tag{3-8}$$

式中 K——抗管涌安全系数，$K=1.5 \sim 2.0$。

试验证明，管涌首先发生在离坑壁大约等于挡墙入土深度一半的范围内。为简化计

算，近似地按紧贴挡墙的最短路线来计算最大渗流力：

$$j=i\cdot\gamma_{\mathrm{w}}=\frac{h'}{h'+2t}\cdot\gamma_{\mathrm{w}} \tag{3-9}$$

式中 i——水头梯度；

t——挡墙的入土深度；

h'——地下水位至坑底的距离；

γ_{w}——地下水的重力密度。

不发生管涌的条件应为：

$$\gamma'\geqslant K\frac{h'}{h'+2t}\cdot\gamma_{\mathrm{w}} \tag{3-10}$$

或

$$t\geqslant\frac{Kh'\gamma_{\mathrm{w}}-\gamma'h'}{2\gamma'} \tag{3-11}$$

即挡墙入土深度如满足上述条件，则不会产生管涌。

如坑底以上的土层为松散填土、多裂隙土层等透水性好的土层，则地下水流经此层的水头损失很小，可略去不计，此时不产生管涌的条件为：

$$t\geqslant\frac{Kh'\gamma_{\mathrm{w}}}{2\gamma'}$$

或

$$\frac{2\gamma't}{h'\gamma_{\mathrm{w}}}\leqslant K \tag{3-12}$$

在确定挡墙入土深度时，也应符合上述条件。

3）基坑周围土体变形的计算。在大、中城市内建筑物密集地区开挖深基坑，周围土体变形是不容忽视的问题。如周围土体变形（沉降）过大，必然引起附近的地下管线、道路和建筑物产生过大的或不均匀的沉降，从而带来危害，在我国及其他国家这种事情已屡有发生。

基坑周围土体变形与支护结构横向变形、施工降低水位都有关。

3. 重力式支护结构计算分析

重力式支护结构主要是深层搅拌水泥土桩挡墙和旋喷桩帷幕墙，可按重力式挡土墙的设计方法进行计算（图 3-20）。

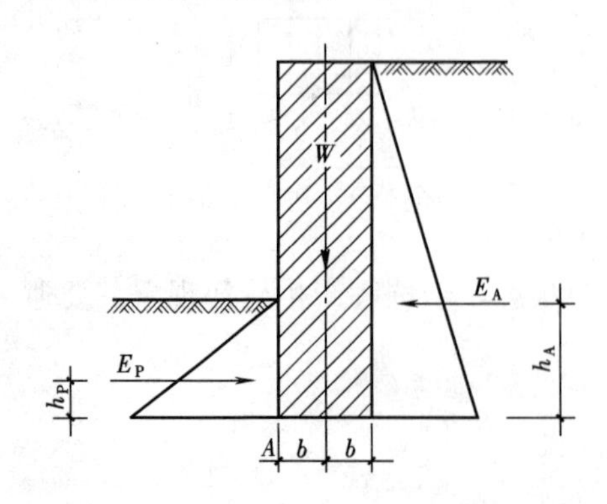

图 3-20 重力式支护结构计算简图

（1）滑动稳定性验算

$$K_{\mathrm{h}}=\frac{W\mu+E_{\mathrm{p}}}{E_{\mathrm{A}}} \tag{3-13}$$

式中 K_{h}——抗滑动稳定安全系数，$K_{\mathrm{h}}\geqslant1.2$；当基坑边长小于 20m 时，可取 $K_{\mathrm{h}}\geqslant1.0$；

W——墙体自重（kN/m）；

μ——基底墙体与土的摩擦系数；

E_{p}——被动土压力合力（kN/m）；

E_A——主动土压力合力（kN/m）。

（2）倾覆稳定性验算

$$K_q=\frac{Wb+E_p h_p}{E_A h_A} \tag{3-14}$$

式中 K_q——抗倾覆稳定安全系数，$K_q \geqslant 1.3$；当基坑边长小于 20m 时，可取 $K_q \geqslant 1.0$；

b、h_p、h_A——分别为 W、E_p、E_A 对墙趾 A 点的力臂（m）；

其他符号同前。

（3）墙身应力验算

$$\sigma=\frac{W}{2b}<\frac{q_u}{2k} \tag{3-15}$$

$$\tau=\frac{E_A-W_1\mu}{2b}<\frac{\sigma\tan\varphi+c}{k} \tag{3-16}$$

式中 σ、τ——所验算截面处的法向应力、剪应力（N/mm^2）；

W_1——验算截面以上部分的墙重（N）；

q_u、φ、c——水泥土的抗压强度（N/mm^2）、内摩擦角（°）、黏聚力（N/mm^2）。

（4）土体整体滑动验算

水泥土桩挡墙由于水泥掺入量较少（通常为土重的 12%～14%），因此需把它看做是提高了强度的一部分土体，进行土体整体滑动验算，如图 3-21 所示。至于坑底隆起和管涌验算，与非重力式支护结构相同。

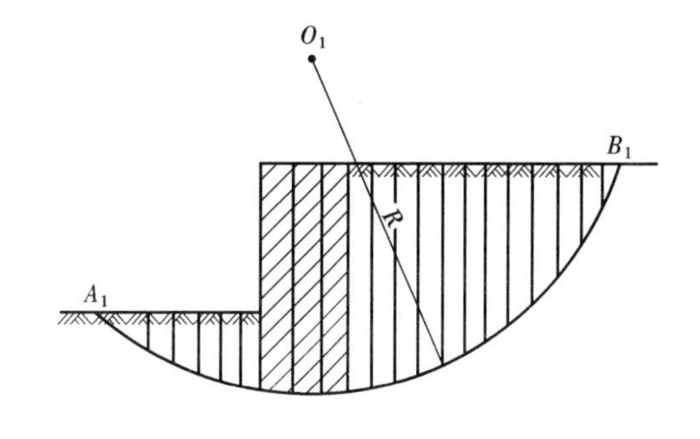

图 3-21 土体整体滑动验算

3.3 桩基施工

3.3.1 预制桩施工

1. 常见的施工方法

（1）锤击法

锤击法为基本方法。利用锤的冲击能量克服土对桩的阻力，使桩沉到预定深度或达到持力层。

（2）振动法

振动沉桩机利用大功率电力振动器振动力减少土对桩的阻力，使桩能较快沉入土中，这个方法对钢管桩沉桩效果较好。在砂土中沉桩效率较高，对黏土地基则需大功率振动器。主要适用砂石、黄土、软土和亚黏土。

（3）水冲法

是锤击法的一种辅助方法。利用高压水流经过依附于桩侧面或空心桩内部的射水管。高压水流冲松桩尖附近土层，便于锤击。适用于砂土或碎石土，但水冲至最低1～2m时应停止水冲，用锤击至预定标高，其控制原则同锤击法。适用于砂土、砾石或其他较坚硬土层，特别适用于打设较重的钢筋混凝土桩。

（4）静力压桩法

适用于软弱土层，压桩时借助压桩机的总重量将桩压入土中，可消除噪声和振动的公害。施工时，遇桩身有较大幅度位移倾斜或突然下沉倾斜等情况皆应停止压桩，研究后再作处理。

2. 施打顺序

施工顺序在打桩施工中是十分重要的。因为打桩过程，地表土和深层土都会因打桩挤土产生桩位移，桩隆起等现象。在一般情况下打桩顺序有逐排打、自边沿向中央打、自中央向边沿打和分段打设等几种。一般打桩顺序以自中央向边沿打和分段打设为好，但如桩距较大时（如四倍直径以上），则各种顺序都可以，则以打桩机如何行走便利为佳。

3. 预钻孔锤击法

锤击施工遇有砂层及砂卵石层较厚难以打入时，或在城市建筑物密集地区，为减少对周围的影响，可采用先钻孔后打桩的方法。如遇有地下水，则通过螺旋叶片钻孔时注入膨润土，以泥浆护壁，然后将桩插入钻孔内锤击打入，如图3-22及图3-23所示。无论有无地下水，钻孔皆需预留2m左右不进行钻深，即锤击桩深预留2m，桩插入后再锤击2m。一般经验，打300mm×300mm方桩时可钻ϕ300孔，然后将方桩打入。

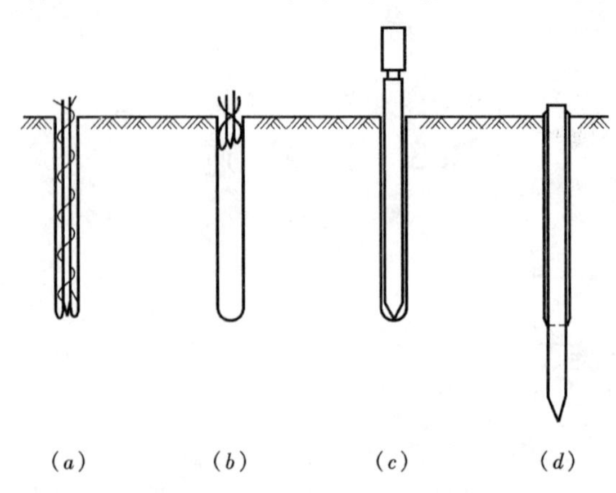

图3-22　钻孔后打预制桩

（a）钻孔；（b）提钻；（c）打预制桩；（d）预制桩插入后锤击完毕

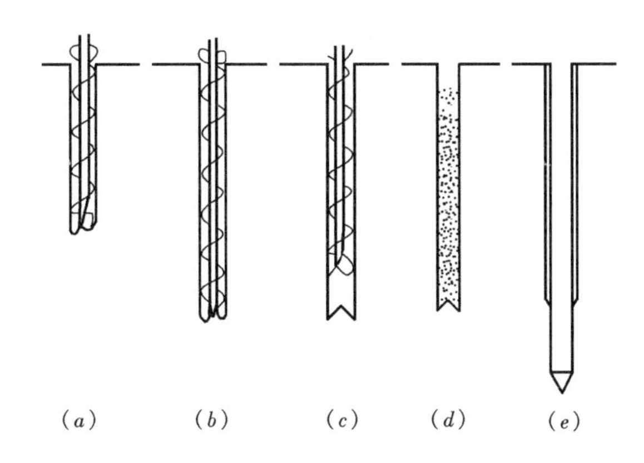

图 3-23 用泥浆护壁钻孔后打桩

(a) 钻孔同时注泥浆；(b) 达到预定深度；(c) 提钻继续注浆；
(d) 泥浆护孔；(e) 放进预制桩锤击打入

4. 预制桩预钻孔施打实例（×××机械施工公司）

(1) 工程概况

某综合楼，为一幢8层、9层建筑物。建于建筑物密集地区。邻近有东北面距离5m有5层混合结构的市容办公室；西面距离8m为单层混合结构的市政府会堂；南面距离10m有一幢6层混合结构的宿舍楼。东面为浣纱路。平面位置如图3-24所示。

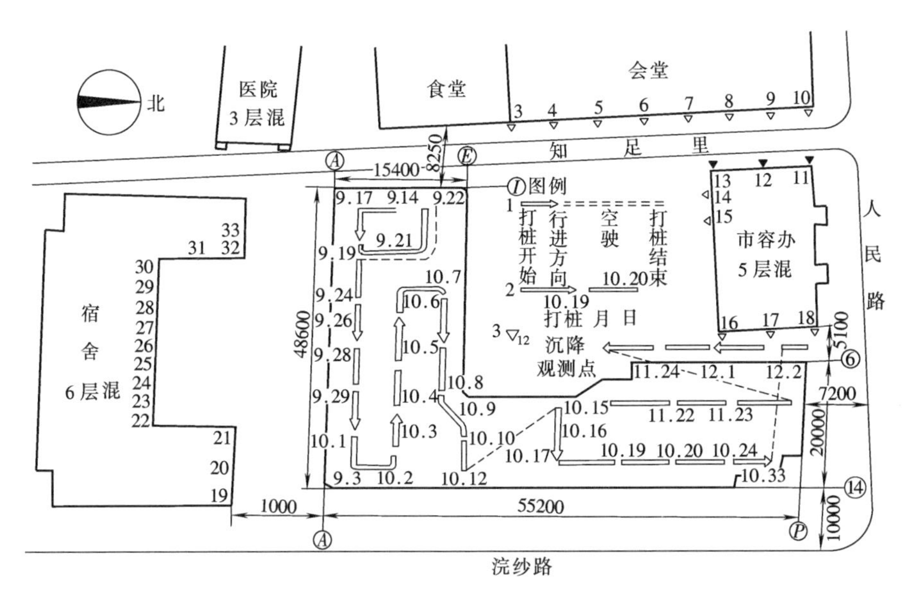

图 3-24 综合楼平面及打桩流水沉降观察点位置

本工程由×××建筑设计院设计。采用了0.4m×0.4m×14.5m预制钢筋混凝土方桩，共465根。建筑物边轴线底面积为1446.7m^2。桩的截面积与底面积的面积置换率达到5.14%，属于中等密度。建筑物所处地质情况见表3-1。

因为软土地区打桩施工所引起的超静孔隙水压力会使土体向四周排挤并引起上抬。

因此本工程预制桩施工要穿过6～7m厚的淤泥质土，离周围仅5～8m的建筑物在施工期间的安全就成为本次打桩施工的关键。为此决定采用预钻孔打桩法，以减少对周围建筑物的影响。

各土层有关物理力学强度指标　　表3-1

层序	土　名	含水量 W (%)	密度 ρ (g/cm³)	孔隙比 e_0	塑性指数 I_P	液性指数 I_L	标准贯入值 N63.5 击/30cm	桩周极限阻力 f_j (kPa)	桩尖土极限承载力 R_j (kPa)
1	杂填土		1.76				5	20	
2a	粉质黏土（轻）	30.5	1.92	0.849	11.9	0.64	6.6	35	
2b	粉土	33.6	1.89	0.909	9.8	1.01	5.9	30	
3	淤质粉质黏土夹淤质粉土	38.0	1.84	1.04	9.7	1.76	2.0	20	
4a	粉质黏土	22.7	2.05	0.6344	16.0	0.44	5.8	40	
4b	黏土	30.1	1.95	0.828	20.7	0.35	6.5	60	
4c	黏土夹粉质黏土	32.9	1.91	0.906	19.0	0.62	7.6	55	
5	黏土	32.0	1.90	0.897	17.9	0.84	6.8	40	
6a	黏土	27.6	1.98	0.766	21.3	0.27	10.8	70	3500
6b	黏土夹粉质黏土	31.0	1.94	0.843	16.0	0.64	6.9	60	

（2）施工情况

预制桩的预钻孔打桩法，即用一种长的螺旋钻机，在需要打入桩的位置上先钻一个孔，然后把预制桩插入已钻好的孔洞内，再套上柴油锤打到设计规定的标高上的一种施工方法。

钻孔采用一种长螺旋钻机，钻机的上部是动力头，由电动机及减速机构组成，下部是长的螺旋钻，形状如木工师傅在木头上手工打孔所使用的麻花钻。螺旋钻的长度可以根据需要拼接成8～27m不同长度，螺旋钻的直径从ϕ350～ϕ1200范围内任意选用。钻机顶部有滑轮组，悬挂在机架上，通过钢丝绳的收放，使钻机下降、提升，完成钻孔。

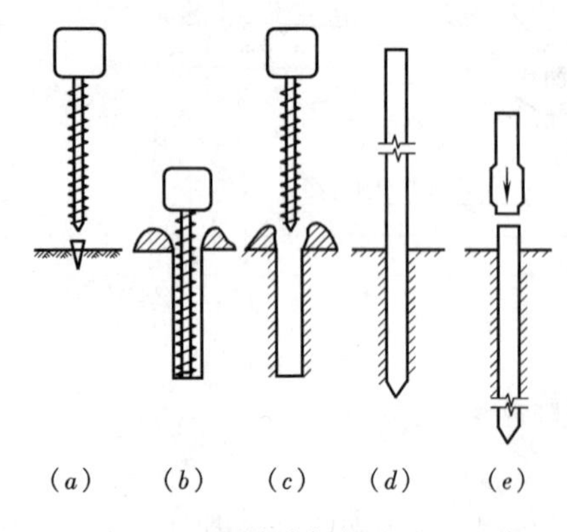

图3-25　预钻孔打桩法施工工艺
（a）地螺钻在桩位上定位；（b）钻孔出土；（c）提升地螺钻形成孔洞；（d）预制桩插入孔内；（e）锤击，把桩打到设计标高

钻打法的施工工艺可以用图3-25来说明：第一步将长螺旋钻机先在欲打的桩位上定位，开动钻机，边钻边下降钻杆，此时土体沿螺旋钻钻杆斜面不断向地面推出，钻到设计所需的深度后，钻机停止下降，但钻机仍继续旋转、出土，约2～3min后，提升钻机，直至钻杆全部出土，预钻孔就完成了。这里应注意，一是钻机无论是下降、提升或停在一定位置上，必须保持旋转，以减少提升阻力和带负荷启动电机；二是钻出的土要立即铲除、运走，以不妨碍下道插桩工序操作。第二步是把需要打入的预制桩吊起立直，放入钻好的孔洞内。第三步用柴油锤按常规方法把

桩打至设计标高。这样，一根钻打法预制桩即完成。

钻打法施工必须具备钻和打两个工序。本工程采用了日本进口的，导向挺杆以作90°的两个导向杆上分别装上钻机和柴油锤。钻孔时，将装有长螺旋钻机的导向杆面对打桩机正前方。完成钻孔作业，钻杆提升出土离开地面后，把装有钻机的导向杆向左旋转 90°，位于钻机右边 90°导向杆上的柴油锤就转到打桩机的正前方。然后，仍按照常规打桩工序起吊立直预制方桩，插入钻好的孔洞内，锤击到设计标高。上述操作工序可以用图 3-26 来说明。

打桩开始，先从离结构较单薄的市政府会堂，即建筑物西部开打，逐渐向南、向北推移。打桩施工分两个阶段，第一阶段从 9 月 14 日至 10 月 20 日，共打桩 399 根，平均每天 11.7 根（包括停电、休息、待工 7d）；第二阶段从 11 月 20 日到 12 月 2 日，共打桩 66 根，平均每天 8.25 根（包括停工 5d）。打桩流水、开始和结束情况，如图 3-24 所示。

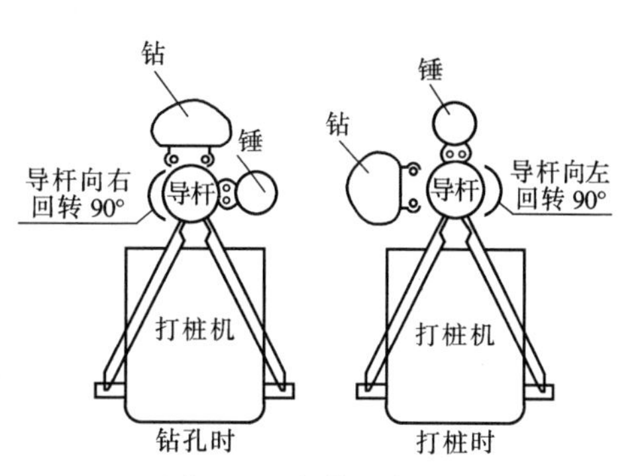

图 3-26 操作工序

整个施工过程较为顺利，没有发生异常情况。在打 13 轴中间部分桩时，发现随着桩的下沉，桩侧的泥沙沿着桩壁夹水带泥上冒到地面。周围建筑物也没有发现门窗启闭困难、地坪墙面开裂等影响使用的危害。

为了检验打桩的影响，对周围建筑物的危害程度作出定量分析，共设立了 33 个沉降观察点，观察点的设置位置，如图 3-24 所示。打桩结束，从周围建筑物最终沉降记录（表 3-2）可以看出，周围建筑物无严重危害，最大上抬量仅为 6mm，大部分观察点均有不同程度下降，最大下降值为 10mm。在建筑物南面，距离 A 轴仅为 4.5～5.5m 位置上有一道砖砌围墙，打桩前我们在原有围墙裂缝处做了若干石膏并观察开裂情况，打桩结束未发现明显的裂纹，仅有部分石膏脱落并有细微的裂纹。

周围建筑物最终沉降观察记录　　表 3-2

观察点编号	1	2	3	4	5	6	7	8	9	10	11	12	13	14	15	16	17
沉降记录（mm）	−5	−9	−4	0	−6	+1	0	−2	−1	+1	+6	−4	0	−2	−1	−10	−9
最后观察日期（月·日）	11.12	11.12	11.12	11.12	11.12	11.10	11.10	11.10	9.30	9.30	11.21	11.2	10.21	11.21	11.9	12.3	12.3
观察点编号	18	19	20	21	22	23	24	25	26	27	28	29	30	31	32	33	
沉降记录（mm）	−2	0	0	0	0	+5	+2	0	0	0	+1	0	−1	−1	−4	+3	
最后观察日期（月·日）	12.3	11.19	11.19	11.19	11.19	11.19	11.9	11.19	11.19	11.19	11.19	11.19	11.19	11.9	11.19	11.16	

（3）结论

为了说明打桩对周围建筑物的影响过程，这里选定了七个有代表性的沉降观察点，以对这次打桩过程中发生的现象作一次分析。把这七个观察点按打桩日期与上抬、沉降记录及打桩时距观察点距离分别绘出两个关系曲线（图 3-27）。

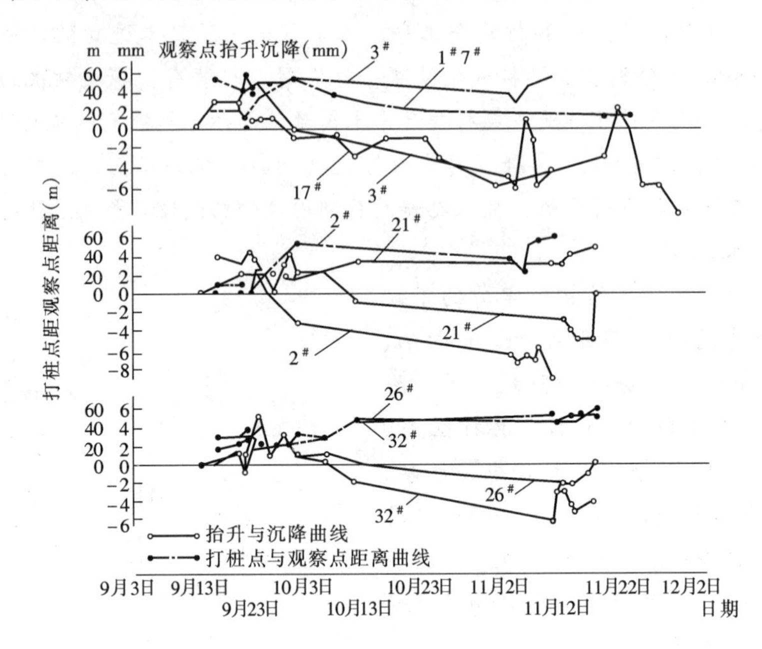

图 3-27 典型观察点沉降及打桩距离曲线

可见在本次钻打法施工条件下可以得出如下结论：

1）打桩开始阶段，各观察点普遍有不同程度的抬高，抬升的最大值为 6mm。这说明两个问题，一是虽有取土，但由于取土不深，仍有超静孔隙水压力产生；二是由于钻孔取土原因，由超静孔隙水压力造成周围建筑物损害程度得到了人们能接受的控制。如果不钻孔，据以往的施工经验，距离 5m、8m、10m 建筑物均有一定程序的危害，如发生门窗开闭困难，墙面、地平开裂等现象。而本工程由于采用了预钻孔打桩法而没有发生危害。

2）打桩后期，各观察点普遍有不同程度下沉，这说明了由于打桩引起的超静孔隙水压力可以通过钻孔孔壁与桩身间隙向地面消散（有好几个孔可以看到水夹泥沙上冒现象）。因此钻打法的超静孔隙水压力消散快（10d 到 1 个月）。

3）距离建筑物 15m 以内打桩时，对周围建筑物影响比较明显（3 号、21 号、17 号观察点）；15～25m 有一定影响，但影响不大（32 号、26 号、21 号）；30m 以外基本没有影响（32 号、26 号、21 号）；40m 以外可完全不考虑打桩的影响。

4）超静孔隙水压力有一个消散过程，从 17 号观察点可以说明，打桩开始阶段所产生的超静孔隙水压力后期全部消散，到 11 月 22 日、23 日、25 日近距离打桩时又产生新的超静孔隙水压力，一旦停止打桩，又迅速消散。作者认为，为减少对周围建筑物的影响，打桩不一定集中在一个区域打，而可采用分区轮流跳打的办法，使超静孔隙水压力不致在一地集中过高而引起对周围建筑物的严重危害。

5）在有条件时，能多取一些土，如 8m、10m 或更深些，其效果会更好。总之，这次钻打法在本工程的应用是成功的。特别是在市容办公室一侧打了一排用于开挖地下室土方挡土用的钢筋混凝土T形板桩，距离仅为2～3m，由于采用了钻打法而没有发生明显的影响。因此，这种先将上部土壤钻出，再将桩打入钻孔内，使土体中由于打桩而引起的超静孔隙水压力获得减小的施工方法即为减少打桩挤土影响的预钻孔施工法。在建筑物密集地区采用预制桩基础的工程可以优先采用此施工法。

在采用钻打法施工时，设计和施工单位还应考虑到下列几个问题：

1）钻孔取土对摩擦桩而言，相对减少一些承载力。

2）钻孔取土一般取桩长的1/3～1/2为宜，但也不要超过10～12m。

3）当地首次采用钻打法施工时，为取得经验，最好设置沉降观察点，以对周围建筑作出定量分析。

4）在必须贯穿表层为大厚度砂层地基，而锤击又有困难时，也可考虑选用钻打法。

5）钻打法使用机具复杂，施工速度较慢，相对施工成本较高，一般比不采用钻孔取土的常规打桩法增加施工费用约30%。采用与否应通盘考虑。如离原有建筑物较远，且建筑物本身刚度大，又是采用深基础，或者在建建筑物桩位较疏时就不宜采用。

3.3.2 灌注桩施工

1. 灌注桩的分类

灌注桩按其不同施工工艺分为螺旋钻孔灌注桩、泥浆护壁成孔灌注桩、套管成孔灌注桩及爆扩灌注桩等。

(1) 螺旋钻孔灌注桩主要用螺旋钻叶片出土，并可钻孔扩底，或用压力灌浆处理端头，这种桩适用于地下水位以上成孔施工，对砂层也能成孔，但砂卵石层卵石较多时则易坍孔，成孔较困难，在有上层滞水情况下，可用螺旋钻头压水或水泥浆形成护壁成孔。

(2) 泥浆护壁成孔灌注桩适用地下水位较高的地质条件，按设备又分冲抓、冲击回转钻及潜水钻成孔法。冲抓和冲击回转钻适用碎石土、砂土、黏性土及风化岩地基，潜水钻则适用于黏性土、淤泥质土及砂土。

(3) 套管成孔灌注桩分为锤击和振动两种，适用于可塑、软塑的黏性土、稍密及松散砂土。

(4) 爆扩灌注桩适用于地下水位以上的黏性土、黄土、碎石土及风化岩地基。

2. 灌注桩的优缺点

优点：造价低，省钢筋，比天然地基节省挖土方和运输费用，钻进成孔桩的长短可根据设计与地质成孔灌注，桩端能可靠地进入持力层或嵌入岩层，单桩承载力大，挤土影响小，无需接桩和截桩，螺旋钻孔桩无噪声、振动和扰民。

缺点：水泥用量较大，干作业成孔有虚土问题，套管或泥浆护壁成孔有沉渣问题，振动成孔遇砂土卵石不易成孔，螺旋钻孔遇有地下水或上层滞水成孔困难，需采取措施成孔，成桩工艺较复杂，成桩速度较预制打入桩慢，成桩质量与施工影响密切。

3. 大直径钻孔灌注桩施工实例

[实例1] ϕ800大直径钻孔灌注桩施工

(1) 工程概况(×××机械施工公司)

省科技大楼是一幢多功能、综合性科技活动中心，建在武林广场东北侧，系广场周围重要建筑群组合之一。大楼总建筑面积12560m²，分主楼与裙房两部分，主楼地面上15层，地面下1层。

大楼施工场地，系旧民房拆除，经机械平整后地势平坦。地质土层分：地表下1～5m为填土，5～37m为淤泥质黏土与粉质黏土层，37～44m为粉砂、中细砂及砾砂层，44～47m为黏土、粉质黏土层，48～51.90m为强风化凝灰岩，51～55m为中风化凝灰岩层，以下为中微风化凝灰岩层。

主楼基础采用大直径钻孔灌注桩，有效长度49～50m，桩的数量为106根。桩的配筋为整桩全笼式，上端主筋1/2桩长配18ϕ16，下端1/2桩长配12ϕ16，水下混凝土级配C25，桩端持力于中风化岩层，要求进入1m以上，设计单桩容许承载力3500kN，设计桩顶标高均在自然地面下4.7m，桩底沉渣控制在≤50mm内。

根据地质报告分析，整个主楼区域地层无特殊变化。为了节约工程造价，参照以往工程实例，将全笼式配筋改为半笼式，在桩顶下25m长度内配18ϕ16钢筋。为保证桩身质量，要求桩身混凝土强度匀质系数不超过20%，即桩身下部混凝土强度不小于C20，特别是要求钢筋笼末端处混凝土强度不小于C25，并明确了桩的检验要求：静载试验2根；动测试验分区域抽测；用地质钻机钻取1～2根桩身混凝土芯做抗压试验。

(2) 施工情况

省科技大楼主楼的整个桩基工程采用106根ϕ800mm直径、平均深度为51.1m的大直径钻孔灌注桩，于1987年10月14日开工至12月29日完工，历时106d，扣除节假日及其他原因造成的停工，其实际作业时间为86d，每天平均成桩1.23根，灌注混凝土的平均体积与计算体积之比值为1.24，经静荷载试验、开挖检测和动测检验以及岩芯取样检查，井中γ-γ密度测量后得出结论：单桩容许荷载和桩身混凝土强度都超过设计要求。

1) 施工机具的配备。成孔机械选用省机械施工公司1986年引进的意大利SOILMEC公司制造的RTC-S大直径钻孔机。它是一种先进的回转挖斗式成孔桩机，由主机和钻机两部分组成，主机履带式起重机，钻机附设安装在主机前上方三脚架上。主机的作用是使钻机移动、定位、360°回转以及驱动钻土斗的下降和提升，而钻机的作用为推动钻土斗切土，并配有液压加压钻杆装置，以强迫钻土斗对各种硬质岩土切土。其成孔原理不同于正反循环钻孔桩机，它是由钻土斗直接钻挖出半湿状土块，钻孔的护壁采用膨润土优质泥浆，具有成孔率高、不易坍孔、行走自如、操作简便等优点，在桩基、地下围护结构、地下构筑物及复杂地段施工，无疑是最理想的机械，如图3-28所示。

其他配套施工机具主要有：15t履带起重机，用于吊笼、灌混凝土、清孔等工作。0.6m³反铲履带挖掘机，用于清理场地、废土堆放、装车外运等废土处理。

2) 场地布置。钻孔灌注桩施工时将产生大量的废土、废浆，因此合理布置场地尤为重要。本工程根据提供的场地结合成孔桩机的施工特点，与两班制作业的要求，安排

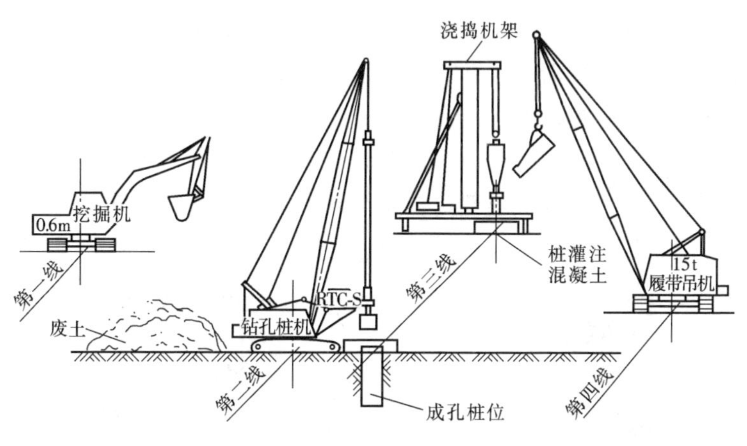

图 3-28 四机四线作业法示意图

了临时废土堆放场地 800～1200m²，用于泥浆制备储存场地 200m²，废浆池 60m²，库容量为 120t 水泥仓库，能储备 3d 使用量的砂石料堆场 240m²，为确保现场文明施工，采取了施工区与生活区分开，施工用水与生活用水分开，利用明沟道路使钻孔成桩区与其他区分开的办法取得了预期的效果。如图 3-29 所示。

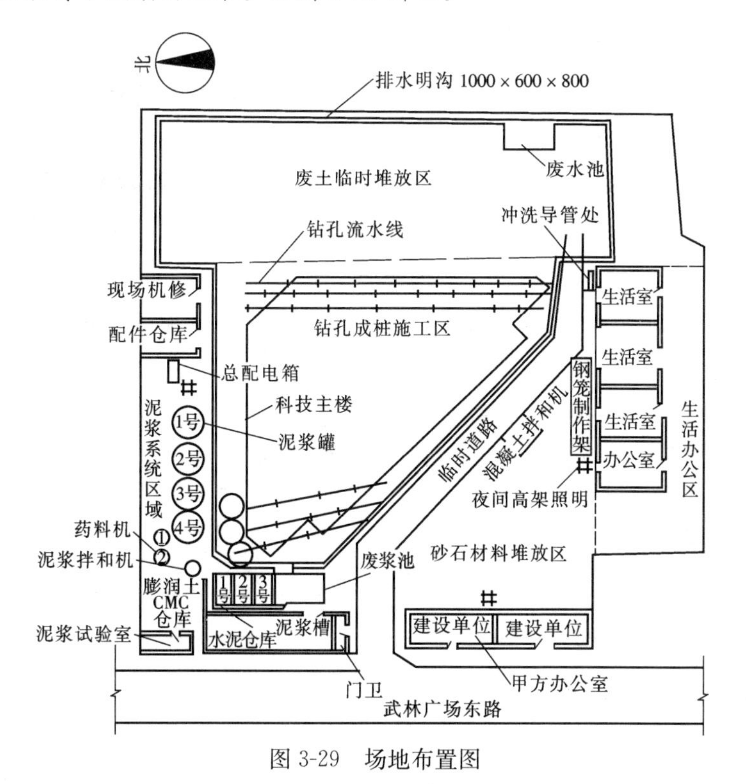

图 3-29 场地布置图

3）泥浆

(A) 泥浆及其作用。人造泥浆是由水、黏土、化学处理剂及一些惰性物质配制而成。通常选用原料主要有：膨润土、羧甲基纤维素、纯碱等，特殊情况尚须增添加重剂、防漏剂等配制。

泥浆在成孔过程中起护壁作用，是因为泥浆柱压力作用在孔壁上，除平衡土压及地下水压力外，还给孔壁一种向外的作用力，有助于孔壁的稳定。同时，泥浆在孔内受压差的作用，部分水渗入地层，在地层表面形成一层固体颗粒的胶结物称为泥饼或泥皮。优质的泥浆失水量小，泥饼薄而韧密，具有较强的黏结力，起保护孔壁的作用。泥浆还具有较高的黏度，在成孔与清底换浆过程中能把土渣、碎屑、土颗粒悬浮起来，与泥浆一同排出孔外，可提高灌注桩工程的质量（图 3-30）。

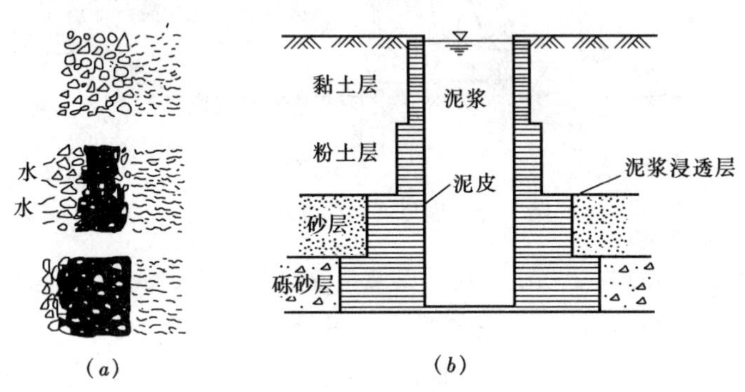

图 3-30　泥皮护壁

(*a*) 泥浆防止孔壁坍塌的作用；(*b*) 泥皮示意图

(*B*) 泥浆的技术指标。泥浆性能指标应考虑地质条件与不同的使用阶段来配制，新浆制备指标参照表 3-3，新浆使用后，由于砂与水泥等对泥浆的污染，需进行除砂净化或再生处理，一般应调整其性能，调整控制指标参照表 3-4，多次重复回收泥浆逐渐变成劣化废浆时废弃，泥浆的废弃标准可参照表 3-5。若在使用中受水泥等物严重污染，泥浆变稠凝胶化或形成絮凝物时也应即时废弃。

新拌制泥浆性能　　表 3-3

测定项目	指标范围	
	黏　土	砂　土
黏度（s）	19～24	25～30
密度（g/cm³）	1.04～1.05	1.06～1.07
含砂量（%）	<4	<8
失水量（ml/30min）	<10	>10
泥饼（mm）	1～2	>1
稳定性（g/cm³）	<0.005	>0.005
pH	7～9	8～9

循环泥浆性能　　表 3-4

测定项目	指标范围	
	黏　土	砂　土
黏度（s）	<25	<30
密度（g/cm³）	1.09～1.15	1.15～1.2
失水量（ml/30min）	10～15	15～20
泥饼（mm）	<7	<10
pH	8～10	8～10

泥浆废弃标准　　表 3-5

测定项目	黏度（s）	含水量（%）	密度（g/cm³）	pH
指标范围	无法测定	>10	>1.25	7<，>11

(C) 泥浆制备及回收。泥浆系统有一整套装置，像一个小型车间，把它集中布置在指定区域，采取集中生产方式，配备 2～3 位专职试验工和操作工投入工作、生产管理较为简便，但必须有严格的管理制度。

泥浆系统由制备、回收再生两部分组成，主要是生产新浆，配备有涡流式高速泥浆搅拌机、药料搅拌筒、泥浆贮罐、管路阀门输送系统及原料库。回收再生主要是调整回收泥浆性能，起到重复利用降低成本的作用，配备有回改槽、再生槽、贮存槽、振动筛、多级旋流除砂器、阀门及管路。把两部分设施连通形成循环，施工人员根据需要向桩孔处供应泥浆或回收泥浆，如图3-31所示。

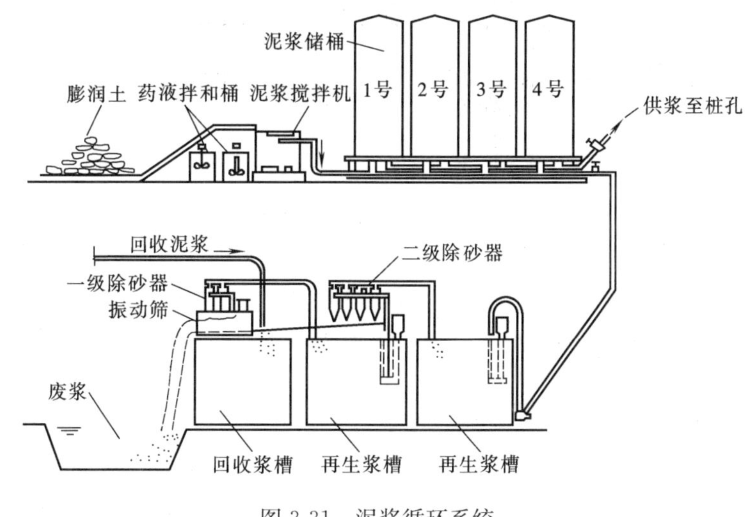

图3-31 泥浆循环系统

4）钻孔桩施工法

(A) 施工工艺流程。根据静态泥浆回转挖斗式钻机的特点，可将施工工艺流程，划分为：

钻机就位→埋设内外护筒→钻孔→验测孔深→安放混凝土浇捣机架→放置钢筋笼→安放混凝土浇筑导管→清除孔底沉渣→复验孔深→浇捣水下混凝土及回收泥浆→拔起内外护筒→成桩等工序。

现将部分主要工序介绍如下：

(a) 护筒埋设：由于有回转挖斗式钻机上下提斗这一特点，研究开发了内外护筒，高液位钻进施工方法。埋设孔口护筒为内护筒，直径比桩径大10～20mm，深度根据表层土质情况而定，一般深度3～4m，要求露出地面0.6m，内护筒是由钻机自行埋设的，外护筒则是套接在内护筒外面的一只2.4m大直径围圈，高于地面0.3～0.4m并浅埋地下0.15m，筒外用黏土回填，以防止漏浆，同时可储浆1.2m^3，如图3-32所示。内外护筒的设置其主要功能是：

(Ⅰ) 钻孔导向保护孔口不发生坍塌。

(Ⅱ) 用于储浆，以便钻斗在上下作业时孔内泥浆液面不产生过大的升降而扰动孔壁。

(Ⅲ) 使泥浆水处于高液位状态，增加钻孔内壁的侧向压力，使孔壁稳定。埋设次序是先埋外护筒，把供浆锦纶软管连接在外护筒进口，后埋内护筒，钻斗对准样桩开钻至内护筒深度，把内护筒吊入，用十字线校正，误差要求控制在2cm内，一般埋置内外护筒 20～30min 即可。

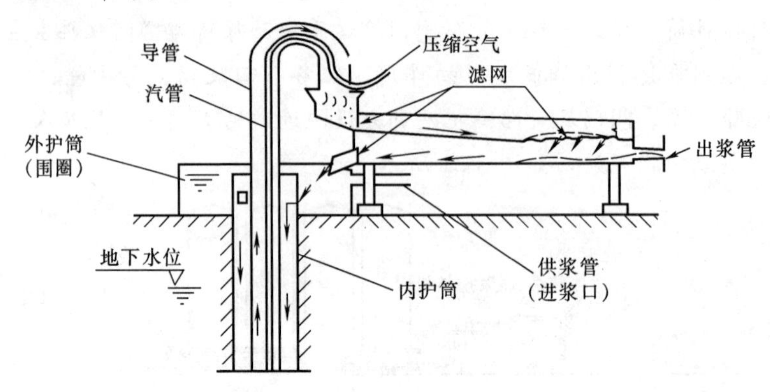

图 3-32 护筒埋设及自流补浆

(*b*) 成孔。按地质剖面图与设计桩入岩层的要求，最深钻孔 53m，钻机配置套接式钻杆四节，有效深度可达 57.16m，配 ϕ800mm 普通钻斗，加重钻斗，岩土钻来完成钻孔作业。

回转斗式钻机的作业动作，从对位下钻杆、回转切土、提斗出孔、回转弃土再重新对位，这样一个作业循环，随钻进深度不同其作业时间为 30s～3min 不等。一般平均为 2min 一次，每钻一次进尺 0.4～0.6m，一根深度为 50m 的钻孔桩约需 80～110 斗即告完成。

在成孔过程中，由于配制了优质人造泥浆护壁，遇大厚度砂性土层，也没有发生坍孔情况。在进入中风化岩土层钻进时难度较大，岩层软硬不一，若遇硬岩土时，可用重型钻斗钻岩土，根据岩石的特性，采用分块分层破碎较容易掘进，为此设计制作了 300mm 小直径岩土钻斗，先使岩层局部破碎，再用重型大斗取出岩土。通过这一方法，使桩端进入中风化岩持力层多达 3m 以上。

(*c*) 放置钢筋笼。钢筋笼长度为 25m，等分成 2 节，每节 12.5m，单节制作时在现场工棚固定架上绑扎成形，为了防止起吊放置过程中的变形，需在钢筋笼上设置 ϕ12 加强箍 1500mm 点焊，以增加钢筋笼的整体刚度。

控制钢筋笼保护层可利用 40～50mm 宽的扁铁，制成门拉手形，待钢筋笼成形后焊在主筋上。钢筋笼最下端的主筋端部再焊一只封闭钢箍，使其能较顺利下放，并能起到在灌注混凝土时，避免导管上拔时带动钢筋笼上浮。

安放钢筋笼，采取三点起吊，空中翻身扶直入孔，孔口搭接焊成整体。钢筋笼的顶面标高控制，选用了 2ϕ16 吊筋固定在浇捣架上，吊筋的长度根据事先测量的孔口高程与标高计算。钢筋笼安放后在泥浆中浸泡时间越少越好，要求做到钢筋笼吊入孔内 1～2h 内浇筑混凝土，以减少钢筋握裹力的损失（据有关工程握裹力对比试验，在泥浆中浸泡的螺纹钢筋约降低 20％，光圆钢筋会降低 40％，随着浸泡时间延长会使降低量变大）。

(*d*) 清孔换浆。大直径钻孔桩的孔底泥浆指标与沉渣多少，直接影响浇筑质量与单桩承载力，采取清孔措施是确保工程质量的关键，本工艺配套的清孔换浆系统，是自行研制的汽举反循环升液清渣，三道过滤式自流补浆装置（见图 3-32）。通过实际应用，能把孔底沉渣、泥浆中粗砂清除干净。这道工序应严格控制如下几点：

（Ⅰ）在钢筋笼入孔与安放混凝土导管完后，在浇灌之前 30min 内进行清孔。

（Ⅱ）清孔后测量沉渣厚度必须小于设计提出的 50mm 要求，若未达到则再次清孔，直到满足为止。

（Ⅲ）孔底泥浆指标测定要求比重在 1.2g/cm^3 内。

（Ⅳ）在清孔时，由于大流量泥浆循环，必须保持孔口泥浆液面，防止孔口及护筒底部坍塌。

运用这套装置清孔，工程桩所测定的孔底沉渣厚度均小于 50mm，一般为 0～30mm，孔底泥浆比重一般在 1.15g/cm^3 以内，完全能满足规范要求。

(*e*) 灌注水下混凝土。水下混凝土是一种自密实混凝土，要求具有好的和易性和大流动度，并要在一定的流动度保持性能。搅制水下混凝土宜选用普通水泥，每 1m^3 水泥用量以不低于 400kg 为好，细骨料宜选用含泥量少的中粗砂，含砂率要求在 40%～45%。粗骨料的粒径宜用 25～40mm 级配碎石，混凝土的水灰比应小于 0.6，坍落度取 16～22cm。可以使用减水剂。每拌混凝土搅拌时间保持在 90～120s，以保证混凝土匀质。

混凝土第一次浇灌量，应满足导管埋入混凝土内 1m 以上，可通过计算确定。如桩径为 800mm，孔深 53m，导管选用 ϕ265mm，导管底离孔底 400mm，泥浆密度取 1.15g/cm^3，混凝土充盈系数取 1.2，混凝土密度取 2.3t/m^3，则第一次混凝土灌入量为：

$$H=\frac{(53-0.4-1)\times 1.15}{2.3}=25.8\ (\mathrm{m})$$

（*H* 为第一次混凝土灌好后，导管内混凝土面离导管外混凝土面的高度）

$$V=3.14/4\times(0.265^2\times 25.8+0.8^2\times 1.4\times 1.2)=2.27\ (\mathrm{m}^3)$$

（*V* 为第一次混凝土灌入量）

本工程实际第一次灌入量是 2.6～2.4m^3，完全能满足导管埋入混凝土内 1.0m 以上的要求。由于桩孔的深浅不一，第一次灌入量计算应按最深孔复算。

灌注混凝土做好测量记录，是确保桩身浇筑质量的重要因素，也是保证最后一道工序顺利完成的关键之一。测量记录应注意：

- 预测孔底深度，复核导管总长度。
- 每灌注一大斗混凝土或每拆一节导管，必须测混凝土上表面上升情况与复算导管埋入深度，以保持导管埋入混凝土 2～6m。
- 桩顶灌注标高的测量应比设计标高提高 1～1.2m。

(*B*) 四机四线作业法。省科技大楼大直径钻孔桩所配备的机械前面已经说明，主要有钻机、起重机、挖掘机和混凝土浇捣机架，四台主要机械共同完成不同工序的施工作业，称为四机四线作业法，具体做法为：第一线用 0.6m^3 反铲挖掘机，完成清除钻出的废土及将废土装车外运作业；第二线为钻机钻孔作业线；混凝土浇捣机架设在第三线，以完成钢筋笼、导管安放，清底及水下混凝土灌注作业；第四线则为履带式起重机，在吊机作业半径范围内，配合第三线完成吊放钢筋笼及水下混凝土灌注作业，最后拔起护筒。四机四线作业法可以避免机械作业时相互交错干扰，以求提高工作效率有利于安全，经本工程试行，效果十分满意（见图 3-28）。

(*C*) 施工流水的划分。整个科技大楼钻孔桩工程按照钻机回转半径所能及的范围为依据，划分成 20 个施工流水线，由东向西进行，有条不紊。只有在一个流水线内所有桩全部完成后才能移到下一流水线。这种流水线划分有利于样桩复查，不会造成漏桩，从而提高桩的施工质量又有利于现场的文明施工，深受施工人员的欢迎。

5) 几个故障的处理。大直径钻孔桩的施工，有时遇到复杂地层及地下障碍物或人为原因造成故障。本工程在施工过程中主要发生了 8 号桩孔漏浆、49 号桩孔钻斜、27 号桩钢筋笼上浮等故障，经及时采取有效措施，均排除了故障。

(*A*) 8 号桩的情况：当钻孔到 7m 时，发现地表下 4～4.5m 处，泥浆流失严重，仅 20min 内流失约 35m^3 泥浆。经分析其主要原因是杂填土中 2～2.5m 厚度有瓦屑层，基本不含泥。此桩当时处理方法较为简单，采用长护筒保护瓦屑层，使用新泥浆并把黏度指标提高到 35～40s，增加护壁效果，又采取短时间快速成孔，钻孔到 53m 深度进入桩端持力层后，立即灌注混凝土，未发生塌孔和异常情况。经基坑开挖动测桩身质量良好。

(*B*) 49 号桩的情况：在钻孔到 29.5m 时，发现钻机的正前方，钻杆顶部向内倾斜，桩孔垂直度偏差严重，停机复测桩孔，在 29.5m 处偏南 1.24%（402mm）、偏东 2.95%（621mm）。造成斜孔的原因主要是钻入填土层与黏土层中遇孔边块石，一时未能发现就继续进尺，导致桩孔垂直度从 5m 开始逐渐倾斜到 29.5m。为了纠偏桩孔垂直度，利用钻机钻土斗在原钻孔中修壁，修壁时把钻机转移到倾斜的垂直方向使钻土斗上下重复多次提降回转切削，从 5m 开始逐渐修壁到 29.5m 处，经测量垂直精度均在 0.4%内，满足规范要求，并取得了较好的效果。

(*C*) 27 号桩的情况：成孔深度为 55.38m，在浇灌混凝土过程中，出现半笼式钢筋笼上浮，原因是施工人员违反导管埋置深度应保持在 2～6m 的规定，未及时拆除导管，在灌至第 8～9 斗混凝土时（每吊斗约 1.3m^3），导管埋置深度已达 13.9m，致使混凝土整体大量上升，推动钢筋多次上浮达 4.5m，后采取固定钢管、加快拆除导管方法，才稳住钢笼不再上浮直至混凝土浇灌完毕。为杜绝类似事故的发生，在浇捣混凝土时，对导管埋置深度除严格按 2～6m 的规定外，特别要注意在浇捣半笼式钢筋笼底部时，应尽量减少导管埋置深度，最好保持在 2～3m。

6) 质量检验。本工程钻孔桩的动测检验委托省地球物理勘探公司进行，应用日本 OYO 公司 MCSEISI500 工程地震仪进行瞬态动测，动测表明各桩的平均纵波速度在 3733～4070m/s 之间，桩身混凝土质量良好，各桩均未发现断桩、夹层、断裂和离析现象。所测 10 根桩的施工数据及动测数据见表 3-6。

在工程桩中选择了两根桩做静荷载试验，试验工作由水电部华东勘察设计院承担，两根桩的施工数据及试验结果可见表 3-7。

测桩的施工数据及动测结果　　表3-6

桩编号	桩直径(mm)	桩孔深(m)±0.000下	有效桩长(m)	成孔时间(h)	沉渣厚度(mm)	浇灌时间(h)	充盈系数	设计允许承载力(kN)	动测试验极限承载力(kN)	桩身质量评价
92	800	−57.18	52.2	7.08	0	2.61	1.26	3500	12500	良好
96	800	−55.90	51.2	7.33	20	2.75	1.08	3500	12400	良好
78	800	−54.10	48.3	7.13	−80	2	1.9	3500	10900	良好
43	800	−56.26	51.3	11.40	−13	2.68	1.15	3500	11000	良好
67	800	−58.60	53.06	8.00	−80	2.75	1.17	3500	13460	良好
60	800	−56.32	51.4	7.42	0	2.15	1.23	3500	12600	良好
68	800	−54.06	49.1	8.42	0	3.31	1.25	3500	11600	良好
27	800	−56.02	51.1	8.62	−80	2.83	1.25	3500	13300	良好
4	800	−53.66	51.7	10.00	−10	2.95	1.18	3500	12200	良好
22	800	−51.03	46.1	8.40	1	2.25	1.11	3500	10300	良好

注：1. 孔底沉渣出现负数为终孔时测量的深度与浇混凝土前清孔后测量深度之差；

2. 自然地坪标高在−1～−0.6m。

静荷载试验数据　　表3-7

桩编号	桩径(mm)	钻孔深度(m)	成孔时间(h)	沉渣厚度(cm)	浇灌时间(h)	充盈系数	入中风化基岩深度(m)	设计允许承载力(kN)	动测允许承载力(kN)
105	8000	52.03	6.18	5.0	1.93	1.105	1.59	3500	5985
106	8000	52.25	9.50	2.0	2.50	1.14	1.99	3500	6305

静荷载试验桩号	105	106
试验最大荷载(kN)	7700	7000
试验最大荷载下桩顶沉降量(mm)	18.49	12.56
试验卸载后残余沉降量(mm)	5.34	3.42

试验报告评语为：试验成果较有规律，反映了桩的承载特性。两桩试验虽已加到设计要求的最大试验荷载，但仍未达到极限荷载，说明桩的承载能力尚有一定潜力。桩的质量是好的。两根桩的极限承载力可取$P_u>7000$kN。

对22号工程桩还进行了钻取岩芯试验，岩芯完整，抽芯后在井中作了γ-γ密度测量，其不同深度的混凝土强度见表3-8。

不同深度的混凝土强度　　表3-8

桩编号	22								
深度(m)	设计桩顶下								
	2～8	8～14	14～18	18～30	30～32	32～38	38～40	40～44	44～45
桩身强度(N/mm^2)	25.0	25.5	26.0	26.5	26.0	27.0	26.5	25.0	24.0

22号桩取芯测试表明，整个桩体完整，无任何异常反应，自15m开始，密度相对上段增大，强度也大些，满足设计提出的钢笼末端25m处强度不小于C25与下端桩身

强度不小于C20的要求。

(3) 结论

静态泥浆护壁回转挖斗式钻孔灌注桩施工工艺是一种先进的施工方法，先后在省人民医院病房大楼、省科技大楼、医药大楼三幢高层建筑的桩基施工中得到应用，桩基工程质量均达到优良，这说明该工法技术可靠、质量可信。在诸多的成孔设备与施工方法中，静态泥浆回转挖斗式钻孔灌注桩施工工艺乃是理想的施工方法。它具有以下几点优势：

1) 采用膨润土人造泥浆在大厚度无黏性土层照样可以成孔，孔壁不会坍塌。

2) 回转挖斗式钻机成孔垂直精度均可达0.4%内，孔壁形状好，浇灌混凝土充盈系数小，并能控制。

3) 采用汽举反循环清孔，自流除砂装置能确保孔底沉渣小于50mm，保证工程质量。

4) 回转挖斗式钻机工效比正反循环回转钻机高2～4倍，机械操作简便，行走自如，能适应复杂地段作业。

5) 在电力供应紧张的情况下，可采用该工艺。

6) 本工艺对于作桩基持力层的基岩的岩芯抗压强度超过30MPa（300kg/cm^2）时，目前钻进尚有一定困难。

[实例2] ϕ3000大直径灌注桩施工（×××基础公司）。

(1) 工程概况

1) 方位及特点。由××电厂至××市的50×10^{4}V高压输变电线路全程97.4km，232个塔位，跨越珠江的三个铁塔为60、61、62号铁塔，其中61号在江心，60号和62号在岸边，60、61号塔之间跨度约1550m，塔高240m，是目前世界上最高的输电铁塔。

该项工程是由×××电力总公司集资兴建，美国柏克德（Bechtel）电力工程公司贷款并受×××电力总公司的委托管理整个工程的施工，意大利萨依（SAE）电气公司负责设计，整个工程的设计和施工都按意大利规范进行。

位于珠江口狮子洋中的61号铁塔施工难度最大，是整个工程的关键。该处河宽2.5km，水深约6m，且受潮水影响，潮水落差约3m，水流速3～4m/s，经常遭受台风袭击。铁塔的4条腿分别支承在4个厚4m、长宽各11.5m的桩台上，每个桩台由4根ϕ3000mm的灌注桩支承，相邻两桩台之间的水平距离为45m，钢筋混凝土梁板平台把4个桩台连接成一个整体，平台由45根ϕ80cm桩支承，平台的四周还有24条ϕ80cm桩支承，平台的四周还有24条ϕ80cm的护桩。本文仅就ϕ3000mm大直径灌注桩施工作一介绍。

2) 地质情况。61号基础土层主要是珠江口的沉积层，土层自上而下分别为：

第一层：细砂、稍密至松散，饱和状态，N=4～18，厚6.2m。

第二层：淤泥、流塑～软塑，很湿，含有有机质，$N\leqslant 1$，厚4.6m。

第三层：粗砂、稍密，饱和，N=15，厚2.5m。

第四层：砾石、稍密，饱和，$N=16$，厚 2.4m。

第五层：卵石、稍密，饱和，$N=12$，厚 1.2m。

第六层：粉质黏土、可塑～坚硬，$N=64$，厚 5.5m。

第七层：粉砂质泥岩强风化，块状构造，泥质胶结，厚 7.1m。

第八层：粉砂质泥岩中风化，岩芯可用锤击碎，浸水后强度降低，厚 7.5m。

(2) 施工情况

1) 人工岛的修建。根据现场的地质水文资料在铁塔所在水域修建一座人工岛变水上施工为陆上施工最为可行。这样不仅经济、工期短，而且工程质量可靠。设计人工岛面积为 96.3m×96.3m，岛面高出平均水面 3.0m，具体施工方法如下：

(A) 用打桩船在选定筑岛位置的四周施打板桩，桩长 12～18m，入土深度6～12m，相邻两桩的中心距离为 2m，打桩船是在一艘 100t 铁驳上固定一台 15t 履带吊机，安装一个导向龙门改装而成的，沉桩设备，用一台 30kW 的振动打桩锤。

(B) 沿着钢板桩抛石，形成一个顶宽为 1.5m，底宽为 10.5m，高 4m 的梯形体，所用石料每块重量为 50～100kg。由于江面水流较快，为了减少抛石损失，退潮时在上游抛石，涨潮时在下游抛石。

(C) 由于上述梯形体孔隙较大，为了避免筑岛后因水流冲刷和潮汐吸空（负压）作用而引起岛面下沉，在棱体内填一层反滤层。反滤层所用石料粒径 10～20mm，厚 0.5～1.0m。

(D) 在四周的钢板桩上绑扎竹排，并沿竹排用砂包垒筑宽 2.0m、高 2.0m 的防浪墙，竹排长 6.5m、宽 0.5～1.0m，毛竹直径 100～150mm，砂包用旧尼龙袋装砂绑扎而成，重约 50kg。

(E) 用 3 艘生产能力为 $100m^3/h$ 的吹砂船往岛内填砂，同时在岛的四周再砌筑 1m 高的块石或砂包。设计填砂高度为 7m，为了抵消由于砂层固结而产生的沉降，实际吹填高度比原设计高 300mm。

人工岛的构造如图 3-33 所示。

人工岛建成后发现由于岛的截流作用，使两侧水流加快，靠主航道一侧还出现了旋涡，四个角冲刷严重，为此在转角处增抛了一批重量为 100～150kg 的大石块，并在靠主航道一侧的两个转角处加打了一排钢板桩护角。

人工岛在一年多的使用期内，经受了波浪、洪水和台风的考验，没有出现大的坍塌和漏砂现象，岛面平均沉降只有 500mm，可见筑岛方案是成功的。

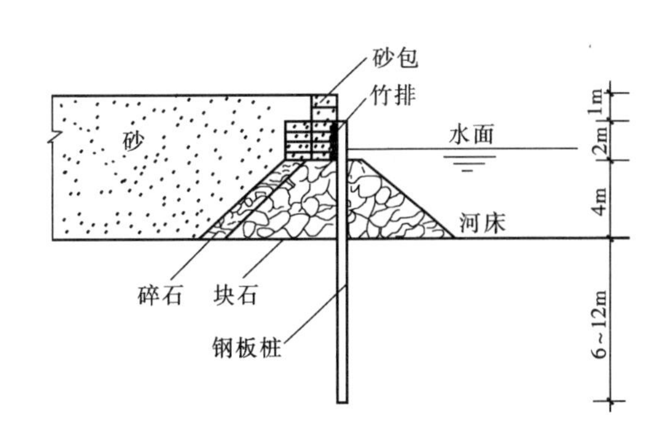

图 3-33 人工岛构造图

2) ϕ3000 灌注桩的施工。支承铁塔 4 条腿的 16 根 ϕ3000 混凝土灌注桩设计桩长为 38～51.5m，上都带有永久性钢套管，单桩混凝土用量达 300 多立方米，钢筋用量近

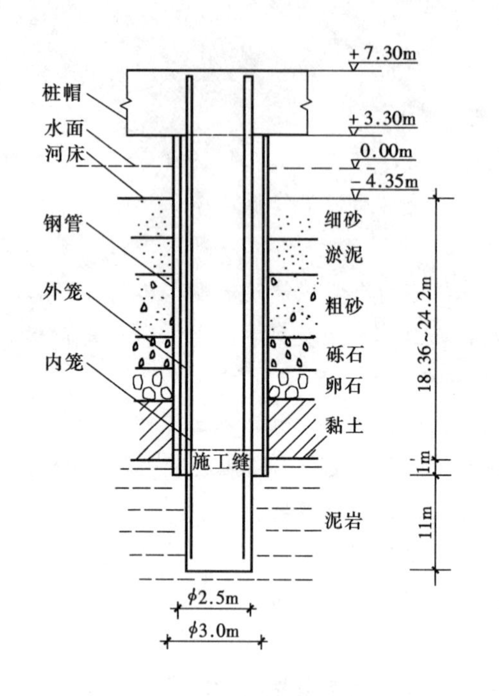

图 3-34　桩身构造

60t。桩身构造如图 3-34 所示。

要在江面上施工如此大口径的灌注桩不仅在国内外都较罕见，而且所有施工项目都必须按意大利规范进行验收，更增加了施工难度。因此如何利用国内现有的机械设备，按国际先进技术要求完成 16 根 ϕ3000 桩的施工，是本工程的关键，经研究决定采用先打钢套管护壁。

（A）采用以 KB-80 柴油打桩锤为主、振动锤为辅的沉管方案。设计要求 ϕ3000 钢套管必须穿透中粗砂、卵石层和亚黏土层进入强风化层 1m，钢套管的平面位移≤100mm，垂直度＜1.0％。根据桩径大、地质条件复杂、精度要求高的特点，决定采用以 KB-80 柴油打桩锤为主，振动锤为辅的沉管方案，设计单位把打桩设备的有关技术资料带回意大利。用电子计算机进行了分析研究，认为上述方案基本上可以满足设计要求，其具体施工方法如下：

（a）浇筑钢筋混凝土。为了保证沉管能够达到设计要求，沉管前在桩位浇筑了钢筋混凝土导向孔。考虑到导向孔埋置在松散的砂层上，为了增加导向孔的稳定性，防止位移发生，我们以每个桩台 4 条桩为一组，浇筑一个整体的混凝土导向平台。导向平台的几何尺寸为 11.5m×11.5m、厚 300mm，混凝土强度等级为 C20，构造配筋。在各个桩位设置一个深 1m、壁厚 300mm、内径 3100mm 的导向孔，如图 3-35 所示。导向孔的精度要求：孔径偏差±20mm，平面位移≤50mm，垂直度≤0.5％，并在每个导向孔的四周预埋铁块，以便将来打管时纠偏使用。

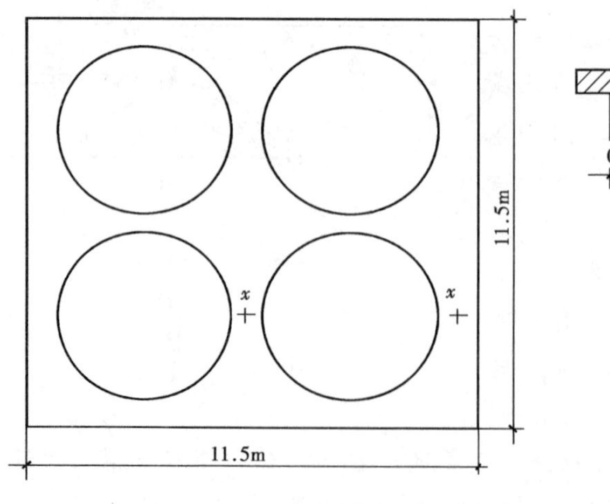

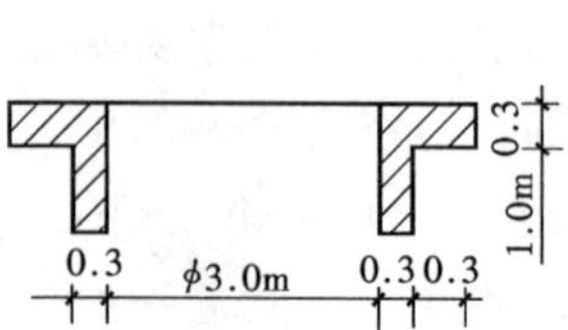

图 3-35　导向孔图

(b) 振动锤的使用。$\phi3000$ 钢套管壁厚为 25mm，每节长约 6m，重达 11t。为了确保安全，并使桩的垂直度误差控制在设计范围之内，第一节管采用 2 台 30kW 或 90kW 的振动锤沉管。实践证明第一节管用振动锤施工，沉管速度较快，且质量有保证，如在施工中发现个别桩管垂直度超出了允许范围，可立即拔出重打。用振动锤施工第 2 节管时工效很低，为了加快工程进度，从第 2 节管开始改用柴油锤施工。

(c) KB-80 柴油打桩锤的使用。KB-80 型柴油打桩锤芯重 80kN，冲击能量 225kJ。因为所施工的钢管直径大，一般桩架无法胜任，便加了一个与桩帽连在一起的导向架，并用一台 50t 履带式吊机配合。其具体操作步骤如下：在钢套管就位焊牢后，先将桩帽吊上桩顶，然后把桩架连同桩锤一起吊到桩帽上并与之连接，最后启动桩锤打桩。图 3-36 是施工 $\phi3000$ 钢套管时的情景。为了减少套管内壁的摩擦力，提高打桩效率，在钢管入土一定深度后，便在管内进行吸泥清砂，抽一段砂再打一段管，如此反复。尽管采取了上述措施，当钢管打到 25m 左右时，最后 10 击总贯入度仅有 15mm，而且从管底测量资料表明，部分管端已经变形，呈椭圆状，长轴与短轴之差达 200mm，说明桩管已不能再承受重锤的敲击。另一方面，由于种种条件的限制，先后加工的三个桩帽都采用电焊组装，未能采取整体铸钢的形式，结果在施工中三个桩帽都出现了不同程度的损坏，其中有两个桩帽在打几节管后就已不能再用，另一个桩帽在打桩贯入度较小时也破损较快。鉴于上述情况，为了加快工程进度，确保施工安全，通过与设计院研究，决定修改设计方案。对于钢管设计标高只差 1～5m 的 12 根桩，由于管端已进入硬塑亚黏土层，接近强风化表面，将不再继续打管，而是直接进行人工挖孔桩的施工。对于另 4 条钢套管离设计深度尚远的桩，由于钢管下端的土体不稳定，人工挖无法进行，只好先在 $\phi3000$ 套管内继续施打 $\phi2800$ 套管，待 $\phi2800$ 套管达到或接近原 $\phi3000$ 套管的设计深度后再进行人工挖孔桩的施工。$\phi2800$ 送桩至地面，再用与施工 $\phi3000$ 套管相同的方法，即用 KB-80 锤来施打。在挖桩时还要设法将 $\phi3000$ 与 $\phi2800$ 之间的空隙堵死，其方法也先将孔内水抽干，消除空隙内的泥土，对于漏水较少的用水玻璃堵漏，局部渗漏严重时要在两管之间打入木桩，再灌水玻璃。最后将整个间隙内填满混凝土，并用一块环形钢板盖住焊死。施工情景如图 3-37 所示。

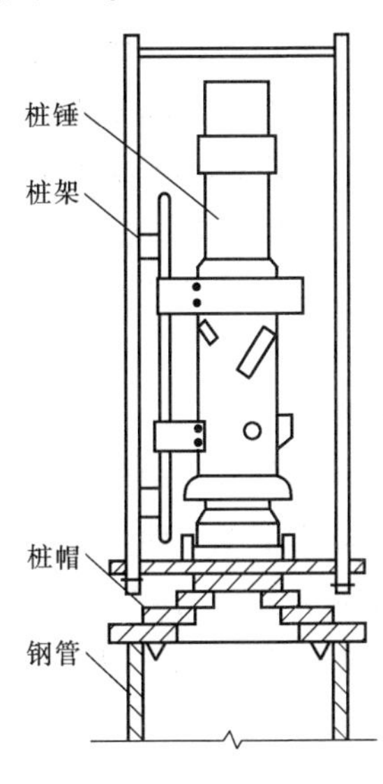

图 3-36　钢套管施工图

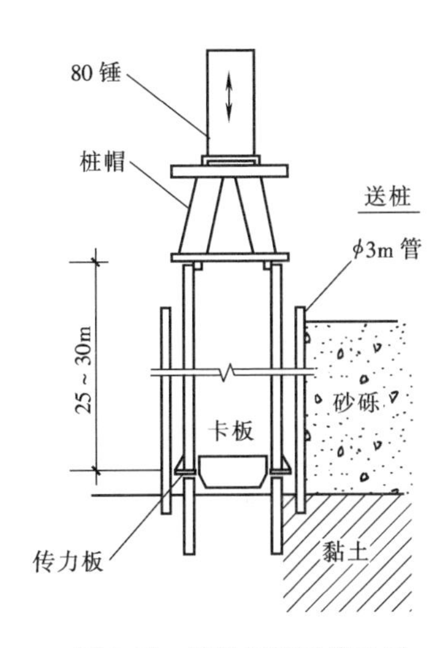

图 3-37　柴油打桩锤施工图

(B) 人工挖孔法在大口径灌注中的应用。在完成永久性钢套管的施工后，紧接着是人工挖孔桩的施工，在所有16根ϕ3000灌注桩的成孔过程中，除上部淤泥和砂层外，其他土（岩）层的成孔工作都是用人工挖孔法完成的。在一般情况下，每天三班作业，每班配5～6人，在强风化和中风化岩层内平均日进尺可达0.8～1.2m，挖出岩石4～6m^3。实践证明，在施工大口径灌注桩时，只要条件允许，采用人工挖孔桩有其明显的优点。

挖孔桩时施工区域内的地质条件要求较高。对于有流砂，流塑状淤泥等土层存在的区域不宜进行挖孔桩的施工。在上述ϕ3000挖孔桩的施工中，发现在较软弱的土层进行挖孔时，应注意以下几点：

(*a*) 每次挖孔后要尽可能地浇筑钢筋混凝土护圈。

(*b*) 因主动土压力与高度的平方成正比，所以每次挖进不要太深，在较危险的区域，每次挖深不宜超过0.5m。

(*c*) 由于孔壁土层力分布不均，会使钢筋混凝土护圈承受弯矩，而混凝土的早期抗拉强度很低，所以绝不能过早拆模。

(*C*) 钢筋笼的立式加工法。如前所述，61号塔基础工程是在面积不到$1.0\times10^4m^2$的人工岛上施工的，场地非常狭窄，可现场钢筋的加工量却非常大。仅16条ϕ3000桩就要加工ϕ2.3～ϕ2.7的钢筋笼700多吨。其中单个最重的达15t。为了解决场地不足的问题，在施工过程中采用了钢筋笼的立式加工法，即先在地面上做一个高度比所要加工的钢筋笼略低的操作架，人员站在操作架上便可进行加工。一个钢筋笼加工好后，用吊机吊走，即可加工下一个，实践证明，这种方法具有下列优点：

(*a*) 所用施工场地很小，适合于在狭窄的地方加工大直径的钢筋笼。

(*b*) 可省去水平加工时所必需的径向加强支撑。

(*c*) 径向变形小，加工尺寸准确，便于以后对接或安放。

(*D*) 水下混凝土的浇筑。16根ϕ3000灌注桩桩身混凝土设计强度等级为C25，每m^3混凝土水泥用量430kg，水灰比0.53，坍落度17～20cm，粗骨料最大粒径30mm，初凝时间为5.8h。桩身混凝土量最多的为325m^3。可以想象，要在人工岛上在短时间内完成如此繁重的水下混凝土浇筑工作，任务十分艰巨，为此我们在岛上安装了两条混凝土自动生产线，还装配了两个混凝土配料架，用三台混凝土搅拌车与之配合，使混凝土的实际生产能力达30m^3/h。为了解决现场堆料场地不足的问题，在开始浇筑混凝土前先让装满砂、石料的供料船停在江中，搅拌工作开始后，由船不断地向岛上补充砂、石料。为了防止意外，浇筑水下混凝土时同时采用2根混凝土ϕ250导管。另外，在混凝土中加入水泥用量的3‰的缓凝剂MG-1，以延长初凝时间，改善混凝土的和易性。尽管采取了上述措施，要在混凝土初凝时间内完成整条桩的浇筑工作还是十分困难的，为了确保桩的质量，在桩随水平推力的理论反弯点处增加一条施工缝，其施工方案是：在施工缝以下用常规办法浇筑水下混凝土，待混凝土终凝后对施工缝进行处理，然后在无水的情况下，用与浇水下混凝土的相似办法（主要是设备，如集料导管）浇筑上段桩身。

后经多次取芯和超声波试验证明，施工缝处新旧混凝土粘接紧密，整个桩身混凝土质量良好。

(3) 结论

目前施工已经结束，外国专家表示满意，工程质量也得到了考验。像这样的工程我们也是初次承担。我们体会到，只要掌握了常规的施工方法，运用现有的施工手段设备，在遇有特殊要求的工程中，总是能提出切合实际的施工对策的。本工程的施工是较为特殊的一个实例。

4. 钻孔灌注桩桩端压力灌浆新工艺

钻孔灌注桩的缺点是孔底有虚土影响承载力，而这种桩的承载力不如预制桩。如何扬长避短，提高桩的承载力是高层建筑研究的一大问题，用桩端压力灌浆使桩端土压实并有水泥浆渗透入砂土层，提高桩的端阻力，从而提高桩的承载力。

（1）施工工艺如图3-38所示。

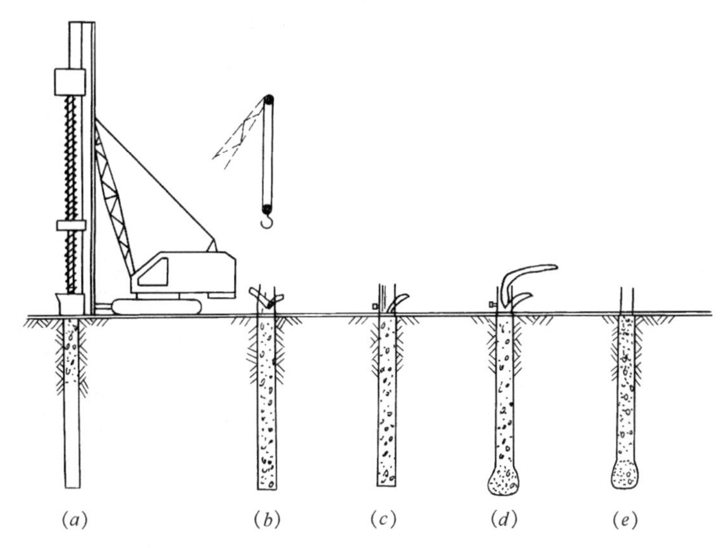

图3-38 钻孔桩桩端压力灌浆工艺示意图

（a）成孔；（b）下桩筋及压浆桩尖；（c）浇筑混凝土；（d）桩端注浆压密；（e）割除导管承台施工

（2）压力灌浆工艺流程如下：

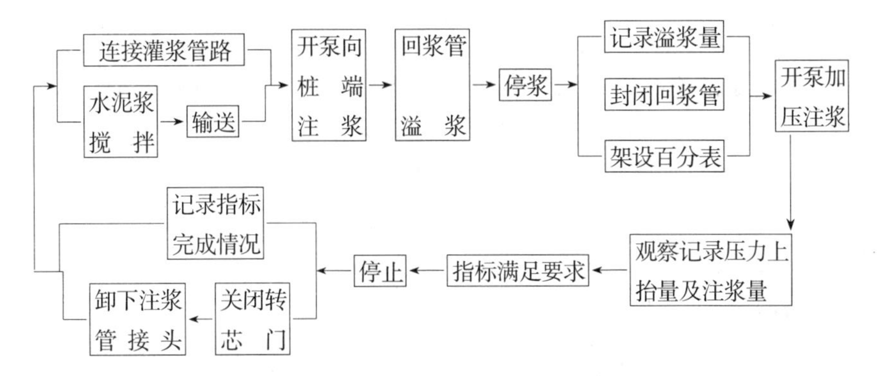

（3）桩端压力灌浆的效果

1）有压力的水泥浆注入桩端深入虚土及砂卵石层，压力浆进入砂卵石空隙，形成一个有端阻力的固结桩头，并产生反力将桩微量上抬。

2）压力灌浆使桩上抬实际产生桩与土的微量负摩擦，在桩承受垂直荷载时其变形需先克服向上变形，再产生沉降，这加大了侧阻力。

3）由于上述两点可以解释为什么桩端压力灌浆比不灌浆的承载力要大一倍。

4）压力、上抬量、注浆量三个参数应以压力为主要因素。

5. 钻孔扩底灌注桩新工艺

高层建筑的钻孔灌注桩，如何提高桩端承载力是一个常见的问题，其中扩底就是一个有效的办法。

现将扩底桩头要求及滑降式机械扩底钻头工艺通过实例介绍如下：

（1）工程概况及扩孔工艺

某一18层的高层住宅，建筑面积1.8万m^2，共设计ϕ800mm的钻孔扩底桩128根，孔深42.10m左右，桩长38m，10ϕ18钢筋，并沿桩全长通长配置，桩端持力层为9C卵砾石层，要求进入9C层≥1D（1100mm或1200mm），单桩承载力≥3200kN或3600kN，扩底直径ϕ1200和ϕ1100两种。

1）钻孔扩底灌注桩头要求，如图3-39、图3-40所示。

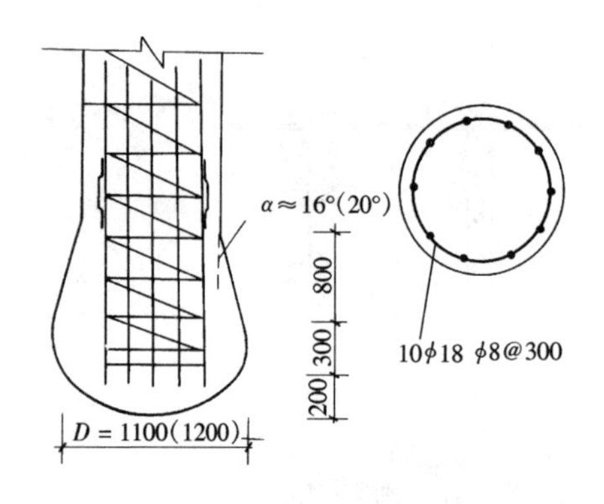

图3-39 钻孔扩底灌注桩头

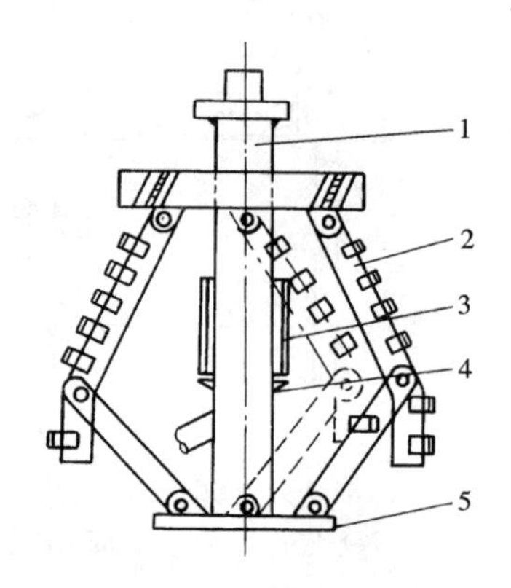

图3-40 钻孔扩底灌注桩头

1—钻头体；2—滑降机构；3—活式三翼刮刀体；4—限位器；5—定位盘

2）滑降式机械扩底钻头原理：利用钻具轴向P压沿着滑降槽来张开翼片，完成扩底工作；反之，收缩时也是沿着滑降槽在卷扬机提起钻具提引力作用下回收复位，完成回位工作。其主要装置有：钻头体、滑降机构、活式三翼刮刀体、限位器、定位盘等组成。

（2）滑降式机械扩底钻头扩孔过程及沉渣处理

1）扩底过程。扩底操作程序为：桩型成孔→下扩底钻头→扩底→清孔→提钻具。

钻孔扩底灌注桩，底部为大头异形圆柱桩，桩身由两部分组成，即上部为正常圆柱状和底部为扩底后的大头状。大头直线段30～50cm，最大直径ϕ1100mm～ϕ1200mm两种。先按常规施工法钻至设计要求后，提起钻具，再改用扩张钻头下入孔内，进行底部扩底工作。在进行了钻孔灌注扩底工作时，先采用ϕ800mm钻头正常施工进入9C砾石层≥1D后，然后提钻调换扩底钻斗下至孔底，通过校对计算孔底位置后，确定机上余尺、行程，并做上标志。然后慢慢开机回转，利用扩底钻头的定位盘传递反力，慢慢加压使钻头翼片张开，在轴向 P 压和回转扭矩作用下，刮削和刻取孔壁的砾石，逐步加压扩张开始进行扩底工作，不断地观察机上余尺的行程进尺状况，直至行程走完后，即行程为16cm和20cm，扩张翼片已全部张开，扩至设计直径（限位器控制扩底段桩径）。根据走完的行程和机判15min后仍无进尺和扩孔反映无异常现象，将钻头提离孔底2.5m后，再重新放回孔底将翼片张开，无阻力，张回顺利，此时，说明扩底成功结束。

2）扩底后的沉渣处理。正循环第一次清孔利用成孔钻具直接进行，清孔时先将钻头提离孔底10～20cm，输入泥浆后循环清孔。在扩底时，有一部分钻渣随着泥浆正循环钻进已携带出井口，经测绳检测孔底仍有沉渣，可下捞渣桶进行捞渣处理清孔。为了保证扩底头的质量，在导管下入孔内后，进行第二次气举反循环清孔。其主要机具，包括空气压缩机、出水管、送风管、气水混合器（花管）等，一般应根据孔深、孔径合理选择，出水管即利用泥浆导管，在使用时，应注意以下几点：

① 出水管下放深度以出水管底距孔底沉渣面30～40cm为宜，风管下放深度一般以花管至液面距离与孔深之比的0.5～0.6来确定。

② 开始送风时应向孔内供浆，停止清孔时应先关气后断浆。

③ 送风量由小到大，风压应稍大于孔底水头压力。若孔底沉渣过多或有泥块，可适当加大风量，串动出水管，一般风压取0.25～0.35MPa即可。

④ 随着钻渣的排出，孔底沉渣量的减少，出水管应同步跟进，以保持出水管底与孔底沉渣面的距离。

⑤ 清孔时应注意保证补浆充足和孔内泥浆液面的稳定。采用二次清孔后，就能保证和满足设计上对钻孔扩底桩的要求。

3）扩底操作中的注意事项

① 下钻前应检查扩底钻头的各个铰链部位、螺杆、螺销以及滑降机构等部件，同时还要在地面上检试一下钻头扩张和复位情况是否正常。

② 扩底钻头上部连接钻具处应设处理事故用的月牙环，以防钻头脱落时打捞使用。

③ 将钻头下入孔内时，应严格检查钻具各连接点，操作时注意钻头是否碰撞孔壁。

④ 钻头下入孔底后用牙钳轻轻转动一下，判断是否正常到位，防止块状物脱落孔内，产生卡钻。

⑤ 正常扩孔时一定要慢速钻进，离合器手把处要有专人操作，以防意外事故发生。

⑥ 打孔完毕后，钻头应有专人检查、保护，为下一根桩扩底做好准备工作。

3.4 地下连续墙

地下连续墙是深基坑的主要支护结构挡墙之一，是近年来在地下工程和基础工程施工中应用较为广泛的一项技术。它在一些重大工程中已取得了很好的效果，如北京王府井宾馆、京广大厦、广州白天鹅宾馆、上海电信大楼、海伦宾馆、上海国际贸易中心大厦、上海金茂大厦等著名的高层建筑的基础施工都曾采用地下连续墙。

3.4.1 地下连续墙的施工工艺原理与适用范围

1. 地下连续墙的施工工艺原理

地下连续墙是指在基础工程土方开挖之前，预先在地面以下浇筑的钢筋混凝土墙体。

原理：用特制的挖槽机械在泥浆护壁的情况下分段开挖沟槽，待挖至设计深度并清除沉淀泥渣后，将地面上加工好的钢筋骨架用起重设备吊放入沟槽内，用导管向沟槽内浇筑水下混凝土，因为混凝土是由沟槽底部开始逐渐向上浇筑，所以随着混凝土的浇筑泥浆被置换出来，待混凝土浇至设计标高后，一个单元槽段施工完毕。各个单元槽段之间用特制的接头连接，形成连续的地下钢筋混凝土墙，既可挡土又可防水，对深基础的支护和土方开挖十分有利，但如单纯用作支护结构，费用较高，若施工后成为地下结构的组成部分（即两墙合一）则较为理想。

2. 地下连续墙的适用范围

地下连续墙最早在1950年应用于意大利米兰“泥浆护壁”地下连续墙施工，20世纪50年代后传到法国、日本等国。1958年，我国水电部门在青岛月子口水库修建水坝防渗墙时首次采用此技术，从此地下连续墙施工在我国各地高层建筑基础施工中得到了广泛的应用。主要适用于地下水位高的软土地区，或当基坑深度大且邻近的建（构）筑物、道路和地下管线相距很近时。

地下连续墙的优点：

(1) 适用于各种土质；

(2) 对邻近的结构物和地下设施没有什么影响；

(3) 可在各种复杂条件下施工；

(4) 单体造价有时可能稍高，但其综合经济效果较好。

地下连续墙的缺点：

(1) 易造成施工现场潮湿和泥泞，还需对废泥浆进行处理；

(2) 地下连续墙中的墙面不够光滑，作为永久性结构需进行进一步处理；

(3) 如只作临时挡土结构不够经济。

3.4.2 地下连续墙的施工

1. 地下连续墙的施工工艺过程

目前，我国建筑工程中应用最多的是现浇的钢筋混凝土板式地下连续墙，用作主体结构一部分同时又兼作临时挡土墙的地下连续墙和纯为临时挡土墙。在水利工程中用作防渗墙的地下连续墙和作为临时挡土墙。

对于现浇钢筋混凝土壁板式地下连续墙，其施工工艺过程通常如图3-41所示，其中修筑导墙、泥浆制备与处理、深槽挖掘、钢筋笼制备与吊装以及混凝土浇筑，是地下连续墙施工中主要的工序。

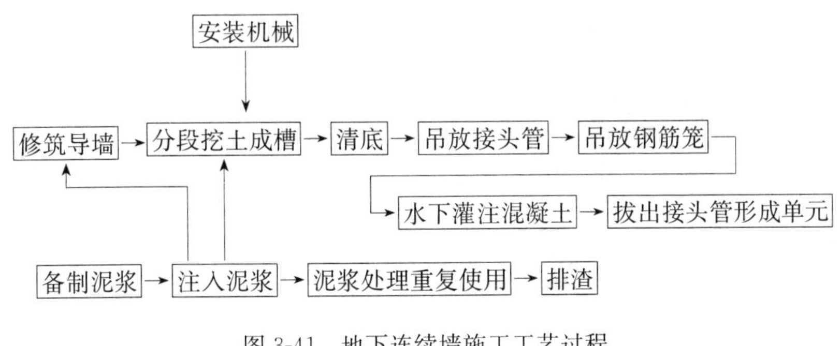

图3-41　地下连续墙施工工艺过程

（1）修筑导墙

导墙是地下连续墙挖槽之前修筑的临时结构，对挖槽起重要作用。

1）导墙的作用

（*A*）起挡土墙作用，防止地表土体不稳定坍塌，在挖槽前先筑导墙，如因土压力作用产生位移，可在导墙内适当距离设置横撑。

（*B*）起基准作用，明确挖槽位置与单元槽段的划分，是测定挖槽精度、标高、水平及垂直的基准。

（*C*）起重物支承作用，用于支承挖槽机、混凝土导管、钢筋笼等施工设备所产生的荷载。

（*D*）其他作用：①防止泥浆漏失；②保持泥浆稳定；③防止雨水等地面水流入槽内；④起到相邻结构物的补强作用。

2）导墙的形式。导墙一般为现浇的钢筋混凝土结构，但亦有钢制的或预制钢筋混凝土的装配式结构，可多次重复使用。不论采用哪种结构，都应具有必要的强度、刚度和精度，且一定要满足挖槽机械的施工要求。图3-42（*a*）所示为最简单的断面形状，适用于地表层土较好、具有足够地基强度、作用在导墙上的荷载较小的情况；图（*b*）适用于表层地基土差，特别是坍塌性大的砂土或回填杂土，需将导墙筑成如“L”形或上下两端都向外伸的“匚”形；图（*c*）适用于导墙上荷载大的情况；图（*d*）适用于有相邻建筑物的情况。

在确定导墙形式时，应考虑下列因素：

（*A*）表层土的特性。表层土体是否密实和松散、是否回填土、土体的物理力学性能如何、有无地下埋设物等。

（*B*）荷载情况。钢筋的重量，挖槽机的重量与组装方法，挖槽与浇筑混凝土时附近存在的静载与动载情况。

（*C*）地下水的状况。地下水位的高低及其水位变化情况。

（*D*）地下连续墙施工时对邻近建（构）筑物可能产生的影响。

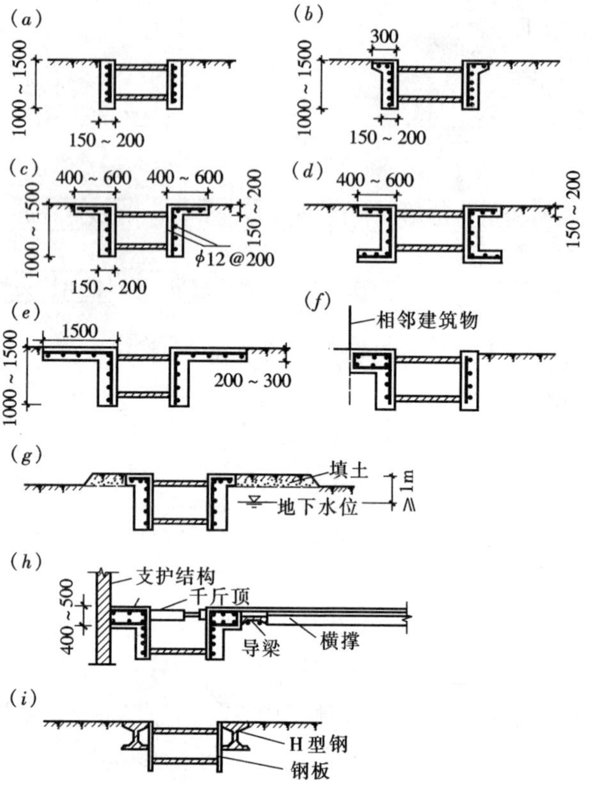

图 3-42　导墙的形式

(E) 当施工作业面在地面以下时（如在路面以下施工），对先施工的临时支护结构的影响。

3）导墙的施工。导墙的施工顺序如下：

平整场地——测量定位——挖槽——绑钢筋——支模板（按设计图，外侧可利用土模，内侧用模板）——浇混凝土——拆模并设置横撑——回填外侧空隙并碾压。

导墙施工精度直接关系到地下连续墙的精度，要特别注意导墙内侧净空尺寸，垂直与水平精度和平面位置等，导墙水平钢筋须连接起来，使导墙成为一个整体，要防止因强度不足或施工不良而发生事故。

导墙的厚度一般为150～200mm，墙趾不宜小于0.20m，深度为1.0～2.0m。导墙的配筋多为ϕ12@200，水平钢筋必须连接起来，使导墙成为整体。导墙施工接头位置应与地下连续施工接头位置错开。

导墙面应高于地面约100mm，防止地面水流入槽内污染泥浆。导墙的内墙面应平行于地下连续墙轴线，对轴线距离的最大允许偏差为±10mm；内外导墙面的净距，应为地下连续墙名义厚度加40mm，允许误差为±5mm，墙面应垂直；导墙顶面应水平，全长范围内的高差应小于±10mm，局部高差应小于5mm。导墙的基底应和土面密贴，以防泥浆渗入导墙后面。

现浇钢筋混凝土导墙拆模后，应沿纵向每隔 1m 左右加设上下两道木支撑，将两片导墙支撑起来，在导墙的混凝土达到设计强度之前，禁止任何重型机械和运输设备在旁边行驶，以防导墙受压变形。

（2）泥浆

1）泥浆的功能。泥浆的主导作用是护壁，有以下功能：

(*A*) 防止槽壁坍塌。泥浆的静止水压力相当于一种液体在槽壁上形成不透水的泥皮，从而使泥浆的静压力有效地作用在槽壁上，同时防止槽壁坍塌。

(*B*) 携渣作用。泥浆具有一定的黏度，能将钻头式挖槽机挖下来的土渣悬浮起来，既便于土渣随同泥浆一同排出槽外，又可避免土渣泥积在工作面上影响挖槽机的挖槽效率。

(*C*) 冷却和滑润作用。冲击式或钻头式挖槽机在泥浆中挖槽，以泥浆作冲洗液，钻具在连续冲击或回转中温度剧烈升高，泥浆即可降低钻具的温度，又可起润滑作用而减轻钻具的磨损，有利于延长钻具的使用寿命和提高深槽挖掘的效率。

2）泥浆成分。泥浆通常使用膨润土，还添加掺合物和水。

(*A*) 膨润土是一种颗粒极细、遇水显著膨胀、黏性和可塑性都很大的特殊黏土，主要成分是 SiO_2、Al_2O_3 和 Fe_2O_3 等。我国用商品陶土粉加入适量的纯碱（Na_2CO_3）能获得稳定性好的泥浆。

(*B*) 掺合物按其用途分：有加重剂、增黏剂、分散剂及防漏剂四类，其作用是调整泥浆相对密实、黏度、凝胶化倾向、失水量、钙离子量、防止渗漏等。

地下连续墙挖槽用护壁泥浆（膨润土泥浆）的制备，有以下方法：

(*a*) 制备泥浆——挖槽前利用专用设备事先制备好泥浆，挖槽时输入沟槽；

(*b*) 自成泥浆——用钻头式挖槽机挖槽时，向沟槽内输入清水，清水与钻削下来的泥土拌合，边挖槽边形成泥浆。泥浆的性能指标要符合规定的要求；

(*c*) 半自成泥浆——当自成泥浆的某些性能指标不符合规定的要求时，在形成自成泥浆的过程中，加入一些需要的成分。

3）泥浆的控制指标

(*A*) 泥浆相对密度：新制备的泥浆相对密度应小于 1.05，成槽后相对密度上升，但此时槽内泥浆相对密度不大于 1.15，槽底泥浆相对密度不大于 1.20。

(*B*) 泥浆黏度：黏度是液体内部阻止相对流动的一种特性，一般用漏斗法测量，其方法将泥浆经过过滤网注入容积为 700mL 的漏斗内，然后使其从漏斗口流出，泥浆漏满 500mL 量杯所需的时间（s）即为泥浆黏度指标。

(*C*) 泥浆失水量和泥皮厚度：泥浆在槽壁受压力差作用，部分水会渗入土层的水量称失水量。可用失水量仪测定，其单位为 ml/30min。在泥浆失水时，于槽壁上形成一层固体颗粒的胶结物，称泥皮。泥浆失水量 20～30ml/30min，泥皮薄（1～3mm）而致密，有利于槽壁稳定，泥皮亦可利用失水量仪进行测定。

(*D*) 泥浆 pH 值：泥浆宜呈弱碱性，pH 值为 7 时，泥浆为中性，小于该值为酸性，大于 7 时为碱性，pH 值大于 11 时则泥浆会产生分层现象，失去护壁作用。

（E）泥浆的稳定性和胶体率：泥浆的稳定性用稳定计测定，即将泥浆注满量筒，静止24h，分别量测上下部泥浆相对密度，其相对密度差值用以衡量稳定性。

胶体率：将100mL的泥浆注入100mL量筒中，用玻璃片盖上，静止24h，然后观察上部澄清液的体积，如澄清液为5mL，则该泥浆的胶体率为95%。归纳上述情况泥浆的控制指标见表3-9。

不同土层护壁泥浆性质的控制指标　　表3-9

指标 性质 / 土层	黏度(s)	相对密度	含砂量(%)	失水量(%)	胶体率(%)	稳定性	泥皮厚度(mm)	静切力(kPa)	pH值
黏土层	18～20	1.15～1.25	＜4	＜30	＞96	＜0.003	＜4	3～10	＞7
砂砾石层	20～25	1.20～1.25	＜4	＜30	＞96	＜0.003	＜3	4～12	7～9
漂卵石层	25～30	1.10～1.20	＜4	＜30	＞96	＜0.004	＜4	6～12	7～9
碾压土层	20～22	1.15～1.20	＜6	＜30	＞96	＜0.003	＜4	—	7～8
漏失土层	25～40	1.10～1.25	＜15	＜30	＞97	—	—	—	—

（3）挖深槽

挖槽是地下连续墙施工中的关键工序。挖槽占地下连续墙工期的1/2，故提高挖槽的效率是缩短工期的关键。同时槽壁形状基本上决定了墙体外形，所以挖槽的精度又是保证地下连续墙质量的关键之一。

地下连续墙挖槽的主要工作：单元槽段划分；挖槽机械的选择与正确使用；制订防止槽壁坍塌的措施和特殊情况的处理等。

1）单元槽段划分。地下连续墙施工时，预先沿墙体长度方向把地下墙划分为许多某种长度的施工单元，这种施工单元称“单元槽段”。划分单元槽段就是将各种单元槽段的形状和长度表明在墙体平面图上，它是地下连续墙施工组织设计中的一个重要内容。

单元槽段的长度不得小于一个挖槽段（挖土机械的挖土工作装置的一次挖土长度）。从理论上讲单元槽段愈长愈好，可以减少槽段的接头数量，增加地下连续墙的整体性和提高防水性能及施工效率。但是单元槽段长度受许多因素限制，在确定其长度时除考虑设计要求和结构特点外，还应考虑下述各因素：

（A）地质条件：当土层不稳定时，为防止槽壁倒塌，应减少单元槽段的长度以缩短挖槽时间，挖槽后立即浇筑混凝土，消除或减少了槽段倒塌的可能性；

（B）地面荷载：如附近有高大建筑物构筑物，或邻近地下连续墙有较大的地面荷载，在挖槽期间会增大侧向压力，影响槽壁的稳定性。为了保证槽壁的稳定，也应缩短单元槽段的长度以缩短槽壁的开挖和暴露时间；

（C）起重机的起重能力：由于一个单元槽段的钢筋笼多为整体吊装，所以要根据施工单位现有的起重机械的起重能力估算钢筋笼的重量和尺寸，以此推算单元槽段的长度；

（D）单元时间内混凝土的供应能力：一般情况下一个单元槽段长度内的全部混凝土，宜在4h内浇筑完毕，所以，单元槽段长度为：

$$L=\frac{4\text{ 小时（h）内混凝土的最大供应量（m}^3\text{）}}{\text{墙宽}\times\text{墙深}}$$

（E）工地上具备的泥浆池的容积：一般情况下工地上已有泥浆池的容积，应不小于每一单元槽段挖土量的2倍，所以泥浆池的容积亦影响单元槽段的长度。

此外，划分单元槽段时尚应考虑单元槽段之间的接头位置，一般情况下接头避免设在转角及地下连续墙与内部结构的连接处，以保证地下连续墙有较好的整体性。单元槽段划分与接头形式有关。单元槽段的长度多取5～8m，但也有取10m甚至更长的情况。

2）挖槽机械。地下连续墙施工用的挖槽机械，是在地面上操作，穿过水泥浆向地下深处开挖一条预定断面深槽（孔）的工程施工机械。

由于地质条件十分复杂，地下连续墙的深度、宽度和技术要求也不同，目前国内还没有能适用于各种情况下的万能挖槽机械，因此需根据不同的地质条件和工程要求，选用合适的挖槽机械。

目前，在地下连续墙施工中国内外常用的挖槽机械，按其工作机理分为挖斗式、冲击式和回转钻头式三大类，每一类中又可分多种。

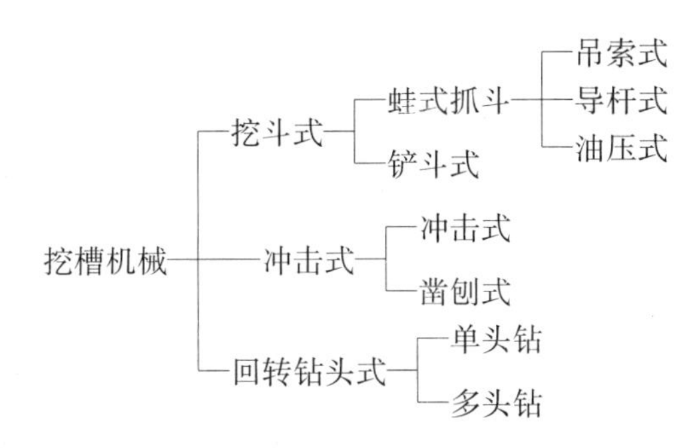

我国在地下连续墙施工中，目前应用最多的是吊索式蚌式抓斗、导杆式蚌式抓斗、多头钻和冲击式挖槽机，尤以前三种最多。这些挖槽机械多数是参照国外经验自行研制的，也有少数是从国外进口的，现介绍常用的两种挖槽机械：

（A）索式中心提拉式导板抓斗：索式中心提拉式导板抓斗是由钢索操纵开斗抓土闭斗和提升的，用导板导向，可提高挖槽精度，又增大抓斗重量，提高挖槽效率，如图3-43。

（B）多头钻机：钻机的主体由多头钻和潜水机组成，挖槽时用钢索悬吊，采用全面钻进方式，可一次完成一定长度和宽度的深槽，如图3-44所示。

3）挖槽。索式中心提拉抓斗的施工顺序如图3-45（a）所示。施工时以导墙为基准。挖地下墙的第一单元槽段，首先挖掉①和②两个部分，然后挖去中间③部分，于是一个单元槽段的挖掘完成，以后挖槽段工作如图3-45（b）所示，先挖掉④部分，再挖第⑤部分，从而完成又一个单元槽段的挖槽。这种挖槽法适合于单元槽段长度为2～7m

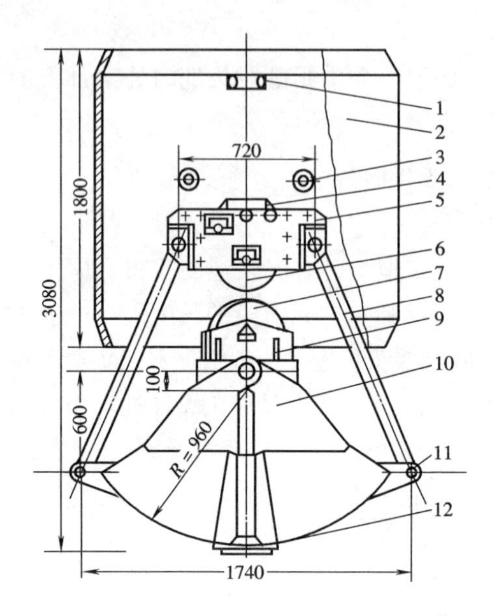

图 3-43　索式中心提拉式导板抓斗

1—导向块；2—导板；3—撑管；4—导向辊；5—斗脑；6—上滑轮组；7—下滑轮组；8—提杆；9—滑轮架；10—斗体；11—斗耳；12—斗齿

左右。

4）清底。槽段挖至设计标高后，用钻机的钻头或超声波方法测量槽段断面，如误差超过规定的精度则需修槽，修槽可用冲击钻或锁口管并联冲击。对于槽段接头处亦需清理，可用刷子清刷或用压缩空气压吹。之后就进行清底（有的在吊放钢筋笼后浇混凝土前再进行一次清底）。

挖槽结束后，悬浮在泥浆中的颗粒将渐渐沉淀到槽底，此外，在挖槽过程中被排出而残留在槽内的土渣，以及吊放钢筋笼时从槽壁上刮落的泥皮都堆积在槽底。在挖槽结束后清除以沉渣为代表的槽底沉淀物的工作称为清底。

（A）清底的必要性

（*a*）沉渣在槽底很难被浇灌的混凝土换置出地面，沉渣留在槽底使地下墙承受力降低，将造成墙体沉降。

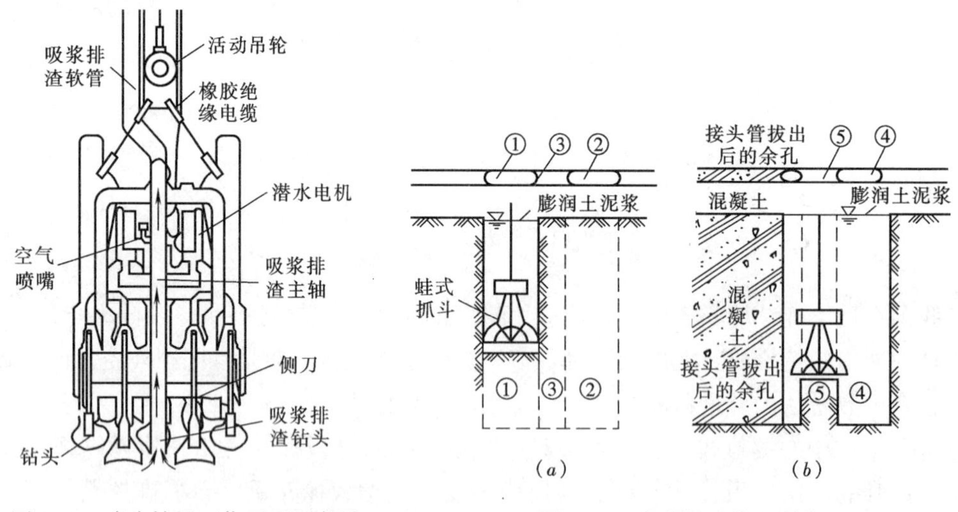

图 3-44　多头钻机工作原理示意图　　　　图 3-45　索式抓斗施工顺序

（*b*）沉渣多会影响钢筋笼插入位置。

（*c*）沉渣混入混凝土后，降低混凝土强度，严重影响质量。

（*d*）沉渣集中到单元槽的接头处会严重影响防渗性能。

（*e*）沉渣会降低混凝土流动性、降低混凝土浇筑速度，有时会造成钢筋笼上浮。

（B）清底的方法

清底方法，一般有沉淀法和置换法两种。

沉淀法是在土渣基本都沉到槽底之后再进行清底；置换法是在挖槽结束之后，对槽底进行认真清理，然后在土渣还没沉淀之前就用新泥浆把槽内的泥浆置换出来，使槽内泥浆的相对密度在1.15以下。目前我国多用后者，但是不论哪种方法都有从槽底清除沉淀土渣的工作。

清除槽底沉渣的方法有：

(*a*) 砂石吸力泵排泥法；

(*b*) 压缩空气升液排泥法；

(*c*) 潜水泥浆泵排泥法；

(*d*) 水枪冲射排泥法；

(*e*) 抓斗直接排泥法。

常用的是前三种清渣方法（图3-46）。

注：不同的方法清底的时间亦不同。置换法是在挖槽之后立即进行。对于以泥浆反循环法进行挖槽的施工，可在挖槽后紧接着进行清底工作。沉淀法一般在插入钢筋笼之前进行清底，如插入钢筋笼的时间较长，亦可在浇筑混凝土之前进行清底。

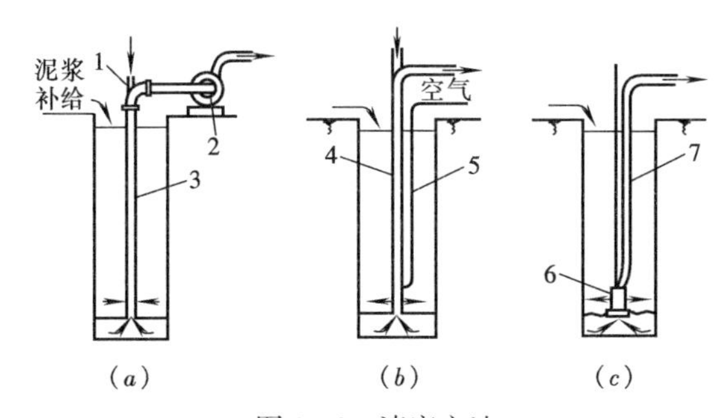

图3-46 清底方法

(*a*) 砂石吸力泵排泥；(*b*) 压缩空气升液排泥；(*c*) 潜水泥浆泵排泥

1—接合器；2—砂石吸力泵；3—导管；4—导管或排泥管；

5—压缩空气管；6—潜水泥浆泵；7—软管

5）接头

(*A*) 对纵向接头的要求（施工接头）

(*a*) 不能妨碍下一单元槽段的挖掘；

(*b*) 能传递单元槽段之间应力，起到伸缩接头作用；

(*c*) 混凝土不得从接头下端流向背面，也不得从接头构造与槽壁之间流向背面；

(*d*) 在接头表面上不应粘附沉渣或变质泥浆的胶凝物，以免造成强度降低或漏水；

(*e*) 造价便宜。

(*B*) 常用的施工接头有以下几种：

(*a*) 接头管接头。是当前地下连续墙施工应用最多的一种施工接头。施工时，待一个单元槽段土方挖好后，于槽段端部用吊车放入接头管，然后吊放钢筋笼并浇筑混凝土，浇筑的混凝土强度达到0.05～0.20MPa时（混凝土浇筑后3～5h，视气温而定），先将接头管旋转然后拔出，拔速应与混凝土浇筑速度、混凝土强度增长速度相适应，一般为2～4m/h，应在混凝土浇筑结束后 8h 内将接头管全部拔出，具体施工过程如图3-47所示。

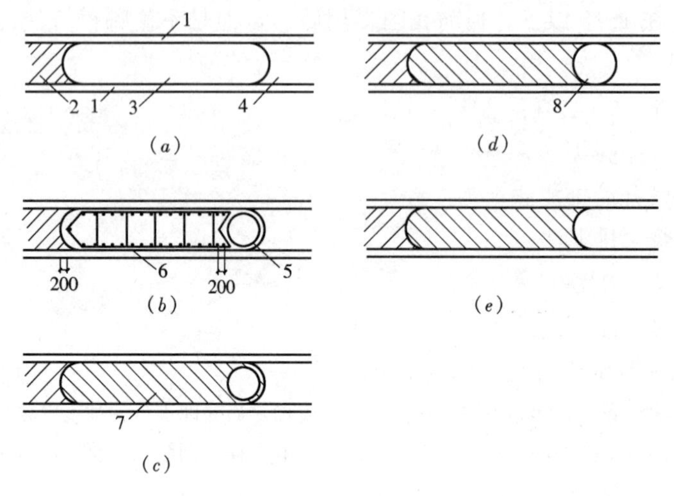

图 3-47　接头管接头的施工程序

(*a*) 开挖槽队；(*b*) 吊放接头管和钢筋笼；(*c*) 浇筑混凝土；(*d*) 拔出接头管；(*e*) 形成接头

1—导墙；2—已浇筑混凝土的单元槽段；3—开挖的槽段；4—未开挖的槽段；5—接头管；6—钢筋笼；7—正浇筑混凝土的单元槽段；8—接头管拔出后的孔

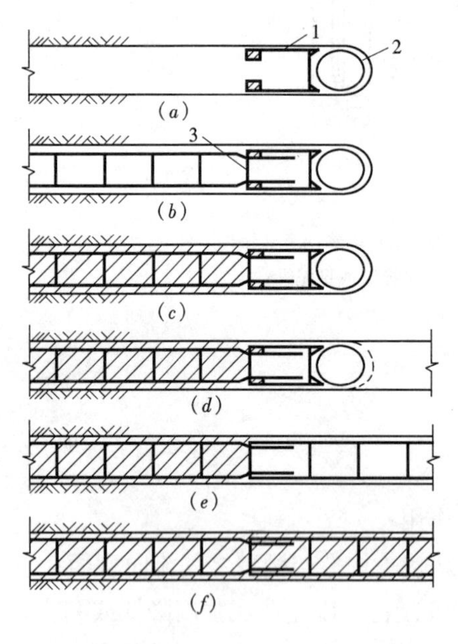

图 3-48　接头箱接头的施工程序

(*a*) 插入接头箱；(*b*) 吊放钢筋笼；(*c*) 浇筑混凝土；(*d*) 吊出接头管；(*e*) 吊放后一槽段的钢筋笼；(*f*) 浇筑后一槽段的混凝土，形成整体接头

1—接头箱；2—接头管；3—焊在钢筋笼上的钢板

(*b*) 接头箱接头。接头箱接头可以使地下连续墙形成整体接头，接头的刚度较好。

接头箱接头的施工方法与接头管接头相似，是以接头箱代替接头管。待一个单元槽段挖土结束后，吊放接头箱，吊放钢筋笼。具体施工过程如图 3-48 所示。

(C) 结构接头。地下连续与内部结构的楼板、柱、梁、底板等连接的结构接头，常用的有以下几种：

(*a*) 预埋连接钢筋法。是应用最多的一种方法，它是在浇筑墙体混凝土之前，将设计连接钢筋加热后弯折，预埋在地下连续墙内，待土体开挖后，凿开预埋连接筋处的墙面，将露出的预埋连接钢筋弯成设计形状，与后浇结构的受力钢筋连接。为便于施工，预埋的连接钢筋的直径不宜大于 22mm，且弯折时加热宜缓慢进行，以免连接钢筋的强度降低过多。考虑到连接处往往是结构的薄弱处，设计时一般使连接筋有 20%的余地。

(*b*) 预埋连接钢板法。这是一种钢筋间连接的接头方式，在浇筑地下连续墙的混凝土之前，将预埋连接钢板放入并与钢筋笼固定。结构中的受力钢筋与预埋连接钢板焊接。施工时要注意保证预埋连接钢板后面的混凝土饱满。

(*c*) 预埋剪力连接件法。剪力连接件的形成有多种，但以不妨碍浇筑混凝土，承压面大且形状简单的为好。剪力连接件先预埋在地下连续墙内，然后弯折出来与后浇结构连接。

地下连续墙内有时还有其他的预埋件或预留孔洞等，可利用泡沫苯乙烯塑料、木箱等覆盖，但要注意不要因泥浆浮力而产生位移或损坏，而且在基坑开挖时要易于从混凝土面上取下。

6) 钢筋笼加工和吊放

(A) 钢筋笼加工。钢筋笼根据地下连续墙墙体配筋图和单元槽段的划分来制作。钢筋笼最好按单元槽段做成一个整体。如果地下连续墙很深或受起重设备能力的限制，需要分段制作，吊放时再连接，接头宜用绑条焊接，纵向受力钢筋的搭接长度，如无明确规定时可采用60倍的钢筋直径。

钢筋笼端部与接头管或混凝土接头面间应留有15～20cm的空隙。主筋净保护层厚度通常为7～8cm，保护层垫块厚5cm，在垫块和墙面之间留有2～3cm的间隙。由于用砂浆制作的垫块容易在吊放钢筋笼时破碎，且易擦伤槽壁面，近年多用塑料块或用薄钢板制作，焊于钢筋上。

制作钢筋笼时要预先确定浇筑混凝土用导管的位置，由于这部分要上下贯通，因而周围需增设箍筋和连接筋进行加固。尤其在单元槽段接头附近插入导管，由于此处钢筋较密集，更需特别加以处理。横向钢筋有时会阻碍插入，所以纵向主筋应放在内侧，横向钢筋放在外侧，如图3-49所示。纵向钢筋的底端应距离槽底面10～20mm底端应稍向内弯折，以防止吊放钢筋时擦伤槽壁，但向内弯折的程度亦不应影响插入混凝土导管。纵向钢筋的净距不得小于10cm。

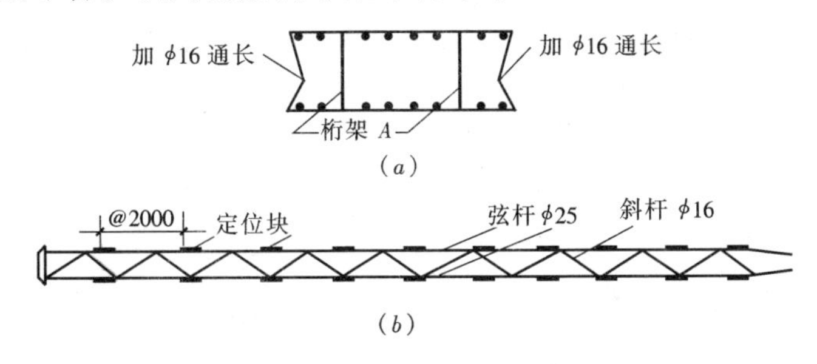

图3-49 钢筋笼构造示意图

(*a*) 横剖面图；(*b*) 纵向桁架的纵剖面

制作钢筋笼时，要根据配筋图确保钢筋的正确位置、间距及根数。纵向钢筋接长宜用气压焊接、搭接焊等。钢筋连接除四周两道钢筋的交点需全部点焊外，其余的可采用50%交错点焊。成型用的临时扎结钢丝焊后应全部拆除。

地下连续墙与基础底板以及内部结构的梁、柱、墙的连接如采用预留锚固钢筋的方式，锚固筋一般用光圆钢筋，直径不超过20mm。锚固筋的布置还要确保混凝土自由流动以充满锚固筋周围的空间。

(B) 钢筋笼吊放。钢筋笼的起吊、运输和吊放应周密的制订施工方案，不允许在此过程中产生不能恢复的变形。

钢筋笼起吊应用横吊梁式吊架，吊点布置和起吊方式要防止起吊时引起钢筋笼变形。起吊时不能使钢筋笼下端在地面上拖引，以防造成下端钢筋弯曲变形。为防止钢筋吊起后在空中摆动，应在钢筋笼下端系上曳引绳以人力操纵。

插入钢筋笼时，最重要的是使钢筋笼对准单元槽段的中心，垂直而又准确的插入槽内。钢筋笼进入槽内时，吊点中心必须对准槽段中心，然后徐徐下降，此时必须注意不要因起重臂摆动而使钢筋笼产生横向摆动，造成坍塌。

钢筋插入槽内后，检查其顶端高度是否符合设计要求，然后将其搁置在导墙上。如钢筋笼是分段制作，吊放时需接长，下段钢筋笼要垂直悬挂在导墙上，然后将上段钢筋笼垂直吊起，上下两段钢筋笼成直线连接。

如果钢筋笼不能顺利插入槽内，应该重新吊出，查明原因加以解决。如果需要修槽，则在修槽之后再吊放。不能强行插放，否则会引起钢筋笼变形或使槽壁坍塌，产生大量沉渣。

至于钢筋和混凝土间的握裹力，上海市特种基础工程研究所通过试验证明，泥浆对握裹力的影响取决于泥浆质量、钢筋在泥浆中浸泡的时间以及钢筋接头的形式。在一般情况下，泥浆中的钢筋与混凝土间的握裹力比正常状态下降15%左右。

7) 混凝土浇筑

(A) 混凝土浇筑前的准备工作。混凝土浇筑前的准备工作如图3-50所示。

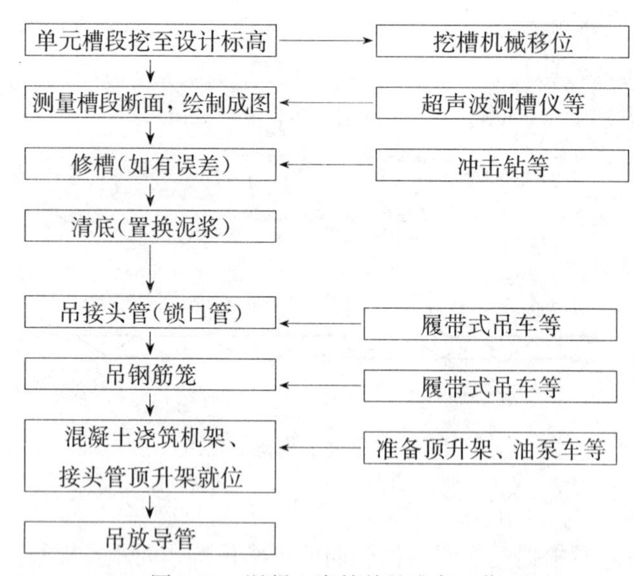

图3-50　混凝土浇筑前的准备工作

(B) 混凝土配合比。在确定地下连续墙工程中所用混凝土的配合比时，应考虑到混凝土采用导管法在泥浆中浇筑的特点。地下连续墙施工所用混凝土，除满足一般水下混凝土的要求外，尚应考虑泥浆中浇筑的混凝土的强度随施工条件变化较大，同时在整个墙面上的强度分散性亦大，因此，混凝土应按照比结构设计规定的强度等级提高5MPa进行配比设计。

混凝土的原材料，为避免分层离析，要求采用粒度良好的河砂，粗骨料宜用粒径5～25mm的河卵石。如用5～40mm的碎石，应适当增加水泥用量和提高砂率，以保证所需的坍落度与和易性。水泥应采用32.5～42.5级的普通硅酸盐水泥和矿渣硅酸盐水泥，单位水泥用量：粗骨料如为卵石，应在370kg/m^{3}以上；如采用碎石并掺加优良减水剂，应在400kg/m^{3}以上；如采用碎石而未掺减水剂时，应在420kg/m^{3}以上。水灰比不大于0.60。混凝土的坍落度宜为18～20cm。

(C) 混凝土浇筑。地下连续墙混凝土用导管法进行浇筑。由于导管内混凝土和槽内泥浆的压力不同，在导管口处存在压力差，因而混凝土可以从导管内流出。

为便于混凝土向料斗供料和装卸导管，我国多用混凝土浇筑机架（图3-51）进行地下连续墙的混凝土浇筑。机架跨在导墙上沿轨道行驶。

在混凝土浇筑过程中，导管下口总是埋在混凝土内1.5m以上，使从导管下口流出的混凝土将表层混凝土向上推动而避免与泥浆直接接触。但导管插入太深会使混凝土在导管内流动不畅，有时还可能产生钢筋笼上浮，因此无论何种情况下导管最大插入深度亦不宜超过9m。当混凝土浇筑到地下连续墙顶附近时，导管内混凝土不易流出，一方面要降低浇筑速度，另一方面可将导管的最小埋入深度减为1m左右，如果混凝土还浇筑不下去，可将导管上下扭动，但上下扭动范围不得超过30cm。

在浇筑过程中要注意以下问题：

(*a*) 导管不能做横向运动，导管横向运动会把沉渣和泥浆混入混凝土内。

(*b*) 不能使混凝土溢出料斗流入导沟，否则会使泥浆质量恶化，反过来还会给混凝土的浇筑带来不良影响。

(*c*) 应随时掌握混凝土的浇筑量、混凝土上升高度和导管埋入深度防止导管下口暴露在泥浆内，造成泥浆滑入导管。

(*d*) 要随时量测混凝土面的高程，量测的方法可用测锤，由于混凝土面非水平，应量测三个点取平均值。

(*e*) 浇筑混凝土置换出来的泥浆要进行处理，勿使泥浆溢出在地面上。

单元槽段端部易渗水，导管距槽段端部的距离不得超过2m。管距过大，两根导管之中间部位的混凝土面低，泥浆易卷入。如一个单元槽段用两根或两根以上的导管同时进行浇筑，应使各导管处的混凝土面大致处于同一标高。每个单元槽段的浇筑时间，一般为4～6h，混凝土浇筑速度一般为30～35m^3/h，快的可达到甚至超过60m^3/h。

混凝土面上存在一层与泥浆接触的浮浆层，需要凿去，为此混凝土高度需超浇500～1000mm，以便在混凝土硬化后查明强度情况，将设计标高以上的部分用风镐凿去。

每50m^{3}地下墙应做1组试件，每幅槽段不得少于1组，在强度满足设计要求后方可开挖土方。

3.4.3 逆作法施工技术

逆作法施工技术的原理是将高层建筑地下结构自上往下逐层施工，即沿建筑物地下

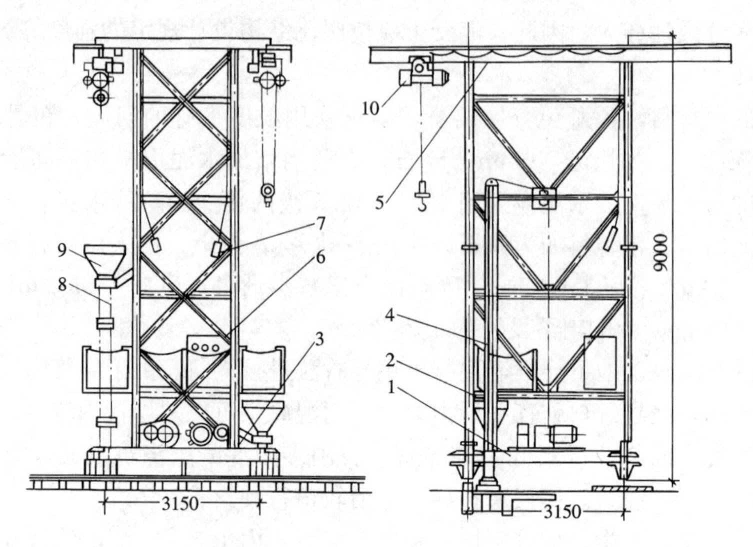

图 3-51　混凝土浇筑机架

1—底盘；2—机架；3—滑车；4—导轨；5—行车梁；6—电器箱；
7—开关盒；8—导管；9—贮料斗；10—3t 电动葫芦

室四周施工连续墙或密排桩（当地下水位较高，土层透水性较强，密排桩外围需加上止水帷幕），作为地下室外墙或基坑的围护结构，同时在建筑物内部有关位置（包括柱子中心、纵横框架梁与剪力墙相交处等位置），施工楼层中间支承柱，从而组成逆作的竖向承重体系，随之从上向下挖一层土方，利用土模（或木模、钢模）浇筑一层地下室楼层梁板结构（每层均留一定数量的楼板混凝土后浇筑，作为下层施工的出口和下料口），当达到一定强度后，即可作为围护结构的内水平支撑，以满足继续往下施工的安全要求。与此同时，由于地下室顶面结构的完成，也为上部结构施工创造了条件，所以也可以同时逐层向上进行地上结构的施工，如图 3-52 所示。

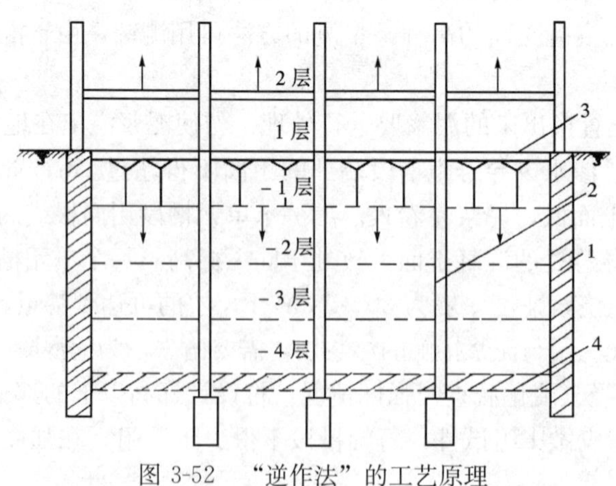

图 3-52　“逆作法”的工艺原理

1—地下连续墙；2—中间支承柱；3—地面层楼面结构；4—底板

“逆作法”施工，以地下室顶面之楼层结构是封闭还是敞开，分为“封闭式逆作法”和“开敞式逆作法”。封闭式逆作法可以在地面上、下同时施工；开敞式逆作法由于地下室顶面的楼面结构未施工，故上部结构难以施工，只是多层地下室由上而下逐层施工。

1. 逆作法施工的特点

逆作法施工与传统施工方法比较，有如下特点：

（1）缩短工程施工的总工期；

（2）可节省支护结构的支撑费用；

（3）可节省土方挖填费用和地下室防水层费用；

（4）基坑变形小、相邻建筑物等沉降少；

（5）扩大了施工工作面；

（6）运土较困难。

2. 逆作法施工

逆作法施工的内容，包括地下连续墙、中间支承柱和地下室结构的施工。“逆作法”的施工程序是：中间支承柱和地下连续墙施工——地下室——一层挖土和浇筑其顶板、内部结构——从地下室——2层开始地下结构和地上结构同时施工（地下室底板浇筑之前，地上结构允许施工的高度根据地下连续墙和中间支承柱的承载能力确定）——地下室底板封底并养护至设计强度——继续进行地上结构施工，直至工程结束。

此处只简单介绍支承柱和地下室结构的施工特点。

（1）中间支承柱的作用，是在“逆作法”施工期间，于地下室底板未浇筑之前与地下连续墙一起承受地下和地上各层的结构自重和施工荷载；在地下室底板浇筑后，与底板连接成整体，作为地下室结构的一部分，将上部结构及承受的荷载传递给地基。

中间支承柱的位置和数量，要根据地下室的结构布置和指定的施工方案详细考虑后经计算确定，一般布置在柱子位置或纵、横墙相交处。中间支承柱所承受的最大荷载，是地下室已修筑至最下一层、而地面上已修筑至规定的最高层数时的荷载，中间支承柱是以支承柱四周与土的摩阻力和柱底的正应力来平衡它承受的上部荷载。底板以下的中间支承柱要与底板结合成整体，多做成灌注桩形式，其长度亦不能太长，否则影响底板的受力形式，与设计的计算假设不一致。亦有的采用预制桩（钢管桩等）作为中间支承柱。采用灌注桩时，底板以上的中间支承柱的柱身，多为钢管混凝土柱或H型钢柱，断面小而承载能力大，且也便于地下室的梁、柱、墙、板等连接。

由于中间支承柱上部多为钢柱、下部为混凝土柱，所以，多用灌注桩方法进行施工。在泥浆护壁下用反循环或正循环潜水电钻钻孔时（图3-53）顶部要放护筒。钻孔后吊放钢管，钢管的位置要十分准确，否则与上部柱子不在同一垂线上对受力不利，因此钢管吊放后要用定位装置调整其位置。钢管的壁厚按其承受的荷载计算确定。利用导管浇筑混凝土，钢管内径要比导管接头处的直径大50～100mm。而用钢管内的导管浇筑混凝土时，超压力不可能将混凝土压上很高，所以钢管底端埋入混凝土不可能很深，一般为1m左右。为使钢管下部与现浇混凝土柱能有较好的结合，可在钢管下端加焊竖向分布的钢筋。混凝土柱的顶端一般高出底板面30mm左右，高出部分在浇筑底板时将其凿除，以保证底板与中间支承柱联成一体。

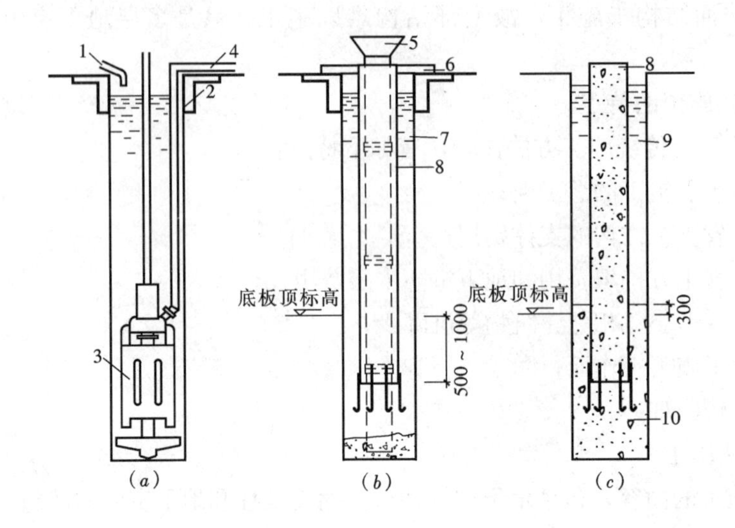

图 3-53 泥浆护壁用反循环钻孔灌注桩施工方法浇筑中间支承柱

(*a*) 泥浆反循环钻孔；(*b*) 吊放钢管、浇筑混凝土；(*c*) 形成自凝泥浆

1—补浆管；2—护筒；3—潜水电钻；4—排浆管；5—混凝土导管；

6—定位装置；7—泥浆；8—钢管；9—自凝泥浆；10—混凝土桩

中间支承柱亦可用套管式灌注桩成孔的方法（图 3-54），它是边下套管、边用抓斗挖孔。由于有钢套管护壁，可用串筒浇筑混凝土，亦可用导管法浇筑，要边浇筑混凝土边上拔钢套管。支承柱上部用 H 型钢或钢管，下部浇筑成扩大的桩头。混凝土柱浇至底板标高处，套管有 H 型钢间的空隙用砂或土填满，以增加上部钢柱的稳定性。

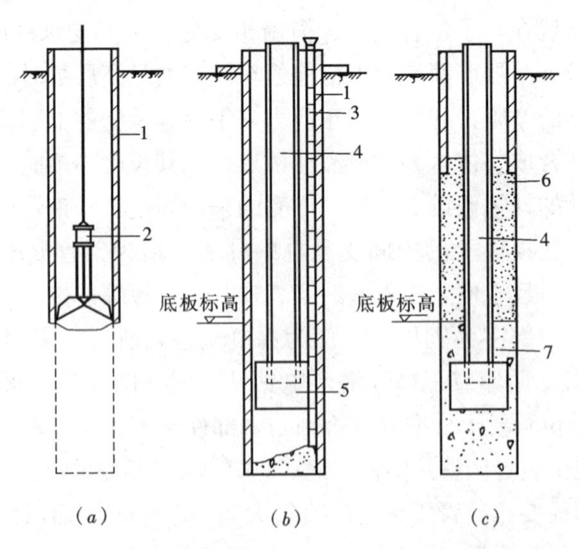

图 3-54 中间支承柱用大直径套管式灌注桩施工

(*a*) 成孔；(*b*) 吊放 H 型钢、浇筑混凝土；(*c*) 抽套管、填砂

1—套管；2—抓斗；3—混凝土导管；4—H 型钢；

5—扩大的桩头；6—填砂；7—混凝土桩

在施工期间要注意观察中间支承柱的沉降和升抬的数值。由于上部结构的不断加荷，会引起中间支承柱的沉降；而基础土方的开挖，其卸载作用又会引起坑底土体的回弹，使中间支承柱升抬。要求事先精确地计算确定中间支承柱最终是沉降还是升抬，以及沉降或升抬的数值，目前还有一定的困难。

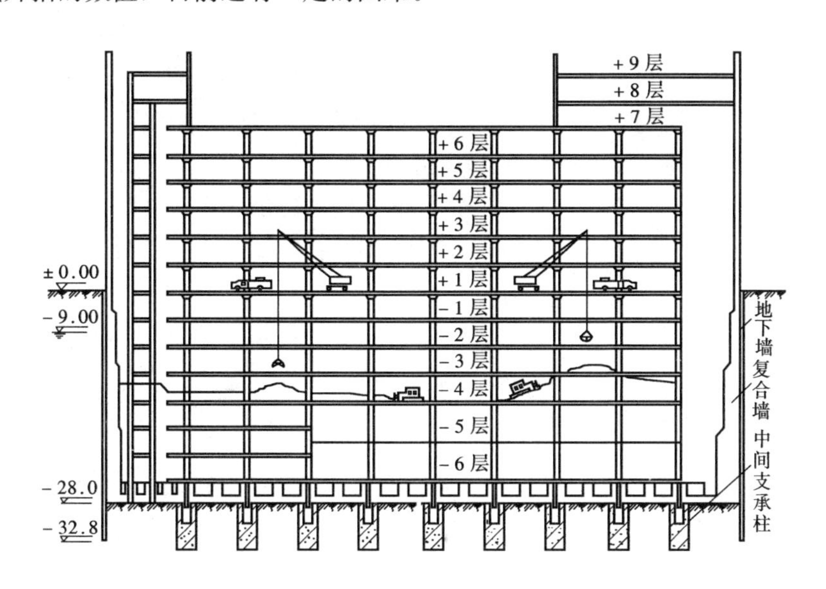

图 3-55 中间支承柱布置情况

如图 3-55 所示为日本读卖新闻社大楼“逆作法”施工时中间支承柱的布置情况，其中间支承柱为大直径钻孔灌注桩，桩径 2m，桩长 30m，共 35 根。

有时中间支承柱用预制打入桩（多数为钢管桩），则要求打入桩的位置十分准确，以便处于地下结构柱、墙的位置，且要便于与横向结构的连接。

(2) 地下室结构浇筑。根据“逆作法”的施工特点，地下室结构不论是哪种形式都是由上而下分层浇筑的。地下室结构的浇筑方法有两种。

1) 利用土模浇筑梁板。对于地面梁板或地下各层梁板，挖至其设计标高后，将土面平整夯实，浇筑一层厚约 50mm 的素混凝土（土质好的抹一层砂浆亦可），然后刷一层隔离层，即成楼板模板。对于梁模板，如土质好的可用土胎模，按梁断面挖出槽穴（图 3-56*b*）即可，如土质较差可用模板搭设梁模板（图 3-56*a*）。

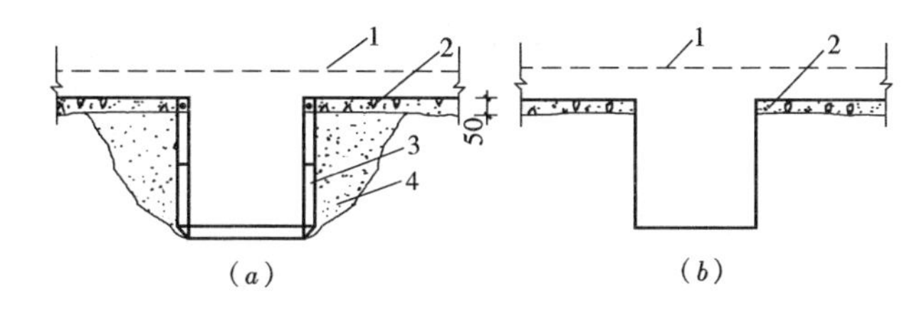

图 3-56 逆作法施工时的梁、板模板

(*a*) 用钢模板组成梁模；(*b*) 梁模用土胎模

1—楼板面；2—素混凝土层与隔离层；3—钢模板；4—填土

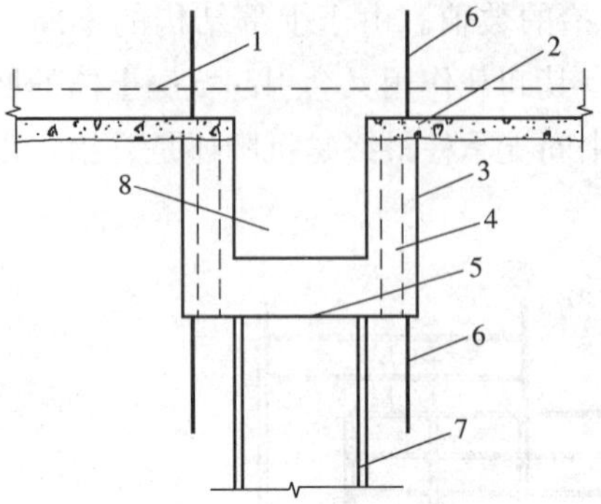

至于柱头模板如图 3-57 所示，施工时先把柱头处的土挖出至梁底以下 500mm 左右处，设置柱子的施工缝模板，为使下部柱子易于浇筑，该模板宜呈斜面安装，柱子钢筋通穿模板向下伸出接头长度，在施工缝模板上面组立柱头模板与梁模板相连。如土质好的柱头可用胎模，否则就用模板搭设，下部柱子挖出后搭设模板进行浇筑。

图 3-57　柱头模板与施工缝

1—楼板面；2—素混凝土层与隔离层；3—柱头模板；4—预留浇筑孔；5—施工缝；6—柱筋；7—H 型钢；8—梁

施工缝处的浇筑方法，国内外常用的方法有三种，即直接法、充填法和注浆法，如图 3-58 所示。

直接法：在施工缝下部继续浇筑混凝土时，仍然浇筑相同的混凝土，有时添加一些铝粉以减少收缩。为浇筑密实可做出一假牛腿，混凝土硬化后可凿去。

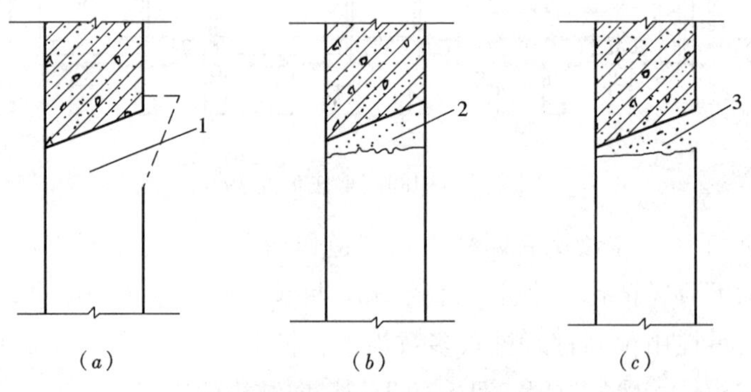

图 3-58　施工缝处的浇筑方法

(a) 直接法；(b) 充填法；(c) 注浆法

1—浇筑混凝土；2—充填无浮浆混凝土；3—压入水泥浆

充填法：在施工缝处留出充填接缝，待混凝土面处理后，再于接缝处充填膨胀混凝土或无浮浆混凝土。

注浆法：在施工缝处留出缝隙，待后浇混凝土硬化后用压力压入泥浆充填。

在上述三种方法中，直接法施工最简单，成本最低。施工时对接缝处混凝土进行二次振捣，以进一步排除混凝土中的气泡，确保混凝土密实和收缩。

2) 利用支模方式浇筑梁板。先挖去地下结构一层高的土层，然后按常规方法搭设模板，浇筑梁板混凝土，再向下延伸竖向结构（柱或墙板）。为此，需解决两个问题，一是设法减少梁板支撑的沉降和结构的变形，另一个是解决竖向构件的上、下连接和混凝土的浇筑。

要减少楼板支撑的沉降和结构变形，施工时需对土层采取措施进行临时加固。加固的方法：先浇一层素混凝土，提高土层的承载力和减少沉降，待墙、梁浇筑完毕，开挖下层土方时随土一同挖去，这就要额外耗费一些混凝土；另一种方法是铺设砂垫层，上铺枕木以扩大支承面积（图3-59）使上层柱子或墙板的钢筋插入砂垫层，以便于下层后浇筑结构的钢筋连接。有时还可用吊模板的措施来解决模板的支撑问题。

由于上、下层构件的结合面在上层构件的底部，再加上地面的沉降和刚浇筑混凝土的收缩，在结合面处易出现缝隙。为此，宜在结合面的模板上预留若干压浆孔，以便于用压力灌浆消除缝隙，保证构件连接处的密实性。

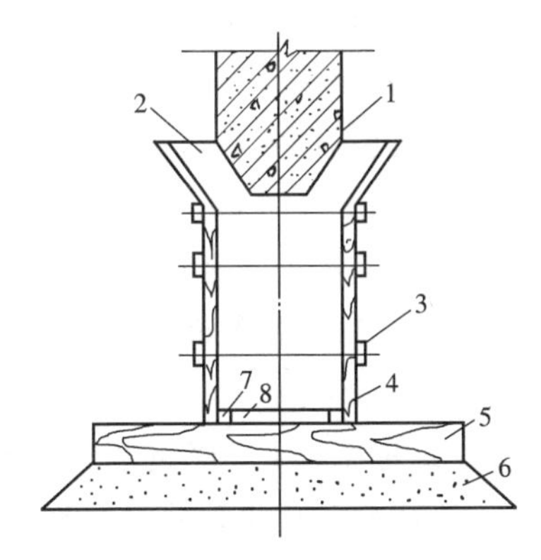

图3-59　墙板浇筑时的模板

1—上层墙；2—浇筑入仓口；3—螺栓；4—模板；5—枕木；6—砂垫层；7—插筋用木条；8—钢模板

（3）垂直运输孔洞的留置。“逆作法”施工是在顶部楼盖封闭条件下进行，在进行地下各层地下室结构施工时，需进行施工设备、土方、模板、钢筋、混凝土等的运输，所以需预留一个或几个上下贯通的垂直运输通道。为此，在设计时就要在适当部位预留一些从地面直通地下室底层的施工孔洞。亦可利用楼梯间或无楼板处作为垂直运输孔洞。此外，还应对“逆作法”施工期间的通风、照明、安全等采取应有的措施，保证施工顺利进行。

3. 某工程逆作法施工实例

（1）方案选型

1）地下连续墙围护：具有整体刚度好、防水性能好的优点，但造价高、工期长且污染环境。

2）钢板桩围护：具有止水效果好、施工速度快等优点，但刚度差，变形大，造价高，不易回收，材料来源有困难。

3）混凝土钻孔灌注桩围护：桩截面刚度好，但造价相对较高，抗渗性差，施工时污染环境。

4）水泥搅拌桩围护：具有围护墙的整体性和防渗性能好、造价较低等优点，但围护墙需要占据较多的位置，本工程场地条件不允许。

5）预制钢筋混凝土板桩围护：具有可事先预制、施工速度快、利用板桩的企口能挡土止水、占地位置小、造价低等优点，但场外运输困难，打桩时振动对周围一样有影响。

经过综合分析、比较，决定采用预制钢筋混凝土板桩作围护（图3-60），作为地下室逆作法施工的方案，这能保证支撑系统结构的可靠性。

（2）逆作法施工的总思路

先打入预制钢筋混凝土板桩，将其作为基坑围护的主体，上部荷载的承重由混凝土振动灌注桩承担，先施工一层＋3.9m标高楼板，同时地面以下向下施工地下一层－3.74m标高楼板，最后施工地下二层－6.44mm标高基础底板，根据计算此时地面以上应施工至四层楼板。

（3）围护结构设计

土压力计算采用经典朗肯土压力公式，水土合算，板桩计算采用等值梁法，板桩的受力按施工流程考虑三种工况，第一阶段为悬臂状况，第三阶段为−3.74m标高楼板施工完而−6.44m 标高基础底板尚未施工时的状况。经计算最后选定参数如下：板桩截面尺寸为 350mm×490mm（企口型），配筋为 8Φ22，桩长 17m，混凝土强度等级为C35。中间支承桩用混凝土振动灌注桩，直径 ϕ426，配筋 8Φ20，有效桩长 15m，每 4 根灌注桩为一组，作支承一根框架柱用。

(4) 降水措施

为防止基坑涌土，保持基坑干燥，采用轻型井点抽水。共用 3 套井点设备，井点管长 7m。预计井点在轻亚黏土中效果可能不理想，故现场还准备 2 台污水泵作明排水用。井点管安装在基坑内。抽出的水排入附近窨井并通过沉淀池过滤。井点管在浇捣基础底板时拆除，以免造成预留孔漏水。

(5) 施工中关键问题的处理

1) 施工工艺流程：平整场地——定位放线——板桩制作——板桩运输——打入板桩——施工中间支承（灌注桩）——挖土至−2.70m——施工−2.70～−0.5m 墙板——施工中间支承架——施工±0.000 标高楼板。

施工一层柱→
井点抽水→挖土至−4.50m→

→施工二层框架→
→施工−3.74m 标高楼板→−3.74m～±0.00 柱→施工−6.44m～4.50m 墙、柱→

→施工三层柱→施工四层框架→
→施工−6.44m 基础底板→拆除临时支承架→凿除多余混凝土、修补→粉刷、地面施工。

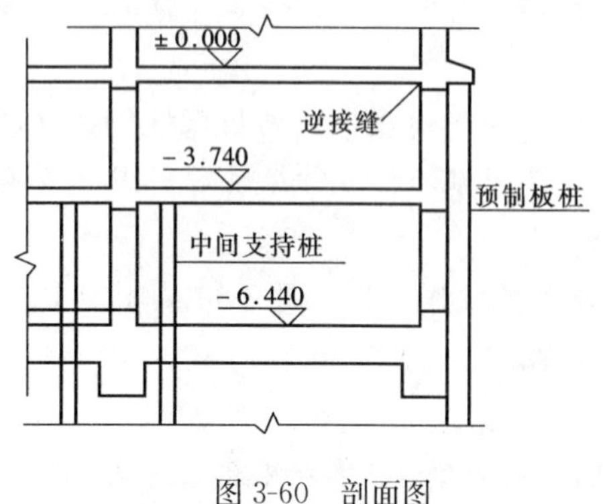

图 3-60　剖面图

2) 挖土：第一次挖土至−2.7m 采用机械挖土，自卸车配合运土，在梁的局部支承点加深，由人工修挖，以便完成−3.74m 标高楼板的支承架。

第二次挖土是在±0.000 标高楼板完成后进行的。此时地下室已封顶，挖土只能全部采用人工挖土。共设三台井架作垂直吊运土方。此次挖土标高为−4.50m。

第三次挖土在完成−3.74m 标高楼板后进行，此次土方挖至−8.84m 标高。由于地下水位较高，故需配合井点抽水。先挖至基础底板，再加深地梁部分，所有土方全部由人工开挖，由井架吊运至地面，再由铲车运出场外。

3) 混凝土接缝施工：施工缝的位置见图 3-61。逆作法是否成功，混凝土逆接缝的施工方法至为重要。因为从结构上讲，承受轴向力的立柱如不能浇捣密实，直接影响结构的安全，地下室外墙板还会产生渗漏水的现象。一般逆作法的接缝施工方法有直接法、注入法、充填法（见图 3-62），从力学角度讲，接缝位置一般在立柱的中央部，采用直接法即可。但从耐久性和水密性的角度讲，采用注入法和充填法较多。

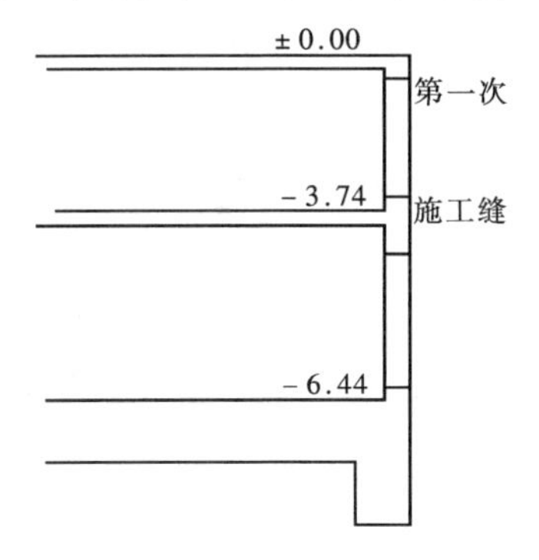

图 3-61　施工缝位置示意图

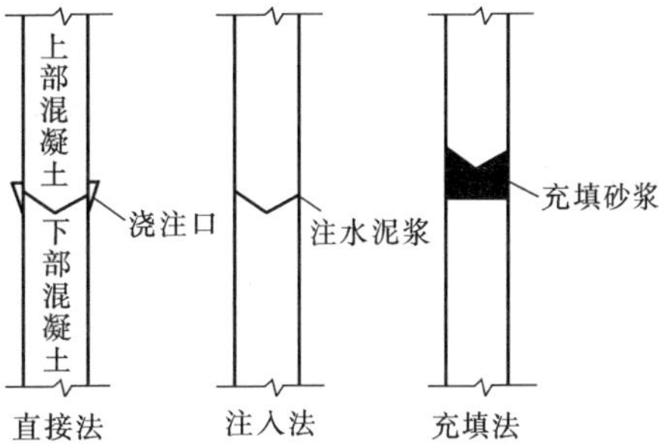

上部混凝土
浇注口
下部混凝土
注水泥浆
充填砂浆
直接法　注入法　充填法

图 3-62　接缝方法

对本工程混凝土的逆接缝作法，曾设想用直接法接缝，减少水平施工缝，提高密实性。但考虑到下部混凝土浇筑后的沉陷和成形后的收缩，防止可能产生的接缝处的缝隙，后采用充填法来处理逆接缝，即有意识预留 250mm 空隙，待下部混凝土成形并有一定强度后再充填这部分空隙，后浇混凝土掺入 UEA 微膨胀剂。详如图 3-63 所示。

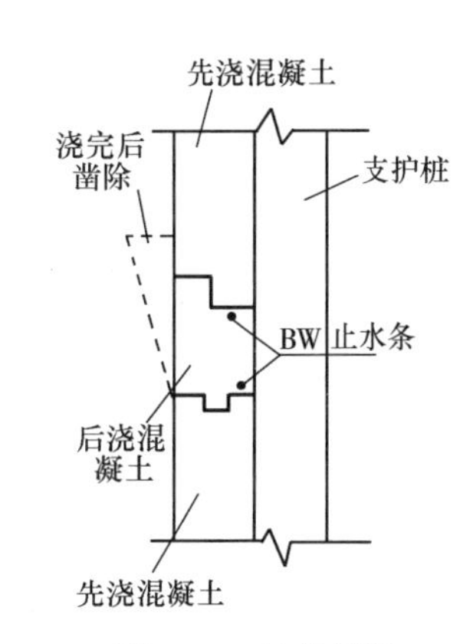

图 3-63　接缝详图

实践证明这样处理逆接缝，由于缩小了接缝时的工作量，可以做到精工细做，且下部混凝土的沉陷和收缩已大部分完成，又加了防水材料 BW 止水条，使接缝质量得到保证，接缝外观比较密实，没有发生渗漏水等现象。

4）上部荷载支持方法：同样由于逆作法而产生的影响，上部结构已完成而下部基础或柱尚未完成，产生如何支持上部荷载的问题。一般上部荷载主要有上部结构本身自重和施工期间产生的施工荷载，支持的方法有三种：第一种方法是在立柱两侧设置临时支持柱的方式；第二种方法是用大直径钻孔灌注桩和高强度钢骨立柱支持；第三种方法使挡土墙支持所有荷载，需要加固建筑物本身，结构设计要作较多的修改，工期不允许。

因此，本工程经过分析，采用在柱的两侧设置临时支持桩的方式，采用这种支承形式，主要有以下几个问题需重点解决：

第一，支持桩的沉降问题：混凝土结构本身要求结构变形较小，而地下室基础未完成时，楼板支承在临时支持桩上。如果临时支持桩承载力不足或沉降量过大，就有可能使混凝土结构产生裂缝。因此对支持桩的设计要有足够的安全度，并且要加强在施工阶段的样板沉降观测。如发现有较大变形时，应立即采取相应措施。本工程通过实测，变形值几乎没有，从而使结构的变形控制在规范允许的范围内。

第二，支持桩对上一层楼板的支持方法：支持桩对地下室负一层楼板的连接是直接的，但对±0.000楼板的支持，还有穿越负一层楼板的问题。本工程的做法是将桩顶做托梁连成一体，然后±0.000以上再按常规施工，而地下部分的托梁标高事先一次完成，从而使楼板的支承得到了解决。

第三，支持桩穿越基础的防水处理：在浇筑混凝土基础时，支持桩尚不能拆除。支持桩需和混凝土基础一起整浇，桩与混凝土底板产生一条竖向的缝隙，可能会渗漏水。做法是将支持桩表面凿出一条5cm×4cm的螺旋状的凹槽，使桩与基础之间不能形成一条贯通的缝隙，从而起防止渗漏的作用。

第四，支承架的拆除：待地下室全部工作完成后，并达到设计强度，即可拆除支承架。由于支承架避开了主梁和基础梁，受力影响不大，仅将其修复完成即可。

3.5 土层锚杆在基础工程中的应用

3.5.1 土层锚杆的发展与应用

土层锚杆是土木建筑工程施工中的一项实用新技术，近年来国外已大量用于地下结构施工时护墙（钢板桩、地下连续墙等的支撑），它不仅用于临时支护，而且在永久性建筑工程中亦得到广泛应用。锚杆的应用示意图如图3-64所示。

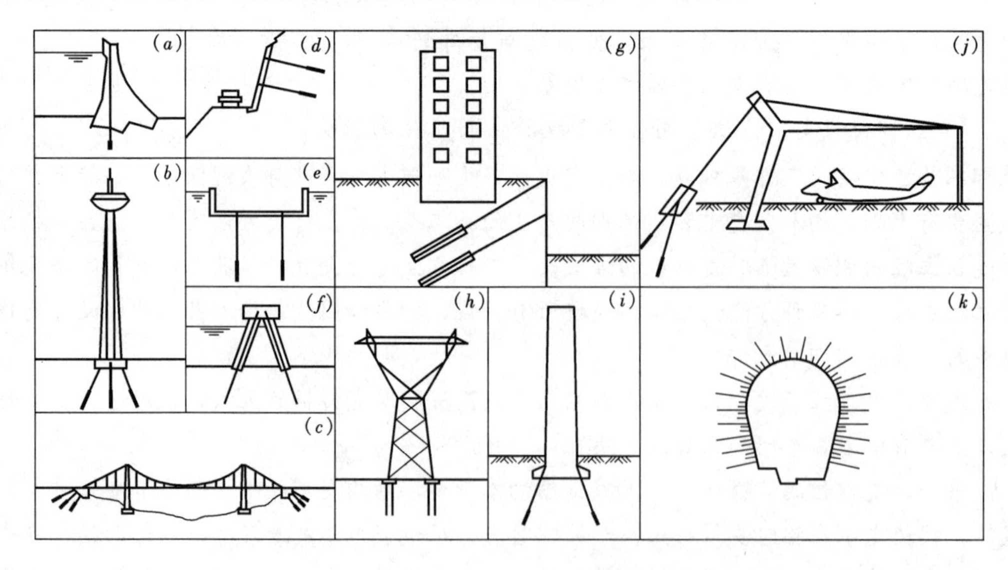

图3-64 锚杆应用示意图

(a) 水坝；(b) 电视塔；(c) 悬索桥；(d) 公路一侧；(e) 水池；(f) 栈桥；(g) 房屋建筑；(h) 高架电缆铁塔；(i) 烟囱；(j) 飞机库大跨结构；(k) 隧道孔壁

土层锚杆是前联邦德国于 1958 年首先用于深基坑的支护，由于它具有一系列优点，此后在各国得到推广。尤其是当深基础邻近有旧建筑物、交通干线或地下管线，基坑开挖不能放坡时，采用单层或多层土层锚杆以支承护墙、维护深基础的稳定，对简化支撑、改善施工条件、加快施工进度能起很大的作用。

3.5.2 土层锚杆的构造和工作特性

锚固支护结构的土层锚杆，通常由锚头、锚头垫座、支护结构、钻孔、防护套管、拉杆（拉索）、锚固体、锚底板（有时无）等组成（图 3-65）。

土层锚杆根据主动滑动面，分为自由段 l_f（非锚固段）和锚固段 l_a（图 3-66）。土层锚杆的自由段处于不稳定土层中，要使它与土层尽量脱离，一旦土层有滑动时，它可以伸缩，其作用是将锚头所承受的荷载传递到锚固段去。锚固段处于稳定土层中，要使它与周围土层结合牢固，通过与土层的紧密接触将锚杆所受荷载分布到周围土层中去。锚固段是承载力的主要来源。锚杆锚头的位移主要取决于自由段。

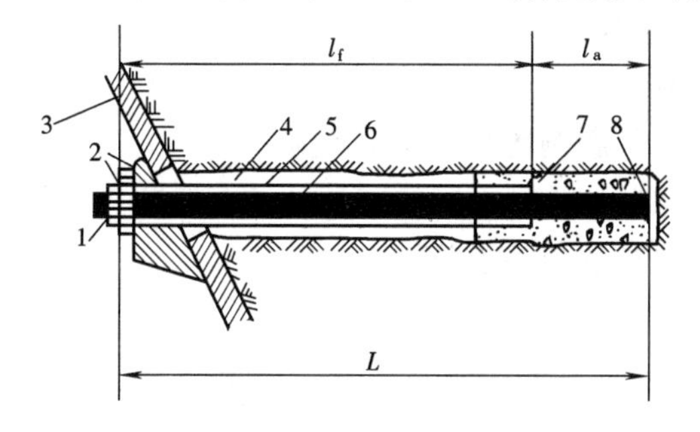

图 3-65 土层锚杆的构造

1—锚头；2—锚头垫座；3—支护结构；4—钻孔；5—防护套管；6—拉杆（拉索）；7—锚固体；8—锚底板

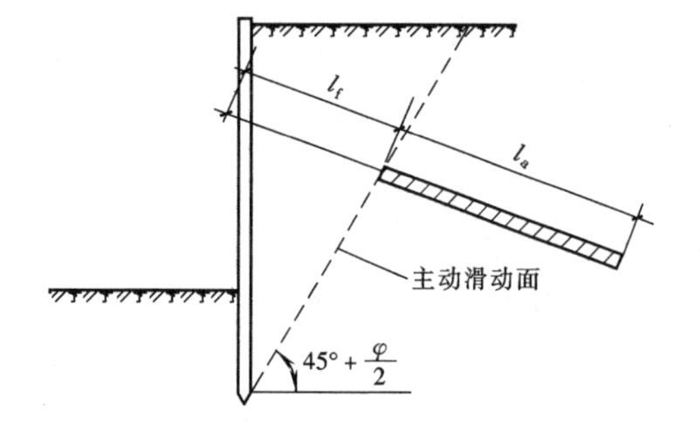

图 3-66 土层钻杆的自由段与锚固段的划分

l_f—自由段（非锚段）；l_a—锚固段

土层锚杆的承载能力，取决于拉杆（拉索）强度、拉杆与锚固体之间的握裹力、锚固体与土壁之间的摩阻力等因素，但主要还是取决于后者。要增大单根土层锚杆的承载能力，不能依靠增大锚固体的直径，主要是依靠增加锚固体的长度，或者采取技术措施把锚固段作成扩体以及采用二次灌浆。

3.5.3 土层锚杆支护结构的设计分析

1. 基坑支护的荷载

支护结构与刚性挡土墙不同，顶端不能自由变位。因此，锚杆支护结构上的土压力分布，不同于刚性挡土墙上的土压力分布，而与带支撑的钢板桩上的土压力分布相似，锚杆支护结构上的土压力分布，实际上还与锚杆的数量和分布有关。

在确定锚杆支护结构上的荷载时，要充分考虑雨期和地下水位上升的影响。此外，还要特别注意土冻胀的影响，特别是对于冻胀敏感的土更应注意。有时仅土冻胀所增加的土压力值，就有可能超过正常的土压力。

2. 锚杆的布置

锚杆布置，包括确定锚杆层数、锚杆的垂直间距和水平间距、锚杆的倾角等。

（1）为了不使锚杆引起地面隆起，最上层锚杆的上面要有必要的覆土厚度。即锚杆的向上垂直分力应小于上面的覆土重量。

（2）锚杆数应计算确定。我国铁道科学研究院认为锚杆间距应不小于 2m，否则，应考虑锚杆的相互影响，单根锚杆的承载能力应予降低。

（3）锚杆倾角的确定，是锚杆设计中的重要问题。因为，倾角的大小影响着锚杆水平分力与垂直分力的比例，也影响着锚固长度与非锚固长度的划分，还影响整体稳定性，因此施工中应特别重视，同时对施工是否方便也产生较大影响。

3. 承载能力的影响因素

（1）锚杆的承载力随土层的物理力学性能、力学强度提高而增加，单位荷载的变形量随土层的力学强度提高而减小。

（2）在同类土层条件下，锚杆的锚固能力随埋深增加而提高。

（3）成孔方式对土层锚杆的承载能力也有一定影响。

（4）灌浆压力对土层锚杆的承载能力有影响，承载能力随着土的渗透性能的增大而增加。灌浆压力对非黏性土中土层锚杆承载能力的影响比黏性土中要显著。

由于影响土层锚杆承载能力的因素众多，用公式计算得出的结果只能作为参考，必须通过现场实地试验，才能较精确地确定土层锚杆的极限承载能力。

4. 锚杆的稳定性

锚杆的稳定性，分为整体稳定性和深部破裂面稳定性两种，需分别予以考虑。如图 3-67所示。

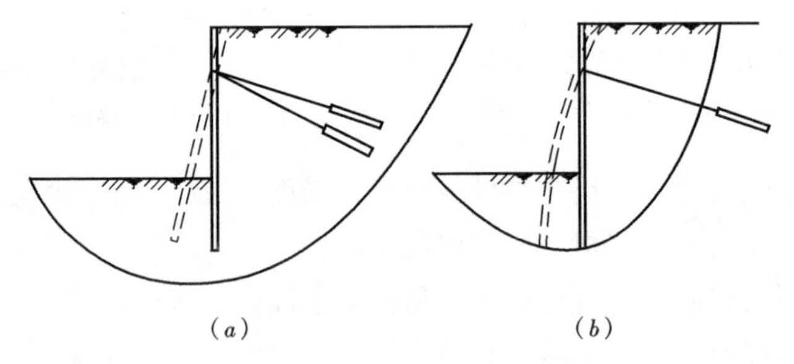

图 3-67　土层锚杆的失稳

(a) 整体失稳；(b) 深部破裂而破坏

5. 锚杆的徐变和沉降

徐变不但对永久性土层锚杆是一个重要问题，就是对用于基坑支护的临时性土层锚杆也是应考虑的一个问题。因为土层锚杆的徐变会降低其承载能力，而当锚杆破坏时，一般都有较大的徐变产生。

土层锚杆的徐变，由钢拉杆伸长、土的变形、锚固体伸长和拉杆与锚固体砂浆之间的徐变四个部分组成。对于土层锚杆，土变形和拉杆伸长占主要地位。如锚杆过于细长，则锚固体的伸长也不能忽视，而拉杆与锚固体砂浆间的徐变则是微小的。此外，锚杆还存在沉降问题，沉降亦影响锚杆的承载能力。

实践证明，对锚杆施加预应力是减少沉降值的有效方法，锚杆预加应力的数值，约为其设计荷载70%～80%，与土的性质、开挖深度等有关。

3.5.4 土层锚杆的施工

1. 土层锚杆施工的主要工作内容：钻孔、安放拉杆、灌浆和张拉锚固。在开工之前还需进行必要的准备工作。

2. 工艺流程

(1) 干作业

施工准备→移机就位→校正孔位调整角度→钻孔→接螺旋钻杆继续钻孔到预定深度→退螺旋钻杆→插放钢索→插入注浆管→灌水泥浆→养护→上锚头（如H形钢或灌注桩则上腰梁及锚头）→预应力张拉→紧螺栓或顶紧楔片→锚杆工序完毕，继续挖土。

(2) 湿作业

施工准备→移机就位→安钻杆校正孔位调正倾角→打开水源→钻孔→反复提内钻杆冲洗→接内套管钻杆及外套管→继续钻进→反复提内钻杆冲洗到预定深度→反复提内钻杆冲洗至孔内出清水→停水→拔内钻杆（按节拔出）→插放钢绞线束及注浆管→灌浆→用拔管机拔外套管（按节拔出），二次灌浆→养护→安装钢腰梁→安锚头锚具→张拉。

3. 准备工作

(1) 土层锚杆施工必须清楚施工地区的土层分布和各土层的物理力学特性。地下水位及其随时间的变化情况，以及地下水中化学物质的成分和含量，对土层锚杆腐蚀的可能性和应采取的防腐措施。

(2) 要查明土层锚杆施工地区的地下管线、构筑物等的位置和情况，慎重研究土层锚杆施工对它们产生的影响。

(3) 要研究土层附近的施工（如打桩、降低地下水位、岩石爆破等）对土层锚杆施工带来的影响。

(4) 要编制土层锚杆施工组织设计，确定土层锚杆的施工顺序，保证供水、排水和动力的需要，制订钻孔机械的进场，正常使用和保养维修制度；安排好施工进度和劳动组织；在施工之前还应安排设计单位进行技术交底，以全面了解设计的意图。

4. 钻孔

钻孔方法的选择主要取决于土质和钻孔机械。常用的土层锚杆钻孔方法有：

(1) 螺旋钻孔干作业法

当土层锚杆处于地下水位以上，呈非浸水状态时，宜选用不护壁的螺旋钻孔干作业法来成孔，该法对黏土、粉质黏土、密实性和稳定性较好的砂土等土层都适用。

用该法成孔有两种施工方法：一种方法是钻孔与插入钢拉杆合为一道工序，即钻孔时将钢拉杆插入空心的螺旋钻杆内，随着钻孔的深入，钢拉杆与螺旋钻杆一同到达设计规定的深度，然后边灌浆边退出钻杆，而钢拉杆即锚固在钻孔内，这时的钢拉杆不能设置对中定位支架，需用较稠的浆体防止钢拉杆下沉。另一种方法是钻孔与安放钢拉杆分为两道工序，即钻孔后，在螺旋钻杆退出孔洞后再插入钢拉杆。后一种方法设备简单，简便易行，采用较多。为加快钻孔施工，可以采用平行作业法进行钻孔和插入钢拉杆，即钻机连续进行成孔，后面紧接着进行安放钢拉杆和灌浆。

用螺旋钻杆进行钻孔，被钻削下的土屑对孔壁产生压力和摩阻力，使土屑顺螺旋钻杆排出孔外。对于内摩擦角大的土和能形成粗糙孔壁的土，由于钻削下来的松动土屑与孔壁间的摩阻力大，土屑易于排出。就是在螺旋钻杆转速和扭矩相对较小的情况下，亦能顺利地钻进和排土。对于含水量高、呈软塑或流动状态的土，由于钻削下来的土屑与孔壁间的摩阻力小，土屑排出就较困难，需要提高螺旋钻杆的转速，使土屑能有效地排出。凝聚力大的软黏土、淤泥质黏土等，对孔壁和螺旋杆叶片产生较强的附着力，需要较高的扭矩并配合一定的转速才能排出土屑。因此，除要求采用的钻机具有较高的回转扭矩外，还要能调节回转速度以适应不同土的要求。

此法的缺点是当孔洞较长时，孔洞易向上弯曲，导致土层锚杆张拉时摩擦损失过大，影响以后锚固力的正常传递，其原因是钻孔时钻削下来的土屑沉积在钻杆下方，造成钻头上抬。

(2) 压水钻进成孔法

土层锚杆施工应用较多的一种钻孔工艺。这种钻孔方法的优点，是可以把钻孔过程中的钻进、出渣、固壁、清孔等工序一次完成，可以防止塌孔，不留残土，软、硬土都能适用。但用此法施工，工地如无良好的排水系统会积水多，有时会给施工带来麻烦。钻时冲洗液（压力水）从钻杆中心流向孔底，在一定水头压力（约 0.15～0.30MPa）下，水流携带钻削下来的土屑从钻杆与孔壁之间的孔隙处排出孔外。钻进时要不断供水冲洗（包括接长钻杆和暂停机时），而且要始终保持孔口的水位。待钻到规定深度（一般钻孔深度要大于土层锚杆长 0.5～1.5m）后，继续用压力水冲洗残留在钻孔中的土屑，直至水流不显浑浊为止。资料报告，如用水泥浆作冲洗液，可提高锚固力 150%，但成本甚高。

钻机就位后，先调整钻杆的倾斜角度。在软黏土中钻孔，当不用套管钻进时，应在钻孔孔口处放入 1～2m 的护壁套管，以保证孔口处不塌陷；钻进时宜用 3～4m 长的岩芯管，以保证钻孔的直线形。钻进速度视土质而定，一般以 30～40cm/min 为宜，对土层锚杆的自由段钻进速度可稍快，对锚固段，尤其是扩孔时钻进速度可稍慢。钻进中如遇到流砂层，应适当加快钻进速度，降低冲孔水压，保持孔内水头压力。对于杂填土地层（包括建筑垃圾等），应该设置护壁套管钻进。

(3) 潜钻成孔法

潜钻成孔法是利用风动冲击式潜孔冲击器成孔，这种工具原来是用来穿越地下电缆的，它长不足 1m，直径 78～135mm，由压缩空气驱动，内部装有配气阀、气缸和活塞等机械。它是利用活塞往复运动作定向冲击，使潜孔冲击器挤压土层向前钻进。由于它始终潜入孔底工作，冲击功在传递过程中损失小，具有成孔效率高、噪声低等特点。为了控制冲击器，使其在钻进到预定深度能将其退出孔外，还需配备一台钻机，将钻杆连接在冲击器尾部，待达到预定深度后，由钻杆沿钻机导向架后退将冲击器带出钻孔。导向架还能控制成孔器成孔的角度。

潜钻成孔法宜用于孔隙率大、含水量较低的土层中。

5. 安放拉杆

土层锚杆用的拉杆，常用的有钢管（钻杆用作拉杆）、粗钢筋、钢丝束和钢绞线。钢筋拉杆由一根或数根粗钢筋组合而成，其长度应按锚杆设计长度加上张拉长度。钢筋拉杆防腐蚀性能好，易于安装，当土层锚杆承载能力不很大时应优先考虑选用。

对有自由段的土层锚杆，钢筋拉杆的自由段要作好防腐和隔离处理。先清除拉杆的铁锈，再涂一度环氧防腐漆冷底子油，待其干燥后，再涂一度环氧玻璃铜，待其固化后，再缠绕两层聚乙烯塑料薄膜。为了将拉杆安置在钻孔的中心，防止自由段产生过大的挠度和插入钻孔时不搅动土壁；对锚固段，为了增加拉杆与锚固体的握裹力，所以在拉杆表面需设置定位器（或撑筋环）。钢筋拉杆的定位器（图 3-68）用细钢筋制作，在钢筋拉杆轴心按 120°夹角布置，间距一般 2～2.5m，定位器的外径宜小于钻孔直径 1cm。

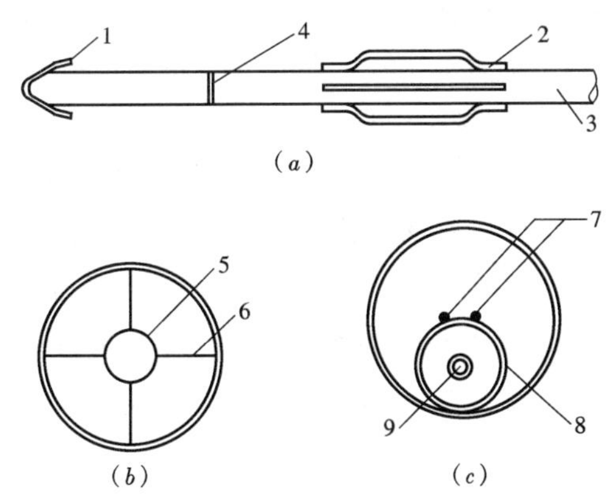

图 3-68　定位器

(*a*) 中国国际信托投资公司大厦用的定位器；(*b*) 美国用的定位器；

(*c*) 北京地下铁道用的定位器

1—挡土板；2—支承滑条；3—拉杆；4—半圆环；5—ϕ38 钢管内穿 ϕ32 拉杆；

6—36mm×3mm 钢带；7—2ϕ32 钢筋；8—ϕ65 钢管 l=60m，间距 1～1.2m；9—灌浆胶管

6. 压力灌浆

压力灌浆是土层锚杆施工中的一个重要工序。施工时，应将有关数据记录下来，以备将来查用。灌浆的作用是：①形成锚固段，将锚杆锚固在土层中；②防止钢拉杆腐蚀；③填充土层中的孔隙和裂缝。灌浆的浆液为水泥砂浆（细砂）或水泥浆。灌浆方法有一次灌浆法和二次灌浆法两种。一次灌浆法只用一根灌浆管，利用泥浆泵进行灌浆，灌浆管端距孔底 20cm 左右，待浆液流出孔口时，用水泥袋纸等捣塞入孔口，并用湿黏土封堵孔口，严密捣实，再以 2～4MPa 的压力进行补灌，要稳压数分钟灌浆才告结束。

二次灌浆法要用两根灌浆管（直径 3/4in 镀锌铁管），第一次灌浆用灌浆管的管端距离锚杆末端 50cm 左右（图 3-69），管底出口处用黑胶布等封住，以防沉放时土进入管口。第二次灌浆用灌浆管的管端距离锚杆末端 100cm 左右，管底出口处亦用黑胶布

封住，且从管端 50cm 处开始向上每隔 2m 左右做出 1m 长的花管，花管的孔眼为 ϕ8mm，花管做几段视锚固段长度而定。

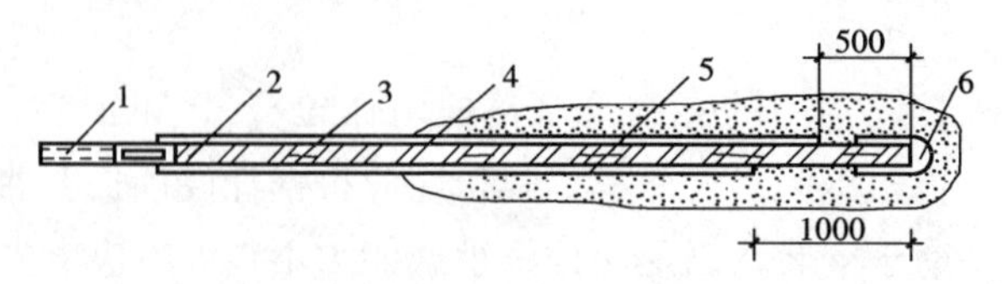

图 3-69　二次灌浆法灌浆管的布置

1—锚头；2—第一次灌浆用灌浆管；3—第二次灌浆用灌浆管；4—粗钢筋锚杆；5—定位器；6—塑料瓶

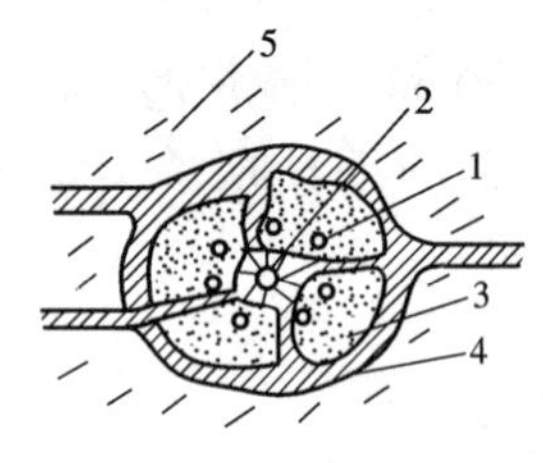

图 3-70　第二次灌浆后锚固体的截面

1—钢丝束；2—灌浆管；3—第一次灌浆体；4—第二次灌浆体；5—土体

第一次灌浆是灌注水泥砂浆，利用普通的单缸活塞式压浆机，其压力为0.3～0.5MPa，流量为 100L/min。水泥砂浆在上述压力作用下冲出封口的黑胶布流向钻孔。因钻孔后曾用清水洗孔，孔内可能残留有部分水和泥浆，但由于灌入的水泥砂浆相对密度较大，能够将残留在孔内的泥浆等置换出来。第一次灌浆量根据孔径和锚固段的长度而定。第一次灌浆后把灌浆管拔出，可以重复使用。

待第一次灌注的浆液初凝后，进行第二次灌浆，利用 BW200-40/50 型等泥浆泵，控制压力为 2MPa 左右，要稳压 2min，浆液冲破第一次灌浆体，向锚固体与土的接触面之间扩散，使锚固体直径扩大（图 3-70），增加径向压应力。由于挤压作用，使锚固体周围的土受到压缩，孔隙比减小，含水量减少，也提高了土的内摩擦角。因此，二次灌浆法可以显著提高土层锚杆的承载能力。

7. 张拉与锚固

土层锚杆灌浆后，待锚固体强度达到 80%设计强度以上，便可对锚杆进行张拉和锚固。张拉前先在支护结构上安装围檩。张拉用设备与预应力结构张拉所用相同。

预加应力的锚杆，要正确估算预应力损失。由于土层锚杆与一般预应力结构不同，导致预应力损失的因素主要有：

（1）张拉时由摩擦造成的预应力损失；

（2）锚固时由锚具滑移造成的预应力损失；

（3）钢材松弛产生的预应力损失；

（4）相邻锚杆施工引起的预应力损失；

（5）支护结构（板桩墙等）变形引起的预应力损失；

（6）土体蠕变引起的预应力损失；

（7）温度变化造成的预应力损失。

上述七项预应力损失，应结合工程具体情况进行计算。从我国目前情况看，钢拉杆为变形钢筋者，其端部加焊一螺丝端杆，用螺母锚固。钢拉杆为光圆钢筋者，可直接在其端部攻丝，用螺母锚固。如用精轧钢纹钢筋，可直接用螺母锚固。张拉粗钢筋用一般单作用千斤顶。钢拉杆为钢丝束者，锚具多为镦头锚，亦用单作用千斤顶张拉。

3.6 土钉支护在基坑工程中的应用

3.6.1 土钉支护的发展与应用

土钉技术的发展始于20世纪70年代。从历史上看，最早应用这样概念的重大工程实例也许可追溯到一百多年前英国建设世界上第一条水下隧道，即泰晤士河隧道的施工开挖。

当时所用的土钉是4英寸宽、1/2英寸厚、8英尺长的扁钢，而作为面层的挡板是3英寸厚的木板，土钉从木挡板之间的缝中击入土中，端部用楔块固定。1972年法国凡尔赛附近为拓宽一处铁路路基的边坡开挖工程中应用了土钉支护。喷混凝土面层并在土体中置入钢筋作为临时支护，开挖和支护工作是分步进行的。应用次于法国的是德国，而系统研究最早的是德国，从1975年开始为期四年，由西德承包商Karl Bauer与Karlsruhe大学的岩土力学研究所联合研究，耗资230万美元。

美国最早应用土钉支护在1974年，早期称为原位土加筋的侧向支护体系，并称土钉为锚杆，只是在国际上开展土钉技术的交流以后才改称为土钉。详细记载美国早期应用的一个工程实例是1976年在Oregon州波特兰市一所医院（Good Samaritan Hospital）扩建工程中的基础开挖。

20世纪在70年代应用土钉的国家还有西班牙（1972）、巴西、匈牙利、日本等，以后在印度、新加坡、南非、澳大利亚、新西兰等均有应用和研究土钉支护的报道。英国从80年代起也对土钉有过较多的研究，包括分析方法及程序开发等。

近来，国内高层建筑和基础设施的大规模兴建，深基坑开挖项目越来越多，使原位土的各种加筋技术有了很快发展。中国人民解放军89002部队在长期对土中喷锚支护进行研究开发的基础上，根据自身的经验，首先将土钉技术用于深基坑开挖的支护及加固上，但仍称其为深基坑开挖的“喷锚网支护法”。国内虽有许多单位从事土钉支护施工，但与国外相比，迄今对土钉技术还缺乏深入系统的研究，设计计算方法也非常粗糙。从总的来看，土钉技术在我国尚处于起步阶段，而且缺少可参考使用的技术文件和设计分析程序，这种情况亟待改善。

1. 土钉支护具有的独特优点

（1）材料用量和工程量少，施工速度快。

（2）施工设备轻便，操作方法简单。

（3）对场地土层的适应性强。土钉支护特别适合于有一定黏性的砂土、粉土和硬塑与干硬塑黏土，但即使有局部的软塑黏性土层，在采取一定措施后也有可能采用土钉支护。当场地同时存在土层和不同风化程度的岩体时，应用土钉支护特别有利。

(4) 结构轻巧，柔性大，有很好的延性。土钉支护自重小，不需作专门的基础结构，并具有非常良好的抗地震及抗车辆振动的能力。土钉支护即使破坏，一般也不至于发生彻底倒塌，并在破坏前有一个变形发展过程。

(5) 施工所需的场地较小，能紧贴已有建筑物进行基坑开挖，这是桩、墙等其他支护难以做到的。

(6) 安全可靠。土钉支护施工采用边挖边支护，安全程度较高；由于土钉数量众多并作为群体起作用，即使个别土钉出现质量问题或失效对整体影响不大。同时可以根据现场开挖发现的土质情况和现场监测的土体变形数据，修改土钉的间距和长度，万一出现不利情况，也能及时采取措施加固，避免出现大的事故。

(7) 经济。土钉支护比起灌注桩等支护可节约造价 1/3～2/3。

2. 土钉支护的局限性

(1) 现场需有允许设置土钉的地下空间。当基坑附近有地下管线或建筑物基础时，则在施工时有相互干扰的可能。

(2) 在松散砂土、软塑、流塑黏性土以及有丰富地下水源的情况下不能单独使用土钉支护，必须与其他的土体加固支护方法相结合。

(3) 土钉支护如果作为永久性结构，需要专门考虑锈蚀等耐久性问题。

3.6.2 土钉支护的构造和工作性能

1. 土钉支护构造

在基坑开挖中，由于经济、可靠且施工快速简便等特点，土钉支护现已成为桩、墙、撑、锚支护之后的又一项较为成熟的支护技术。

土钉的特点是沿通长与周围土体接触，以群体起作用，与周围土体形成一个组合体（图 3-71），在土体发生变形的条件下，通过与土体接触界面上的粘结力或摩擦力，使土钉被动受拉，并主要通过受拉工作给土体以约束加固或使其稳定。

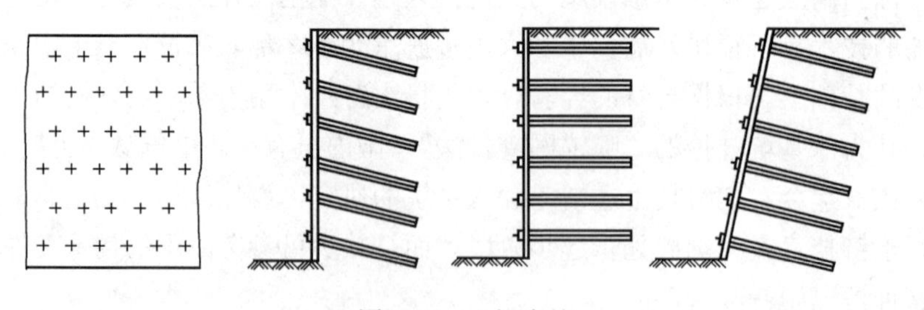

图 3-71 土钉支护

土钉支护一般由土钉、面层和防水系统组成。

(1) 土钉

土钉支护施工顺序如图 3-72 所示。土钉常见的类型有：

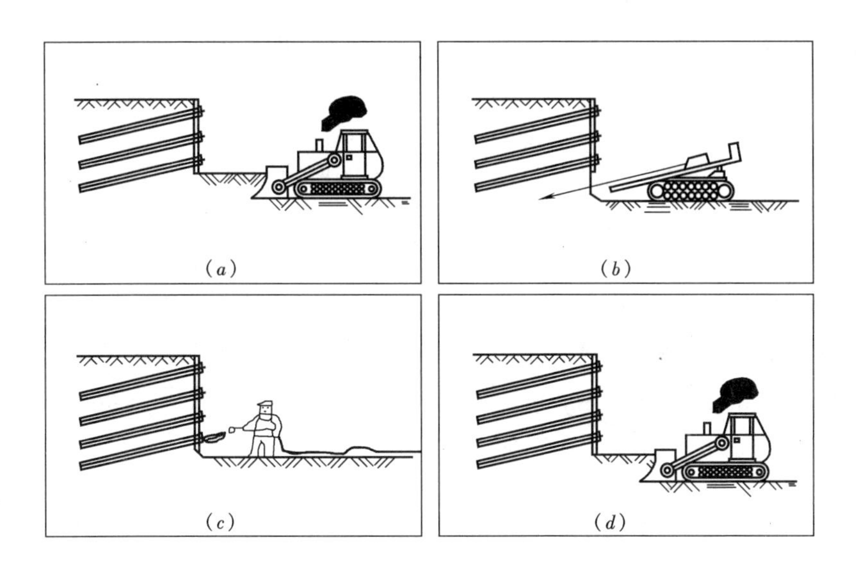

图 3-72 土钉支护施工顺序

(a) 开挖；(b) 钻孔、置钉、注浆；(c) 喷混凝土；(d) 下步开挖

1) 钻孔注浆钉——最常用。即先在土中成孔，置入变形钢筋，然后沿全长注浆填孔，这样整个土钉体由土钉钢筋和外裹的水泥砂浆（有时用细石混凝土或水泥净浆）组成。

2) 击入钉——应用较多。角钢（∟50×50×5 或∟60×60×6)、圆钢或钢管作土钉，用振动冲击钻或液压锤击入。

优点是不需预先钻孔，施工极为快速，但不适用于砾石土、硬胶结土和松散砂土。击入钉在密实砂土中的效果要优于黏性土。

3) 注浆击入钉——常用周面带孔的钢管，端部密闭，击入后从管内注浆并透过壁孔将浆体渗到周围土体。

4) 高压喷射注浆击入钉（Jet Bolting)——原为法国专利，这种土钉中间有纵向小孔，利用高频（可到 70Hz）冲击振动锤将土钉击入土中，同时以 20MPa 的压力，将水泥浆从土钉端部的小孔中射出，或通过焊于土钉上的一个薄壁钢管射出，水泥浆射流在土钉入土的过程中起到润滑作用并且能透入周围土体，提高与土体之间的黏结力。

5) 气动射击钉——为英国开发，用高压气体作动力，发射时气体压力作用于钉的扩大端，所以钉子在射入土体过程时受拉。钉径有 25mm 和 38mm 两种，每小时可击入 15 根以上，但其长度仅为 3m 和 6m。

土钉支护结构参数主要有土钉的长度、分布密度、倾角等指标，主要依靠工程经验并经过分析计算而定。

土钉水平间距与垂直间距的乘积应不大于 $6m^2$。一般工程中多取土钉的水平间距与竖向间距相等，在非饱和土中为 1.2～1.5m。对坚硬黏土或风化岩土有超过 2m 的，而对软土则可小于 1m。一般来说，土钉的间距不宜超过 2m，底部土钉的间距也不宜减少，除非底部土层具有较强的抗剪能力。

对直立的支护，土钉倾角一般在0°～25°之间，取决于注浆钻孔工艺与土体分层特点等多种因素。

（2）支护面层

临时性土钉支护的面层通常用50～80mm厚的网喷混凝土做成，一般用一层钢筋网，钢筋直径为ϕ6～ϕ8，网格为正方形，边长200～300mm。土钉端部与面层的连接宜采用上面提到的螺母、垫板方法。高度不大的临时性支护且无水压或重大地表压力作用时，也可将土钉伸出孔口的一端折弯与钢筋网上附加的加强筋焊接；或者紧贴土钉钢筋侧面，沿纵向对称焊上短段钢筋，再将后者与钢筋网上附加的加强筋焊接。另外，也有在土钉钢筋的侧面上，与土钉钢筋相垂直，焊上四根组成井字形的短钢筋，但是这种井字接头的焊接强度低，焊接质量又难保证。

喷混凝土面层施工中要做好施工缝处的钢筋网搭接和喷混凝土的连接，到达支护底面后，宜将面层插入底面以下30～40cm。

如果土体的自立稳定性不良，也可以在挖土后先做喷射混凝土面层，而后再成孔置入土钉。

（3）排水系统

土钉支护在一般情况下都必须有良好的排水系统。施工开挖前要先做好地面排水，设置地面排水沟引走地表水，或设置不透水的混凝土地面防止近处的地表水向下渗透。沿基坑边缘地面要垫高防止地表水注入基坑内。同时，基坑内部还必须人工降低地下水位，有利于基础施工。

2. 工作性能

土钉与锚杆从表面上看有类似之处，但二者有着不同的工作机理如图3-73所示。①锚杆沿全长分为自由段和锚固段，在挡土结构中，锚杆作为桩、墙等挡土构件的支点，将作用于桩、墙上的侧向土压力通过自由段、锚固段传递到深部土体上。除锚固段外，锚杆在自由段长度上受到同样大小的拉力；但是土钉所受的拉力沿其整个长度都是变化的，一般是中间大，两头小，土钉支护中的喷混凝土面层不属于主要挡土部件，在土体自重作用下，它的主要作用只是稳定开挖面上的局部土体，防止其崩落和受到侵蚀。土钉支护是以土钉和它周围加固了的土体一起作为挡土结构，类似重力式挡土墙。②锚杆一般都在设置时预加拉应力，给土体以主动约束；而土钉一般是不加预应力的，

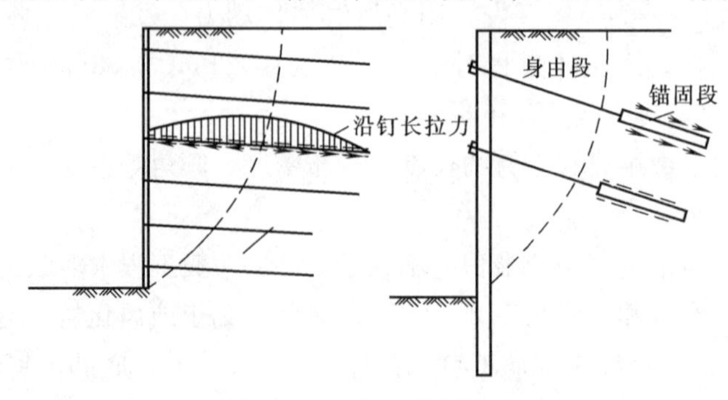

图3-73　土钉与锚杆对比

土钉只有在土体发生变形以后才能使它被动受力，土钉对土体的约束需要以土本身的变形作为补偿，所以不能认为土钉那样的筋体具有主动约束机制。③锚杆的设置数量通常有限，而土钉则排列较密，在施工精度和质量要求上都没有锚杆那样严格。当然锚杆中也有不加预应力并沿通长注浆与土体粘结的特例，在特定的布置情况下，也就过渡到土钉了。

土钉支护属于土体加筋技术中的一种，其形式与通常的加筋土挡墙相似(图3-74)。但土钉是原位土中的加筋技术，是在从上至下的开挖过程中将筋体置入土中；而加筋土专指填土过程中埋入受拉筋（通常用扁钢等带状筋体），并与填土和预制墙面板一起组成挡土结构。虽然使土钉和加筋土中的筋体受拉工作都需要以土体发生变形作为补偿，但二者筋体中的拉力沿高度的变化规律不同，加筋土中受力最大的筋体位于底部，而土钉支护中受力最大的筋体位于中部，底部的土钉受力最小。此外在土体变形曲线上也存在重大区别，所以加筋土挡墙的设计原则不完全适用于土钉支护。

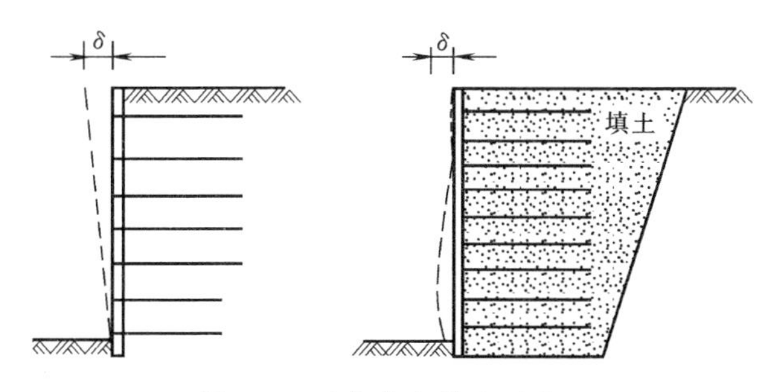

图3-74 土钉与加筋土对比

注浆钉的构造与就地灌制的小直径桩即微型桩也有类同之处，不过土钉主要通过与周围土体之间的界面黏结力而受拉工作，一般为水平向构件；而微型桩则主要通过顶端直接承受外载，或者承受侧面土压力而压弯工作，一般为竖向构件。

3.6.3 土钉支护的结构设计分析

1. 外部稳定性分析（体外破坏）

如图3-75所示，这时整个支护作为一个刚体发生下列失稳：

(1) 沿支护底面滑动（图3-75*a*）；

(2) 绕支护面层底端（墙趾）倾覆，或支护底面产生较大的竖向土压力，超过地基土的承载能力（图3-75*b*）；

(3) 连同周围和基底深部土体滑动（图3-75*c*）。

2. 内部稳定性分析（体内破坏）

这时的土体破坏面全部或部分穿过加固了的土体内部（图3-76*a*）。有时将部分穿过加固土体的情况称为混合破坏（图3-76*b*）。内部稳定性分析多采用边坡稳定的概念，与一般土坡稳定的极限平衡分析方法相同（图3-77），只不过在破坏面上需要计入土钉的作用。

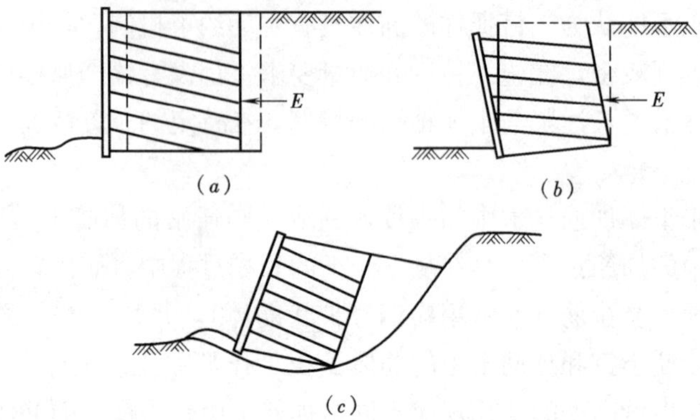

E　E

(a)　(b)

(c)

图 3-75　外部稳定性破坏

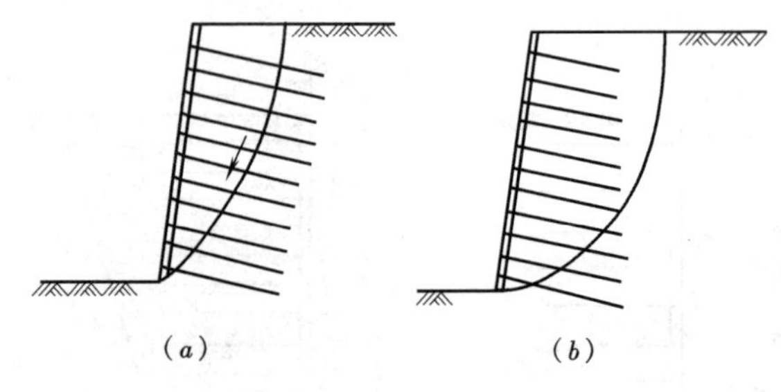

图 3-76　内部稳定性破坏

当支护内有薄弱土层时，还要验算沿薄弱层面滑动的可能性（图 3-78）。

土钉支护还必须验算施工各阶段，即开挖至各个不同深度时的稳定性。需要考虑的不利情况是开挖已到某一作业面的深度，但尚未能设置这一步的土钉(图 3-79)。

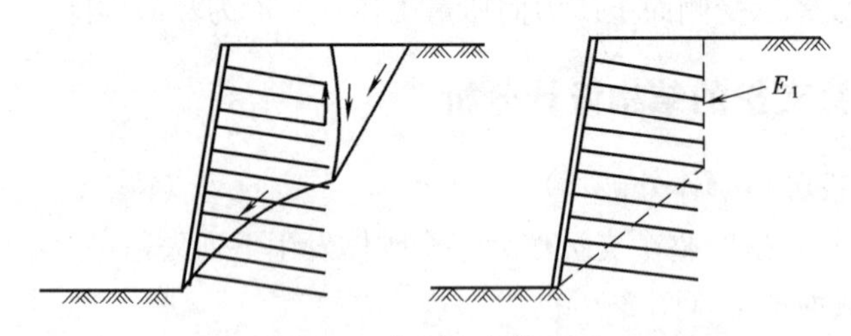

图 3-77　内部稳定性破坏

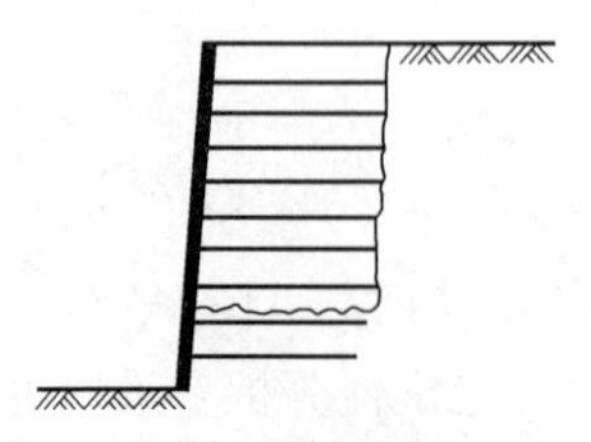

图 3-78　内部稳定性破坏
（沿薄弱层面滑动）

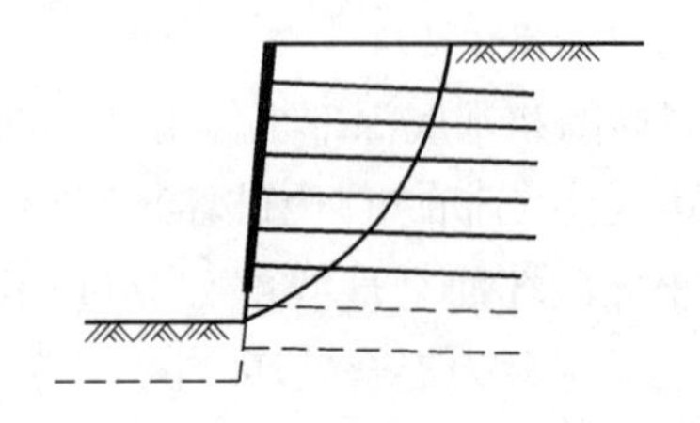

图 3-79　内部稳定性破坏
（施工阶段稳定性）

3.6.4 土钉支护的施工

1. 开挖

土钉支护应按设计规定的分层开挖深度按作业顺序施工（参见图3-72），在未完成上层作业面的土钉与喷混凝土支护以前，不得进行下一层深度的开挖。当基坑面积较大时，允许在距离四周边超8～10m的基坑中部自由开挖，但应注意与分层作业区的开挖相协调。

当用机械进行土方作业时，应防止边壁出现超挖或造成边壁土体松动。基坑的边壁宜采用小型机具或铲锹进行切削清坡，以保证边坡平整并符合设计规定的坡角。

支护施工的作业顺序应保证修整后的裸露边坡能在设计规定的时间内及时支护，即及时设置土钉或喷射混凝土。

为防止基坑边坡的裸露土体发生塌陷，对于易塌的土体可考虑采用以下措施：

（1）对修整后的边壁立即喷上一层薄的砂浆或混凝土，待凝结后再进行钻孔；

（2）在作业面上先构筑钢筋网喷混凝土面层，而后进行钻孔并设置土钉；

（3）在水平方向上分小段间隔开挖；

（4）先将作业深度上的边壁做成斜坡保持稳定，而后进行钻孔并设置土钉；

（5）在开挖前，沿开挖面垂直击入钢筋或钢管，或注浆加固土体。

2. 排水系统

土钉支护宜在排除地上水的条件下进行施工，应采取恰当的排水系统包括地表排水、支护内部排水以及基坑排水，以避免土体处于饱和状态并减轻作用于面层上的静水压力。

基坑四周支护范围内的地表应加修整，构筑排水沟和水泥地面，防止地表降水向地下渗透。靠近边坡处的地面应适当垫高，便于水流远离边坡。

一般情况下，可支护基坑内选用人工降水，以满足基坑工程、基础工程的施工。

3. 注浆的设置

土钉成孔采用的机具应适合土层的特点，满足成孔要求，在进钻和抽出过程中不引起塌孔。在易塌孔的土体中钻孔时应采用套管成孔或挤压成孔。钻孔前，应根据设计要求定出孔位并作出标记和编号。孔位允许偏差不大于200mm，成孔的倾角误差不大于±3°。当成孔过程中遇有障碍需调整孔位时，不得损害支护原定的安全程度。成孔过程中取出的土体特征应按土钉编号逐一加以记录并及时与初步设计时所认定的加以对比，发现有较大偏差时应及时修改土钉的设计参数。钻孔后要进行清孔检查，对于孔中出现的局部渗水塌孔或掉落松土应立即处理。

土钉钢筋置入孔中前，应先装上对中用定位支架，保证钢筋处于钻孔的中心部位，支架沿钉长的间距约为2～3m，支架的构造应不妨碍浆液自由流动。支架可为金属或塑料件。

土钉钢筋置入孔中后，可采用重力、低压或高压方法注浆填孔。通常宜用0.4～0.6MPa的低压注浆。压力注浆时应在钻孔口部设置止浆塞（如为分段注浆，止浆塞置于钻孔内规定的中间位置），注满后保持压力 3～5min。

对于下倾的斜孔采用重力或低压（0.4～0.6MPa）注浆时应采用底部注浆方式，注浆导管底端应先插入孔底，在注浆同时将导管缓慢的以匀速撤出，导管的出浆口应始终处在孔中浆体的表面以下，保证孔中气体能全部逸出。

对于水平钻孔，需用口部压力注浆或分段压力注浆，此时必须配以排气管并与土钉钢筋绑牢，在注浆前与土钉钢筋同时送入孔中。注浆用水泥砂浆的水灰比不宜超过 0.4～0.45，当用水泥净浆时水灰比不宜超过 0.45～0.5，并宜加入适宜的外加剂用以促进早凝或控制泌水。施工时当浆体稠度不能满足要求时可外加化学高效减水剂，不准任意加大用水量。

每次向孔内注浆时，应预先计算所需的浆体体积，并根据注浆泵的冲程数求出实际向孔内注入的浆体体积，以确认注浆的充填程度，实际注浆量必须超过孔的体积。

4. 钢筋网喷混凝土面层

在喷射混凝土前，面层内的钢筋网应牢固固定在边壁上，并符合规定的保护层厚度要求。钢筋网片可用插入土中的钢筋固定，在混凝土喷射下应不出现振动。喷射混凝土的射距宜在 0.8～1.5m 的范围内，并从底部逐渐向上部喷射。射流方向一般应垂直指向喷射面，但在钢筋部位，应先喷填钢筋后方，然后再喷填钢筋前方，防止在钢筋背面出现空隙。为了保证施工时的喷射混凝土厚度达到规定值，可在边壁面上垂直打入短的钢筋段作为标志。当面层厚度超过 120mm 时，应分两次喷射。当继续进行下步喷射混凝土作业时，应仔细清除施工缝接合面上的浮浆层和松散碎屑，并喷水使之潮湿。

钢筋网在每边的搭接长度至少不小于一个网格边长。如为搭焊则焊长不小于网筋直径的 10 倍。喷射混凝土完成后应至少养护 7 天，可根据当地环境条件，采取连续喷水、织物覆盖浇水或喷涂养护等养护方法。喷射混凝土的粗骨料最大粒径不宜大于 12mm，水灰比不宜大于 0.45，应通过外加减水剂和速凝剂来调节所需坍落度和早强时间。混凝土的初凝时间和终凝时间宜分别控制在 5～10min。当采用干法施工时，空压机风量不宜小于 $9m^3/min$ 以防止堵管，喷头水压不应小于 0.15MPa。喷前应对操作手进行技术考核。

5. 土钉支护工程实例

×××公交总公司大楼土钉墙基坑支护。

(1) 工程概况

×××公交总公司大楼位于××城东，在环城东路、朝晖路与环城北路交叉口西北拐角。大楼为 12 层框架结构，建筑高度 49m，总建筑面积约 $10000m^2$，基础采用夯扩短桩，设一层地下室，基坑开挖深度为自然地坪下 4.7m，基坑周边长约 165m。

该工程东邻朝晖路，西北向有两幢 5～7 层的住宅楼，西面为市政污水泵站，污水管道较多，直径均为 1.5m，管顶埋深约 −1.2m，管基础底埋深约 −3.4m，距离基坑开挖边线最近处仅 1.7m，南面还有污水管、雨水管、电信管线等，场地周围环境较为复杂（图 3-80）。本工程由××设计室设计，××公司二分公司总承包施工，×××勘察测绘院承担基坑支护的设计与施工。

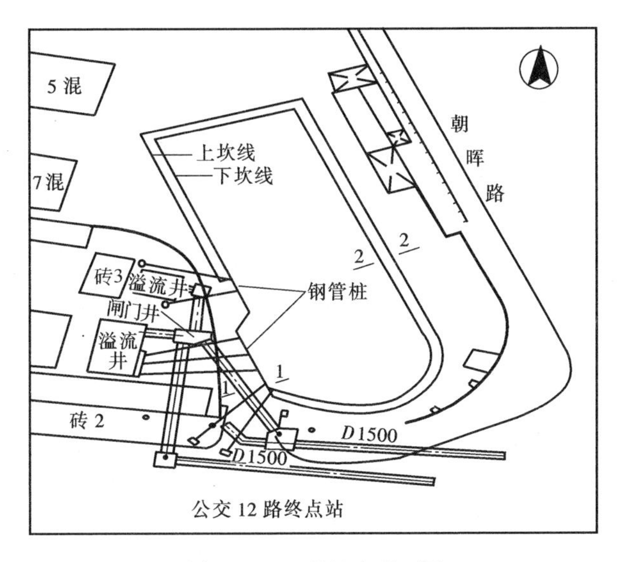

图3-80 工程场地平面图

(2) 工程地质条件

根据工程地质勘察报告资料，在基坑开挖深度及影响范围内，其地层结构及物理力学指标见表3-10。

表3-10

层号	土名	含水量 w(%)	天然重度 γ(kN/m)	孔隙比 e	内摩擦角 φ(°)	黏聚力 c(kPa)	渗透系数 k(cm/s)	标贯值 N	静力触探		土层厚度 (m)
									q_c(kPa)	f_s(kPa)	
(1)	填土		19.0		10						2.0～2.5
(2a)	砂质粉土	30.7	18.9	0.860	25	8.0	9×10^{-5}	9.8	4500	60	1.5
(2b)	粉砂	29.7	19.1	0.820	26.8	8.0	7×10^{-4}	13.2	7000	90	>10

(3) 基坑围护方案设计及计算

1) 该工程原地下室基坑围护方案拟采用水泥搅拌桩，格构式布置，并加角撑，但由于工期长，造价高，水泥搅拌桩围护宽度为4.4m，在距离污水干管最近处根本无法施工，最后建设单位委托设计单位设计土钉墙（喷锚网）和井点降水相结合的基坑支护方案。

2) 在围护方案设计中，以污水干管的安全作为重点保护对象，并考虑尽可能地节省围护费用，缩短工期。经过多种方案的比较，决定在西面污水管道处设置一排钢管桩，钢管规格为ϕ165×5.5mm，长度为7.0m，间距为0.7m，钢管内注入水泥砂浆，以提高其刚度，钢管桩顶端用16号槽钢连接，地面用Φ25螺纹钢设置7根拉锚，并在土方开挖至污水干管基础底标高以下时增设一排长度8.0m的水平锚杆，以求对管道起到保护的作用，避免其产生沉降及侧向位移。土方开挖后在钢管桩表面喷射10cm厚的混凝土（见图3-81）。基坑围护的其他部位，采用喷锚网方法进行土体加固，如图3-82所示。

3) 为了充分发挥土体的自身潜力，提高锚固力，在围护方案中，首先采取井点降

1—1

图 3-81　钢管桩表面喷射混凝土

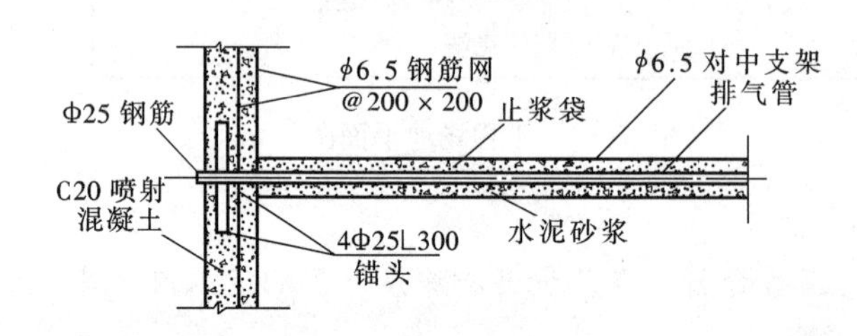

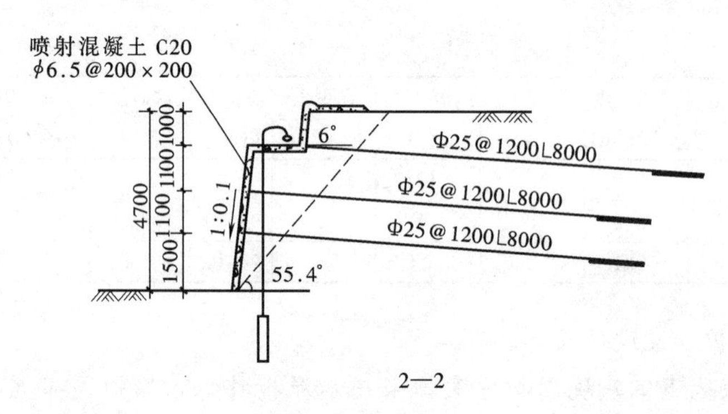

2—2

图 3-82　拉杆的构造详图

水措施，考虑到砂性土通过降水后其内摩擦角一般可提高 20%～30%，同时为防止降水后对污水管道可能产生影响，故采取坑内降水及井点管“隔一设阀”的方法，尽可能减小因降低地下水位后管道产生的沉降。

4）喷锚网围护的设计计算主要是参照加筋土挡墙的设计原理，根据英国格拉斯哥大学的阿斯曼于 1977 年提出的计算加筋带拉力的能量法公式：

$$T_i=\left[\frac{6K_a^{2.5}(H-h_i)}{L}\right]^{0.5}\cdot\gamma\cdot h_i\cdot S_x\cdot S_y$$

式中　K_a——主动土压力系数；

H——边坡高度；

h_i——计算点距离地面之距离；

S_x、S_y——锚杆的水平及垂直间距；

L——重力式挡墙宽度。

在基坑深度4.7m范围内，φ（内摩擦角）、γ（土的重力密度）取各土层厚度的加权平均值：

$$\varphi=[10\times2.5+25(1+30\%)\times1.5+26.8(1+30\%)\times0.7]/4.7=20.88^\circ$$

$$\gamma=(19\times2.5+18.9\times1.5+19.1\times0.7)/4.7=18.98\text{kN/m}^3$$

$$K_a=\tan^2(45^\circ-\varphi/2)=0.47$$

考虑10kN/m^2的地面附加荷载，并将其换算成当量土重，其当量土层厚度为：

$$h=q/\gamma=10/18.98=0.5\text{m}$$

选取以下锚杆支护参数进行验算：

(A) 锚杆采用Φ25螺纹钢制作；

(B) 共设置三排长度为8m的锚杆；

(C) 各排锚杆位置分别在地面下1.0m、2.1m、3.2m；

(D) 锚杆的水平间距为1.2m；

(E) $L=\frac{11}{12}L_{锚}=\frac{11}{12}\times8=7.3\text{m}$。

锚杆的锚固力根据地质资料提供的参数，以及杭州地区类似土层的实际拉拔试验数据，在验算中选取杂填土的锚固力为10kN/m，砂性土锚固力为15kN/m。

由此可计算各排锚杆所受的力为：

$$T_1=[0.124(5.2-1.5)]^{0.5}\times18.98\times1.5\times1.2\times2.05=47.4\text{kN}$$

$$T_2=[0.124(5.2-2.6)]^{0.5}\times18.98\times2.6\times1.2\times1.1=37.0\text{kN}$$

$$T_3=[0.124(5.2-3.7)]^{0.5}\times18.98\times3.7\times1.2\times2.05=74.5\text{kN}$$

各排锚杆的安全系数：

$$K_1=(8-1)\times10/47.4=1.48$$

$$K_2=(8-1.4)\times10/37.0=1.78$$

$$K_3=(8-0.8)\times15/74.5=1.45$$

喷射混凝土面板厚度为10cm，其强度等级为C20混凝土，锚杆头用4Φ25∟300井字形焊接，并压在$\phi6.5@200\times200$的钢筋网上。各锚杆所受的力，通过喷射混凝土面板来进行调节，使其受力基本均匀。

锚杆头处喷射混凝土抗冲切安全系数可通过以下计算得出为1.7。

$$K_P=\frac{P_K}{E_P}$$

式中 P_K——$(a+b)\times F\times T/\cos45^\circ$；

a、b——锚固件的长、宽取$a=b=300$mm；

F——喷射混凝土抗剪强度，取$F=1500$kPa；

T——喷射混凝土厚度，取$T=100$mm；

E_P——作用在锚杆头的主动土压力。

(4) 围护方案的实施和有关问题的处理

1) 摸清污水管道情况，采取保护对策。在工程桩施工尚未结束时就开始污水管道一侧钢管桩的施工，同时详细摸清污水管道的走向，挖去管道顶部的土方使其外露，以准确定出管道位置及埋深，并作好管道的沉降和位移观测点，测定其原始数据，并在坑内土方开挖前先埋设好井点设施，提早5～7d工作，使地下水位降低。

2) 根据喷锚网的施工特点，采用分层、分段开挖的方法，逐层、逐段交叉平行作业进行施工。在施工中首先遇到的问题是，在杂填土较厚地段，由于砖、瓦、块石较多，锚杆无法成孔，此时采用了锚管注浆，即先用ϕ48钢管，管壁每隔0.5m有一个注浆孔，用大锤水平打入钢管，然后用压力注浆，平均压力在0.5～0.7MPa，最大的达到0.9MPa，注浆量达到50kg/m水泥，钢管注浆能获得较好的效果。喷锚网施工中，不允许土方超挖，1995年元月9日凌晨3时许，由于前一天土方超挖，至－3.0m，此时在两段钢管桩之间，土体产生明显位移，地面出现1～2cm宽的裂缝，裂缝距离基坑边约0.8m，针对这样险情，马上采取措施，在基坑边垂直打入6m长的ϕ48钢管，间距0.5m，用三道Φ25钢筋连接钢管，表面喷射混凝土，由于该处锚杆施工遇到污水管道，只能在地面设置拉锚，该段在抢险加固处理结束后土体即基本稳定。

3) 对出现涌砂的坡段及时变更施工工艺，采用先喷后锚的方法。由于场地东面围墙外是低洼地带，一些陈旧的地下水管破裂，其水量补给多，东边坡开挖后，水量较大，井点降水来不及，局部产生流砂，给锚杆施工带来了困难，采用了逆向施工的方法，即先喷射混凝土，然后再打锚杆，这种边挖土边喷混凝土的方法，有效地阻止了流砂。

4) 信息施工，动态管理，确保支护安全。在该围护工程的整个施工过程中，对基坑边坡及污水管道进行了每日两次不间断地监测，做到心中有底，防患于未然。实践证明，除因土方超挖地段土体位移过大外，其余均未发生明显的位移和沉降，尤其是场地东面是惟一的运输道路，大量的动载作用，以及场地北面的堆场，都没有发生异常的现象。

(5) 工程体会

通过本工程的实践和顺利完成，证明采用土钉墙支护的设计与施工是成功的、经济的，建设单位非常满意。在杭州城东砂土地区采用土钉墙配合井点降水支护的方法，本工程当属首例。下面谈几点体会与看法：

1) 喷锚网围护施工无噪声、无环境污染、设备投入少、工期短、造价省，可在杭州城东地区推广应用，并不断总结经验，逐步完善与提高。

2) 选用能量法及朗金破裂面的计算模式，对于杭州地区的砂性土是可行的。从实际情况看，锚杆所受拉力比计算值小，因为土锚杆只有产生一定的位移时才能充分发挥其作用。

3) 在杂填土中，当锚杆不能成孔时，采用锚管也同样可以取得良好的效果，但必须保证其注浆压力及注浆量，这种方法在杂填土较厚且地下障碍物较多的老城区有实用价值。

4）喷锚网围护在砂性土地区应用，应确保其井点降水效果，只有把地下水位降下去，才能提高土体抗剪强度，内摩擦角指标提高了，锚杆的锚固力也能相应提高，这样锚杆才有可能缩短，从而缩短工期，降低造价。

5）喷锚网围护施工必须加强监测，在边开挖边喷锚的过程中，根据监测反馈的信息可随时对设计进行更改、补充，把隐患消灭在萌芽状态，它是一个动态的施工管理过程。

6）喷锚网基坑围护施工，应做到速战速决，连续施工，每当开挖一个工作面后，应马上对其进行加固，避免因土体暴露时间过长出现不必要险情。当出现险情时，应做到原因分析准确、措施有力、实施迅速。

7）本围护工程自1994年12月26日土方开挖至1995年元月26日结束，历时32d，其中7d为雨雪天，实际施工工期仅25d。土钉墙（喷锚网）围护施工是土方开挖与围护施工同时进行，两者之间交叉平行作业互不影响，基本不占用养护期，因而可以大大缩短施工工期。

8）喷锚网围护所需材料少、造价低。本工程每延长米围护费用实际结算为3500元。充分体现出经济、安全、快捷的特点，具有较强的竞争优势。

3.7 大体积混凝土基础结构施工

3.7.1 混凝土裂缝

1. 大体积混凝土结构的特点

由于高层建筑荷载大，在高层建筑的基础工程中，常采用混凝土体积较大的箱形基础或筏式基础，桩基的上部也有厚度较大的承台。

这种大体积混凝土结构具有结构厚、体形大、钢筋密、混凝土数量多、工程条件复杂和施工技术要求高等特点。由于大体积混凝土结构的截面尺寸较大，所以由外荷载引起裂缝的可能性很小，但水泥在水化反应过程中释放的水化热所产生的温度变化和混凝土收缩的共同作用，会产生较大的温度应力和收缩应力，将成为大体积混凝土结构出现裂缝的主要因素。这些裂缝往往给工程带来不同程度的危害，如何进一步认识温度应力的重要作用，控制温度应力和温度变形裂缝的开展，是大体积混凝土结构施工中的一个重大课程。

关于大体积混凝土的定义，目前国内尚无一个确切的定义。日本建筑学会标准规定："结构断面最小尺寸在80cm以上，水化热引起混凝土内的最高温度与外界气温之差，预计超过25℃，应按大体积混凝土施工。"

由于大体积混凝土工程的条件比较复杂，施工情况各异，再加上混凝土原材料的材性差异较大，因此控制温度变形裂缝不是单纯的结构理论问题，而是涉及结构计算、构造设计、材料组成、物理力学性能及施工工艺等多学科的综合性问题。新的观点指出：所谓大体积混凝土，是指其结构尺寸已经大到必须采取相应技术措施，妥善处理温度差值、合理解决温度应力并按裂缝开展的混凝土。

大体积混凝土施工过程中，从事施工的技术人员，首先应掌握混凝土的基本物理力学性能，了解大体积混凝土温度变化所引起的应力状态对结构的影响，认识混凝土的一系列特点，掌握温度应力的变化规律。为此，在结构设计上，为改善大体积混凝土的内外约束条件以及结构薄弱环节的补强，提出行之有效的措施；在施工技术上，从选料、配合比设计、施工方法、施工季节的选定和测温、养护等，采取一系列综合性措施，有效地克服大体积混凝土的裂缝，在施工组织上，编制切实可行的施工方案，采取全过程的温度监测，制定合理周密的技术措施。这样，才能防止产生温度裂缝，确保工程质量。

2. 结构物裂缝的基本概念

混凝土是多种材料组成的非匀质材料，它具有较高的抗压强度、良好的耐久性及抗拉强度低、抗变形能力差、易开裂等特性。混凝土的破坏过程是非常复杂的，已有的唯象理论、统计理论、构造理论、分子理论和断裂理论等都不能全面、圆满地解释混凝土破裂时的复杂现象。近代混凝土的研究证明，在不同的受力状态下，混凝土的破裂过程，实际上是和“微观裂缝”的发现相关联的。

（1）裂缝的种类

工程结构的裂缝问题是具有一定普遍性的技术问题。虽然结构物的设计是建立在极限承载力基础上，但有些工程的使用标准都是由裂缝控制的。因此，按裂缝的宽度不同，混凝土裂缝可分为“微观裂缝”和“宏观裂缝”两种。

1）微观裂缝。20 世纪 60 年代以来，混凝土的现代试验研究设备（如各种实体显微镜、X 光照相设备等），可以证实在尚未承担荷载的混凝土结构中存在着肉眼看不见的微观裂缝，其宽度在 0.05mm 以下，微观裂缝主要有三种：

（*A*）粘着裂缝，即沿着骨料周围出现的骨料与水泥粘结面上的裂缝。

（*B*）水泥石裂缝，即分布在骨料水泥浆中的裂缝。

（*C*）骨料裂缝，即存在于骨料本身的裂缝。

上述三种微观裂缝中，粘着裂缝和水泥石裂缝较多，而骨料裂缝较少。

微观裂缝在混凝土结构中的分布是不规则的，沿截面是不贯穿的。因此，含微观裂缝的混凝土可以承受拉力，但结构物的某些受拉较大的薄弱环节，在微观裂缝的拉力作用下，很容易串联贯穿全截面，最终导致结构的断裂。

2）宏观裂缝。宽度大于 0.05mm 的裂缝是肉眼可见裂缝，亦称为宏观裂缝，是微观裂缝扩展的结果。

在建筑工程中，微观裂缝对防水、防腐、承重等不会引起危害，故具有微观裂缝结构则假定无裂缝结构，设计中所谓不允许出现裂缝，也是指宽度不大于 0.05mm 的初始裂缝。因此，有裂缝的混凝土是绝对的，无裂缝的混凝土是相对的。

产生宏观裂缝一般有外荷载、次应力和变形变化三种原因，前两者引起裂缝的可能性较小，后者是导致混凝土产生宏观裂缝的主要原因，这种裂缝由温度、收缩、不均匀沉降、膨胀等变形变化引起，按其深度一般又可分为表面裂缝、深层裂缝和贯穿裂缝，如图3-83所示。

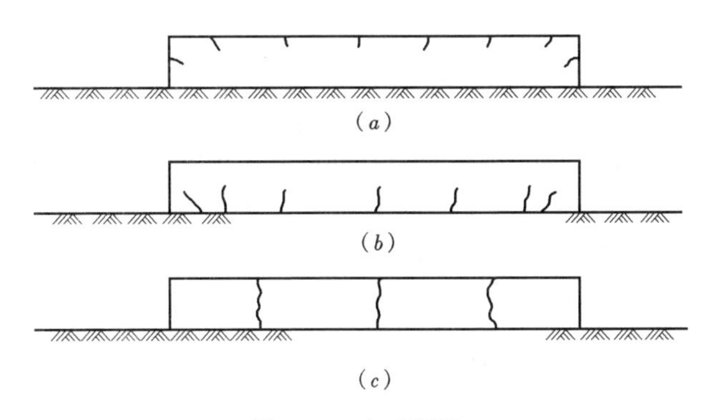

图3-83 宏观裂缝

(a) 表面裂缝；(b) 深层裂缝；(c) 贯穿裂缝

(A) 表面裂缝。大体积混凝土浇筑初期，水泥水化热大量产生，使混凝土的温度迅速上升，但由于混凝土表面散热条件好，热量可向大气中散发，其温度上升较小；而混凝土内部由于散热条件较差，热量不易散发，其温度上升较多。混凝土内部温度高、表面温度低，则形成温度梯度，使混凝土内部产生压应力，表面产生拉应力，当拉应力超过混凝土的极限抗拉强度时，混凝土表面就产生裂缝。

表面裂缝虽不属于结构性裂缝，但在混凝土收缩时，由于表面裂缝处的断面已削弱，易产生应力集中现象，能促使裂缝进一步开展。国内外对裂缝宽度都有相应的规定，如我国的混凝土结构设计规范，对钢筋混凝土结构的最大允许裂缝宽度就有明确的规定：室内正常环境下一般构件为0.3mm；露天或室内高湿度环境下为0.2mm。

(B) 贯穿裂缝。大体积混凝土浇筑初期，混凝土处于升温阶段及塑性状态，弹性模量很小，变形变化所引起的应力很小，温度应力一般可忽略不计，混凝土浇筑一定时间后，水泥水化热基本已释放，混凝土从最高温逐渐降温，降温的结果引起混凝土收缩，再加上混凝土多余水分蒸发等引起体积收缩变形，受到地基和结构边界条件的约束，不能自由变形，导致产生拉应力，当该拉应力超过混凝土极限抗拉强度时，混凝土整个截面就会产生贯穿裂缝。

贯穿裂缝切断了结构断面，破坏了结构整体性、稳定性、耐久性、防水性等，影响正常使用，所以，应当采取一切措施，坚决控制贯穿裂缝的开展。

(C) 深层裂缝。基础约束范围内的混凝土，处在大面积拉应力状态，在这种区域若产生了表面裂缝，则极有可能发展为深层裂缝，甚至发展成贯穿性裂缝。深层裂缝部分切断了结构断面，具有很大的危害性，施工中是不允许出现的。设法避免基础约束区的表面裂缝，且混凝土内外温差控制适当，则基本上可避免出现深层裂缝和贯穿裂缝。

(2) 裂缝产生的原因

大体积混凝土施工阶段产生的温度裂缝，是其内部矛盾发展的结果。一方面是混凝土由于内外温差产生应力和应变，另一方面是结构物的外约束和混凝土各质点的约束阻止了这种应变，一旦温度应力超过混凝土能承受的极限抗拉强度，就会产生不同程度的裂缝。总结大体积混凝土产生裂缝的工程实例，产生裂缝的主要原因如下：

1) 水泥水化热的影响。水泥在水化过程中产生大量的热量，这是大体积混凝土内部热量的主要来源，试验证明每克普通水泥放出的热量可达 500J。由于大体积混凝土截面的厚度大，水化热聚集在结构内部不易散发，会引起混凝土内部急剧升温。水泥水化热引起的绝热温升，与混凝土厚度、单位体积水泥用量和水泥品种有关，混凝土厚度越大，水泥用量越多，水泥早期强度越高，混凝土内部的温升越快。大体积混凝土测温试验研究表明：水泥水化热在 1～3d 放出的热量最多，占总热量的 50%左右，混凝土浇筑后 3～5d 内，混凝土内部的温度最高。

2) 内外约束条件影响。各种结构的变形变化中，必定受到一定的约束阻碍其自由变形，阻碍变形因素称为约束条件，又分为内约束与外约束。结构产生变形变化时，不同结构之间产生的约束称为外约束，结构内部各质点之间的约束为内约束，外约束分为自由体、全约束和弹性约束三种。建筑工程中的大体积混凝土，相对水利工程来说体积并不算很大，它承受的温差和收缩主要是均匀温差和均匀收缩，故外约束力占主要地位。

大体积混凝土与地基浇筑在一起，当温度变化时受到下部地基的限制，因而产生外部的约束应力。混凝土在早期温度上升时，产生的膨胀变形受到的约束而产生压应力。此时混凝土的弹性模量很小，徐变和压力松弛大，混凝土与基层连接不太牢固，因而压应力较小。但当温度下降时，则产生较大的拉应力，若超过混凝土的抗拉强度，混凝土将会出现垂直裂缝。

在全约束条件下，混凝土结构的变形应是温差和混凝土膨胀系列的乘积，即 $\varepsilon=\Delta T\cdot\alpha$，当 ε 超过混凝土的极限拉伸值 ε_P 时，结构便出现裂缝。由于结构不可能受到全约束，况且混凝土还有徐变变形，所以温度在 25～30℃情况下也可能不产生。由此可见，降低混凝土的内外温差和改善约束条件，是防止大体积混凝土产生裂缝的重要措施。

3. 外界气温变化的影响

大体积混凝土结构在施工期间，外界气温的变化对大体积混凝土开裂有重大影响。混凝土的内部温度是由浇筑温度、水泥水化热的绝热温升和结构的散热温度等各种温度的叠加之和。浇筑温度与外界气温有着直接关系，外界气温越高，混凝土的浇筑温度也越高；如外界温度下降，会增加混凝土的温度梯度，特别是气温骤降，会大大增加外层混凝土与内部混凝土的温度梯度，这对大体积混凝土极为不利。

大体积混凝土不易散热，其内部温度有的工程竟高达 80℃以上，而且持续时间较长。温度应力是由温差引起的变形所造成的。温差越大，温度应力也越大。因此，研究合理的温度控制措施，控制混凝土表面温度与外界气温的温差，是防止裂缝产生的重要措施。

4. 混凝土收缩变形影响

(1) 混凝土塑性收缩变形

在混凝土硬化之前，混凝土处于塑性状态，如果上部混凝土的均匀沉降受到限制，如遇到钢筋或大的混凝土骨料，或者平面面积较大的混凝土，其水平方向的减缩比垂直方向更难时，就容易形成一些不规则的混凝土塑性收缩性裂缝。这种裂缝通常是互相平行的，间距为0.2～0.1m，并且有一定的深度，它不仅可以发生在大体积混凝土中，而且可以发生在平面尺寸较大、厚度较薄结构中。

(2) 混凝土的体积变形

混凝土在水泥水化过程中要产生一定的体积变形，但多数是收缩变形，少数为膨胀变形。掺入混凝土中的拌合水，约有20%的水分是水泥水化所必需的，其余80%都要被蒸发，最初失去的自由水几乎不引起混凝土的收缩变形，随着混凝土的继续干燥而使多余的水逸出，就会出现干燥收缩。

混凝土干燥收缩的机理比较复杂，其主要原因是混凝土内部孔隙水蒸发引起的毛细管引力所致，这种干燥收缩在很大程度上是可逆的，即混凝土产生干燥收缩后，如再处于水饱和状态，混凝土还可以膨胀恢复到原有的体积。

除上述干燥收缩外，混凝土还会产生碳化收缩，即空气中的二氧化碳（CO_2）与混凝土中的氢氧化钙［$Ca(OH)_2$］反应生成碳酸钙和水，这些结合水会因蒸发而使混凝土产生收缩。

(3) 控制裂缝开展的基本方法

从控制裂缝的观点来讲，表面裂缝危害较小，而贯穿性危害很大，因此，在大体积混凝土施工中，重点是控制混凝土贯穿裂缝的开展，常采用的控制裂缝开展的基本方法有如下三种：

1)“放”的方法。所谓“放”的方法，即减小约束体与被约束体之间的相互制约，以设置永久性伸缩缝的方法。也就是将超长的现浇混凝土结构分成若干段，以其释放大部分热量和变形，减小约束应力。

我国《混凝土结构设计规范》(GB 50010—2010) 中规定，现浇混凝土框架结构；现浇混凝土剪力墙、装配式挂板结构；全现浇剪力墙结构，处于室内或土中条件下的伸缩缝间距，分别为45m、55m和65m。

目前，国外许多国家也将设置永久性的伸缩缝作为控制裂缝开展的一主要方法，其伸缩缝间距一般为30～40m，个别规定为10～20m。

2)“抗”的方法。所谓“抗”的方法，即采取一定的技术措施，减小约束体与被约束体之间的相对温差，改善钢筋的配置，减少混凝土的收缩，提高混凝土的抗拉强度等，以抵抗温度收缩变形和约束应力。

3)“放”、“抗”结合的方法。“放”、“抗”结合的方法，又可分为“后浇带”、“跳仓打”和“水平分层间歇”等方法。

(A)“后浇带”法。“后浇带”是指现浇整体混凝土的结构中，在施工期间保留临时性温度、收缩的变形缝方法。该缝是根据工程的具体条件，保留一定的时间，再用混凝土填筑密实后成为连续、整体、无伸缩缝的结构。

在施工期间设置作为临时伸缩缝的“后浇带”，将结构分成若干段，可有效地削减温度收缩应力；在施工的后期，再将若干段浇筑成整体，以承受约束应力。在正常的条件下，“后浇带”的间距一般为20～30m，后浇带宽为1.0m左右，混凝土浇筑30～40d后用混凝土封闭。高层施工中常待主体结顶，沉降均匀后再封闭。

(*B*)“跳仓打”法。“跳仓打”法，即将整体结构垂直施工缝分段，间隔一段，浇筑一段，经过不少于5d的间歇后再浇筑成整体，如果条件许可时，间歇时间可适当延长。采用此法时，每段的长度尽可能与施工缝结合起来，使之能有效地减小温度应力和收缩应力。

在施工后期将跳仓部分浇筑上混凝土，将这若干段浇筑成整体，再承受第二次浇筑的混凝土的温差和收缩，先浇与后浇混凝土两部分的温差和收缩应力叠合后应小于混凝土的设计抗拉强度，这就是利用“跳仓打”法控制裂缝，但不成为永久伸缩缝的目的。

(*C*)“水平分层间歇”法。“水平分层间歇”法，即以减少混凝土浇筑厚度的方法来增加散热机会，减小混凝土温度的上升，并使混凝土浇筑后的温度分布均匀。此法的实质是：当水化热大部分是从上层表面散热时，可以分为几个薄层进行浇筑。根据工程实践经验，水平分层厚度一般可控制在0.2～0.6m范围内，相邻两浇筑层之间的间隔时间，应以既能散发大量热量，又不引起较大的约束应力为准，一般以5～7d为宜。

3.7.2 混凝土温度应力的计算

1. 结构中的温度场

大体积混凝土中心部分的最高温度，在绝热条件下是混凝土浇筑温度与水泥水化热之和。但实际的施工条件表明，混凝土内部的温度与外界环境必然存在着温差，加上结构物的四周又具备一定的散热条件，因此，在新浇筑的混凝土与其周围环境之间必然会发生热能交换。故在体积混凝土内部的最高温度，是由浇筑温度、水泥和水化后产生的水化热量，全部转化为温升后的最后温度，称为绝热最高温升，一般用T_{max}表示，可按下式计算：

$$T_{max}=\frac{WQ}{C\cdot\gamma}$$

式中 T_{max}——混凝土的绝热最高温升（℃）；

W——每千克水泥的水化热（J/kg）；

Q——每立方米混凝土中水泥用量（kg/m^3）；

C——混凝土的比热，一般可取0.96×10^3（J/kg·℃）；

γ——混凝土的容重（kg/m^3），一般取2400（kg/m^3）。

不同龄期几种常用水泥在常温下释放的水化热见表3-11，供计算时参考，从表中可以看出，水泥水化热量与水泥品种、水泥强度等级、施工气温和龄期等因素有关。

水泥水化热值（单位：kJ/kg）　　表 3-11

水泥品种	水泥强度等级	混凝土龄期		
		3d	7d	28d
普通硅酸盐水泥	42.5	314	354	375
	32.5	250	271	334
矿渣硅酸盐水泥	42.5	180	256	334

注：1. 本表数值是按平均硬化温度 15℃时编制的，当平均温度为 7～10℃时，表中数值按 60%～70%采用；

2. 当采用粉煤灰硅酸盐水泥、火山灰质硅酸水泥时，其水化热量可参考矿渣硅酸盐水泥的数值。

2. 混凝土最高温升值计算

由于大体积混凝土结构都处于一定的散热条件下，故实际的最高温升一般都小于绝热温升。目前土建工程中的大体积混凝土内部最高温升的计算公式，尚无精确的资料可供借鉴。原来一直参照水利工程中混凝土大坝施工的有关资料，并按照热传导公式进行计算。但土建工程的大体积混凝土，由于其设计强度较高，单位体积水泥用量多，它与大坝施工的初始条件和边界条件有较大差异，所以借助大坝低热水泥的温升参数和自由状态下素混凝土的线膨胀系数进行计算，其结果与实际往往误差很大。同时，这种计算方法比较复杂，工作量也比较大，不便施工现场技术人员掌握。

1979 年以来，根据已施工的许多大体积混凝土结构的现场实测升温、降温数据资料，经过统计整理分析后得出：凡混凝土结构厚度在 1.8m 以下，在计算最高温升值时，可以忽略水灰比、单位用水量、浇筑工艺及浇筑速度等次要因素的影响，而只考虑单位体积水泥用量及混凝土浇筑温度这两个主要影响因素，以简便的经验公式进行计算。工程实践证明，其精确程度完全可以满足指导施工的要求，其计算值与实测值的相比误差较小。

土建工程大体积混凝土最高温升值，可按下式计算：

$$T'_{max}=t_0+Q/10$$

$$T'_{max}=t_0+Q/10+F/50$$

式中　T'_{max}——混凝土内部的最高温升值（℃）；

t_0——混凝土浇筑温度（℃），在计算时，在无气温和浇筑温度的关系值时，可采用计划浇筑日期的当地旬平均气温（℃）；

Q——每立方米混凝土中水泥的用量（kg/m^2），上述两公式适用于 42.5 级矿渣硅酸盐水泥，如使用 32.5 级水泥时，建议用 $Q/10\times(1.1\sim1.2)$；使用 52.5 级水泥时，建议采用 $Q/10\times(0.90\sim0.95)$；

F——每立方米混凝土中粉煤灰的用量（kg/m^3）。

3.7.3 控制温度裂缝的技术措施

防止产生温度裂缝是大体积混凝土研究的重点，我国自 20 世纪 60 年代开始研究，目前已积累了很多成功的经验。工程上常用的防止混凝土裂缝的措施主要有：①采用中低热的水泥品种；②降低水泥用量；③合理分缝分块；④掺加外加料；⑤选择适宜的骨料；⑥控制混凝土的出机温度和入模温度；⑦预埋水管、通水冷却、降低混凝土的最高温升；⑧表面保护、保温隔热不使表面温度散热太快，减少混凝土内外温差；⑨采取防止混凝土裂缝的结构措施等。

在结构工程的设计施工中，对于大体积混凝土结构，为防止其产生温度裂缝，除需在施工前进行认真计算外，还要做到施工过程中采取有效的技术措施，根据我国的施工经验应着重从控制混凝土温升、延缓混凝土降温速率、减少混凝土收缩、提高混凝土极限拉伸值、改善混凝土约束程度、完善构造设计和加强施工中的温度监测等方面采取技术措施。以上这些措施不是孤立的，而是相互联系、相互制约的，施工中必须结合实际、全面考虑、合理采用，才能收到良好的效果。

1. 水泥品种选择和用量控制

大体积混凝土结构引起裂缝的主要原因是：混凝土的导热性能较差，水泥水化热的大量积聚，使混凝土出现早期温升和后期降温现象。因此，控制水泥水化热引起的温升，即减小降温温差，对降低温度应力，防止产生温度裂缝能起到釜底抽薪的作用。

(1) 选用中热或低热的水泥品种

混凝土升温的热源是水泥水化热，选用中低热的水泥品种，是控制混凝土温升的最基本方法。如 32.5 级的矿渣硅酸盐水泥，其 3d 的火山灰硅酸盐水泥，一般 3d 内的水化热仅为同标号普通硅酸盐水泥的 60%。根据某大型基础试验表明：选用 32.5 级硅酸盐水泥，比选用 32.5 级矿渣硅酸盐水泥，3d 内水化热平均升温高 5～8℃。

(2) 充分利用混凝土的后期强度

根据大量的试验资料表明，每 $1m^3$ 混凝土的水泥用量，每增减 10kg，其水化热将使混凝土的温度相应升降 1℃。因此，为控制混凝土温升，降低温度应力，减少温度裂缝，一方面在满足混凝土强度和耐久性的前提下，尽量减少水泥用量，严格控制每立方米混凝土水泥用量不超过 400kg；另一方面可根据实际承受荷载的情况，对结构的强度和刚度进行复算，并取得设计单位、监理单位和质量检查部门的认可后，采用 f_{45}、f_{60} 或 f_{90} 替代 f_{28} 作为混凝土的设计强度，这样可使每立方米混凝土的水泥用量减少 40～70kg 左右，混凝土的水化热温度相应降低4～7℃。

上海宝山钢铁总厂、亚洲宾馆、新锦江宾馆、浦东煤气厂筒仓等工程大型基础，都采用了 f_{45} 或 f_{60} 作为设计强度，C20～C40 的混凝土，其 f_{60} 比 f_{28} 平均增长 12%～26.2%。

2. 掺加外加料

在混凝土中掺入一些适宜的外加料，可以使混凝土获得所需要的特性，尤其在泵送混凝土中更为突出。泵送性能良好的混凝土拌合物应具备三种特性：①在输送管壁形成水泥浆或水泥砂浆的润滑层，使混凝土拌合物具有在管道中顺利滑动的流动性；②为了能在各种形状和尺寸的输送管内顺利输送，混凝土拌合物要具备适应输送管形状和尺寸的变化性；③为在泵送混凝土施工过程中不产生离析而造成堵塞，拌合物应具备压力变化和位置变动的抗分离性。

由于影响泵送混凝土性能的因素很多，如砂石的种类、品质和级配、用量、砂率、坍落度、外掺料等。为了使混凝土具有良好的泵送性，在进行混凝土配合比的设计中，不能用单纯增加单位用水量方法，这样不仅会增加水泥用量，增大混凝土的收缩，而且还会使水化热升高，更容易引起裂缝。工程实践证明，在施工中优化混凝土级配，掺加适宜的外加料，以改善混凝土的特征，是大体积混凝土施工中的一项重要技术措施。混凝土中常用的外加料主要是外掺剂和外掺料。

（1）掺加外掺剂

大体积混凝土中掺加的外掺剂主要是木质素磺酸钙（简称木钙）。木质素磺酸钙，属阴离子表面活性剂，它对水泥颗粒有明显的分散效应，并能使水的表面张力降低。因此，在泵送混凝土中掺入水泥重的0.2%～0.3%木钙，它不仅能使混凝土的和易性有明显的改善，而且可减少10%左右的拌和水，混凝土28d的强度提高10%以上；若不减少拌和水，坍落度可提高10cm左右，若保持强度不变，可节约水泥10%，从而降低水化热。

木钙由于原料为工业废料，资料丰富，生产工艺和设备简单，成本低廉，并能减少环境污染，故世界各国均大量生产，广为使用，尤其可适用泵送混凝土的浇筑。

（2）掺加外掺料

大量试验资料表明，在混凝土掺入一定量的粉煤灰后，除了粉煤灰本身的火山灰活性作用，在生成硅酸盐凝胶，作为胶凝材料的一部分增强作用外，在混凝土用水量不变的条件下，由于粉煤灰颗粒呈球性并具有“滚珠效应”，可以起到显著改善混凝土和易性的效能；若保持混凝土拌合物原有的流动性不变，则可减少用水量，起到减水的效果，从而可提高混凝土的密实性和强度；掺入适量的粉煤灰，还可大大改善混凝土的可泵性，降低混凝土的水化热。

大体积混凝土掺和粉煤灰分“等量取代法”和“超量取代法”两种，前者是用等体积的粉煤灰取代水泥的方法，但其早期强度（28d以内）也会随掺入量增加而下降，所以对早期抗裂要求较高的工程，取代量应非常慎重。后者是一部分粉煤灰取代等体积水泥，超量部分粉煤灰则取代等体积砂子，它不仅可以获得强度增加效应，而且可以补偿粉煤灰代水泥所降低的早期强度，从而保持粉煤灰掺入前后的混凝土强度等级。

3. 骨料的选择

大体积的混凝土砂石料重量约占混凝土总重量的85%左右，正确选用砂石料对保证混凝土质量、节约水泥用量、降低水化热数量、降低工程成本是非常重要的。骨料的选用应根据就地取材的原则，首先考虑选用生产成本低、质量优良的天然砂石料。根据国内外对人工砂石料的试验研究和生产实践，证明采用人工骨料也可以做到经济实用。

（1）粗骨料的选择

为了达到预定的要求，同时又要发挥水泥最有效的作用，粗骨料有一个最佳的最大粒径。但对结构工程的大体积混凝土，粗骨料的规格往往与结构物的配筋间距、模板形状以及混凝土的浇筑工艺等因素有关。

结构工程的大体积混凝土，宜优先采用以自然连续级配的粗骨料配制，这种用连续级配粗骨料配制的混凝土，可根据施工条件，尽量选用粒径较大、级配良好的石子。根据有关试验结果证明，采用5～40mm石子比采用5～25mm石子，每立方米混凝土可减少水量15kg左右，在相同水灰比情况下，水泥用量可节约20kg左右，混凝土温升可降低2℃。

选用较大骨料粒径，不仅可以减少用水量，使混凝土的收缩和泌水随之减少，也可减少水泥用量，从而使水泥的水化热减小，最终降低混凝土的温升。但是，骨料粒径增大后，容易引起混凝土的离析，影响混凝土的质量。因此，进行混凝土配合比设计时，不要盲目选用大粒径骨料，必须进行优化级配设计，施工时加强搅拌、浇筑和振捣等工作。

(2) 细骨料的选择

大体积混凝土中的细骨料，以采用中、粗砂为宜，细度模数宜在2.6～2.9范围内。根据有关试验资料证明，当采用细度模数为2.79，平均粒径为0.381的中粗砂，比采用细度模数为2.12、平均粒径为0.336的细砂，每立方米混凝土可减少水泥用量28～35kg，减少用水量20～5kg，这样就降低了混凝土的温升和减小了混凝土的收缩。

泵送混凝土的输送管形式较多，既有直管又有锥形管、弯管和软管。当通过锥形管和弯管时，混凝土颗粒间的相对位置就会发生变化，此时如果混凝土中的砂浆量不足，便会产生堵管现象。所以，在级配设计时可适当提高砂率；但若砂率过大，将对混凝土的强度产生不利影响。因此，在满足可泵性的前提下，尽可能降低砂率。

(3) 骨料质量的要求

骨料的质量如何，直接关系到混凝土的质量，所以，骨料中不应含有超量的黏土、淤泥、粉屑、有机物及其他有害物质，其含量不能超过规定的数值。混凝土试验表明，骨料的含泥量是影响混凝土质量的最主要因素，它对混凝土的强度、干缩、徐变、抗渗、抗冻融、抗磨损及和易性等性能产生不利的影响，尤其会增加混凝土的收缩，引起混凝土的抗拉强度的降低，对混凝土的抗裂更是十分不利。因此，在大体积混凝土施工中，石子的含泥量控制在不大于1%，砂的含量控制在不大于2%。

4. 控制混凝土出机温度和浇筑温度

为了降低大体积混凝土的总温升，减少结构物的内外温差，控制混凝土的出机温度与浇筑温度同样非常重要。

(1) 混凝土出机温度计算

根据搅拌前混凝土原材料总的热量和搅拌后混凝土总的热量相等的原理，可用以下公式计算出混凝土的出机温度 T_0：

$$T_0=\frac{(c_s+c_w Q_s)W_s T_s+(c_g+c_w Q_g)W_g T_g+c_c W_c T_c+c_w(W_w Q_s W_c-Q_g W_g)T_w}{c_s W_s+c_s W_g+c_w W_w+c_c W_c}$$

式中 c_s，c_g，c_c，c_w——分别为砂、石、水泥和水的比热（J/kg·℃）；

W_s，W_g，W_c，W_w——分别为每立方米混凝土中砂、石、水泥和水的用量（kg/m³）；

T_s，T_g，T_c，T_w——分别为砂、石、水泥和水的温度（℃）；

Q_s，Q_g——分别为砂、石的含水量（%）；

计算时一般取 $c_s=c_g=c_c=800$（J/kg·℃）。

由公式可以看出，在混凝土原材料中，砂石的比热比较小，但其在每立方米混凝土中所占的比例较大，水的比热最大，但它的重量在每立方米混凝土中只占一小部分。因此，对混凝土出现温度影响最大的是石子温度，砂的温度次之，水泥的温度影响最小。为了降低混凝土的出机温度，其最有效的办法就是降低石子的温度。降低石子温度的方法很多，如在气温较高时，为防止太阳的直接照射，可在砂、石堆场搭设简易的遮阳装置，温度可降低 3～5℃，如大型水电工程葛洲坝工程，在拌和前用冷水冲洗粗骨料，在储料仓中通冷风预冷，使混凝土的出机温度达到 7℃的要求。

(2) 控制混凝土浇筑温度

混凝土从搅拌机出料后，经搅拌车或其他工具运输、卸料、浇筑、振捣、平仓等工序后的混凝土温度称为混凝土浇筑温度。

关于混凝土浇筑温度的控制，各国都有明确的规定：我国有些规范提出混凝土浇筑混度应不超过 25℃，否则必须采取特殊技术措施；美国 ACI 施工手册中规定不超过 32℃；日本土木学会施工规程中规定不得超过 30℃；日本建筑学会钢筋混凝土施工规程中规定不得超过 35℃。在土建工程的大体积混凝土施工中，实践证明浇筑温度对结构物的内外温差影响不大，因此对主要受早期温度应力影响的结构物，没有必要对浇筑温度控制过严，如上海宝山钢铁总厂施工的七个大体积钢筋混凝土基础，其中有四个基础混凝土的浇筑温度为 32～35℃，均未采取特殊的技术措施，经检查均未出现影响混凝土质量的问题。但是考虑到温度过高会引起混凝土较大的干缩及给浇筑带来不利影响，适当限制混凝土的浇筑温度还是必要的。根据工程经验总结，建议了最高浇筑温度控制在 35～40℃以下为宜，这就要求在常规施工情况下，应该合理选择浇筑时间，完善浇筑工艺及加强养护工作。

5. 加强养护，延缓混凝土降温速率

大体积混凝土浇筑后，加强表面的保温、保湿养护，对防止混凝土产生裂缝具有重大作用。保温、保湿养护的目的有三个：第一是减少混凝土的内外温差，防止出现表面裂缝；第二是防止混凝土过冷，避免产生贯穿裂缝；第三是延缓混凝土的冷却速度，以减小新老混凝土的上下层约束。总之，在混凝土浇筑之后，尽量以适当的材料加以覆盖，采取保温和保湿措施，不仅可减少升温阶段的内外温差，防止产生表面裂缝，而且可以使水泥顺利水化，提高混凝土的极限拉伸值，防止产生过大的温度应力和温度裂缝。

混凝土终凝后，在其表面蓄存一定深度的水，采取蓄水养护是一种较好的方法，我国在一些工程中曾经采用，并取得良好效果。水的导热系数为 0.58W/m·K，具有一定的隔热保温效果，这样可以延缓混凝土内部水化热的降温速率，缩小混凝土中心和表面的温度差值，从而可控制混凝土的裂缝开展。

6. 减少混凝土收缩提高混凝土的极限拉伸值

混凝土的收缩值和极限拉伸值，除与水泥用量、骨料品种和级配、水灰比、骨料含泥量等有关外，还与施工工艺和施工质量密切相关。因此，通过改善混凝土的配合比和施工工艺，可以在一定程度上减少混凝土的收缩和提高混凝土极限拉伸直 ε_p，这对防止产生温度裂缝也可起到一定的作用。

大量现场试验证明，对浇筑后的混凝土进行两次振捣，能排除混凝土因泌水在粗骨料、水平钢筋下部生成的水分空隙，提高混凝土与钢筋的握裹力，防止因混凝土沉落而出现的裂缝，减小混凝土内部微裂，增加混凝土的密实度，使混凝土的抗压强度提高10%～20%，从而可提高混凝土的抗裂性。

混凝土二次振捣的恰当时间是指混凝土振捣后尚能恢复到塑性状态的时间，这是二次振捣的关键，又称为振动界限。掌握二次振捣恰当时间的方法一般有以下两种：

(1) 将运转着的振动棒以其自身的重力逐渐插入混凝土中进行振捣，混凝土在振动棒慢慢拔出时能自动闭合，不会在混凝土中留下孔穴，则可认为此时施加二次振捣是适宜的。

(2) 为了准确的判定二次振捣的适宜时间，国外一般采用测定贯入阻力值的方法进行判定。当标准贯入阻力值在未达到 350N/cm^2 以前，再进行二次振捣是有效的，不会损伤已成型的混凝土。根据有关试验结果，当标准贯入阻力值为 350N/cm^2 时，对应的立方体式块强度为 25N/cm^2，对应的压痕仪强度值为 27N/cm^2。

由于采用二次振捣的最佳时间与水泥品种、水灰比、坍落度、气温和振捣条件等有关。因此，在实际工程正式采用必须经试验确定。同时，在最后确定二次振捣时间时，既要考虑技术上的合理性，又要满足分层浇筑、循环周期的安排，在操作时间上要留有余地，避免由于这些失误而造成“冷接头”等质量问题。

在传统混凝土搅拌工艺过程中，水分直接润湿石子的表面；在混凝土成型和静置过程中，自由水进一步向石子与水泥砂浆界面集中，形成了石子表面的水膜层，在混凝土硬化后，由于水膜的存在而使界面过渡层疏松多孔，削弱了石子与硬化水泥砂浆之间的粘结，形成混凝土中最薄弱的环节，从而对混凝土抗压强度和其他物理力学性能产生不良影响。

改进混凝土的搅拌工艺，可以提高混凝土的极限拉伸值，减少混凝土的收缩。为了进一步提高混凝土的质量，可采用二次投料的净浆裹石或砂浆裹石搅拌新工艺，这可以有效地防止水分向石子与水泥砂浆界面的集中，使硬化后的界面过渡层的结构致密，粘结强度增强，从而可使混凝土强度提高 10%左右，相应地也提高了混凝土的抗拉强度和极限抗拉伸。当混凝土强度基本相同时，采用这种搅拌工艺可减少水泥用量 7%左右，相应地也减少了水化热。

7. 改善边界约束和构造设计

防止大体积混凝土产生温度裂缝，除可采取以上施工技术措施外，在改善边界约束和构造设计方面也可采取一些技术措施，如合理分段浇筑，合理配筋设置滑动层，设置应力缓和沟，设置缓冲层，避免应力集中等。

(1) 合理分段浇筑

当大体积混凝土结构的尺寸过大，通过计算证明整体一次浇筑会产生较大温度应力，有可能产生温度裂缝时，则可与设计单位协商，采用合理的分段浇筑，即增设“后浇带”进行浇筑。

用“后浇带”分段施工时，其计算是将降低温差和收缩应力分为两部分，在第一部分内结构被分成若干段，使之能有效地减小温度和收缩应力；在施工后期再将这若干段浇筑成整体，继续承受第二次温差和收缩的影响。“后浇带”的间距，在正常情况下为20～30m，保留时间一般不宜少于40d，其宽度可取70～100cm，其混凝土强度等级比原结构提高5～10N/mm²，湿养护不少于15d。“后浇带”的构造，如图3-84所示。

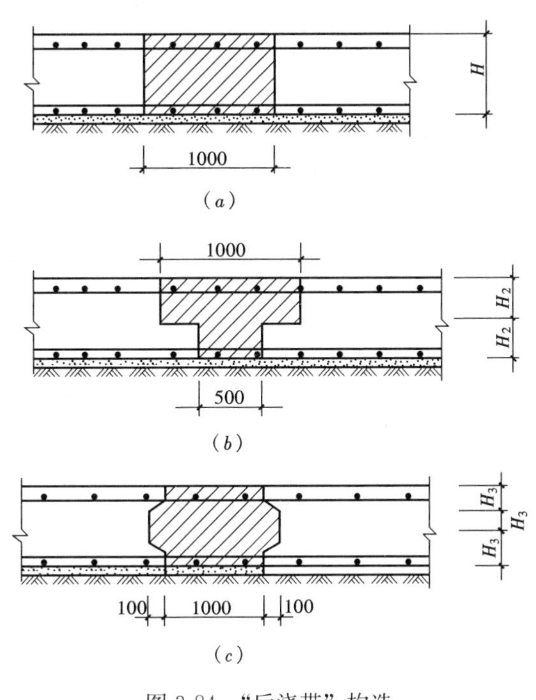

图3-84 “后浇带”构造

(a) 平接式；(b) T字式；(c) 企口式

(2) 合理配筋

在构造设计方面进行合理配筋，对混凝土结构的抗裂有很大作用。工程实践证明，当混凝土墙板的厚度为400～600mm时，采取增加配置构造钢筋的方法，可使构造筋起到温度筋的作用，能有效提高混凝土的抗裂性能。

配置的构造筋应尽可能采用小直径、小间距。例如配置直径6～14mm、间距控制在100～150mm。按全截面对称配筋比较合理，这样可大大提高抵抗贯穿性开裂的能力。进行全截面配筋，含筋率应控制在0.3%～0.5%之间为好。

对于大体积混凝土结构，构造筋对控制贯穿性裂缝作用不太明显，但沿混凝土表面配置钢筋，可提高面层表面降温的影响和干缩。

(3) 设置滑动层

由于边界存在约束才会产生温度应力，如在与外约束的接触面上全部设置滑动层，则可大大减弱外约束。如在外约束的两端1/4～1/5的范围内设置滑动层，则结构的计算长度可折减约一半，为此，遇有约束强的岩石类地基、较厚的混凝土垫层等时，可在接触面上设置滑动层，对减少温度应力将起到显著作用。

滑动层的做法有：涂刷两道热沥青加铺一层沥青油毡，或铺设 10～20mm 厚的沥青砂，或铺设 50mm 厚的砂或石屑层等。

(4) 设置应力缓和沟

设置应力缓和沟，即在结构的表面，每隔一定距离（一般约为结构厚度的1/5）设一条沟，设置应力缓和沟后，可将结构表面的拉应力减少 20%～50%，可有效地防止表面裂缝。

(5) 设置缓冲层

设置缓冲层，即在高、低板交接处，底板地梁处等，用 30～50mm 厚的聚苯乙烯泡板作垂直隔离，以缓冲基础收缩时的侧向压力，如图 3-85 所示。

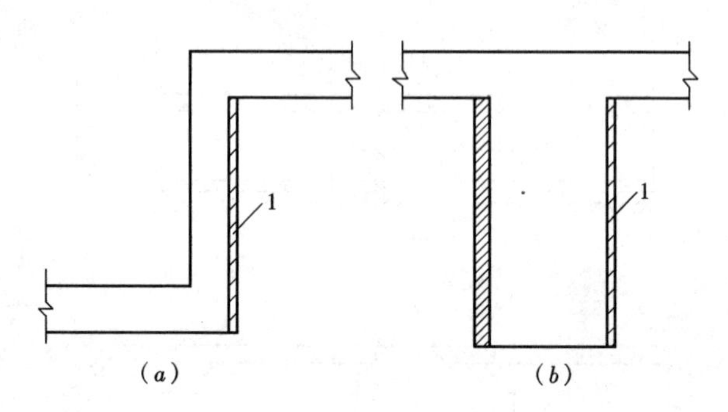

图 3-85 缓冲层示意图

(a) 高、低底板交接处；(b) 底板地梁处

1—聚苯乙烯泡沫塑料

(6) 避免应力集中

在孔洞周围，变断面转角部位，转角处等，由于温度变化和混凝土收缩，会产生应力集中而导致混凝土裂缝。为此，可在孔洞四周增配斜向钢筋、钢筋网片；在变断面处避免断面突变，可作局部处理使断面逐渐过渡，同时增配一定量的抗裂钢筋，这对防止裂缝产生是有很大作用的。

8. 加强施工监测工作

在大体积混凝土的凝结硬化过程中，应随时摸清大体积混凝土不同深度处温度场升或降的变化规律，及时监测混凝土内部的温度情况，对于有的放矢地采取相应的技术措施，确保混凝土不产生过大的温度应力，具有非常重要的作用。

监测混凝土内部的温度，可在混凝土内不同部位埋设铜热传感器，用混凝土温度测定记录仪进行施工全过程的跟踪和监测，混凝土温度测定记录仪，是以 XQC-300 大型长图自动平衡记录仪表和 WZG-010 铜热电阻温度传感器作为基本测温单元，并加装"临时全自动扩展"装置组成，原来的 12 个点测温能力提高到 108 个点，能做到全面、均匀地控制大体积混凝土温度情况。

混凝土温度测定记录仪，是以测定电阻变化来显示温度的仪器，其基本原理是电桥平衡方式。记录仪连接着打印系统，将各测点温度场的分布情况，除需要按设计要求布置一定数量的传感器外，还要确保埋入混凝土中的每个传感器具有较高的可靠性。因此，必须对传感器进行封装，封装的工序一般包括：初筛→热老化处理→绝缘试验→馈线焊接和密封。

初筛、热老化处理和绝缘试验的目的，是确保铜热传感器的可靠性、准确性和密封性，剔除不合格的传感器，限定混凝土碱性腐蚀对测试工作的影响。馈线焊接和密封，是保证传感器正常工作必不可少的关键工序，将馈线与传感器接线头焊接后，再用环氧树脂密封后就可供现场布置。

布置应将铜热传感器用绝缘胶布绑扎于预定测点位置处的钢筋上。如预定位置处无钢筋，可另外设置钢筋。由于钢筋的导热系数大，传感器直接接触钢筋会使该部位的温度值失真，所以，要用绝缘胶布绑扎，待各铜热传感器绑扎完毕后，应将馈线收成一束，固定在横向钢筋下沿引出，以避免在浇筑混凝土时馈线受到损伤。

待馈线与测定记录仪接好后，须再次对传感器进行试测检查，以试测完全合格后，混凝土测试的准备工作即将结束。

混凝土温度测定记录仪，不仅可显示读数，而且还可自动记录各测点的温度，能及时绘制出混凝土内部温度变化曲线，随时对照理论计算值，可有的放矢地采取相应的技术措施。这样在施工过程中，可以做到大体积混凝土内部的温度变化进行跟踪监测，实现信息化施工，确保工程质量。

有时测温也可以采用较简便的方法，如上海静安—希尔顿酒店工程塔楼承台基础。

选用直径 4″黑铁管，测温管布置如图 3-86 所示，分为竖向管和侧向管两种，测定承台不同深度的温度以及侧面温度。测温计先用 SU，QING，YI，85—G 温度计，刻度 0～150°，长度 150mm，直径 8mm，温度计顶端有圆环，便于穿绳线，温度计性能与体温表相似，随所测定的温度升高，待读数后，甩动温度计，水银柱才下降。

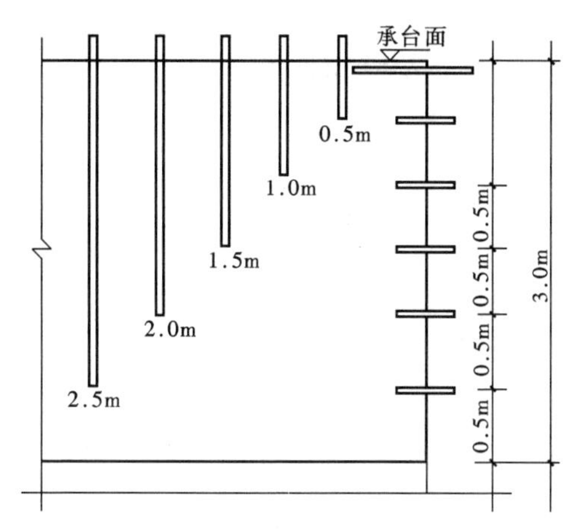

图 3-86　测点布置剖面图

测温方法：拔出塞在测温管上口的回丝，将温度计慢慢放入管内测定深度，即用回丝封住上口，待 3min 后取下温度计，记下测温值。

单 元 小 结

高层建筑施工中基础工程占据重要的地位，尤其是在一些软土地区更是关键。在施工中往往是技术上最难处理的部分。如何根据地质、水文、周围环境、施工条件选择合理的施工方案（降水、支护、相应结构施工等），对施工的进度、质量、安全和成本起到至关重要的作用。本章系统地介绍了降低地下水、基坑开挖、桩基施工工艺、地下连续墙、深基坑支护几种常见的方式和大体积混凝土的施工等。

复习思考题

1. 在深基坑开挖中，常见的强制排水方法有哪些？各适用于哪些土质情况？

2. 为减少井点降水对相邻的影响和危害，主要有哪些对策？

3. 深基坑开挖施工组织设计一般应包括哪些主要内容？

4. 深基坑挡土、支撑、开挖常见有哪些组合？

5. 单锚式板桩常见有哪些破坏形式？

6. 采用钻打法施工预制桩时，设计和施工单位应考虑哪些主要问题？

7. 根据你所在地区，常见的一些施工方法和施工准备，你对大直径灌注桩有什么好的施工方案和建议。

8. 谈谈你对提高高层建筑钻孔灌注桩桩端承载力的一些设想。

9. 地下连续墙为什么要进行清底？

10. 地下连续墙常用的施工接头有哪几种？结构接头有哪几种？

11. 简述逆作法施工程序。

12. 逆作法施工缝的处理方法有哪些？

13. 逆作法施工中上部荷载如何支撑？

14. 简述土层锚杆工作特性。

15. 简述土钉支护与锚杆的主要区别。

16. 简述常见土钉类型。

17. 简述大体积混凝土的概念。

18. 大体积混凝土产生温度裂缝的主要原因有哪些？

19. 控制大体积混凝土裂缝开展的基本方法有哪些？

20. 控制大体积混凝土温度裂缝的主要技术措施有哪些？

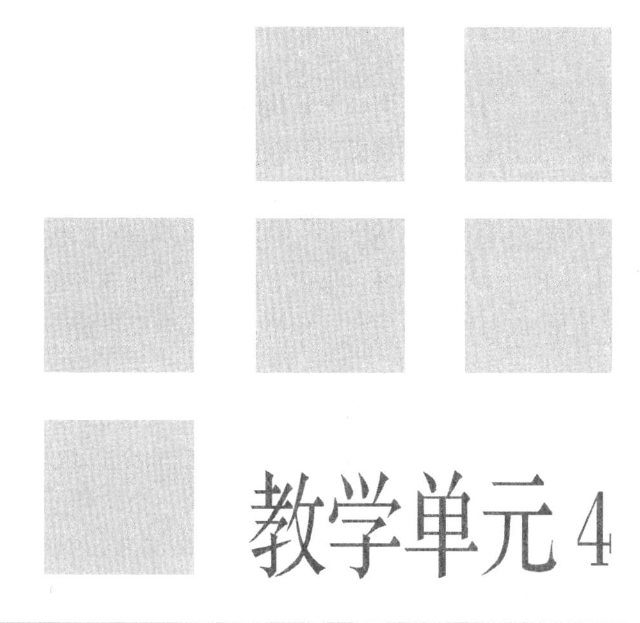

教学单元4

主体结构施工

【教学目标】 通过本单元教学，使学生具备高层建筑主体结构竖向施工测量控制方法的能力，掌握高层专用模板、钢筋、混凝土三个方面的施工方法和技术控制措施，具备相应验收能力。掌握高层建筑钢结构连接和安装方法，具备钢结构构件、施工验收的能力，掌握高层建筑钢结构的防火及防腐施工方法，具备相应验收能力。

房屋建筑承受的各种荷载，是通过横向和竖向结构（主体结构）传到地基基础的。建筑结构包括柱、墙、梁、桁架、板及筒体等。

高层建筑主体结构体系的三个要素是结构材料、设计构造（结构类型）及其相应的施工方法。结构材料不同，设计构造不同，相应的施工方法也不同。我国的高层建筑在相当长的时期内，仍然将以钢筋混凝土结构为主，因此，钢筋混凝土结构高层建筑的施工方法是本章学习的重点。

钢筋混凝土结构的施工，关键是钢筋混凝土的成型方法。成型方法的不同，机具选择、施工组织和技术经济效果也有区别，因此成为设计、施工和建设单位共同关心的问题。常用的成型施工方法有：预制装配式施工方法、现浇与预制相结合的施工方法、全现浇的施工方法等。

预制装配式施工方法的优点是：施工工业化、节省现场施工人力；各种构件的成批预制可以保证较好的施工质量；不依赖于气候情况，工期短。预制装配式施工方法可分为大板建筑和盒子结构（把整个房间作为一个构件，在工厂预制后送到工地进行整体安装的一种施工方法）。这种预制装配结构，通常由机械施工专业队来完成。安装的节点有两种形式，一种是构件通过预埋件焊接的柔性节点连成整体，完成速度快。另一种是现浇混凝土刚性节点，所连成的结构整体性能好，但因混凝土强度的发展，需要一定的养护时间。

现浇与预制相结合施工方法，在结构的刚度方面，取现浇结构的优点弥补预制装配结构的不足；在施工速度方面，取预制装配结构的方便，弥补现浇结构复杂的缺点。此法一般对承重柱和剪力墙采用现浇，其余梁、板、梯等均为预制，这样建造的房屋，结构刚度比较大，整体性好，施工速度也比较快。

一般地，16 层（50m 以下）的高层建筑，根据施工条件，可以有多种施工体系的选择；超过 50m 的高层建筑，基本上采用以现浇为主的剪力墙和筒体体系。

4.1 高层建筑施工测量

考虑另有《建筑工程测量》课程，这里只着重介绍高层建筑竖向控制方法。在高层建筑工程施工测量中，由于层数多、高度高，要求竖向偏差控制精度高；由于结构复杂、装修现代化和高速电梯的安装等，要求测量精度至毫米级；由于平面、立面造型多样化，要求测量放线方法灵活多变；由于工程量大、工期长，要求主要轴线和标高控制桩点能长期牢固地保留；又由于施工测量工作项目多、工作量大，与设计、施工各方面的关系密切，要求事先做好充分的准备工作。在整个工程的进行中做好各个环节的测量验线工作是至关重要的，因此在高层建筑工程施工组织设计中，应有切实可行的施工测量方案。

4.1.1 精度要求

有关规范对于不同结构的高层建筑施工的竖向精度有不同的要求，见表4-1（H为建筑总高度）。为了保证总的竖向施工误差不超限，层间垂直度测量偏差不应超过3mm，建筑全高垂直度测量偏差不应超过$3H/10000$，且不应大于：

$30m < H \leqslant 60m$时，±10mm；

$60m < H \leqslant 90m$时，±15mm；

$90m < H$时，±20mm。

高层建筑竖向及标高施工偏差限差　　表4-1

结构类型	竖向施工偏差限差（mm）		标高偏差限差（mm）	
	每　层	全　高	每　层	全　高
现浇混凝土	8	$H/1000$（最大30）	±10	±30
装配式框架	5	$H/1000$（最大20）	±5	±30
大模板施工	5	$H/1000$（最大30）	±10	±30
滑 模 施 工	5	$H/1000$（最大50）	±10	±30

为了满足上述测量精度要求，常采用下列两类方法进行高层建筑轴线的竖向投测。无论使用哪类方法向上投测轴线，都必须在基础工程完成后，根据建筑场地平面控制网，校测建筑物轴线控制桩后，将建筑四廓和各细部轴线精确地弹测到±0.000首层平面上，作为向上投测轴线的依据。

4.1.2 外控法

当施工场地比较宽阔时，多使用此法。施测时主要是将经纬仪安置在高层建筑物附近进行竖向投测，故此法也叫经纬仪竖向投测法。由于场地情况的不同，安置仪器的位置不同，又分为以下三种投测方法。

1. 延长轴线法

当场地四周宽阔，可将高层建筑四廓轴线延长到建筑物的总高度以外或附近的多层建筑物顶面上时，可在轴线的延长线上安置经纬仪，以首层轴线为准，向上逐层投测。如图4-1中的甲仪器安置在轴线的控制桩上，后视首层轴后，抬起远镜将轴线直接投测在施工层上。如110.8m高的南京金陵饭店主楼和103.4m高的北京中央彩电中心大楼均使用此法作竖向控制。

这种投测方法在建筑物全高$H \leqslant 90m$时，能满足精度要求。

2. 侧向借线法

当场地四周窄小，高层建筑四廓轴线无法延长时，可将轴线向建筑物外侧平行移出(俗称借线)，移出的尺寸应视外脚手架的情况而定，尽量不超过2m。如图4-1中的乙仪器和乙′仪器是先、后安置在借线上，以首层的借线点为后视，向上投测并指挥施工层上的人员、垂直视线横向移动水平尺，以视线为准向内测出借线尺寸，就可在施工层上定出轴线位置，此法的精度和延长直线法相同，能满足前述要求。在施测中由于仪器距建筑物较近，要特别注意安全，防止落物砸伤人员或仪器。

3. 正倒镜挑直法

图 4-1 中的丙仪器安置在施工层 $8_{A上}$ 点，向下后视地面上的轴线点 8_S 后、纵转远镜定出 $8_{H上}$ 点，然后将仪器移到 $8_{H上}$ 点上，后视 $8_{A上}$ 点后、纵转远镜若前视正照准地面上的轴线点 8_N，则两次安置仪器的位置就都正在 8_S8_N 轴线上。

图 4-2 所示为图 4-1 的侧面图和平面图，用正倒镜挑直法在施工层上投测⑧轴，施测时是先在施工层面上估计 8_A 点向上投测的点位如 $8'_{A上}$ 在其上安置经纬仪后视 8_S 用正倒镜延长直线取分中定出 $8'_{H上}$，然后移仪器到 $8'_{H上}$ 上后视 $8'_{A上}$，仍用正倒镜延长直线取分

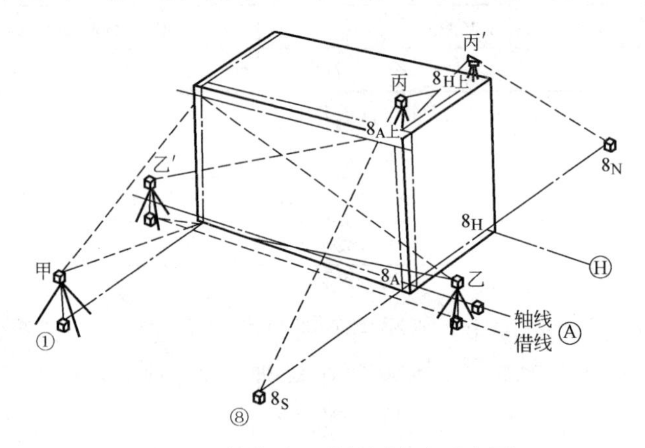

图 4-1 外控法三种投测方法示意图

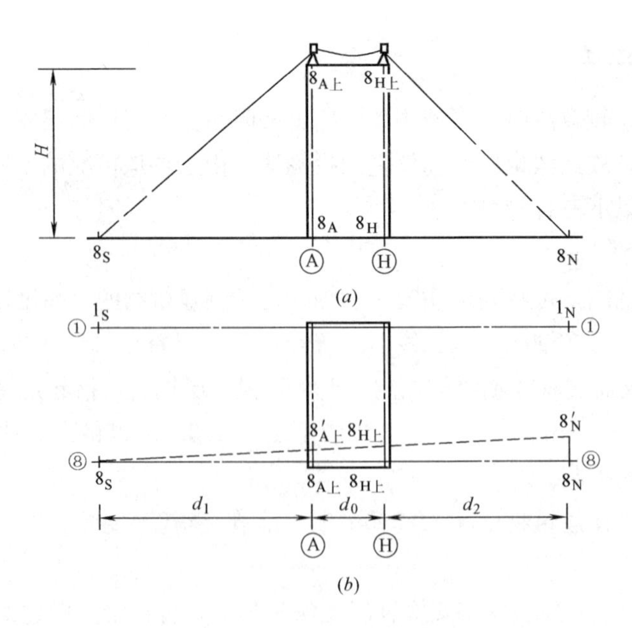

图 4-2 正倒镜挑直法侧、平面图

（a）侧面图；（b）平面图

中定出 8_N、实量出 $8_N8'_N$间距后，根据相似三角形相应边成正比的原理，计算两次镜位偏离⑧轴的垂距。

上述垂距算出后，即可在施工层上由$8'_{A上}$和 $8'_{H上}$定出⑧轴上的方向点 $8_{A上}$、$8_{H上}$。再将经纬仪依次安置在 $8_{H上}$及 $8_{A上}$点上，仍用正倒镜延长直线法检测 8_N、$8_{H上}$、$8_{A上}$及 8_S 四点应同在一直线上。若在 8_S 点出现误差，$8_{A上}$、$8_{H上}$二次点位的分中位置，作为最后结果。

此法比前两种要精确得多。

在施测中，当用前两法投测轴线时，应每隔 5 层用挑直法较测一次，以提高精度，减少竖向偏差的累积。无论采取以上哪种测法，为保证精度均应注意以下几点：

(1) 测前要对经纬仪的轴线关系进行严格地检校，观测时要精密定平水平度盘水准管，以减少竖轴不铅直的误差。

(2) 轴线的延长桩点要准确，标志要显明，并妥善保护好。向上投测轴线时，应尽量以首层轴线位置为准，避免逐层上投误差的累积。

(3) 取正倒镜向上投测的平均位置，以抵消经纬仪的视准轴不垂直横轴和横轴不垂直竖轴的误差影响。

4.1.3 内控法

当施工场地窄小，无法在建筑物之外的轴线上安置仪器施测时，就在建筑物之内或近旁用垂准线原理进行竖向投测，故此法也叫垂准线投测法。由于使用的仪器不同，又分为以下三种投测方法。

1. 吊线坠法

在高层建筑施工中，要使用较重的特制线坠悬吊，以首层±0.000 地面上、靠近建筑物四廓的轴线交点为准，直接向各施工层悬吊引测轴线。施测中只要采取措施得当，使用线坠引测铅直线是既经济、简单又直观、准确的方法。一般在 3～4m 层高的情况下，只要认真操作，由下一层向上一层悬吊铅直线的误差不会大于±2～3mm。若采取依次逐层悬吊 16 层，从偶然误差的理论上讲，其总误差不会大于$\pm(2\sim3)\sqrt{16}$mm$=\pm8\sim12$mm，这精度是能满足工程要求的。

在使用吊坠法向上引测轴线中，要注意以下几点：

(1) 线坠的几何形体要规正、不偏斜，一般的重量约为 1～5kg 重；

(2) 吊线使用编织的或没有扭曲的细钢丝以使线坠稳定、不旋转，吊线本身平顺；

(3) 悬吊时要特别注意风吹而使吊线本身偏斜或不稳定；

(4) 在每次投测中，上下两人要配合默契，取线左、线右投测的平均位置；

(5) 在逐层引测中，要用更大的线坠（如 5kg 重的），每隔 3～5 层放一次通线，由下面直接向上校测一次，这样 16 层的建筑分 4～5 次校测效果会更好。

南京金陵饭店主楼 37 层，高 110.750m，就是采用吊线坠法做竖向偏差检测的。图4-3为其首层平面图，在距中心线③轴和Ⓒ轴两侧各 9.750m、距边梁 0.300m 处，1、2……点，精确地测出标志，作为向上引测的依据，以后每层楼板在此相应位置处均预留孔

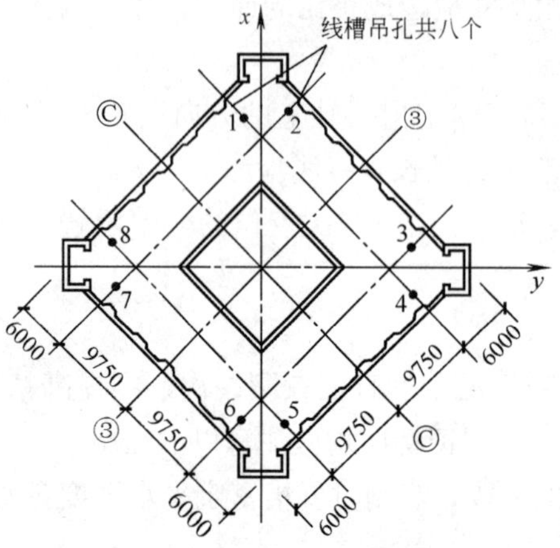

洞，用15kg重的线锤，直径1mm的钢丝向上引测轴线。为减少风吹的影响，在首层使用风挡，人在其中用步话机指挥上层移动钢线进行对点、引测。为检查轴线竖向精度，每隔五层（13.50m）与用经纬仪投测的轴线相比较，最大差值仅为4mm，说明此法精度较高。北京中央彩电中心大楼26层、高103.40m，也是采用此法检测的，效果良好。施测中若用铅直的塑料管套着吊线，并采用专用观测设备，精度还能提高。

图4-3　南京金陵饭店主楼竖向控制

2. 天顶准直法（仰视法）

天顶方向是指测点正上方，铅垂指向天空的方向。使用能测设天顶方向的仪器，进行竖向投测，称为天顶准直法。

基本原理：应用经纬仪望远镜进行天顶观测时，经纬仪轴线间必须满足3个条件：①水准管轴应垂直于竖轴；②视准轴应垂直于横轴；③横轴应垂直于竖轴。所以视准轴与竖轴是在同一方向轴上。当望远镜指向天顶时，水平旋转仪器，利用视准线，可以在天顶目标上与仪器的空间划出一个倒锥形轨迹。然后调动望远镜微动手轮，逐步归化，往复多次，直到倒锥形轨迹的半径达到最小，近似铅垂。

常用测设天顶方向的仪器有以下五种：

（1）配有90°弯管目镜的经纬仪

上海宾馆因场地限制而使用了此法，就是在J_2经纬仪上安装了90°弯管目镜，实测结果在65m高度上，误差为±2mm，即竖向误差为±6″。

使用此法只需配90°弯管目镜即可，投资少，精度满足工程要求，这是测设天顶方向最经济、最简便的仪器。

（2）激光经纬仪

图4-4所示为装有激光器的苏州光学仪器厂生产的J_2激光经纬仪。

图4-5所示为31层高的上海虹桥宾馆主楼的平面图，工程为现浇钢筋混凝土结构。由于平面为带弧度的三角风车形，且受施工场地限制。故使用J_2激光经纬仪在1、2、3及O点由首层向上铅直投测到施工层后，经图形闭合校对调整后，再放出各细部，效果良好。

激光经纬仪可用激光施测，也可用人眼观测，这是它的优点，但价格较贵。可当一般经纬仪使用，但较笨重。

（3）激光铅直仪

随着高层建筑、高烟囱、电视塔等工程建筑总高度的不断增高，激光铅直仪是能保证精度、操作简便并能构成自动控制竖直偏差的理想仪器。深圳国际贸易中心主楼50层、160m高，北京中央电视塔386.5m高均采用内外筒整体滑模施工工艺，用四台激光铅直仪控制扭偏，不但保证了竖直偏差精度，还为高速优质的滑模施工创造了条件。

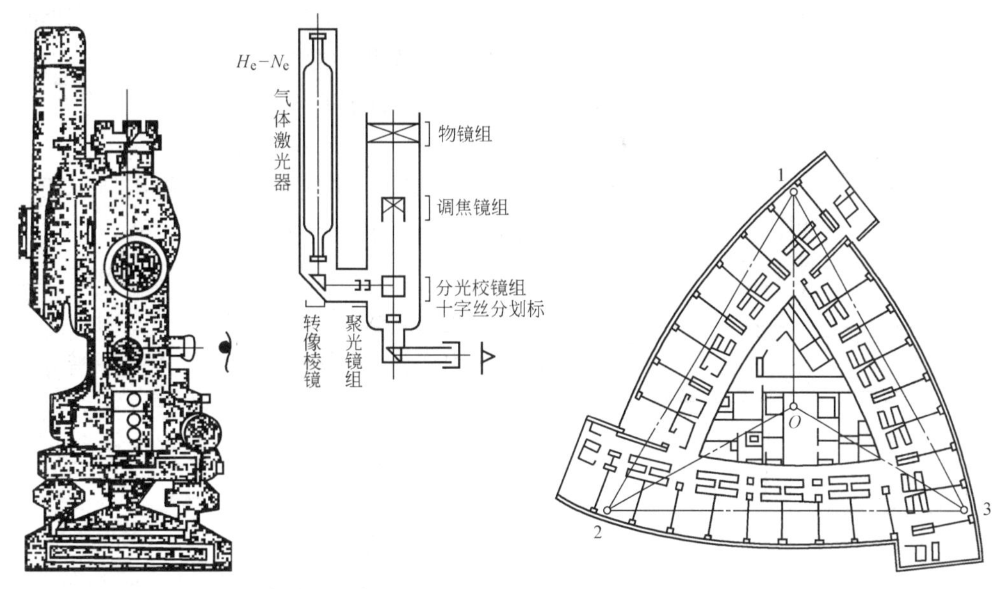

图 4-4 激光经纬仪　　图 4-5 上海虹桥宾馆主楼竖向控制

为了进行检校，可在仪器的正上方高处，水平设置白纸板作为接收靶，点燃激光器后，将仪器水平旋转一周，若光斑在白纸板上的轨迹为一闭合环时，说明需要调节套筒上固定激光管的校正螺丝，使其轨迹趋于一点为止。大量的实测结果说明，该仪器的竖直精度能达到中误差±10″，即在 150m 高度上平面误差为±7.5mm。

(4) 自动天顶准直仪

图 4-6 所示为瑞士威特厂生产的 ZL 型自动天顶准直仪。安置后只要定平圆水准盒，仪器就可自动给出天顶方向，精度为±1″(±1∶200000)。若配上激光目镜，则可给出同样精度的铅直激光束。这种仪器最适用于高层钢结构安装，如 43 层、高 150.00m 的上海锦江饭店分馆和 53 层、高 208.00m 的北京京广大厦等高层钢结构安装均使用 ZL 自动天顶准直仪，取得良好的安装精度。

(5) 自动天顶-天底准直仪

图 4-7 为瑞士威特厂生产的 ZNL 型自动天顶-天底准直仪。使用时仪器上部可由基

图 4-6 自动天顶准直仪

图 4-7 自动天顶-天底准直仪

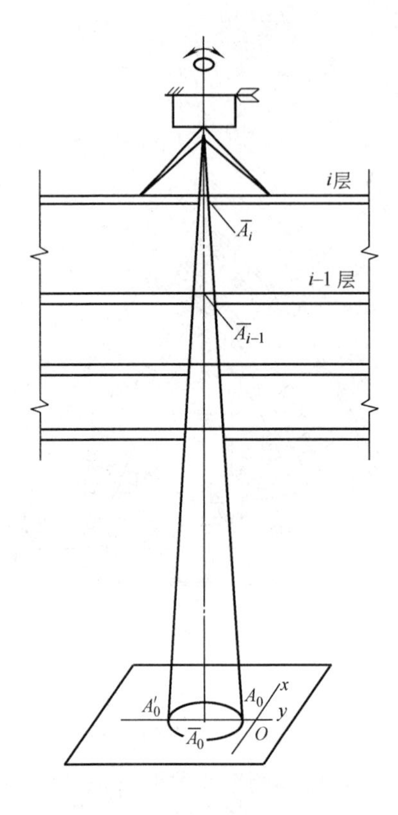

图 4-8 天底准直法原理

A_0—确定的仪器中心；O—基准点

座上取出，上下调转。当物镜向上安置时，目镜就可看出天顶方向；当物镜向下安置时，目镜就可看出天底方向，精度均为±6″（±1∶30000）。

总之，从上述五种仪器的使用情况看，天顶准直法最适宜高层钢结构的安装，若装有激光则适用于高层滑模施工的工程。无论在哪种工程中使用，仪器均安置在施工层的下面，因此施测中要注意对仪器采取安全保护措施，防止落物击伤，并经常对光束的竖直方向进行检校。观测时间最好选在阴天又无风的时候，以保证精度。

3. 天底准直法（俯视法）

天底方向是过测点铅垂向下所指的方向。使用能测设天底方向的仪器，进行竖向投测，称为天底准直法。

天底准直法的基本原理如图 4-8 所示。

(1) 施测程序及操作方法

1) 依据工程的外形特点及现场情况，拟定出测量方案，并做好观测前的准备工作，定出建筑物底层俯视法专用控制目标的位置以及在相应各楼层面留设俯视孔，俯视孔可留设在建筑物设计轴线上或留设在设计轴线外的假设轴线上。俯视孔的直径和位置应考虑混凝土楼板不同施工方法及设计上是否允许等方面原因来确定。一般孔径以 120～150mm 为宜。各层俯视孔的偏差≤8mm。有的工程也可用挑臂法测设轴线，则不必留孔。底层控制点目标分划板的埋设方法，是在定好位置的基础上把200mm×200mm×5mm 的铁板底焊 4ϕ12，长 100～120mm 的钢筋，用 C15 混凝土埋设在铁板上或底层地坪上。

2) 把目标分划板放置在底层控制点，使目标分划板中心与控制点上标志的中心重合。

3) 开启目标分划板附属照明设备。

4) 在俯视孔位置上安置仪器。

5) 基准点对中。

6) 当垂准点标定在所测楼层面十字丝目标上后，用墨斗线弹在俯视孔边上。

7) 利用标定出来的楼层十字丝作为测站，就可以测角放样，测设高层建筑物的轴线。

数据处理和精度评定与天顶法相同。

(2) 垂准经纬仪

图 4-9 所示为上海第三光仪器厂生产的 6″级 DJ_6—C_6 垂准经纬仪，配有 90°弯管目镜。该仪器既能使远镜仰视向上指向天顶，又能使远镜俯视向下，使视线通过直径 20mm 的空心竖轴指向天底，一测回（即正倒镜各观测一次取平均位置）垂准观测中误差不大于±6″，即 100m 高度上平面误差为±3mm（约±1/30000）。

图 4-10 为 30 层、高 126.6m 的华东电管局大楼的平面图。该大楼地处上海市中心南京东路南侧，场地非常狭小，又是现浇钢筋混凝土结构，故选用 DJ_6—C_6 垂准经纬仪以内控法投测轴线。测法是先在首层地面上精确地测定了19.000m×19.000m 的方形控制网，如图中 1、2、3 和 4 四个基准点，各点用 100mm×100mm 预埋铁板，板上面高出地面 20mm 以防积水，测设后板面上划线并用红漆标记。在开始的几层施工中，使用天顶准直法由首层直接向各施工层上投测方形网的四个基准点。每次投测后，用经纬仪和钢尺检测该方形，再根据误差情况进行适当调整后，作为该层放线的依据。随着建筑物的升高，为了投测的安全，把仪器安置在浇筑后的施工层上，用天底准直法将首层方形网的四个基准点位引测到施工层。为了投测的需要，每层楼面在方形网基准点处，均预留 300mm×300mm 的孔洞（洞口处用砂浆做成 20mm 高的防水斜坡）。为了投测的方便，先后将首层的四个基准点，准确地移到第 7 层和第 13 层，作为向上投测的依据。为了校核垂准经纬仪的精度，分别在第 7、13、18、22 层和 25 层用大线坠挂线与垂准仪观测结果相比较，最大误差不超过±3mm。

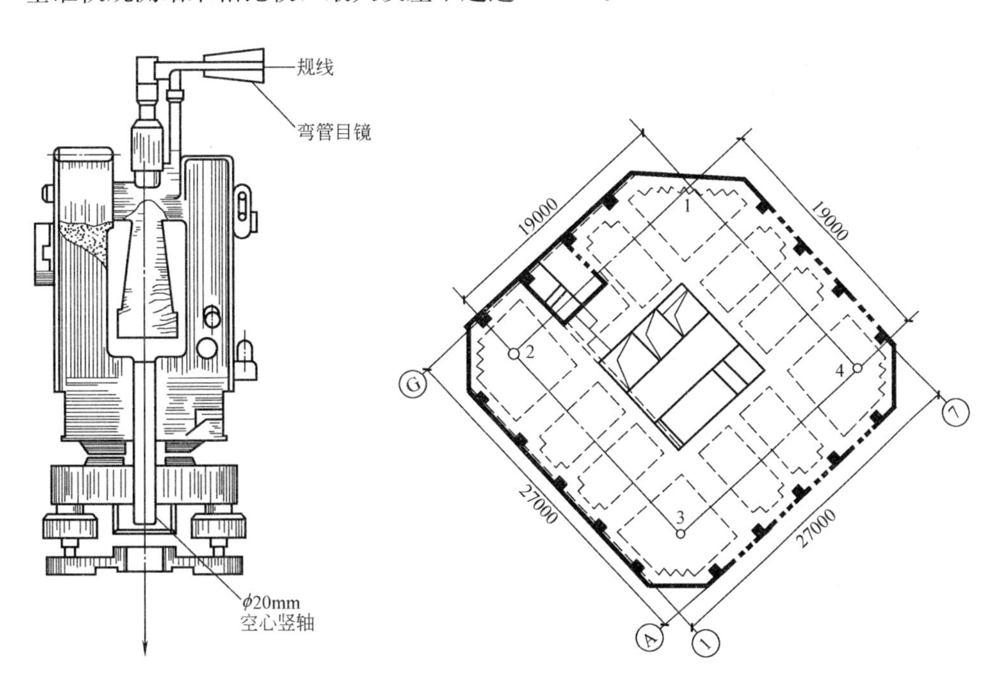

图 4-9 垂准经纬仪

图 4-10 华东电管局大楼平面图

(3) 自动天底准直仪

瑞士威特厂生产的 NL 型自动天底准直仪与 ZL 自动天顶准直仪外形和精度基本一样。安置仪器定平圆水准盒后，通过目镜即可自动给出天底方向。此类仪器精度高、价格昂贵，适用于精密工程中。

由于天底准直法是将仪器安置在施工层上，将底层轴线竖直投测上来，故用于现浇混凝土工程中，即安全也能保证精度。

在高层建筑轴线竖向投测中，无论使用哪种方法都会遇到阳光照射使被晒的一面建筑物温度升高，因而使整个建筑物向背阳光的侧面倾斜，即上午向西、中午向北、下午向东。倾斜的程度与阳光的强度、建筑结构的材料、高度和平面形状有关，这些在每个具体工程中均有不同，施测中无论选用哪种方法，均会遇到这一问题，应注意摸索具体规律，采取措施以减少其影响，这要在投测中采取预留变形的办法解决。

4.2 现浇钢筋混凝土结构通用施工方法

现浇钢筋混凝土结构高层建筑的施工，与一般多层建筑施工一样，也是涉及模板、钢筋和混凝土三个部分。

4.2.1 模板技术

现浇钢筋混凝土结构模板工程，是结构成型的一个重要组成部分，其造价约为钢筋混凝土结构工程总造价的25%～30%，总用工量的50%。因此，模板工程对于提高工程质量、加快施工速度、提高劳动生产率、降低工程成本和实现文明施工，都具有重要的影响。对全现浇高层建筑主体结构施工而言，关键在于科学、合理地选择模板体系。

现浇混凝土的模板体系，一般可分为竖向模板和横向模板两类。

竖向模板主要用于剪力墙墙体、框架柱、筒体等竖向结构的施工。常用的有：大模板、液压滑升模板、爬升模板、提升模板、筒子模以及传统的组合模板（散装散拆）等。

横向模板主要用于钢筋混凝土楼盖结构的施工。常用的有：组合模板散装散拆，各种类型的台模、隧道模等。

本节主要介绍通用的组合模板和几种楼盖模板的施工工艺。有关大模板、爬模、滑升模板等竖向模板体系将在相应的结构体系施工方法中分别论述。

1. 组合模板

组合式模板包括组合式定型钢模板和钢框木（竹）胶合板模板等，具有组装灵活、装拆方便、通用性强、周转次数多等优点，用于高层建筑施工，既可以作竖向模板，又可以作横向模板；既可按设计要求预先组装成柱、梁、墙等大型模板，用起重机安装就位，以加快模板拼装速度，也可散装散拆，尤其在大风季节，当塔式起重机不能进行吊装作业时，可利用升降电梯垂直运输组合模板，采取散支散拆的施工方式，同样可以保持连续施工并保证必要的施工速度。

(1) 组合钢模板

组合钢模板又称组合式定型小钢模，是使用最早且最广泛的一种通用性强的定型组合式模板，其部件主要由钢模板、连接件和支承件三大部分组成。钢模板长度 450～1500mm，以 150mm 晋级；宽度 100～300mm，以 50mm 晋级；高度为 55mm；板面厚 2.3mm 或 2.5mm，主要包括平面模板、阴角模板、阳角模板、连接角模以及其他模板（包括柔性模板、可调模板和嵌补模板）等。连接件包括 U 形卡、L 形插销、钩头螺栓、紧固螺栓、模板拉杆、扣件等。支承件包括支承柱、梁、墙等模板用的钢楞、柱箍、梁卡具、圈梁卡、钢管架、斜撑、组合支柱、支承桁架等。

定型组合钢模板主要用于框架结构的高层建筑施工，其模板配置原则和配置的步骤与多层建筑施工相同。

(2) 钢框木（竹）胶合板组合模板

钢框木（竹）胶合板模板，是以热轧异型钢为钢框架，以覆面胶合板作板面，并加焊若干钢肋承托面板的一种组合式模板。面板有木、竹胶合板，单片木面竹芯胶合板等。板面施加的覆面层有热压二聚氰胺浸渍纸、热压薄膜、热压浸涂和涂料等（图 4-11）。

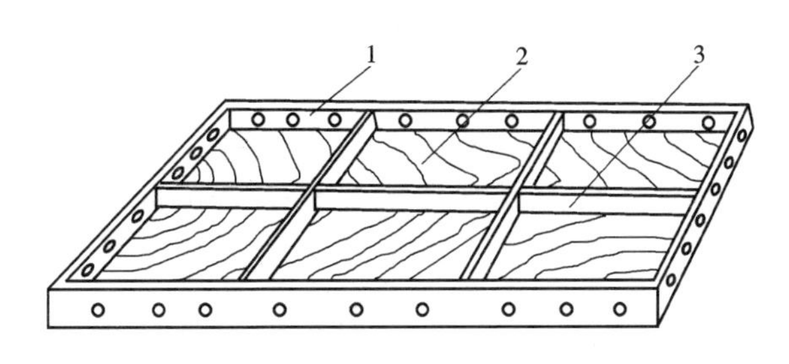

图 4-11 钢框木（竹）胶合板模板

1—钢框；2—胶合板；3—钢肋

品种系列（按钢框高度分）除与组合钢模板配套使用的 55 系列（即钢框高 55mm，刚度小、易变形）外，现已发展有 70、75、78、90 等，其支承系统各具特色。

钢框木（竹）胶合板的规格长度最长已达到 2400mm，宽度最宽已达到 1200mm。其特点有：自重轻，比组合钢模板约减轻三分之一；用钢量少，比组合钢模板约减少二分之一；面积大，单块面积比同样重的组合钢模板可增大 40%左右，可以减少模板拼缝，提高结构浇筑后表面的质量；周转率高，板面均为双面覆膜，可以两面使用，使周转次数可达 50 次以上；保温性能好，板面材料的热传导率仅为钢板面的四百分之一左右，故有利于冬期施工；维修方便，面板损伤后可用修补剂修补；施工效果好，表面平整光滑附着力小，支拆方便。

目前钢框木（竹）胶合板模板的产品较多，常用的有：

1) 钢框覆膜胶合板组合模板。平面模板由钢边框、板面及纵横肋构成。钢边框为异形热轧型钢，并带有承托面板的加强肋，边框与纵横肋相互焊接，形成结构框架，面板与边框采用螺栓连接（图 4-12）。

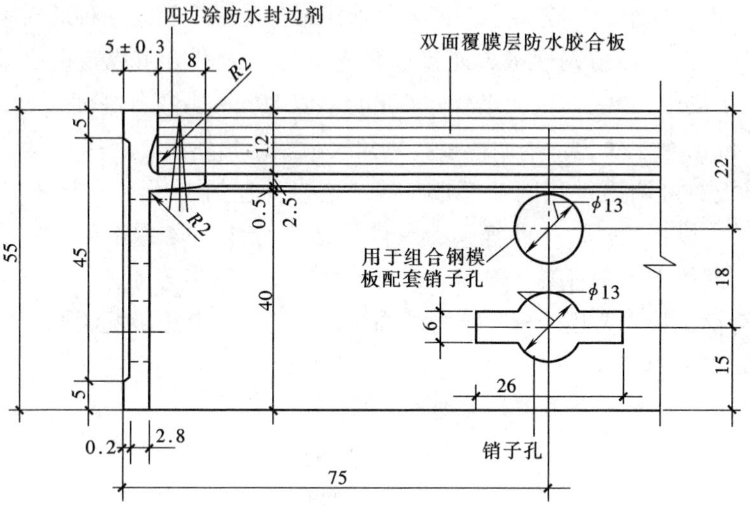

图 4-12　钢框覆膜胶合板模板剖面图

平面模板分普通型和扩大型两种，肋高均为 55mm。

（A）普通型

模板宽度：150mm、200mm、250mm、300mm 四种；

模板长度：900mm、1200mm、1500mm、1800mm、2100mm、2400mm 六种。

（B）扩大型

模板宽度：600mm、900mm、1200mm 三种；

模板长度：1200mm、1500mm、1800mm、2100mm、2400mm 五种。

钢框覆膜胶合板组合模板的面板，采用酚醛薄膜热压多层胶合板（木或竹胶合板）组成，厚 12mm。面板具有一定的阻燃性，两面除塑料贴面外，均经树脂处理，所有边沿和孔眼均经有效的密封材料处理，以防吸水受潮变形。面板与边框的连接构造有明框型和暗框型两种。明框型的框边与面板平齐，暗框型的边框位于面板之下。采用暗框时，在浇筑混凝土后，可以减少一条缝隙。

该种模板还配有阴、阳角模和固定角模，其长度与平模板相同。另外，还配有钢销、U 形卡、旋转卡、钢销紧固件、钢片紧固件和内拉杆等连接件。由于该模板的断面、销子孔位置、附配件均与组合钢模板保持一致，故可与组合钢模板通用。其配板原则、配板步骤与组合钢模板基本相同。

2）钢、木和钢木组合模板。该模板系列有轻型、重型两类。

（A）轻型钢框胶合板模板。这种模板可与组合钢模板通用，但比组合钢模板约轻 1/3，单块面积大，因而拼缝少，施工方便。

模板由钢边框、加强肋和防水胶合板组成。边框采用带有面板承托肋的异型钢，边框高 55mm、厚 5mm，承托肋宽 6mm。边框四周设 ϕ13 连接孔，孔距 150mm，模板加强肋采用-43×3 扁钢，纵横间距 300mm。在模板四角及中间一定距离位置设斜铁，用沉头螺栓同面板连接。面板采用 12mm 厚防水胶合板（图4-13）。模板允许承受混凝土侧压力为 30kN/m²。

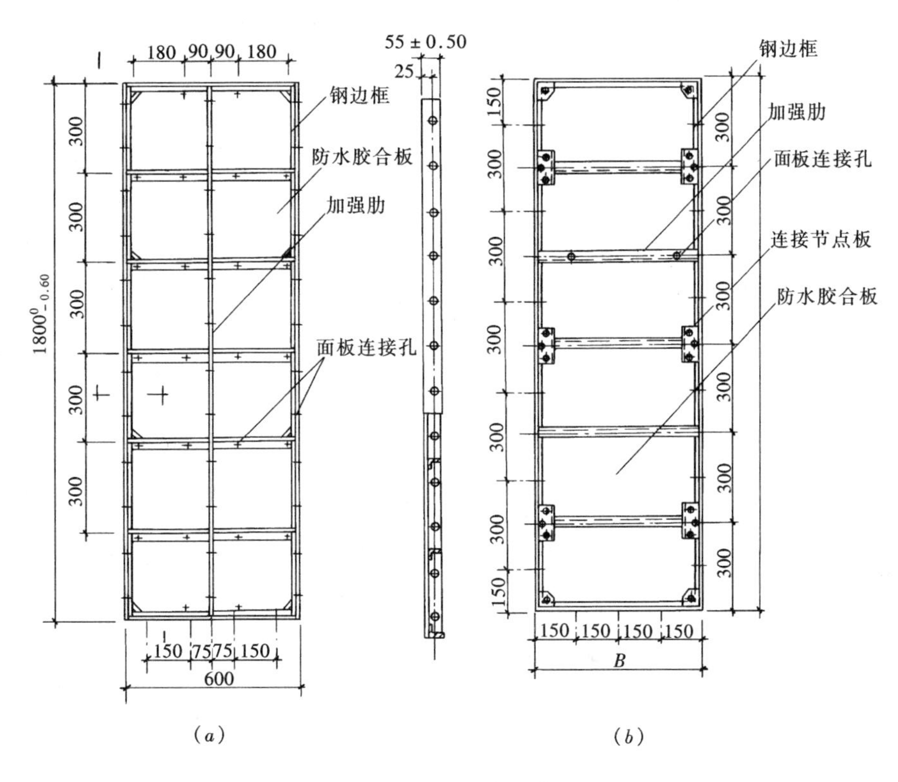

图 4-13 钢框胶合板模板

（a）轻型钢框胶合板模板；（b）重型钢框胶合板模板

（B）重型钢框胶合板模板。与轻型钢框胶合板模板相比约重 1 倍。模板刚度大，面板平整光洁，可以整装整拆，也可散装散拆。

模板由钢边框、加强肋和防水胶合板面板组成。边框采用带有面板承托肋的异型钢。边框高 78mm，厚 5mm，承托肋宽 6mm。边框四周设 17mm×21mm 连接孔，孔距 300mm。模板加强肋采用钢板压制成型的[60mm×30mm×3mm 槽钢，肋距 300mm，在加强肋两端设节点板，节点板上留有与背楞相连的连接孔 17mm×21mm 椭圆孔，面板上有 ϕ25 穿墙孔。在模板四角斜铁及加强位置用沉头螺栓同面板连接。面板采用 18mm 厚防水胶合板。

模板允许承受混凝土侧压力为 50kN/m²。

轻型和重型的模板宽度均为：300mm、450mm、600mm、900mm 四种；模板长度均为：900mm、1200mm、1500mm、1800mm、2100mm、2400mm 六种。

该类型模板还配有常规角模和异型角模，其长度与钢模板相同。配套的附件有：背楞、斜撑、平台挑梁、拉杆螺栓、塑料套管、调节缝板等。

该系列模板的水平结构支撑系统由配套的空腹钢梁、钢木工字钢梁以及独立式钢支撑组成。

(3) 早拆模板

早拆模板在用于现浇楼（顶）板结构的模板时，由于支撑系统装有早拆柱头，可以实现早期拆除模板、后期拆除支撑（又称早拆模板、后拆支撑）。从而大大加快模板的周转次数，可比组合钢模板减少三分之二的配置量。这对高层建筑施工是很重要的。这种模板亦可用于墙、梁模板。

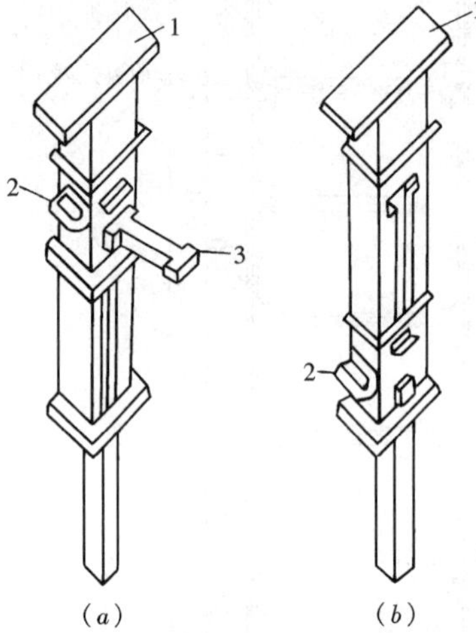

图 4-14　早拆柱头

(a) 升起梁托；(b) 落下梁托

1—柱顶板；2—梁托；3—支承板

早拆模板由平面模板、支撑系统、拉杆系统、附件和辅助零件组成。平面模板由钢边框内镶可更换的木（竹）胶合板或其他面板组成。支撑系统由早拆柱头、主梁、次梁、支柱、横撑、斜撑、调节螺栓等组成。

早拆柱头是用于支撑模板梁的支拆装置（图4-14），其承载力为 35.3kN。按照现行《混凝土结构工程施工质量验收规范》，当跨度小于 2m 的现浇结构，其拆模强度可为混凝土设计强度的 50%，在常温条件下，当楼板混凝土浇筑 3～4d 后即可用锤子敲击柱头的支承板，使梁托下落 115mm。此时便可先拆除模板桁架梁及模板，而柱顶板仍然支顶着现浇楼板，直到混凝土强度达到规范要求拆模强度为止。早期拆模的原理如图4-15所示。

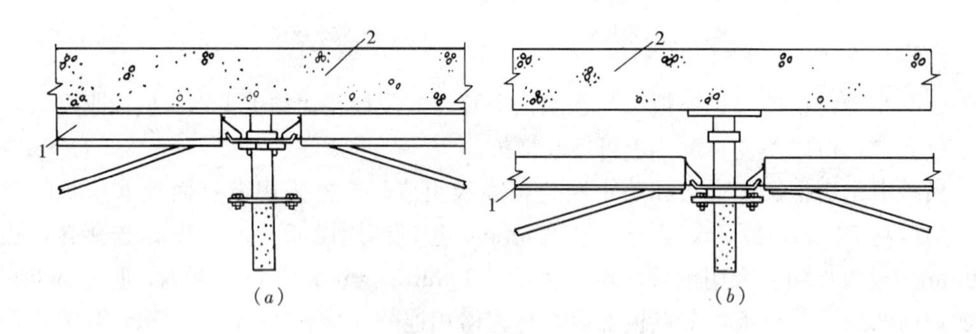

图 4-15　早期拆模原理

(a) 支模；(b) 拆模

1—支模桁架梁；2—现浇楼板

早拆楼板模板支模工艺（图 4-16）：

根据模板设计，先在楼板或地面上弹出立柱（早拆柱头）的位置线，根据楼层标高初步调整好立柱的高度，并将梁托板升起，楔紧支承板。按模板设计要求先立第一根立柱，然后把支模桁架梁挂在第一根立柱的梁托板上，将第二根立柱的梁托板

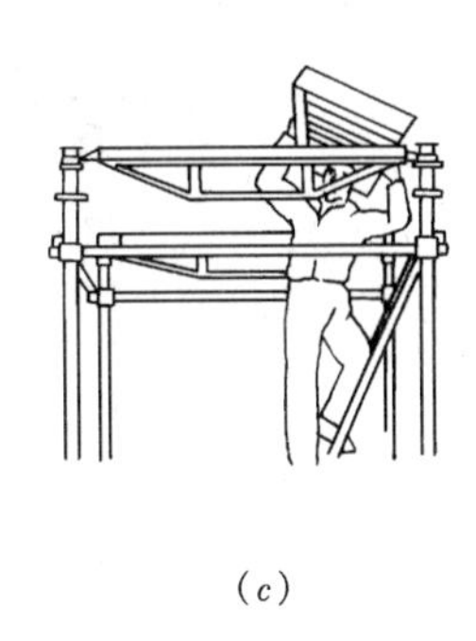

(*a*)　(*b*)　(*c*)

图 4-16　楼、顶板支拆示意图

(*a*) 立第一根立柱，挂上支模桁架梁；(*b*) 立第二根立柱；(*c*) 完成第一格构后，铺设模板块

与第一榀桁架梁挂好，并依次支设另一榀桁架梁，然后用水平支撑和连接件先将两根立柱作临时固定，根据桁架梁的长度调整立柱的位置使它垂直，随即铺设模板块，最后用水平尺校正模板周边的水平度和拉线检查起拱高度，无误后安装斜撑并用连接件锁紧。

模板的拆除步骤为：将楔住梁托板的支承板打下，落下梁托板，支模桁架梁随之落下，即可逐块卸下模板块。卸时可轻轻敲击，使模板脱离混凝土落在桁架梁上，然后把模板稍升起，向一端移开退出卸下。拆下桁架梁，拆除水平支撑和斜撑，将卸下的模板、桁架梁、水平撑、斜撑等逐一整理好备用。待楼板混凝土强度达到设计要求后，再拆除全部立柱。

2. 台模

台模是一种大型工具式模板，属横向模板体系，适用于高层建筑中的各种楼盖结构的施工。由于它外形如桌子，故称台模，或者桌模。台模在施工过程中，层层向上吊运翻转，中途不再落地，所以又称飞模。

采用台模进行现浇钢筋混凝土楼盖的施工，楼盖模板一次组装重复使用，从而减少了逐层组装的工序，简化了模板支拆工艺，加快了施工进度。并且，由于模板在施工过程中不再落地，可以减少临时堆放模板的场所。

台模主要由平台板、支撑系统（包括梁、支架、支撑、支腿等）和其他配件（如升降和行走机构等）组成。适用于大开间、大柱网、大进深的现浇钢筋混凝土楼盖施工，尤其适用于现浇板柱结构（无柱帽）楼盖的施工。台模的规格尺寸，主要根据建筑物结构的开间（柱网）和进深尺寸以及起重机械的吊运能力来确定，一般按开间（柱网）乘以进深尺寸设置一台或多台。

(1) 台模的类型和构造

台模一般可分为立柱式、桁架式、悬架式三类。

1) 立柱式台模。立柱式台模主要由面板、主次（纵横）梁和立柱（构架）三大部分组成，另外辅助配备有斜支撑、调节螺旋等。立柱式台模又可分为三种：

钢管组合式台模（图 4-17），主要用组合钢模板和脚手架钢管组装而成；

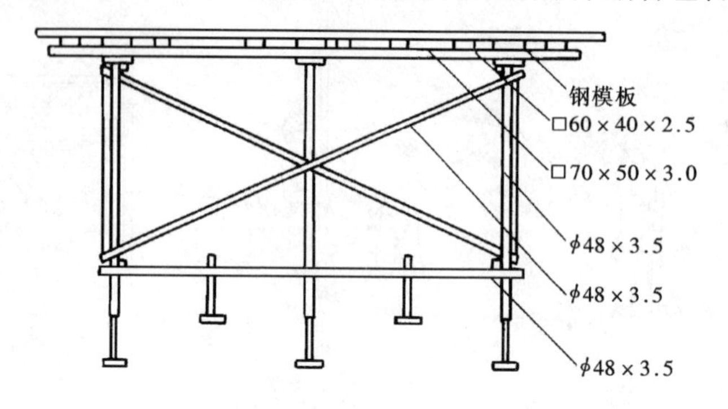

图 4-17　钢管组合式台模

构架式台模（图 4-18），其立柱由薄壁钢管组成构架形式；

门式架台模（图 4-19），支撑体系由门式脚手架组装而成。

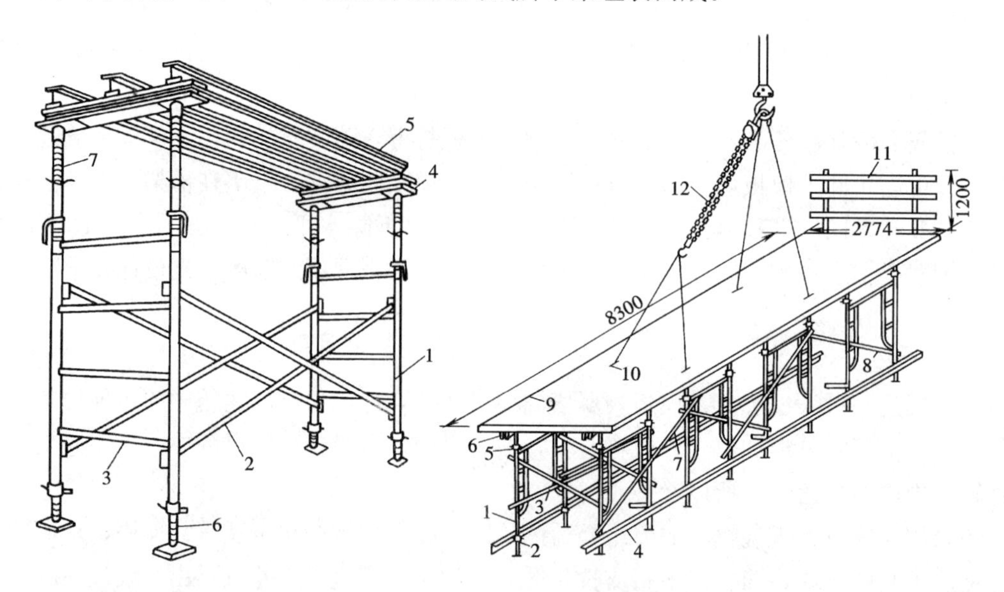

图 4-18　双肢柱构架式台模

1—支架；2—横向剪刀撑；3—纵向支撑；4—纵梁；5—横梁；6—底部调节螺栓；7—伸缩插管

图 4-19　门式架台模

1—门式脚手架（下部安装连接件）；2—底托（插入门式架）；3—交叉拉杆；4—通长角钢；5—顶托；6—主梁；7—人字支撑；8—水平拉杆；9—面板；10—吊环；11—护身栏；12—电动环链

2）桁架式台模。桁架式台模是由桁架、龙骨、面板、支腿和操作平台组成。它是将台模的板面和龙骨放置于两榀或多榀上下弦平行的桁架上，以桁架作为台模的竖向承重构件。桁架材料可以采用铝合金型材，也可以采用型钢制作。前者轻巧，但价格较贵，一次投资大；后者自重较大，但投资费用较低。

竹铝桁架式台模（图 4-20），以竹塑板作面板，用铝合金型材作构架，是一种工具式台模。

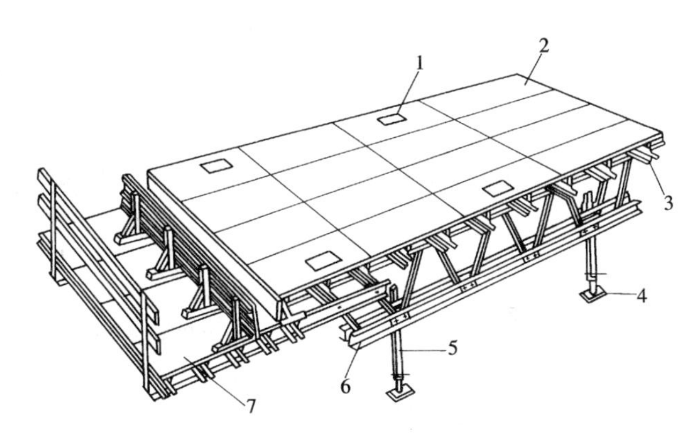

图 4-20 竹铝桁架式台模

1—吊点；2—面板；3—铝龙骨；4—底座；5—可调钢支腿；6—铝合金桁架；7—操作平台

钢管组合桁架式台模，其桁架由脚手架钢管组装而成。

3）悬架式台模。悬架式台模（图 4-21）的特点是：不设立柱，即自身没有完整的支撑体系，台模主要支承在钢筋混凝土结构（柱子或墙体）所设置的支承架上。这样，模板的支设不需要考虑到楼面混凝土结构强度的因素。台模的设计也可以不受建筑层高的约束。

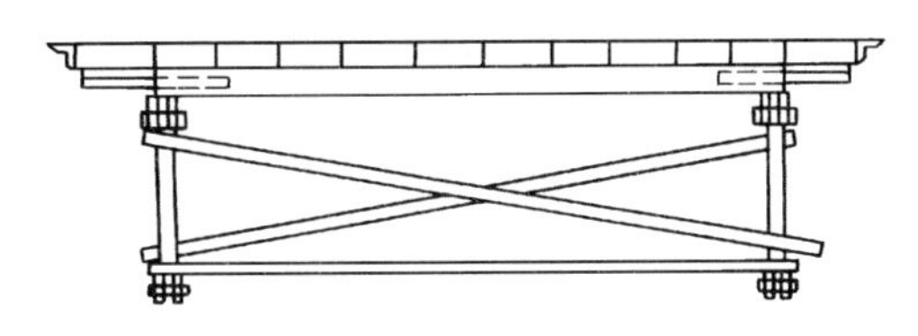

图 4-21 悬架式台模

（2）台模的选用和设计布置原则

1）台模的选用原则。在施工中，能否使用台模，主要取决于建筑物的结构特点，并按照技术上可行、经济上合理的原则选用。板柱结构体系（尤其是无柱帽），最适于采用台模施工。剪力墙结构体系，选用台模施工时，要注意剪力墙的多少和位置，以及台模能否顺利出模。

台模的选型要考虑两个因素，其一是施工项目的规模大小，如果相类似的建筑物量大，则可选择比较定型的台模，增加模板周转使用，以获得较好的经济效果；其二是要考虑所掌握的现有资源条件，因地制宜，如充分利用已有的门式架或钢管脚手组成台模，做到物尽其用，以减少投资，降低施工成本。一般来说，10 层及 10 层以上的高层建筑使用台模比较经济。

2）台模的设计布置原则。台模的结构设计，必须按照国家现行有关规范和标准进行设计计算。引进的台模或以往使用过的台模，也需对关键部位和改动部分进行结构性能验算。在台模组装后，应做荷载试验。

台模的自重和尺寸，应能适应吊装机械的起重能力。为了便于台模直接从楼层中运行飞出，在台模的布置方面，要做到尽量避免台模侧向运行。

（3）台模的施工工艺

上述三类台模中，立柱式台模是台模中最基本的一种类型，由于它构造简单，制作和施工也比较方便，得到广泛应用。现以立柱式台模中的钢管组合式台模为例，介绍台模的施工工艺。

立柱式钢管组合台模的构造如图 4-22 所示，立柱式台模由面板、支承系统和辅助运输设备组成。面板常用材料有组合钢模板、胶合板、铝合金板、工程塑料板等；支承系统包括次梁、主梁、立柱、水平支撑和斜撑。实用中应通过计算确定构件的截面。

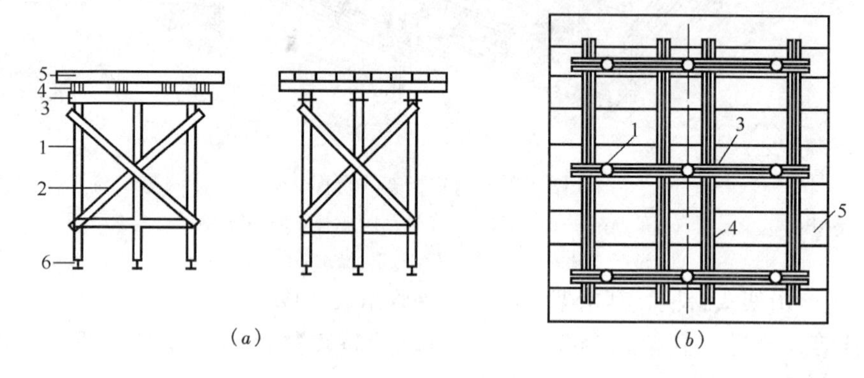

图 4-22　组合钢模板、钢管脚手组装的台模侧、仰视图

(a) 侧视图；(b) 台面的仰视图

1—立柱；2—支撑；3—主梁；4—次梁；5—面板；6—内缩式伸缩脚

立柱由立柱顶座、立柱管和立柱脚组成。立柱管通常采用规格为 $\phi 48\times3.5$mm 脚手架钢管，柱顶配有柱帽，用螺栓与主梁连接。立柱脚采用 $\phi 38\times4$mm 钢管，端部焊有底板，能在立柱管内伸缩。通过立柱脚在立柱管内的伸缩来调节台模的高低。在立柱管和立柱脚上，每间隔 50mm 钻 $\phi 13$ 孔，用 $\phi 12$ 的销子固定。也有用安装在立柱顶部和底部的调节螺旋来调整台模高低的。

水平支撑和斜撑同样采用 $\phi 48\times3.5$mm 脚手架钢管，支撑与立柱之间用钢管脚手扣件连接。

辅助运输设备是台模翻层的运输工具，它包括台模升降运输车和吊篮式活动钢平台。

立柱式钢管组合台模的施工步骤有：

1）台模组装。台模常在现场组装，有正装法和反装法两种方法。

正装法是按台模的实际工作状况（面板在上）进行组装，即先拼装支承架，最后拼装面板。

反装法则是将台模翻过来，面板在下进行组装。即先在平台上拼装面板，然后再拼装支承架，最后用起重机械将整个台模翻转 180°，使台面朝上。反装法容易保证面板的平整度。

2）吊装就位。台模就位应按台模施工图进行。用塔式起重机将台模按顺序吊至施工的楼层。台模就位时，先使四周与墙壁间留出几厘米的空隙。同一开间内的台模逐一就位后，即将台模的面板调节至设计标高。台模面板高度大幅度的调节可借助于上下移动立柱内柱脚在立柱管内的位置，用钢销插入共同的孔洞锁定。因为孔洞的间距一般为50mm，所以小于50mm的微调就只能借助于木倒拔榫进行调节。台模调平后，进行相互的连接和固定。与墙壁间的大缝隙可用有拉手的钢板盖缝板遮盖，台模分段间的小缝隙，可用胶带粘贴。

3）脱模。楼板混凝土浇筑后，经自然养护，待梁板的混凝土强度达到设计强度的75%以上才能拆模。拆除模板时，把可升降的台模运输车就位。利用千斤顶，升起台模运输车的臂架，托住台模下部的水平支撑，敲掉木倒拔榫，拔出柱脚的销子，把立柱脚推进立柱管内，随即插上销子，使台模保持最低高度。接着千斤顶回油，台模运输车的臂架下降，台模在自重的作用下也随之下降。

4）转移翻层。台模降落到台模运输车上后，可用人力将台模转运至台模出口处。台模出口处安装有吊篮式活动钢平台。把台模运输车连台模一起装到吊篮式活动平台里。用塔式起重机将吊篮式活动钢平台吊运到上层楼面，并用人力将其推运到指定位置就位，即可进行下一循环的支模。

台模的转移翻层也可按图4-23所示，用滚杠人力移动，直接用塔式起重机吊装翻层。

3. 隧道模

隧道模是在大模板施工的基础上，将现浇墙体的模板和现浇楼板的模板结合为一体的大型空间模板，由三面模板组成一节，形如隧道。

隧道模施工实现了墙体和楼板一次支模，一次绑钢筋，一次浇筑成型。这种施工方法的结构整体性好，墙体和顶板平整，一般不需抹灰，模板拆装速度快，生产效率较高，施工速度较快。但是这种模板的体型大，灵活性小，一次投资较多，比较适用于大批量标准定型的高层、超高层板墙结构。采用隧道模工艺需要配备起重能力较大的塔式起重机。并且，由于楼板和墙体需要同时拆模，而两者的拆模强度有不同要求，需要采取相应的措施。

隧道模按拆除推移分为横向推移和纵向推移两种。横向推移用于横墙承重结构，外纵墙需待隧道模拆除推出后，再施工。纵向推移用于纵墙承重结构，可用一套模板在一个楼层上连续施工，直至本层主体结构全部完成后，才将模板提升吊运到上一层，采用这种方法，楼梯、电梯间一般为单独设置。

隧道模按照构造的不同可分为整体式和双拼式两类，整体式隧道模也称全隧道模，断面呈“Π”字形。双拼式隧道模由两榀断面呈“Γ”字形的半隧道模（图4-24）构成，中间加连接板。

双拼式隧道模的半隧道模由竖向墙模板和水平向楼板模板与斜撑连接组成（图4-25），并设有行走装置和承重装置。行走装置是由三个对称于模板长度方向中心线的轮子组成，以保证行走稳定。支模无方向性。为此在模板长度方向设置两个轮子，在宽度方向设置一个轮子，双拼式隧道模还需要设置承重装置。一般在长度方向墙模板下的轮子附近设置两个千斤顶。在模板就位后，这两个千斤顶将模板顶起，使轮子离开楼板，混凝土浇筑时的施工荷载及混凝土的自重，全部由这两个千斤顶承受。

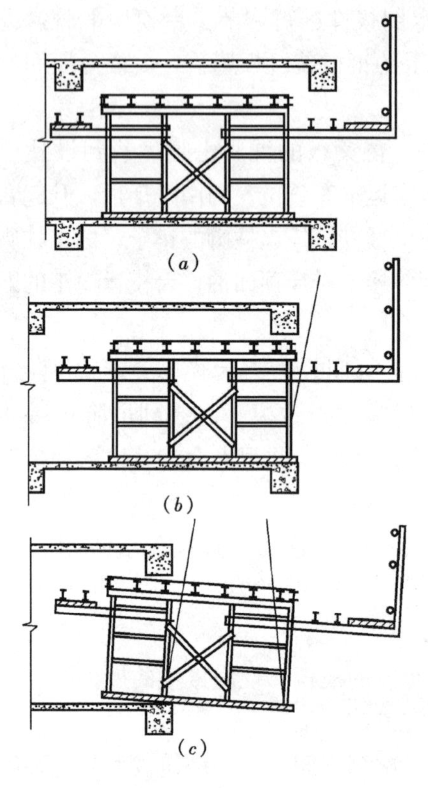

图 4-23　台模吊出过程

(a) 台模下落脱模；(b) 向外滚动；(c) 吊出并转移至上一楼层

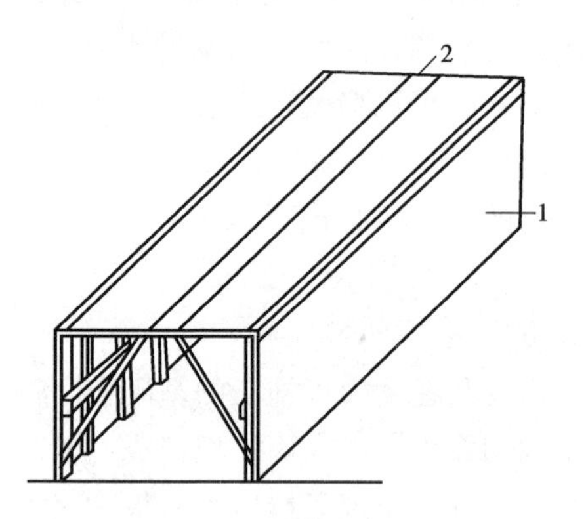

图 4-24　双拼式隧道模

1—半隧道模；2—插入板

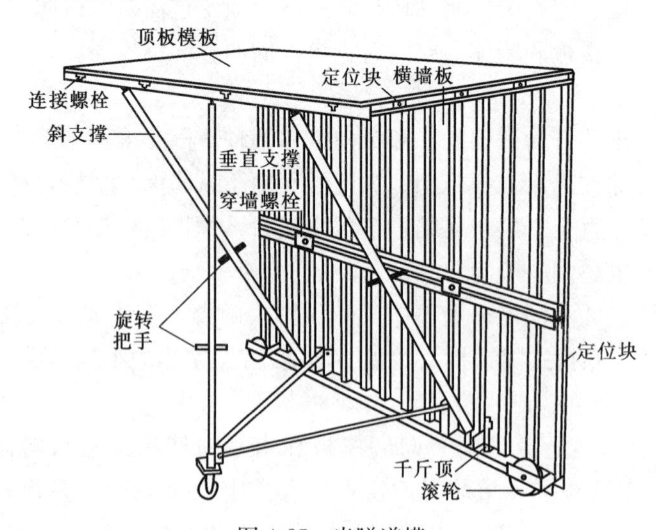

图 4-25　半隧道模

双拼式隧道模两个半边的宽度可以相同，也可以不同。如一个半边（角模）的宽度

为 a，另一个半边（角模）的宽度为 b，再加一块板宽为 c 的插入板，则可组合成：$a+a$，$a+b$，$a+c+a$，$a+c+b$，$b+b$，$b+c+b$ 六种开间尺寸。我国使用的钢框胶合板双拼式隧道模，开间尺寸的模数为 30cm 进位。用这些模板组成的房间的开间尺寸为 210cm、240cm、270cm、300cm……600cm、630cm、660cm 等。模板的进深尺寸的模数为 60cm 进位，配板尺寸有 60cm、120cm、240cm、480cm 等，最大可组成 1200cm 进深尺寸。层高可根据需要制作。

用隧道模施工时，先在楼板面上浇筑导墙（实际上导墙是与楼板同时浇筑的），在导墙上根据标高进行弹线，隧道模沿导墙就位，绑扎墙内钢筋和安装门洞、管道，根据弹线调整模板的高度，以保证板面水平，随后楼面绑扎钢筋，安装堵头模板，浇筑墙面和楼面混凝土。混凝土浇筑完毕，待楼板混凝土强度达到设计强度的 75%以上，墙体混凝土达到 25%以上时拆模。一般加温养护 12～36h 后可以达到拆模强度。混凝土达到拆模强度以后，双拼式隧道模板通过松动两个千斤顶，在模板自重作用下，隧道模下降到三个轮子碰到楼板面为止。然后用专用牵引工具将隧道模拖出，进入挑出墙面的挑平台上，用塔式起重机吊运至需要的地段，再进行下一循环。脱模过程如图 4-26 所示。

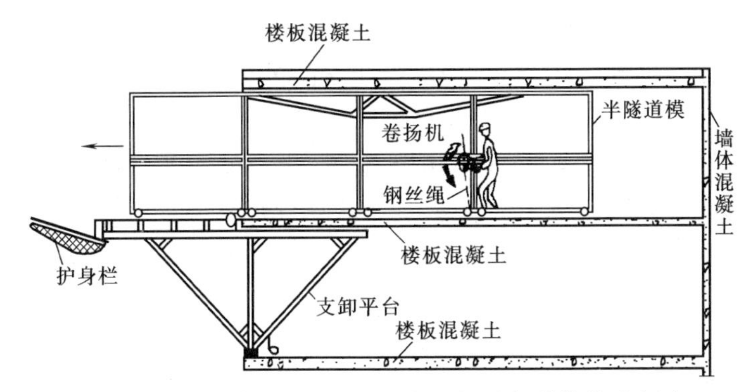

图 4-26 隧道模采用卷扬机和钢丝绳进行脱模的示意图

4. 永久性模板

永久性模板，又称一次性消耗模板，即在现浇混凝土结构浇筑后模板不再拆除，其中有的模板与现浇结构叠合后组合成共同受力构件。该模板多用于现浇钢筋混凝土楼（顶）板工程中。永久性模板的最大特点是：简化了现浇钢筋混凝土结构的模板支拆工艺，使模板的支拆工作量大大减少，从而改善了劳动条件，节约了模板支拆用工，加快了施工进度。

永久性模板分两类，一类是各种配筋的混凝土薄板，包括预应力混凝土薄板、双钢筋混凝土薄板和冷轧扭钢筋混凝土薄板；另一类是压型钢板模板，主要应用于钢结构高层建筑。本节介绍预应力混凝土薄板作永久性模板的施工工艺。

预应力混凝土薄板叠合楼板，是由预制的预应力混凝土薄板和现浇的钢筋混凝土叠合层组成的楼板结构，其跨中钢筋即为设置在薄板中的预应力高强钢丝，支座负弯矩钢筋则设置在叠合层内。施工时预应力混凝土薄板作为永久性模板，浇筑混凝土叠合层后，即形成整体的连续楼板。

预应力混凝土薄板叠合楼板有较好的整体性和抗震性能，特别适用于高层建筑和大开间房屋的楼板，预应力混凝土薄板作为永久性模板，板底平整，减少了现场混凝土浇筑量；顶棚可不做抹灰，也减少了装饰工程的湿作业量；预应力混凝土薄板的钢丝保护层较厚，有较好的防火性能。

整个叠合板的厚度随跨度大小而不同，一般 10～15cm。其中薄板部分厚度为5～8cm。叠合板内的配筋可以是双向的，也可以是单向的。

（1）预应力混凝土薄板制作

预应力混凝土薄板可以用钢模制作，也可以在长线台座上生产，但台面必须有较好的平整度。薄板的表面处理是一道重要工序，它可以提高薄板与叠合层结合面的抗剪强度。常用的处理方法有：

1）划毛。待混凝土振捣密实并刮平后，用工具对表面进行划毛。划毛时纵横间距以 150mm 为宜，且粗糙面的凹凸差不宜少于 6mm，划毛时不能影响混凝土的密实度。

2）刻凹槽。待混凝土振捣并刮平后，用简易设备在表面进行压痕，凹槽呈梅花形布置，凹槽长宽各 5cm，深 6～10mm，间距 15～20cm。

3）预留结合钢筋。结合钢筋有格构式、螺旋式、波浪式等多种形状，我国常用的为点焊网片弯折成 V 字形的钢筋骨架，加工简单，定位方便，结合效果亦好。

薄板的底面必须光滑，吊环应严格按设计位置放置，并必须锚固在主筋下面。制作时，应对尺寸偏差、表面状态、结合钢筋位置、钢丝外伸长度、钢丝张拉应力、预应力损失、放张时钢丝回缩和混凝土强度等加强检测，以保证薄板的质量。

预应力混凝土薄板的混凝土强度大于 70％设计强度时，才允许放松预应力钢丝、起吊和堆放。薄板起吊时不能随意减少吊点，要求四点均匀受力。薄板的刚度较小，堆放时垫木应靠近吊环，并应有足够长度和宽度，以保护吊环和结合钢筋，堆放场地应坚实稳固，避免沉陷，堆放高度不得超过 10 层。

薄板堆放挠度与堆放时间有关，因此，薄板存放时间不应大于 2～3 个月。长期存放将使变形增大并发展成为永久变形。因此，构件厂应配合工程施工进度做到配套均衡生产。

（2）预应力混凝土薄板安装和叠合层的浇筑

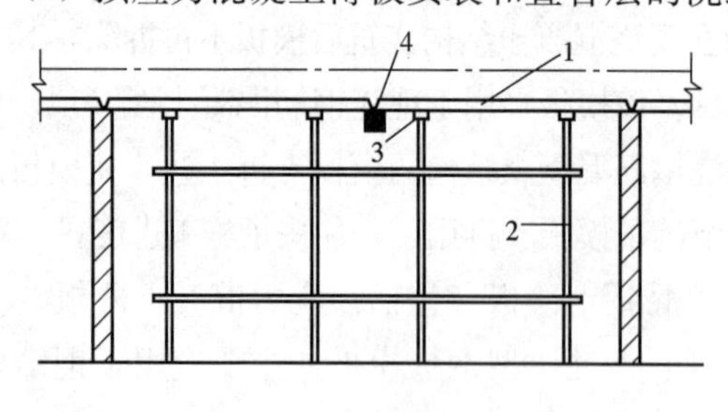

图 4-27　预制薄板临时支撑

1—预制薄板；2—临时支撑；3—横楞；4—板缝模板

薄板安装前，应对安放板的梁和剪力墙顶面标高进行认真检查，如表面不平要设法调平。安装前还要设置好支撑体系（图 4-27）。各层的立柱宜设置在同一竖直线上，以免叠合板受上层立柱冲切。

吊装薄板时，吊点要符合设计要求，吊索受力要均匀，吊索与水平面夹角应大于 45°，用铁扁担吊具则更好。薄板的支座搁置长度一般为 20±5mm，拼缝宽度一般为 4cm。支座负弯矩钢筋，除用人工绑扎外，还可预制成钢筋网片，用人工安放和固定。

浇筑叠合层混凝土前要安装好板缝模板，将薄板表面清扫干净，最好用压缩空气吹净，并用水冲洗，使薄板表面充分湿润，以保证薄板与叠合层的粘结力和共同工作。

浇筑叠合层时，混凝土布料要均匀，以免荷载集中，施工荷载不能超过规定的数值。振捣要密实。待现浇混凝土的强度大于70%设计强度时，才允许拆除薄板下的支撑。

4.2.2 钢筋连接技术

现浇钢筋混凝土结构施工中的钢筋连接，除采用一般传统方法施工外，主要是竖向大直径钢筋的连接必须适应高层建筑发展的需要，不应再采用传统的搭接绑扎和手工电弧焊连接方法。因为，前者不利于抗震，后者电焊量大、钢材耗用多、劳动强度大，且给混凝土浇筑带来困难。目前高层建筑施工现场钢筋连接主要采用电渣压力焊、气压焊、挤压连接等，这些连接方法效率高、省钢材、质量稳定。

1. 电渣压力焊（接触电渣焊）

钢筋电渣压力焊工艺为我国首创，属于熔化压力焊范畴，是将两钢筋安放成竖向对接形式，利用焊接电流通过两钢筋端面间隙，在焊剂层下形成电弧过程和电渣过程，产生电弧热和电阻热，熔化钢筋，加压完成的一种压焊方法。

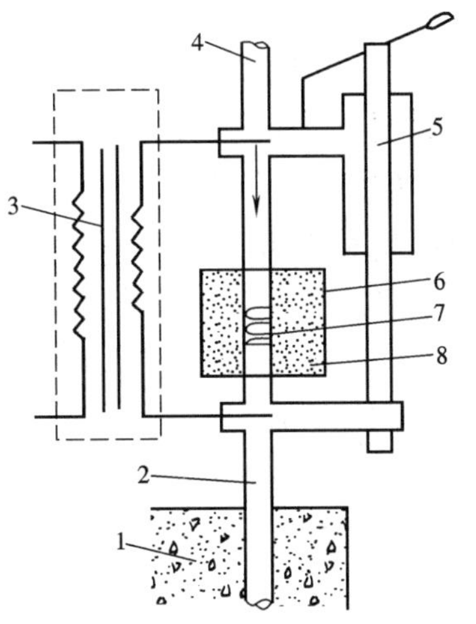

图 4-28 竖向钢筋电渣压力焊原理示意

1—混凝土；2—下钢筋；3—焊接电源；4—上钢筋；5—焊接夹具；6—焊剂盒；7—钢丝球；8—焊剂

（1）焊接原理及工艺过程

焊接原理如图4-28所示。工艺过程为：首先在钢筋端面之间引燃电弧，电弧周围焊剂熔化形成空穴，随后在监视焊接电压的情况下，进行“电弧过程”的延时，利用电弧热量，一方面使电弧周围的焊剂不断熔化，以形成必要深度的渣池；另一方面使钢筋端面逐渐烧平，为获得优良接头创造条件。接着，将上钢筋端部插入渣池中，电弧熄灭，进行“电渣过程”的延时，利用电阻热能使钢筋全断面熔化并形成有利于保证焊接质量的端面形状。最后，在断电的同时，迅速进行挤压，排除全部熔液和熔化金属，完成整个焊接过程（图4-29）。

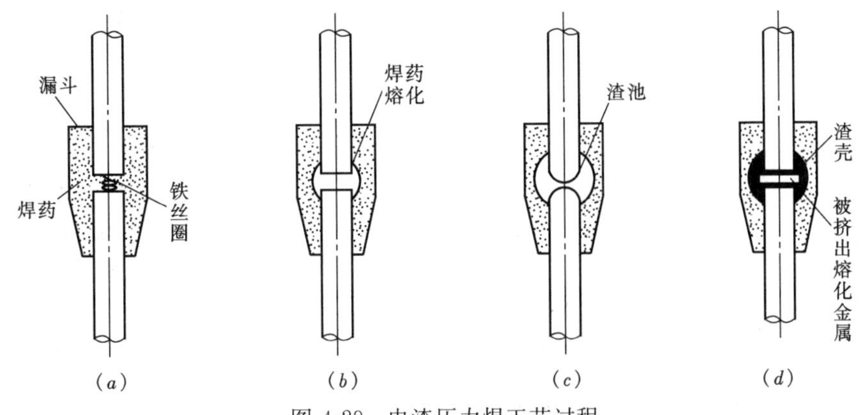

图 4-29 电渣压力焊工艺过程

(a) 电弧引燃过程；(b) 造渣过程；(c) 电渣过程；(d) 挤压过程

电渣压力焊适用于现浇钢筋混凝土结构中竖向或斜向（倾斜度在 4∶1 范围内）HPB235、HRB335 级钢筋的连接，也可用于 HRB400 钢筋连接，直径为 14～40mm。由于其工艺特点，所焊钢筋不得在竖向焊接后，再横置用于水平结构中作水平连接钢筋用。

（2）焊接质量检验

外观检验：焊接接头焊包均匀，不得有裂纹，钢筋表面无明显烧伤缺陷；轴线偏移不大于 0.1d，且不大于 2mm，接头处弯折不得大于 4°；

强度检验：每一层楼，以 300 个同类型接头（同钢筋级别、同钢筋直径）为一批；不足 300 个时，仍作为一批，切取三个试件，进行拉伸试验。三个试件的抗拉强度均不得低于该级别钢筋规定的数值，若有一个试件低于规定的数值，则应取双倍数量试件复试。若仍有一个试件不合格，则该批接头为不合格品。

（3）注意事项

1）按《钢筋焊接及验收规程》规定，电渣压力焊虽然可以焊接 HRB400 钢筋，但对于 25MnSi 钢筋焊接仍比较困难。另外，对于轧后余热处理钢筋（即水淬强化钢筋），也不宜采用电渣压力焊。因为，电渣压力焊的高温延续时间较长，接头区域会产生软化现象而导致钢筋的强度有所下降。

2）施工安全。主要是防触电和防烫伤，特别是高压电缆敷设在施工操作面上，因此应采取有效的预防保护措施，并应严格执行安全操作规程。

2. 气压焊接

钢筋气压焊接是采用氧乙炔火焰或其他火焰作为热源，加热烘烤两钢筋的接缝处，使其达到热塑或熔化状态，同时施加 30～40N/mm^2 的压力，使钢筋顶锻在一起的焊接方法。

钢筋气压焊有敞开式和闭式两种。前者是将两根钢筋端面稍加离开，加热到熔化温度，加压完成的一种方法，属熔化压力焊；后者是将两根钢筋端面紧密闭合，加热到 1200～1250℃，加压完成的一种方法，属固态压力焊。目前，常用的方法为闭式气压焊。这种焊接的机理是在还原性气体的保护下，钢筋发生塑性流变后相互紧密接触，促使端面金属晶体相互扩散渗透，再结晶、再排列，形成牢固的对焊接头。

这项工艺不仅适用于竖向钢筋的连接，也适用于各种方向布置的钢筋连接。适用范围为热轧Ⅰ、Ⅱ级钢筋。其直径为 ϕ14～ϕ40。当不同直径钢筋焊接时，两钢筋直径差不得大于 7mm。另外，热轧Ⅲ级钢筋中的 20MnSiV、20MnTi 亦可适用，但不包括含碳量、含硅量较高的 25MnSi。

（1）焊接设备

钢筋气压焊设备主要包括氧气和乙炔供气装置、加热器、加压器及钢筋卡具等（图 4-30）。辅助设备有用于切割钢筋的砂轮锯、磨平钢筋端头的角向磨光机等。

供气装置包括：氧气瓶、乙炔气瓶（或液化石油气）、回火防止器、减压器、胶皮管等。

加热器由混合气管和多嘴环管加热器（多嘴环管焊炬）组成。为使钢筋接头处能均

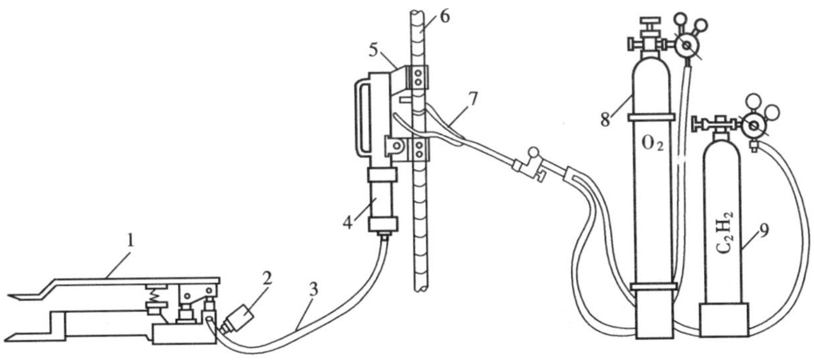

图4-30 钢筋气压焊设备工作示意图

1—脚踏液压泵；2—压力表；3—液压胶管；4—油缸；5—钢筋卡具；
6—被焊接钢筋；7—多嘴环管加热器；8—氧气瓶；9—乙炔瓶

匀加热，多嘴环管加热器设计成环状钳形，并要求多束火焰燃烧均匀，调整方便。

加压器由液压泵、液压表、液压油管和顶压油缸四部分组成。作为压力源，通过连接夹具对钢筋进行顶锻。液压泵有手动式、脚踏式和电动式三种。

钢筋卡具（或称钢筋夹具）由可动和固定卡子组成，用于卡紧、调整和压接钢筋用。

（2）焊接工艺

施焊时，将两根待压接的钢筋固定在钢筋卡具上，并施加5～10N/mm^{2}初压力。然后将多嘴环管焊炬的火口对准钢筋接缝处加热，当加热钢筋端部至1150～3000℃，表面呈炽白色时，边加热边加压，达到30～40N/mm^2。直至接缝处隆起直径为钢筋直径的1.4～1.6倍，变形长度为钢筋直径的1.2～1.5倍的鼓包，其形状为平滑的圆球形。待钢筋加热部分火红消失后即可解除钢筋卡具。

（3）质量要求

压接部位一般在柱净高的中间1/3处。同截面的压接点数量不超过全部接头的1/2，压接点错开距离不小于500mm。

焊接接头必须外观检查，项目包括：压焊区偏心量、弯折角、镦粗区最大直径和长度、压焊面偏离量、横向裂纹和纵向裂纹最大宽度七项。

每层300个接头为一批，不足300个接头的也作为一批。试件从每批接头中随机切取3个接头做拉伸试验；在梁、板水平钢筋连接中，应另切取1个接头做弯曲试验。拉伸试验试件长度宜为$8d$+200mm，3个试件的抗拉强度均不得低于该级别钢筋规定的抗拉强度值，且拉伸断裂应在焊缝外，呈塑性断裂。若有一个试件不符合要求，应取双倍试件复试，如仍有试件不符合要求，则该批接头为不合格，需切除重新焊接。

（4）安全注意事项

施工现场乙炔、氧气和火钳三者的距离不得小于10m，同一地点有两个以上乙炔瓶时，相距也不得小于10m，否则要隔离。每个乙炔、氧气瓶的减压器只允许装一把加热焊炬；乙炔和氧气瓶要直立，不得曝晒。氧气瓶平放时，瓶嘴要垫高。压接作业区要设防火器材，但禁止用四氯化碳灭火器。

3．钢筋机械连接

钢筋机械连接能加快施工速度，安全适用。对不能明火作业的施工现场，以及一些对施工防火有特殊要求的建筑尤为适用。特别是一些可焊性差的进口钢材，采用机械连接更有必要。

（1）钢筋套筒挤压连接

钢筋套筒挤压连接，又称钢筋压力管接头法，俗称冷接头。即用钢套筒将两根待连接的钢筋套在一起，采用挤压机将套筒挤压变形，使它紧密地咬住变形钢筋，以此实现两根钢筋的连接。钢筋的轴向力，主要通过变形的套筒与变形钢筋的紧固力传送。这种连接工艺适用于钢筋的竖向连接、横向连接、环形连接及其他朝向的连接。

目前钢筋挤压连接技术主要有钢筋径向挤压法：

钢筋套筒径向挤压连接(图 4-31)，适用于直径 16～40mm 的Ⅱ、Ⅲ级带肋钢筋的连接。包括同径和异径（当套筒两端外径和壁厚相同时，被连接钢筋的直径相差不应大于 5mm）钢筋。

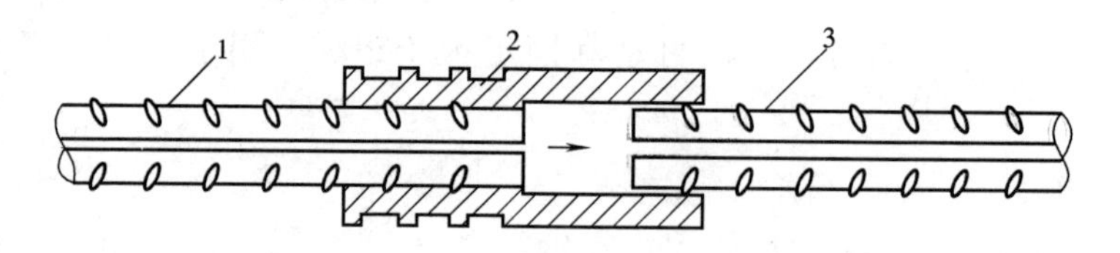

图 4-31　钢筋套筒径向挤压连接

1—已挤压的钢筋；2—钢套筒；3—未挤压的钢筋

（A）材料与设备

（*a*）钢套筒。钢套筒的材料应采用热轧无缝钢管或由圆钢车削加工而成，材质应为强度适中、延性好的普通碳素钢，设计屈服承载力和极限承载力应比钢筋的标准屈服承载力和极限承载力大 10%。尺寸与标志如图 4-32 所示。

（*b*）设备。主要由挤压机、超高压泵站、平衡器、吊挂小车及划标志用工具和检查压痕卡板等组成（图 4-33）。

（*B*）挤压连接工艺。将钢筋套入钢套筒内，使钢套筒端面与钢筋伸入位置标记线对齐，按照钢套筒压痕位置标记，对正压模位置，并使压模运动方向与钢筋两纵肋所在的平面相垂直，即保证最大压接面能在钢筋的横肋上，即可开始压接。

为了减少高空作业难度，加快施工速度，可以先在地面预压接半个钢筋接头，然后集装吊运到作业区，完成另半个钢筋接头（图 4-34）。

压痕一般由各生产厂家根据各自设备、压模刃口的尺寸和形状，通过在其所售钢套筒上喷上挤压道数标志，或出厂技术文件中确定。凡属压痕道数只在出厂技术文件中确定的，应在施工现场按出厂技术文件涂刷压痕标记，压痕宽度为 12mm（允许偏差 ±1mm），压痕间距 4mm（允许偏差 ±1.5mm）。压痕分布要均匀，压痕深度不够时，

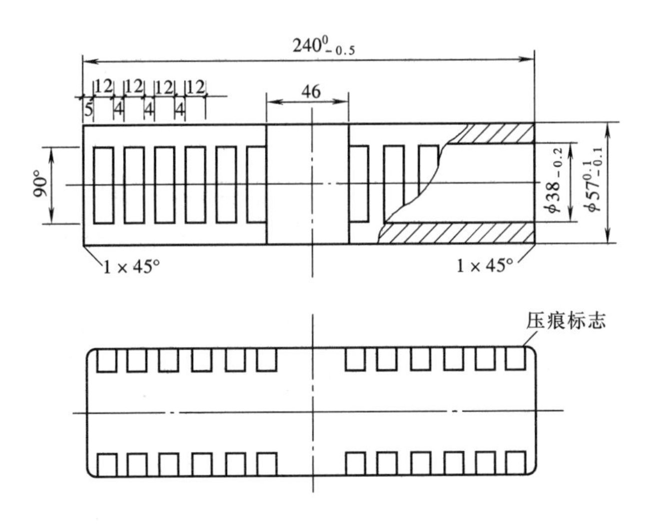

图 4-32　钢套筒（G32）的尺寸及压接标志

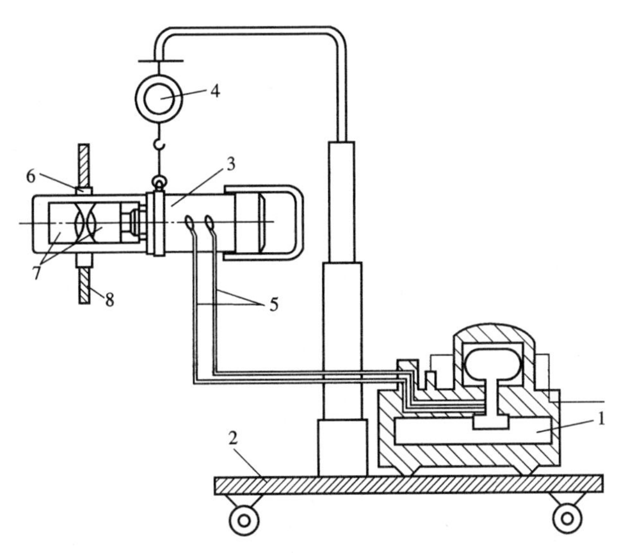

图 4-33　钢筋径向挤压连接设备

1—超高压泵站；2—吊挂小车；3—挤压机；4—平衡器；
5—超高压软管；6—套筒；7—模具；8—钢筋

应补压到要求深度；凡超过深度要求的接头，应切除重新挤压。

压接应正确掌握的工艺参数有三个：

(*a*) 压接顺序。从中间逐步向外压接，这样可以节省套筒材料约 10%；

(*b*) 压接力。压接力大小以套筒金属与钢筋紧密挤压在一起为好。压接力过大，将使套筒过度变形，导致接头强度降低（即拉伸时在套筒压痕处破坏）；压接力过小则接头强度或残余变形量不能满足要求。

(*c*) 压接道数。它直接关系到钢筋连接的质量和施工速度。道数过多施工速度慢；过少则接头性能特别是残余变形量不能满足要求。压接道数与挤压机型号有关，一般

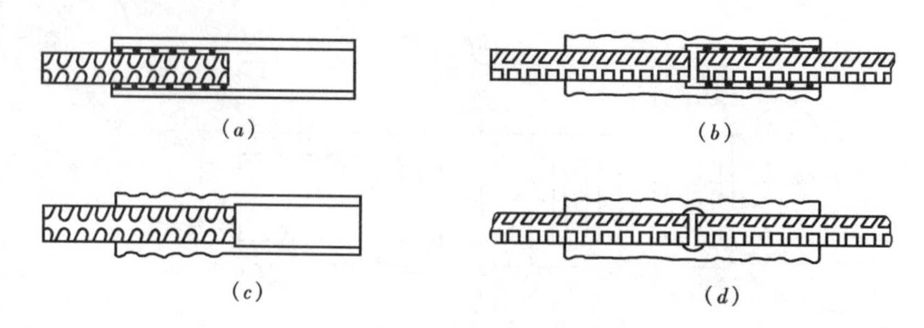

图 4-34 预压半个钢筋接头工序示意

(a) 把下好料的钢筋插到套管中央；(b) 放入挤压机内，完成已插入钢筋的半边的压接；
(c) 把已预压半个钢筋的套筒插到待接钢筋上；(d) 压接另一半套筒

ϕ20～ϕ25 的钢筋挤压 3～4 道，ϕ25～ϕ36 的钢筋挤压 5～7 道，ϕ40 的钢筋挤压 8 道。

(C) 质量要求及验收。钢筋伸入套筒内标记线，必须在规定范围内，标记线离钢套筒端面距离应≤5mm。

挤压接头的现场检验按验收批进行。同一施工条件下采用同一批材料的同等级、同型式、同规格接头，以不超过 500 个为一个验收批。每一验收批中随机抽取 10%的挤压接头作外观质量检验，如外观质量不合格数少于抽检数的 10%，则该批挤压接头外观质量评为合格。当不合格数超过抽检数的 10%时，应对该批挤压接头逐个进行复检，对外观不合格的挤压接头采取补救措施，不能补救的挤压接头应作标记。在外观不合格的接头中抽取 6 个试件作抗拉强度试验，若有 1 个试件的抗拉强度低于规定值，则该批外观不合格的挤压接头应会同设计单位商定处理，并记录存档。

(2) 螺纹套筒连接

螺纹套筒连接是将两根待接钢筋端头用套丝机做出外螺纹，然后用带内螺纹的连接套筒将钢筋两端拧紧的连接方法（图 4-35）。适用于钢筋直径 16～40mm 的 HRB335、HRB400 级钢筋的连接。

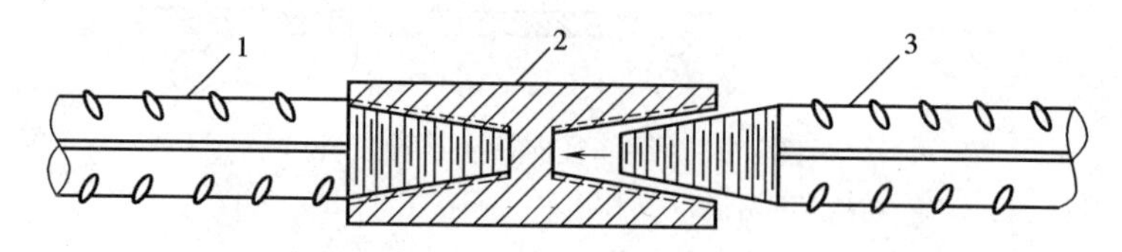

图 4-35 锥螺纹钢筋连接

1—已连接的钢筋；2—锥螺纹连接套筒；3—未连接的钢筋

螺纹套筒连接法具有接头可靠、操作简单、不用电源、全天候施工、对中性好、施工速度快等优点，可连接各种钢筋，不受钢筋种类、含碳量的限制。接头的价格适中，成本低于冷挤压套筒接头，高于电渣压力焊和气压焊接头。

1) 材料与设备

(A) 钢套筒。其材质性能必须与被连接钢筋的性能相匹配。

(B) 套丝机。用于加工钢筋和钢套筒连接端的锥形螺纹，型号为 SZ-50A。

(*C*) 量规。包括牙形规、卡规和塞规。牙形规是检查锥螺纹牙形加工质量的量规；卡规是检查锥螺纹小端直径的量规；塞规是检查锥螺纹钢套筒加工质量的量规。

(*D*) 扭力扳手。是保证钢筋连接质量的测力扳手。它可以按钢筋直径大小规定的力矩值，把钢筋与连接套拧紧，并发出声响信号。

2) 连接工艺

(*A*) 钢筋下料和套丝。钢筋下料可用钢筋切断机或砂轮锯，但不得用气割下料。钢筋下料时要求钢筋端面垂直于钢筋轴线，端头不得挠曲或出现马蹄形。

钢筋在套制锥形螺纹丝扣以前，必须对钢筋规格及外观进行检验，如发现钢筋端头500mm 范围内混有焊接接头，或端头是气割切断的钢筋，必须用无齿锯切掉。钢筋端头如微有翘曲，必须先进行调直处理后方可套丝。套丝时，必须用水溶性切削冷却润滑液，不得用机油润滑，也不得不加润滑液套丝。

钢筋套丝可以在施工现场或钢筋加工厂进行预制。对于大直径钢筋要分次车削到规定的尺寸，以保证丝扣精度。

检验合格的钢筋丝头，可用与钢筋规格相同的塑料保护帽（套）拧上，以防止灰浆、油污等杂物的污染。也可在钢筋的一端拧上塑料保护套，另一端装上带塑料密封盖的钢套筒连接套，存放待用。

(*B*) 螺纹连接套筒的加工。连接套筒在加工前，必须对其材质进行必要的化验分析。加工完成的连接套，应在其表面作出所连接的钢筋直径的明显标记。检验合格的连接套筒，应用相应规格的锥形塑料密封盖，将套筒两端锥孔封严，防止进入杂物及受潮锈蚀。也可一端与相应规格的锥螺纹钢筋按规定的力矩值拧紧待用。

(*C*) 钢筋连接。连接钢筋之前，先回收钢筋待连接端的塑料保护帽和连接套上的密封盖，并检查钢筋规格是否与连接套规格相同；检查锥形螺纹丝扣是否完好无损、清洁。发现杂物或锈蚀，可用铁刷清除干净。

连接钢筋时，把已拧好连接套的一头钢筋拧到被连接的钢筋上，并用扭力扳手按规定的力矩值把钢筋接头拧紧，直到扭力扳手在调定的力矩值发出响声为止，并随手画上油漆标记，以防止漏拧。

3) 质量检验与验收。钢筋套丝的质量，必须由操作工人逐个用牙形规和卡规进行检查（图 4-36*a*、图 4-36*b*），钢筋的牙形必须与牙形规相吻合，其小端直径必须在卡规的允许误差范围之内。不合格的丝头要切掉重新加工。套筒加工后，也应采用锥形螺纹塞规检查其加工质量（图 4-36*c*），当连接套边缘在锥形螺纹塞规缺口范围内时，连接套为合格品。

接头的现场检验按验收批进行。同一施工条件下的同一批材料的同等级、同规格接头，以 500 个为一个验收批进行检验与验收，不足 500 个也作为一个验收批。每一验收批，应在工程结构中随机截取 3 个试件做单向拉伸试验，按设计要求的接头性能等级进行检验与评定。

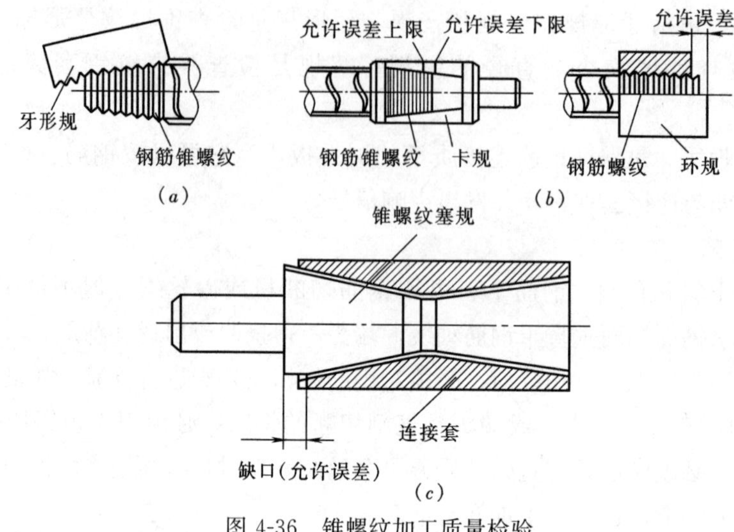

图 4-36　锥螺纹加工质量检验

4.2.3 泵送混凝土与高强混凝土技术

1. 泵送混凝土

高层建筑现浇混凝土施工的特点之一是混凝土量大，据统计混凝土垂直运输量约占总垂直运输量的75%左右。因此，正确地选用混凝土的垂直运输方法显得尤为重要。而泵送混凝土能一次连续完成水平和垂直运输，配以布料设备还可进行浇筑，具有效率高、省劳力、费用低的特点，尤其在高层和超高层建筑混凝土结构施工中应用，更能显示它的优越性。

(1) 原材料的选用

采用泵送混凝土施工，要求混凝土具有可泵性，即要具有一定的流动性及和易性，不易分离，否则在泵送中易产生堵塞。因此，对混凝土材料的品种、规格、用量、配合比均有一定的要求。

1) 水泥。一般保水性好、泌水性小的水泥都可用于泵送混凝土。矿渣水泥由于保水性差、泌水性大，使用时要采取提高砂率和掺加粉煤灰等相应的措施。水泥用量要根据结构设计的强度要求决定，为了保证混凝土的可泵性，我国现行《混凝土结构工程施工质量验收规范》(GB 50204—2002) 规定，最小水泥用量宜为300kg/m³。

2) 粗骨料。粗骨料的级配、粒径和形状对混凝土拌合物的可泵性影响很大、级配良好的粗骨料，空隙率小，对节约砂浆和增加混凝土的密实度起很大作用。

由于我国的骨料级配不完全符合混凝土要求的级配曲线，所以，在使用时可根据砂石供应情况测定其级配曲线，必要时，可把不同粒径的骨料合理掺合，以改善其级配。

粗骨料除级配应符合规程的规定之外，对其最大粒径亦有要求，即粗骨料的最大粒径与混凝土输送管径之比要控制在一定数值之内。一般的要求是：当泵送高度为50m以下时，碎石的最大粒径与输送管内径之比，宜小于或等于1∶3；卵石则宜小于或等于1∶2.5；泵送高度为50～100m时，宜1∶3～1∶4；泵送高度大于100m，宜为

1：4～1：5。针片状含量不宜大于10%。

3）细骨料。细骨料对混凝土拌合物可泵性的影响比粗骨料大得多。混凝土拌合物所以能在输送管中顺利流动，是由于砂浆润滑管壁和粗骨料悬浮在砂浆中的缘故，因而要求细骨料有良好的级配。现行《混凝土泵送施工技术规程》规定泵送混凝土宜采用中砂。

4）外掺剂

（*A*）减水剂。减水剂是指掺入混凝土拌合物以后，能够在保持混凝土工作性能相同的情况下，显著地降低混凝土水灰比的外加剂。常温施工一般采用木质素磺酸钙，掺入后一般可达到下列技术经济效果：

（*a*）在保持坍落度不变的情况下，可使混凝土的单位用水量减少10%～15%，抗压强度提高10%～20%；

（*b*）在保持用水量和水灰比不变的情况下，坍落度可增大10～20cm；

（*c*）在保持混凝土的抗压强度和坍落度不变的情况下，可节约水泥10%。

此外，掺入木质素磺酸钙后，混凝土的泌水性较不掺的下降2/3左右，这对泵送混凝土很重要。此外，还能延缓水泥的凝结，使水泥水化热的释放速度明显延缓，这对泵送大体积混凝土十分重要。

木质素磺酸钙的掺量。一般为水泥重量的0.2%～0.3%（粉剂）。当低温时宜掺0.2%，高温时掺0.3%，一般气温掺0.25%左右为最佳。

冬期施工可采用早强型、早强抗冻型等外加剂，一般对混凝土有流化、早强、抗离析、防泌水、微膨、抗锈蚀等作用，可提高坍落度6～7cm。

夏季施工，大气温度在35℃以上时，可选用载体流化剂，这样可以大大减缓坍落度损失的速度，保持较好的流动性和可泵性。

（*B*）外掺合料。主要是粉煤灰。可改善混凝土的流态和和易性及砂石间的黏聚力。采用矿渣水泥时，一般可掺加水泥用量的20%，以置换10%的水泥。泵送高度超过100m时，可适当多掺，具体掺量要通过试验确定。实践证明，在泵送混凝土中同时掺加外加剂和粉煤灰（简称“双掺”）时对提高混凝土拌合物的可泵性十分有利，同时还可节约水泥。

（2）配合比

泵送混凝土配合比设计，应根据混凝土原材料、混凝土运输距离、混凝土泵与混凝土输送管径、泵送距离、气温等具体施工条件进行试配。必要时，应通过试泵送来最后确定泵送混凝土的配合比。

1）坍落度。国家现行标准《混凝土结构工程施工质量验收规范》2011版（GB 50204—2002）规定，泵送混凝土的坍落度宜为8～18cm。

坍落度的大小要视具体情况而定，如管道转弯较多时，坍落度宜适当加大；向上泵送时为防止过大的倒流压力，坍落度不宜过大。《混凝土泵送施工技术规程》规定见表4-2。

泵送混凝土的坍落度　　表4-2

泵送高度（m）	30以下	30～60	60～100	100以上
坍落度（mm）	100～140	140～160	160～180	180～200

当采用预拌混凝土时，混凝土拌合物经过运输，坍落度会有所损失，为了能准确达到入泵时规定的坍落度，在确定预拌混凝土生产出料时的坍落度时，必须考虑上述运输时的坍落度的损失。

2）水灰比。泵送混凝土的最佳水灰比为0.46～0.65。高强混凝土的水灰比还可小一些。

3）砂率。由于泵送混凝土沿输送管输送，输送管除直管外，还有弯管、锥形管和软管，混凝土通过这些管道时要发生形状变化，砂率低的混凝土和易性差，变形困难，不易通过，易产生堵塞。因此泵送混凝土的砂率比非泵送混凝土的砂率要提高约2%～5%。一般可选择40%～45%。《混凝土泵送施工技术规程》规定砂率宜为38%～45%。

4）引气型外加剂。泵送混凝土中适当的含气量可起到润滑作用，对提高和易性和可泵性有利，但含气量过大则会使混凝土强度下降。现行《混凝土泵送施工技术规程》规定掺用引气剂时，泵送混凝土的含气量不宜大于4%。

（3）泵送混凝土的拌制与运送

泵送混凝土必须连续不间断地、均衡地供应，才能保证混凝土泵送施工顺利进行，因此，泵送施工前应周密组织泵送混凝土的供应，确保混凝土连续浇筑。

1）拌制。泵送混凝土宜采用预拌混凝土，在商品混凝土工厂制备，用混凝土搅拌运输车运送至施工现场，这样容易保证质量。

2）运送。泵送混凝土的运送延续时间是要保证混凝土能在初凝之前不产生离析，顺利浇筑，为此对未掺外加剂的混凝土可按表4-3的规定执行；掺外加剂木质素磺酸钙时，宜不超过表4-4中规定的时间；掺加其他外加剂时，可按实际采用的配合比和运输时的气温条件测定混凝土的初凝时间，此时泵送混凝土的运输延续时间，以不超过所测得的混凝土初凝时间的1/2为宜。

未掺外加剂的泵送混凝土运输延续时间　　表4-3

混凝土出机温度（℃）	运输延续时间（min）	混凝土出机温度（℃）	运输延续时间（min）
25～35	50～60	5～25	60～90

掺外加剂木质素磺酸钙时泵送混凝土运输延续时间（min）　　表4-4

混凝土强度等级	气温（℃）	
	≤25	>25
≤C30	120	90
>C30	90	60

（4）混凝土泵送设备的选型、布置和输送管配管设计

1）混凝土泵机的选用及布置

（*A*）泵的选择。主要是根据压送力的情况来决定，其中包括混凝土最大理论排量（m^3/h）、最大混凝土压力（N/mm^2）、最大水平运距和最大垂直运距（m）等，其参数均可从混凝土泵技术性能中查找。

高层和超高层建筑采用泵送混凝土时，应从技术、经济两个方面进行综合考虑两种方案：一种是采用中压泵配低压管接力泵送。其特点是投资较省，管道压力和磨损小，但泵机需上楼和拆运；另一种是采用高压泵配高压管一次泵送，其特点是施工简便，但

必须是在泵机允许输送高度范围内。另外，为了获得工作性能适度的混凝土，在骨料级配、水泥用量、外加剂使用等方面，均需采取必要的措施。

当超高层建筑采用接力泵泵送混凝土时，接力泵的设置位置应使上、下泵的输送能力匹配。设置接力泵的楼面应验算其结构的承载能力，必要时应采取加固措施。

(*B*) 缸径、料斗容量以及喂料高度等参数的选择。混凝土的缸径主要取决于排量及泵送压力。大排量、短输送距离或低扬程时，应选用大直径缸筒；小排量、大输送距离或高扬程时，则应选用小直径缸筒。缸筒直径又与骨料粒径有关，输送碎石混凝土时，缸径应不小于碎石最大粒径的 3.5～4 倍，输送卵石混凝土时，缸径不得小于卵石最大粒径 2.5～3 倍。

混凝土料斗的容量应尽可能大一些。一方面可使料斗内经常保持足够的混凝土，以免吸入空气；另一方面可有利于提高混凝土搅拌运输车的利用率。

混凝土料斗喂料高度必须低于搅拌运输车卸料溜槽出口的离地高度，一般不得高于 1350～1450mm。

2) 混凝土泵的布置。泵机在施工现场的布置，要根据拟建工程的外形，分段流水工程量分布的大小和地形情况来决定。

(*A*) 尽量靠近浇筑地点，以缩短配管长度，并尽可能减少迁移次数。

(*B*) 选定的位置，要使各自承担的输送浇筑量尽量相接近；泵机基础应坚实可靠，无不均匀沉降。

(*C*) 便于搅拌运输车连续运送。

(*D*) 便于泵机清洗。

3) 输送管和配管设计

(*A*) 输送管道的规格、管径的选用。输送管的选用，要根据泵机型号、粗骨料粒径、混凝土排量和输送距离决定。大直径输送管虽具有泵送时压力小、输送距离大、不易发生阻塞等特点，但在排量不足时，混凝土易产生离析，且费用高。通常混凝土排量小于 $25m^3/h$ 和运距不足 200m 者，可选用 ϕ100mm 管径。而垂直运距超过 80m、混凝土排量适中时，管径宜选用 ϕ125mm。大排量、高扬程及骨料级配较差的，宜选用 ϕ150mm。

(*B*) 配管设计。配管设计的原则是满足工程要求，便于混凝土浇筑和管段装拆，尽量缩短管线长度，少用弯管和软管。

泵送混凝土施工，输送管的布置除水平管外，还可能有向上垂直管和弯管、锥形管、软管等，与直管相比，弯管、锥形管、软管的流动阻力大，引起混凝土的压力损失比水平直管大得多。向上垂直管除去存在与水平直管相同的摩阻力外，还需加上管内各类压力损失，管道敷设，对泵送混凝土的效果有很大影响。所以，在施工前应编制管道敷设方案，进行综合比较，择优选取。正确的敷设原则是“路线短、弯道少、接头严密”。正确的配管方法是：泵机出口配管口径，一般取 175mm 逐步过渡到 125mm。泵机出口离垂直管距离，不宜小于泵送高度的 1/3～1/4。敷设此段水平管的目的在于：增大混凝土倒流的阻力、防止由于垂直管混凝土柱重力作用而产生的混凝土倒流、减小分配阀换向阻力，并提高混凝土泵的吸入效率。如受场地限制，不宜在水平面上变换方向时，宜用曲率半径 1m 以上的 90°大弯头。

逆流阀（截止阀）要装在水平管道上，以液压为好，离泵机出口 5m 左右为宜。

管接头必须连接牢靠，管路密封必须保持良好。管路密封不良会导致两种后果：一是水泥浆向管外泄漏，减少了混凝土柱体在管内滑动所需的润滑剂，增大输送阻力；二是水泥浆泄漏，会造成混凝土离析，引发堵管事故。

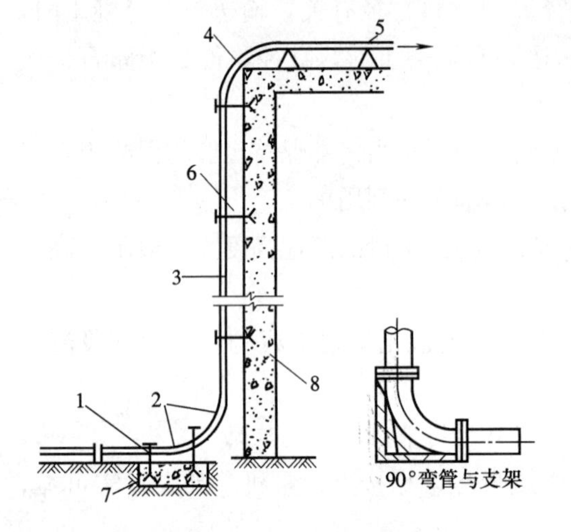

图 4-37　管道敷设示意

1—地面水平管道支架；2—45°弯管；3—直管一段；4—90°弯管（大曲率半径）；5—顶层水平管道支架；6—螺栓埋件紧固；7—管道支架；8—混凝土墙

尽可能避免采用曲率半径小的弯管和长度短的锥形管，弯管与锥管要匹配。弯管以长度 1m 者最为常用。弯管用耐磨铸钢制成，内侧与外侧壁厚不一致。弯管的直径及壁厚必须与直管的直径及壁厚相对应。一般都使用曲率半径为 1m 的弯管，仅在特殊情况下才允许选用曲率半径小的弯管。新管段宜用于压力大的管段处。

弯管应与建筑结构用螺栓固定，或设专用底座，并撑以木楔；弯管外侧极易磨损，所以在施工时应及时检查（图 4-37）。

垂直管段要与建筑结构每 3m 紧固一处，确保无任何颤动和晃动，否则会影响泵送效果。

往基坑浇筑混凝土用的下斜管道的倾角不得大于 7°，在下斜管道端部应接长度为高程差 5 倍的水平管道（图 4-38*a*）。如因地形限制，水平管长度不能满足上述要求时，可增设弯管以增大混凝土下滑阻力。当下斜管道的斜度大于 7°时，应在斜管的管端加装一个排气阀（图 4-38*b*），以排除斜管中的空气，使水泥浆布满整个管壁。

地面水平管段宜用木块支架，不宜固定，以便排除堵管及清洗时拆除；楼面水平管段的布置，要使混凝土浇筑的移动方向与泵送方向相反，以便水平管段的拆除和转移到上一层使用，水平管段只需用木块在楼面上作简单支设，不必采取其他固定措施。

施工楼面的水平管道越短越好，不宜超过 20m。宜在垂直管和水平管的接口处铺一块钢板，作为临时管道拆卸点。

（5）施工要点

1）运输

（*A*）为了保证混凝土能顺利泵送，一般宜用混凝土搅拌运输车进行运输。

（*B*）为了防止由于运输时间过长，混凝土坍落度产生过大变化，影响泵送顺利进行，一般要求混凝土从搅拌后 90min 内泵送完毕，气候较低时可稍加延长。

（*C*）为了防止因混凝土级配改变而引起管路阻塞，搅拌运输车卸料最好有一段搭接时间，即一台尚未卸完，另一台就开始卸料，以保持混凝土级配基本不变。如不能做

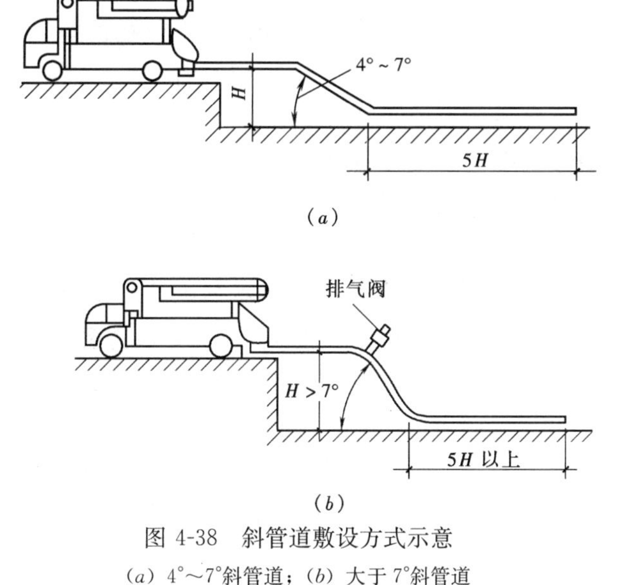

图 4-38　斜管道敷设方式示意
(a) 4°～7°斜管道；(b) 大于 7°斜管道

到，则应在搅拌运输车出料前，高速（12r/min 左右）转动 1min，然后反转出料，以保证混凝土拌合物的均匀性。

(D) 搅拌运输车运送的混凝土拌合料，由于混凝土强度等级不一，在拌筒内的时间长短不一，加上气温条件的变化，到现场出料时，要先低速出一点料，观察混凝土的质量。如大石子夹着水泥浆先流出，说明拌筒内物料已发生沉淀，应立即停止出料，再顺转高速搅拌 2～3min，方可出料。若情况仍未好转，说明发生粘罐。坍落度偏差过大和品质显著改变的混凝土，不得卸入混凝土泵的料斗中。初出料大石子多一些，砂浆少一些的半生料，虽可使用，但也不能直接泵送，要在卸入半生料的同时反泵，抽回一部分泵管中的混凝土到料斗中进行混合后，再进行泵送，如此经过几次循环，即可趋于正常。

(E) 发现粘罐后，要及时清洗。输送车清洗后，要把拌筒内积水放净。粘罐也可能是拌筒内叶片磨损过多所致。一般运送约 10000m^3 后就需进行检查、补焊，以恢复叶片原有的高度及曲面。

2) 泵送

(A) 泵送前，应用水、水泥浆或水泥砂浆润滑泵机和输送管道，以减少泵送阻力。

(B) 泵机料斗上要装一个隔离大石块的筛网，派专人看守，发现大块物料立即拣出。

(C) 泵送宜连续进行，尽量不要停顿。如果不能连续供料时，宁可泵送速度降低，尽量保持连续泵送。料斗中应留有足够的混凝土拌合物，以防吸入空气造成阻塞。

如果需长时间停泵，每隔 4～5min，要使泵正、反转两个冲程。同时开动料斗中的搅拌器，使之搅拌 3～4 转，以防混凝土离析。

停泵时间超过 30～45min，应将混凝土拌合物从泵中和管道中洗除。对高温气候相对坍落度较小的拌合物，更要注意。

(*D*) 泵送时除工作上的失误外，往往由于混凝土级配稍差、布管不够合理、泵送高度逐渐增加等，泵送压力显得不足，混凝土推出较困难，此时属于堵管的前期症候，应立即采取措施，防止堵管。发生堵管时，可做如下处理：

及时返泵排除堵管现象。即把管道内一部分混凝土抽回料斗中，适当搅拌，必要时加少量水泥浆拌和，再恢复泵送，同时，输送车随着返泵后的泵送及时补充混凝土，以解决堵管问题。

如果返泵后再泵送，把原有料泵送完，再补充新料时又堵管，说明堵管已无法排除。只有将管道中的物料返泵倒入料斗，加水泥浆搅拌后再泵，一般故障即可排除。

如经过多次返泵至再泵送仍无效，只有将设置的管道拆卸点拆开，一面清除水平管道内的物料，一面从此点泵送出料，临时用手推车接料布料。

(*E*) 输送管道，在夏季高温时要用湿草袋覆盖，冬季低温也需覆盖保温材料。

(*F*) 泵送作业即将结束时，应提前一段时间停止向混凝土泵料斗内喂料，以便使管道中的混凝土能完全得到利用。

泵送完毕后，必须认真做好泵机清洗工作。清洗前，应按使用说明书中的规定的方法（吸出法、泵出法或吹出法）进行。

3）布料。高层施工时，水平布料机要安放在支撑稳妥的待浇筑的楼面模板上，一端与泵送输送管道接通，另一端接一根软管，可用人力推动作水平布料。

低层施工采用带布料杆的混凝土泵车时，要先把外伸支架固定后，再使用布料杆。整个布料杆伸出后，泵车不允许有任何移动，以防泵车倾翻。

2. 高强混凝土

高强混凝土是指用常规的水泥、砂石作原材料，用常规的制作工艺，主要依靠添加高效减水剂，或同时添加一定数量的活性矿物材料，使拌合物具有良好的工作度，并在硬化后具有高强性能的混凝土。

长期以来，我国采用的现浇混凝土的强度等级一般低于或等于C30，预制构件混凝土的强度等级一般低于或等于C40。因此，通常将C25以下的混凝土称为低强度混凝土，C30～C45之间为中强度混凝土，高强混凝土一般是指强度等级在C50及其以上的混凝土。在高层建筑施工中使用高强混凝土有着重要意义。

（1）高强混凝土的特点

1）节约材料，降低结构自重。由于高强混凝土的抗压强度高，可使构件截面减小，从而节约材料，降低结构自重，增加使用面积。一般混凝土的强度等级由C30提高到C60，对受压构件可节约混凝土30%～40%，对受弯构件可节约混凝土15%～20%。

2）耐久性好。由于高强混凝土的密实性高，因此它的抗渗、抗冻性能均优于普通强度混凝土。

3）变形小。高强混凝土由于具有变形小的特性，使构件的刚度得以提高。这对于预应力构件，减少预应力损失是有利的；对于某些由变形控制截面尺寸的梁板结构，更为重要。

4）需要提高施工管理水平。由于高强混凝土对各种原材料的要求比较严格，且其质量易受生产、运输、浇筑和养护过程中环境因素的影响，如过高的气温、远距离运输以及水泥水化热等，因此，在生产施工的每一环节，都要仔细规划和检查，促使混凝土施工管理水平的提高。

（2）原材料

1）水泥。配制高强混凝土所用的水泥，一般应选用强度等级为 42.5 级（原 525 号）硅酸盐水泥或普通硅酸盐水泥。选择水泥时，首先要考虑其与高效减水剂的相容性，要对所选用的水泥与高效减水剂进行低水灰比水泥净浆的相容性测试。

限制水泥用量应该作为配制高强混凝土的一个重要要求。C60 混凝土的水泥用量不宜超过 $450kg/m^3$，C80 不超过 $480kg/m^3$。成批水泥的质量必须均匀稳定，不得使用高含碱量的水泥（按当量 $R_2O=0.658K_2O+Na_2O$ 计算低于 0.6%），水泥中的铝酸三钙（$3CaO \cdot Al_2O_3$）含量不应超过 8%。

2）骨料。骨料的性能，对配制高强混凝土（抗压强度及弹性模量）均起到决定性作用。

粗骨料——宜选用最大粒径不超过 2.5cm 且质地坚硬、吸水率低的石灰岩、花岗岩、辉绿岩等碎石。石料强度应高于所需混凝土强度的 30%且不小于$100N/mm^2$，粗骨料中的针片状颗粒含量不超过 3%～5%，不得混入风化颗粒，含泥量应低于 1%，宜清洗去除泥土等杂质。

配制高强混凝土，宜用较小粒径粗骨料，主要是颗粒较小的粗骨料比大颗粒更为致密，并能增加与水泥浆的粘结面积，界面受力比较均匀。试验表明，粗骨料最大粒径为 12～15mm 时，能获得最高的混凝土强度，所以配制高强混凝土时，通常将粗骨料最大粒径控制在 20mm 以下。但如岩石质地均匀坚硬，或配制的混凝土强度不是很高，则 20～25mm 的最大粒径也是可以采用的。

试验表明，卵石配制的高强混凝土强度明显地小于碎石配制的混凝土，故一般宜选用碎石。

细骨料——宜选用洁净的天然河砂，其中云母和黏土杂质总含量不超过 2%，必要时需经过清洗。砂子的细度模量宜为 2.7～3.1，若采用中、细砂时，应进行专门试验。

3）高效减水剂。掺加高效减水剂（又称超塑化剂），不仅能降低水灰比，而且使拌合料中的水泥更为分散，使硬化后的空隙率及孔隙分布情况得到进一步改善，从而使强度提高。

目前国际上通用的主要有两大类，即以萘磺酸盐甲醛缩合物为代表的磺化煤焦油系减水剂，国内产品大都属于此类，如 NF、FDN、UNF 等；以三聚氰胺磺酸盐甲醛缩合物为代表的树脂系列减水剂，国内产品有 SM 等，因价格较贵，用得较少。

使用高效减水剂存在的一个主要问题是：拌合料的坍落度损失较快，尤其是气温较高时更为显著。对于采用商品混凝土时，更为不利。因此，新一代高效减水剂中往往混入缓凝剂或某种载体，目的是延迟坍落度的损失，确保混凝土的运输、浇筑、振捣能正常进行。常用的缓凝剂有木质素磺酸盐，它本来是一种普通减水剂，又具有缓凝作用。

高效减水剂的质量应符合《混凝土外加剂质量标准和试验方法》（GB 8076—2008）的要求，当采用复合型高效减水剂时，应有国家正式批准的检测中心（站）的检测证明。

4）掺合料。

粉煤灰——掺粉煤灰等矿物掺合料有助于改善水泥和高效减水剂间的相容性，并可以改善拌合料的工作度，减少泌水和离析现象，有利于泵送。粉煤灰应符合Ⅱ级灰标准，烧失量不大于2%～3%，需水量比不大于95%，SO_3 含量不大于3%，配制掺量一般为水泥用量的15%～30%。

硅粉——硅粉是电炉生产工业硅或硅铁合金的副产品，其平均颗粒直径约为0.1μm的量级，比水泥细2个数量级。用硅粉能配制出强度很高，且早强的混凝土，但必须与减水剂一起使用。硅粉的用量，一般为水泥的5%～10%。

F矿粉——是以天然沸石岩为主要成分，配以少量的其他无机物经磨细而成。沸石岩在我国分布较广，易于开采，成本低廉。F矿粉与水泥水化过程中释放的 $Ca(OH)_2$ 反应，生成C—S—H凝胶物质，能提高水泥石的密实度，使混凝土强度得到发展。F矿粉还能使水泥浆与骨料的结构得到改善。F矿粉的掺量，一般为全部胶结材料重量（水泥加F矿粉）的5%～10%。

水——拌制混凝土的水，宜用饮用水。

配制高强混凝土的各种原材料，当在现场或预拌工厂保管和堆放时，应有严格的管理制度，砂石不应露天堆放，砂子的含水量应保持均匀。

（3）配合比和配制

1）配合比。高强混凝土的配合比应通过试配确定。试配除应满足强度、耐久性、和易性和凝结时间等需要外，尚应考虑到拌制、运输过程和气温环境情况，以及施工条件的差异和变化，按照现行《混凝土结构工程施工质量验收规范》的规定，混凝土的实际强度对设计强度的保证率应超过95%。因此，试配的强度应大于设计要求的强度。当无可靠的历史统计数据时，试配强度可按所需设计强度等级乘以1.15系数。

2）水灰比。高强混凝土（C60）的水灰比，应不大于0.35，并随强度等级提高而降低。拌合料的和易性宜通过掺加高效减水剂和混合材料进行调整。在满足和易性的前提下，尽量减少用水量。

3）砂率。根据大量试验证明，当砂率为0.33时，混凝土强度一般要比砂率为0.4和0.5时高一些。因此，高强混凝土的砂率宜控制在0.28～0.34范围为宜，对泵送混凝土可为0.35～0.37。

4）水。配制高强混凝土，应准确控制用水量，并应仔细测定砂、石中的含水量，从用水量中扣除。配料时宜采用自动称量装置，通过砂子含水量自动检测仪器，自动调整搅拌用水。

5）拌制。拌制高强混凝土应使用强制式搅拌机。搅拌投料顺序按常规做法，外加剂的投放方法应通过试验确定，高效减水剂一般应采取后掺法，即混凝土搅拌1～2min

后掺入。

(4) 浇筑、养护与检验

1) 高强混凝土必须采取高频振捣器振捣。

2) 高强混凝土在浇筑完毕后应在8h以内加以覆盖并浇水养护，或在暴露表面喷、刷养护剂。浇水养护日期，不得少于14昼夜。

3) 高强混凝土的质量检查及验收除按现行《混凝土结构工程施工质量验收规范》的有关规定执行外，还应包括浇筑过程中的坍落度变化情况及凝结时间。

当环境温度与标准养护条件的差距较大时，应同时留取在现场环境条件下养护的对比试块。标准养护的试块宜比普通强度混凝土试块制作量增加1～2倍，以测定早期及后期强度变化。

4.3 现浇钢筋混凝土结构施工

4.3.1 现浇框架结构施工

全现浇框架结构（包括框架—剪力墙）具有结构整体性好、抗震能力强、结构用钢量省等特点，因此是目前高层建筑中采用较多的一种结构形式，但其模板技术较为复杂，现场用工也较多。

1. 模板工程

全现浇框架结构工程施工采用的模板，多以各种组合式模板为主，其中以组合钢模板采用最多。其主要工艺流程为：施工准备工作→钢模板组装和架设→模板的拆除。

(1) 施工准备工作

1) 放线。据施工图纸要求，在基础顶面或楼（地）面上弹出柱模板的内边线和十字中心线，墙模板要弹出模板的内外边线，以便于模板的安装与校正；

2) 标高量测。用水准仪把建筑物水平标高根据模板实际标高的要求，引测到安装模板的位置，以控制支模高度；

3) 轴线竖向投测。每隔3～5条轴线选取一条竖向控制轴线，用以控制模板的竖向垂直度；

4) 找平和设置模板定位基准。为保证模板位置准确和防止模板底部漏浆，模板安装前，常用1∶3水泥砂浆沿模板内边找平。外柱、墙在继续安装模板时，可在下层结构上设置模板承垫条带（图4-39），并用仪器校正其平直。

设置模板定位基准是为保证模板上、下端在浇混凝土时，不致左右移位。模板下端固定，在施工中多用点焊短钢筋为定位基准，根据柱、墙截面尺寸，切割相应长短的短筋，在距楼面100mm处点焊在主筋上，往上每隔1m左右设一道，它既保证模板几何尺寸，也保证模板与钢筋之间保护层厚度的准确性（图 4-40）。模板上端的固定，一般在模板安装后，用缆风绳一端与墙、柱模板顶连接，另一端与地锚连接，通过缆风绳上的紧线器（花篮螺丝）来校正模板的垂直度。施工中应注意在每层现浇梁板的适当位置预埋 $\phi6$～$\phi8$ 钢筋作地锚。

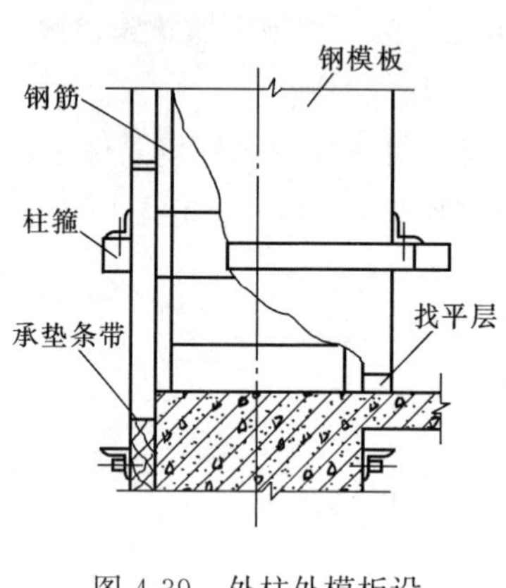

图 4-39　外柱外模板设承垫条带示意图

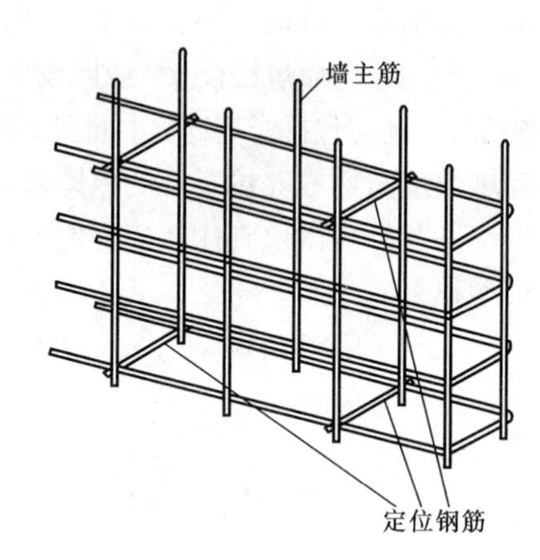

图 4-40　钢筋定位基准示意图

（2）模板的支设

模板的支设方法基本上有两种：即单块就位组拼和预组拼，其中预组拼又可分为分片组拼和整体组拼两种。采用预组拼方法，可以加快施工速度，提高模板的安装质量。但必须具备相适应的吊装设备，有较大的拼装场地，场地平整、坚实。

1）柱模板。单块就位组拼的方法是：先将柱子第一段四面模板就位组拼好，校正调整好对角线，要求模板竖直，位置准确，并用柱箍固定。然后以第一段模板为基准，用同样方法组拼第二段模板，直到柱全高。各段组拼时，其水平接头和竖向接头要同时用 U 形卡正反交替连接，在安装到一定高度时，要进行支撑或拉结，以防倾倒，并用支撑或拉杆上的调节螺栓校正模板的垂直度。

单片预组拼的方法是：将事先预组拼的单片模板，检查其对角线、板边平直度和外形尺寸合格后，吊装就位并作临时支撑；随即进行第二片模板吊装就位，并用 U 形卡与第一片模板组合成 L 形，同时做好支撑。如此再完成第三、四片的模板吊装就位、组拼。模板就位组拼后，随即检查其位移、垂直度、对角线情况，经校正无误后，立即自下而上地安装柱箍。

柱模板全部安装后，再进行一次全面检查，合格后与相邻柱群或四周支架临时拉结固定。

整体预组拼的方法是：在吊装前，要先检查已经整体预组拼的模板上、下口对角线的偏差及连接件、柱箍等的牢固程度，检查钢筋是否有碍柱模的安装，并用钢丝将柱顶钢筋先绑扎在一起，以利于柱模从顶部套入。待整体预组拼模板吊装就位后，立即用 4 根支撑或有花篮螺丝的缆风绳与柱顶四角拉结，并校正其中心线和偏斜，全面检查合格后，再群体固定。

柱模组装后情况如图4-41所示。

2）梁模板

单块就位组拼　复核梁底标高、校正轴线位置无误后，搭设和调平梁模支架（包括安装水平拉杆和剪刀撑），固定钢楞或梁卡具，再在横楞上铺放梁底板，并用钩头螺栓与钢楞固定，拼接角模。然后绑扎梁钢筋，安装并固定两侧模板。有对拉螺栓时插入对拉螺栓，并套上套管。按设计要求起拱（一般跨度大于4m时，起拱0.2%～0.3%）。安装钢楞，拧紧对拉螺栓，调整梁口平直。采用梁卡具时，夹紧梁卡具，扣上梁口卡。

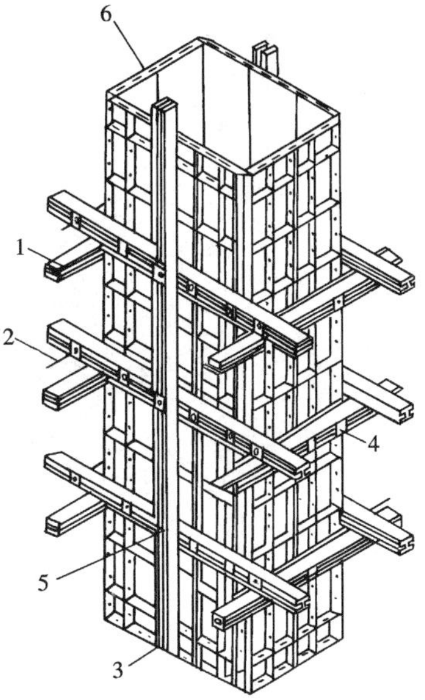

图4-41　柱模板

1—横楞；2—拉杆；3—竖楞；4—钩头螺栓；5—穿柱拉杆；6—模板

单片预组拼　在检查预组拼的梁底模和两侧模板的尺寸、对角线、平整度及钢楞连接以后，先把梁底模吊装就位并与支架固定，再分别吊装两侧模板与底模拼接并设斜撑固定，然后按设计要求起拱。在检查梁模位置、尺寸无误后，再进行钢筋绑扎，卡上梁口卡。

整体预拼　采用支架支模时，在整体梁模板吊装就位并校正后，进行模板底部与支架的固定，侧面用斜撑固定；当采用桁架支模时，可将梁卡具、梁底桁架全部先固定在梁模上。安装就位时，梁模两端准确安放在立柱上。

3）墙模板。墙模板一般都采用预组拼方式。安装时，应边就位、边校正，并随即安装各种连接件、支承件或加设临时支撑。必须待模板支撑稳固后，才能脱钩。当墙面较大，模板需分几块预拼安装时，模板之间应按设计要求增加纵横附加钢楞。当设计无规定时，连接处的钢楞数量和位置应与预组拼模板上的钢楞数量和位置等同。附加钢楞的位置在接缝处两边，与预组拼模板上钢楞的搭接长度，一般为预组拼模板全长（宽）的15%～20%。

相邻模板边肋用U形卡连接的间距，不得大于300mm，预组拼模板接缝处宜满上。U形卡要反正交替安装。

门窗预留洞口模板应有锥度，便于拆除。预留的小型设备孔洞，当遇到钢筋时，应确保钢筋位置正确，不得将钢筋移向一侧。

墙模板的浇筑口（门子板），一般留在浇筑一侧，设置方法与柱模板相同。门子板的水平间距一般为2.5m。墙模板组装情况，如图4-42所示。

4）楼板模板。采用立柱作支架时，从边跨一侧开始逐排安装立柱，并同时安装外钢楞（大龙骨）。立柱和钢楞的间距，通过模板设计计算确定，一般情况下立柱与外钢楞间距为600～1200mm，内钢楞（小龙骨）间距为400～600mm。调平后即可铺设模板。

在模板铺设完标高校正后，立柱之间应加设水平拉杆，其道数根据立柱高度决定。

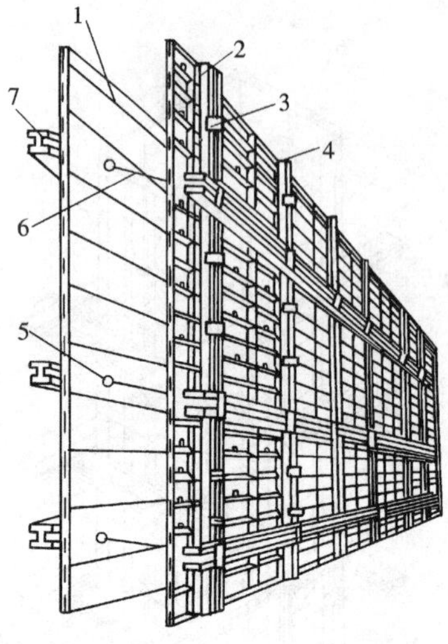

图 4-42　墙模板
1—模板；2—内钢楞；3—扣件；4—U 形卡；5—顶帽；6—穿墙螺栓；7—外钢楞

一般情况下离地面 200～300mm 处设一道，往上纵横方向每隔 1.6m 左右设一道。

采用桁架作支承结构时，一般应预先支好梁、墙模板，然后将桁架按模板设计要求支设在梁侧模板通长的型钢或方木上，调平固定后再铺设模板。

单块就位组拼时，宜以每个节间从四周先用阴角模板与墙、梁模板连接，然后向中央铺设。相邻模板边肋应按设计要求用 U 形卡连接，也可用钩头螺栓与钢楞连接，亦可采用 U 形卡预拼几块再铺设。

预组拼模板块较大时，应加钢楞再吊装，以增加板块的刚度。吊运前应检查模板的尺寸、对角线、平整度以及预埋件和预留孔洞的位置。安装就位后，立即用角模与梁、墙模板连接。

采用钢管脚手架作支撑时，在支柱高度方向每隔 1.2～1.3m 设一道双向水平拉杆。支撑与地面接触处应夯实，并垫通长脚手板，防止下沉。

楼板模板支设情况，如图 4-43 所示。

5）楼梯模板。楼梯模板一般比较复杂，常见的有板式和梁式楼梯，其支模工艺基本相同。

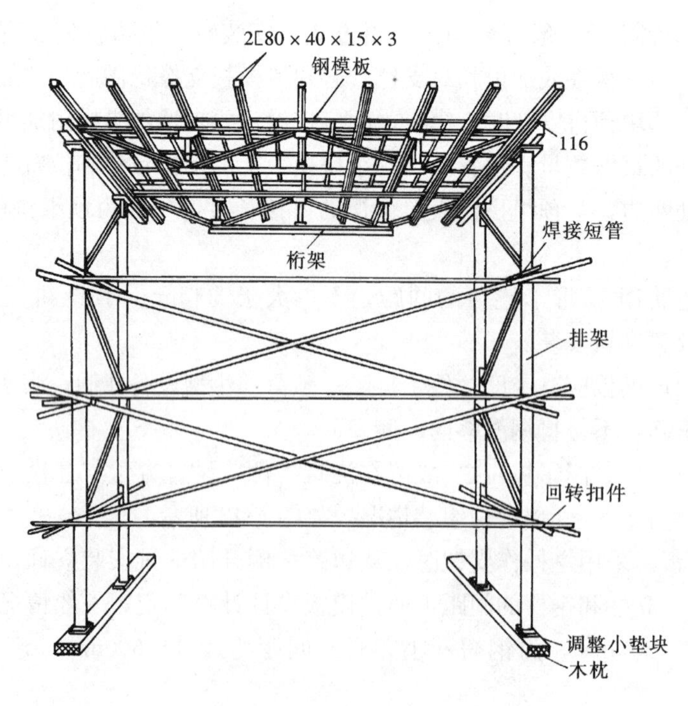

图 4-43　桁架支设楼板模板

施工前应根据实际层高放样，先安装休息平台梁模板，再安装楼梯模板斜楞，然后铺设楼梯底模、安装外帮侧模和踏步模板。安装模板时要特别注意斜向支柱（斜撑）的固定，防止浇筑混凝土时模板移动。

（3）模板安装质量要求

组合钢模板安装完毕后，应按现行《混凝土结构工程施工及验收规范》和《组合钢模板技术规范》的有关规定，进行全面检查，合格验收后方能进行下一道工序。其质量要求如下：

1）组装的模板必须符合施工设计的要求。

2）各种连接件、支承件、加固配件必须安装牢固，无松动现象。模板拼缝要严密。各种预埋件、预留孔洞位置要准确，固定要牢固。

3）预组拼的模板必须符合表4-5要求。

预组拼模板允许偏差　　表4-5

项　　目	允许偏差（mm）	项　　目	允许偏差（mm）
两块模板之间拼接缝隙	≤2.0	组装模板板面的长宽尺寸	+4，−5
相邻模板面的高低差	≤2.0	组装模板对角线长度差值	≤7.0（≤对角线长度的1/1000）
组装模板板面平整度	≤0.4（用2m直尺检查）		

（4）模板的拆除

模板的拆除，除了非承重侧模应以能保证混凝土表面及棱角不受损坏时（大于1N/mm²）可拆除外，承重模板应按现行《混凝土结构工程施工及验收规范》的有关规定执行。

模板拆除的顺序和方法，应按照配板设计的规定进行，遵循先支后拆、后支先拆、先非承重部位和后承重部位以及自上而下的原则。拆模时，严禁用大锤和撬棍硬砸硬撬。

多层楼板模板支架的拆除，应按下列要求进行：上层楼板正在浇筑混凝土时，下层楼板模板的支架不得拆除，再下一层楼板模板的支架，可拆除一部分；跨度大于4m的梁下均应保留支架，其间距不得大于3m。

2. 钢筋和混凝土工程施工

全现浇高层框架结构施工中的钢筋工程，是现浇框架结构施工的关键分项工程，必须严格按照现行《混凝土结构工程施工及验收规范》和有关高层建筑结构设计与施工规程的规定执行。钢筋连接，特别是竖向粗钢筋的连接，应采用电渣压力焊、气压焊和各种机械连接方法。

混凝土工程也是现浇高层框架结构施工的重要分部工程。在施工前，首先要做好以下工作：

1）对已经全部安装完毕的模板、钢筋和预埋件、预埋管线、预留孔洞等进行交接检查和隐蔽验收；

2）浇筑混凝土所用的机具设备、脚手架和马道等的布置及支搭情况，亦需进行检查，合格后方可运行使用；

3）混凝土的配制，除应严格执行施工配合比外，配制前，还应对水泥、砂、石及外加剂等进行检验；对计量设备进行检定。

4）混凝土的浇筑工艺和质量要求，应按《混凝土结构工程施工及验收规范》及有关高层建筑结构设计与施工规程执行，其中施工缝的留置应设在结构受力小且便于施工的位置，并应符合以下要求：

梁　主梁不宜留设施工缝，次梁的施工缝可留在跨中1/3区段；悬臂梁应与其相连接的结构整体浇筑，必须留设施工缝时，应取得设计单位的同意，并采取有效措施。

板　单向板施工缝可留设在与主筋平行的任何位置或受力主筋垂直方向的跨度1/3处，双向板施工缝位置应按设计要求留设。

柱　宜留设在梁底标高以下20～30mm，或梁、板面标高处。

墙　宜留设在门洞口连梁跨中1/3区段，也可留在纵横剪力墙的交接处。

大截面梁、厚板和高度超过6m的柱，应按设计要求留设施工缝。

采用内爬升塔式起重机时，支承塔式起重机的框架梁，以及附着式塔式起重机附着部位的框架柱，应经设计核算，并采取加固措施。

4.3.2 现浇剪力墙结构施工

现浇剪力墙结构高层建筑的主体结构的施工有多种方法，根据竖向模板体系的不同，常用的有大模板、爬模、滑模等施工工艺。

1. 大模板施工

大模板（即大面积模板、大块模板）是一种工具式大型模板，配以相应的起重吊装机械，以工业化生产方式在施工现场浇筑钢筋混凝土墙体。其工艺特点是：以建筑物的开间、进深、层高的标准化为基础，以大型工业化模板为主要施工手段，以现浇钢筋混凝土墙体为主导工序，组织有节奏的均衡施工。采用这种方法，施工工艺简单，施工速度快，结构整体性好，抗震性能强，装修湿作业少，机械化施工程度高，故具有良好的技术经济效果。

大模板区别于其他模板的主要标志是：内模高度相当于楼层的净高，并减去可能的施工误差20mm；外模高度相当于楼层的层高，宽度根据建筑平面、模板类型和起重能力而定，小开间内模宽度一般相当房间的净宽。

对大模板的基本要求是：具有足够的强度和刚度，周转次数多，维护费少；板面光滑平整，拆模后可以不抹灰或少抹灰，减少装修工作量；板面自重较轻，支模、拆模、运输、堆放能做到安全方便；尺寸构造尽可能做到标准化、通用化；一次投资较省，摊销费用较少。

我国大模板建筑一般是横墙承重，故内墙一般均采用大模板现浇混凝土墙体，而楼梯、楼梯平台、阳台、分间墙板等均为预制构件。按外墙施工方法不同，可将大模板结构施工工艺分为内墙现浇、外墙预制（简称内浇外板、内浇外挂）；内外墙全现浇；内墙现浇外墙砌筑（简称内浇外砌）三大类型，其建筑造型分板楼和塔楼两类。其中内浇外砌用于不太高的建筑（12～16层），一般多用于多层住宅建筑。

（1）大模板的组成

大模板主要由面板系统、支撑系统、操作平台和附件组成（图4-44）。

1）面板系统。面板系统包括面板、横肋和竖肋。面板作用是使混凝土墙面具有设计要求的外观。因此，要求其表面平整、拼缝严密，具有足够的刚度。面板常采用：

（A）整块钢板。用4～6mm钢板拼焊而成。这种面板具有良好的强度和刚度，能承受较大的混凝土侧压力及其他施工荷载，重复利用率高，一般周转次数在200次以上。但自重重，灵活性差。

（B）木、竹胶合板。此类面板自重轻，周转约20次左右，但需解决好板四周的封边，以防止水分及潮湿空气进入板内，造成局部起鼓变形而影响使用寿命。

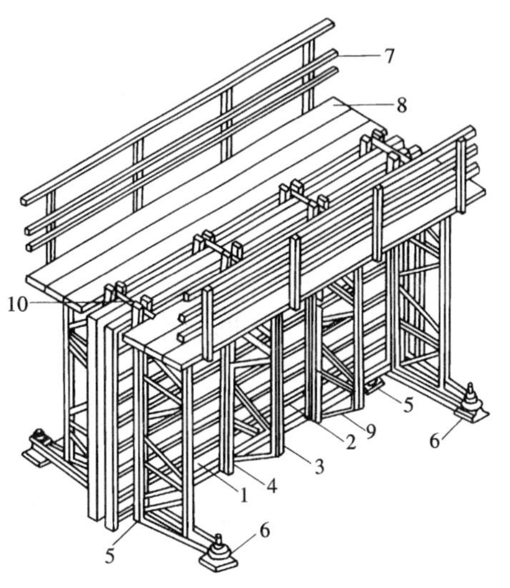

图4-44 大模板组成构造示意图

1—面板；2—水平加劲肋；3—支撑桁架；4—竖楞；5—调整水平度的螺旋千斤顶；6—调整垂直度的螺旋千斤顶；7—栏杆；8—脚手板；9—穿墙螺栓；10—上口卡具

（C）组合钢模板组拼面板。组合钢模便于拆装，重新组合。但刚度、平整度以及周转次数都不如整块板，且板缝较多，需及时处理。其他还可以用钢框胶合板等材料。

2）支撑系统。支撑系统包括支撑架和地脚螺栓，其作用是传递水平荷载，防止模板倾覆。

3）操作平台。包括平台架、脚手平台和防护栏杆。它是施工人员操作的平台和运行的通道。平台架插放在焊于竖肋上的平台套管内，脚手板铺在平台架上。防护栏杆可上下伸缩。

4）附件。穿墙螺栓、上口卡子是模板最重要的附件。穿墙螺栓的作用是加强模板刚度，以承受新浇混凝土侧压力。墙体的厚度由两块模板之间套在穿墙螺栓上的硬塑料管来控制，塑料管长度等于墙的厚度，拆模后可敲出重复使用。穿墙螺栓一般设在大模板的上、中、下三个部位。上穿墙管距模板顶部250mm左右，下穿墙螺栓距模板底部200mm左右。

模板上口卡子是用来控制墙体厚度并承受一部分混凝土侧压力。

（2）模板的构造及布置方案

1）平模。平模尺寸相当于房间每面墙的大小。按拼装的方式分为整体式、组合式、装拆式三种（图4-45）。整体式平模的板面、骨架、支撑系统和操作平台、爬梯等组焊接成整体。模板的整体性好，但通用性差，适用于大面积标准住宅施工。组合式平模将面板和骨架、支撑系统、操作平台三部分用螺栓连接而成。不用时可以解体，以便运输和堆放。装拆式平模不仅支撑系统和操作平台与竖肋用螺栓连接，而且板面与钢边框、横肋、竖肋之间也用螺栓连接，其灵活性更强。

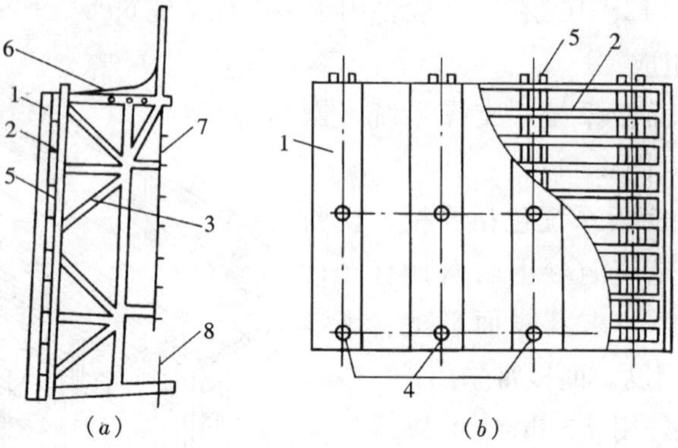

图 4-45 平模构造示意图

(*a*) 整体式平模；(*b*) 组合式平模；

1—面板；2—横肋；3—支架；4—穿墙螺栓；5—竖向主肋；

6—操作平台；7—铁爬梯；8—地脚螺栓

采用平模布置方案时，横墙与纵墙的混凝土分两次浇筑的，即先支横墙模板，待拆模后再支纵墙模板。平模平面布置如图 4-46 所示。

平模方案能够较好地保证墙面的平整度，所有模板接缝均在纵横墙交接的阴角处，便于接缝处理，减少修理用工，模板加工量较少，周转次数多，适用性强，模板组装和拆卸方便，模板不落地或少落地。但由于纵横墙要分开浇筑，竖向施工缝多，影响房屋

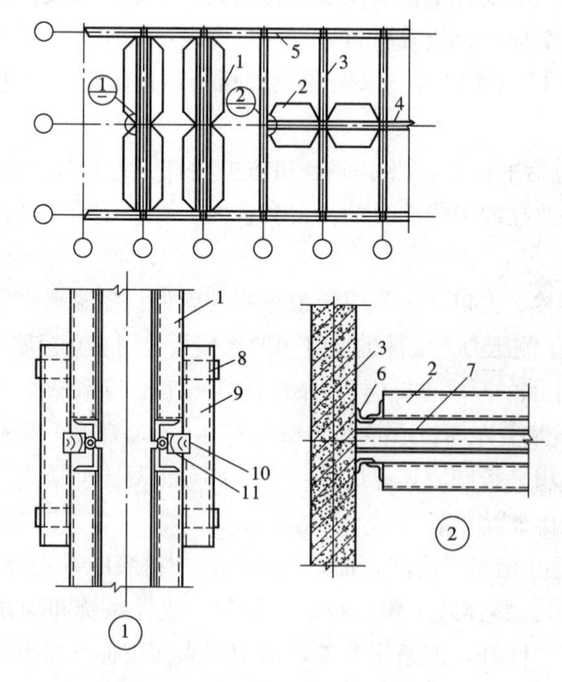

图 4-46 平模平面布置示意图

1—横墙平模；2—纵墙平模；3—横墙；4—纵墙；5—预制外墙板；

6—补缝角模；7—拉结钢筋；8—夹板支架；9—槽钢夹板；10—木楔；11—钢管

整体性，并且组织施工比较麻烦。

2）小角模。小角模是为适应纵横墙一起浇筑而在纵横墙相交处附加的一种模板，通常用 100mm×100mm 的角钢制成。它设置在平模转角处，从而使每个房间的内模形成封闭支撑体系（图 4-47）。

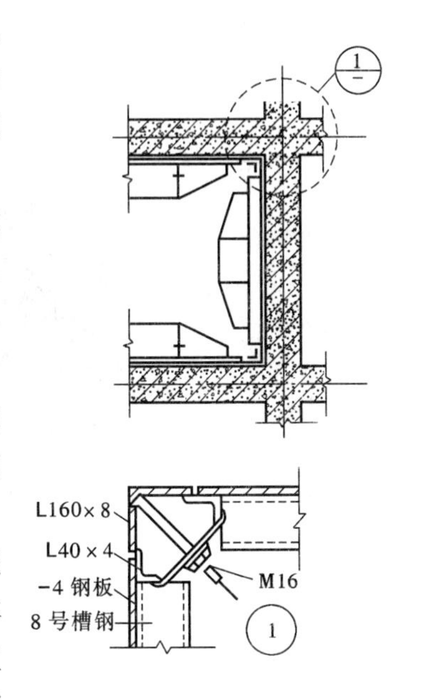

图 4-47　小角模

小角模有带合页和不带合页两种（图 4-48）。小角模布置方案使纵横墙可以一起浇筑混凝土，模板整体性好，组拆方便，墙面平整。但墙面接缝多，修理工作量大，角模加工精度要求也比较高。

3）大角模。大角模系由上下四个大合页连接起来的两块平模、三道活动支撑和地脚螺栓等组成，其构造如图 4-49 所示。

大角模方案，使房间的纵横墙体混凝土可以同时浇筑，故结构整体性好。它还具有稳定，拆装方便，墙体阴角方整，施工质量好等特点。但是大角模也存在加工要求精细，运转麻烦，墙面平整度较差，接缝在墙中部等缺点。

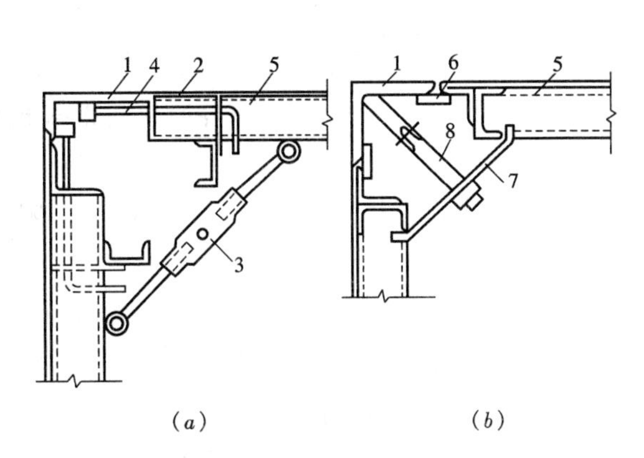

图 4-48　小角模构造示意图

（a）带合页的小角模；（b）不带合页的小角模

1—小角模；2—合页；3—花篮螺栓；4—转动铁拐；5—平模；6—扁铁；7—压板；8—转动拉杆

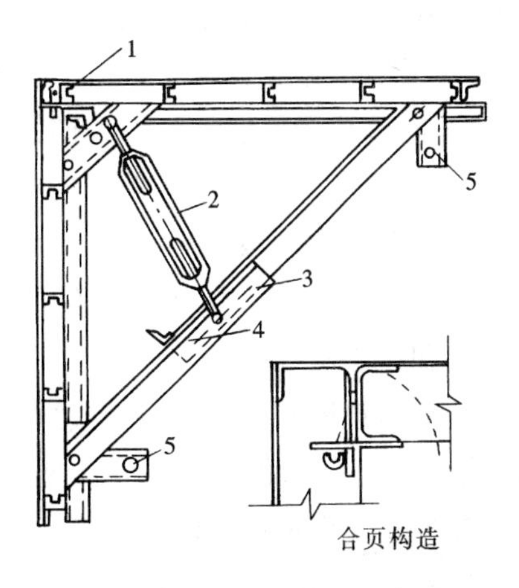

图 4-49　大角模构造示意图

1—合页；2—花篮螺栓；3—固定销；4—活动销；5—调整用螺旋千斤顶

4）筒子模。筒子模是指一个房间三面现浇墙体的模板，通过挂轴悬挂在同一钢架上，墙角用小角模封闭而构成的一个筒形单元体（图 4-50）。

采用筒子模方案，由于模板的稳定性好，纵横墙体混凝土同时浇筑，故结构整体性好，施工简单。减少了模板的吊装次数，操作安全，劳动条件好。缺点是模板每次都要

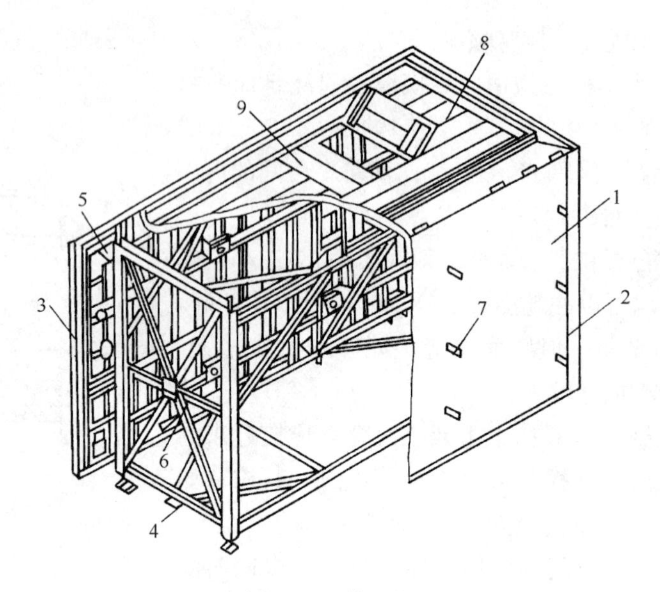

图 4-50 筒子模

1—模板；2—内角模；3—外角模；4—钢架；5—挂轴；
6—支杆；7—穿墙螺栓；8—操作平台；9—出入孔

落地，且模板自重大，需要大吨位起重设备，加工精度要求高，灵活性差，安装时必须按房间弹出十字中线就位，比较麻烦。

（3）施工工艺

1）内墙现浇外墙预制的大模板建筑施工。这种大模板建筑的施工有三类做法：预制承重外墙板，现浇内墙；预制非承重外墙板，现浇内墙；预制承重外墙板和非承重内纵墙板，现浇内横墙。

（A）抄平放线。抄平放线包括弹轴线、墙身线、模板就位线、门口、隔墙、阳台位置线和抄平水准线等工作。

（B）敷设钢筋。墙体钢筋应尽量预先在加工厂按图纸点焊成网片，运至现场。在运输、堆放和吊装过程中，要采取措施防止钢筋产生弯折变形或焊点脱开。

（C）安装模板。大模板进场后要核对型号，清点数量，清除表面锈蚀，用醒目的字体在模板背面注明标号。模板就位前还应认真涂刷脱模剂，将安装处楼面清理干净，检查墙体中心线及边线，准确无误后方可安装模板。

安装模板时，应按顺序吊装，按墙身线就位，并通过调整地脚螺栓，用“双十字”靠尺反复检查校正模板的垂直度。模板合模前，还要检查墙体钢筋、水暖电器管线、预埋件、门窗洞口模板和穿墙螺栓套管是否遗漏，位置是否正确，安装是否牢固，是否影响墙体强度，并清除在模板内的杂物。模板校正合格后，在模板顶部安放上口卡子，并紧固穿墙螺栓或销子。

门口模板的安装方法有两种。一种是先立门洞模板（俗称“假口”），后安门框；另一种是直接立门框。

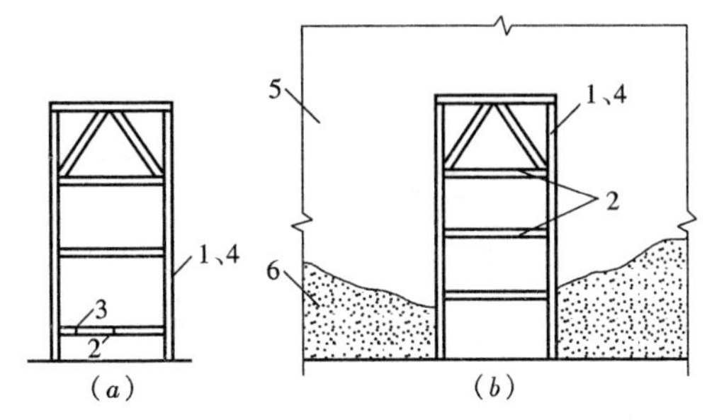

图 4-51 先立门洞模框作法示意图

1—门框；2—木方；3—螺栓；4—木框；5—大模板；6—混凝土

先立门洞模板的做法。若门洞的设计位置固定，则可在模板上打眼，用螺栓固定门洞模板比较简便。如果门洞设计位置不固定，则可在钢筋网片绑完后，按设计位置将门洞模板钉上钉子，与钢筋网片焊在一起固定。模板框中部均需加三道支撑（图4-51），前后两面（或一面）各钉一木框（用 5cm×5cm 木方），使模框侧边与墙厚相同。拆模时，拆掉木方和木框。浇筑混凝土时，要注意两侧混凝土的浇筑高度要大致相等，高差不超过 50cm，振捣时，要防止挤动模框。先立门洞模板的缺点是拆模困难，门洞周围后抹的灰浆易开裂空鼓。另外，采用先立门洞模板工艺时，宜多准备一个流水段的门洞模板，采取隔天拆模板，以保证洞口棱角整齐。

直接立门框的做法，是用木材或小角钢做成带 1～2mm 坡度的工具式门框套模，夹在门框两侧，使其总厚度比墙宽出 3～5mm。门框内设临时的或工具式支撑加固。立好门框后，两边由大模板夹紧。在模板上对应门框的位置预留好孔眼，用钉子穿过孔眼，将门框套模紧固于模板上。为了防止门框移动，还可以在门框两侧钉若干钉子，将钉子与墙体钢筋焊住。这种作法既省工又牢固。但要注意施工中若定位不牢的话，易造成门口歪斜或移动。

(*D*) 墙体混凝土浇筑。为了便于振捣密实，使墙面平整光滑，混凝土的坍落度一般采用 7～8cm。用 ϕ50 的软轴插入式振捣棒连续分层振捣。每层的间隔时间不应超过 2～3h，或根据水泥的初凝时间确定。混凝土的每层浇筑高度控制在 500mm 左右，保证混凝土振捣密实。

浇筑门窗洞位置的混凝土时，应注意从门窗洞口正上方下料，使两侧能同时均匀浇筑，以免发生偏移。

墙体的施工缝一般宜设在门窗洞口上，次梁跨中 1/3 区段。当采用组合平模时，可留在内纵墙与内横墙的交接处，接槎处混凝土应加强振捣，保证接搓严密。

(*E*) 拆模与养护。在常温条件下，墙体混凝土强度达到 1.2MPa 时方准拆模。拆模的顺序是：首先拆除全部穿墙螺栓、拉杆及花篮卡具，再拆除补缝钢管或木方，卸掉埋设件的定位螺栓和其他附件，然后将每块模板的底脚螺栓稍稍升起，使模板在脱离墙面之前应有少许的平行下滑量，随后再升起后面的两个底脚螺栓，使模板自动倾斜脱离墙面，然后将模板吊起。在任何情况下，不得在墙上口晃动、撬动或敲砸模板。模板拆除后，应及时清理干净。

2）内外墙全现浇大模板建筑施工。内外墙均为现浇混凝土的大模板体系，以现浇外墙代替预制外墙板，提高了整体刚度。由于减少了外墙的加工环节，造价较便宜，但增加了现场工作量。要解决好现浇外墙材料的保温隔热、支模及混凝土的收缩等问题。

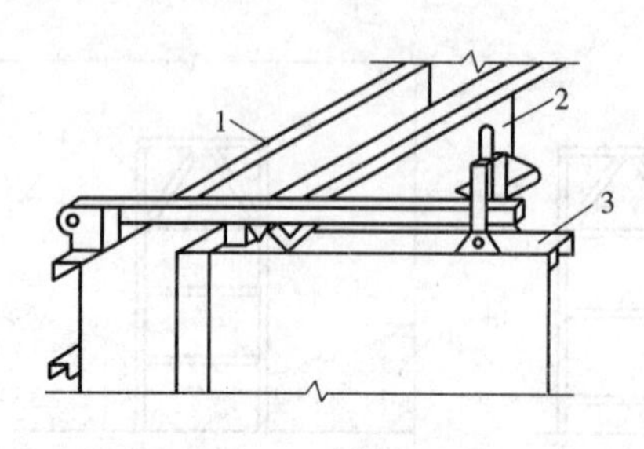

图 4-52　悬挑式外模
1—外墙外模板；2—外墙内模板；3—内墙模板

(*A*) 外墙支模。外墙的内侧模板与内墙模板一样，支承在楼板上，外侧模板则有悬挑式外模和外承式外模两种施工方法。当采用悬挑式外模板施工方法时，支模顺序为：先安装内墙模板，再安装外墙内模板，然后将外墙外模板通过内墙模板上端的悬臂梁直接悬挂在内墙模板上。悬臂梁可采用一根8号槽钢焊在外墙外模板的上口横肋上，内外墙模板之间用两道对销螺栓拉紧，下部靠在下层外墙混凝土壁上（图 4-52）。

当采用外承式外模板施工方法时，可先将外墙外模板安装在下层混凝土外墙面上挑出的支承架上（图 4-53）。支承架可做成三角架，用 L 形螺栓通过下一层外墙预留孔挂在外墙上。为了保证安全，要设防护栏杆和安全网。外墙外模板安装好后，再安装内墙模板和外墙的内模板。

(*B*) 门窗洞口支撑。全现浇结构的外墙门窗洞口模板，宜采用固定在外墙内模板上活动折叠模板。门窗洞口模板与外墙钢模用合页连接，可转动 60°。洞口支好后，用固定在模板上的钢支撑顶牢。

3) 内浇外砌大模板建筑施工。为了增强砖砌体与现浇内墙的整体性，外墙转角及内外墙的节点，以及沿砖高度方向，均应设钢筋拉结（图 4-54）。墙体砌筑技术要求与一般砌筑工程相同。

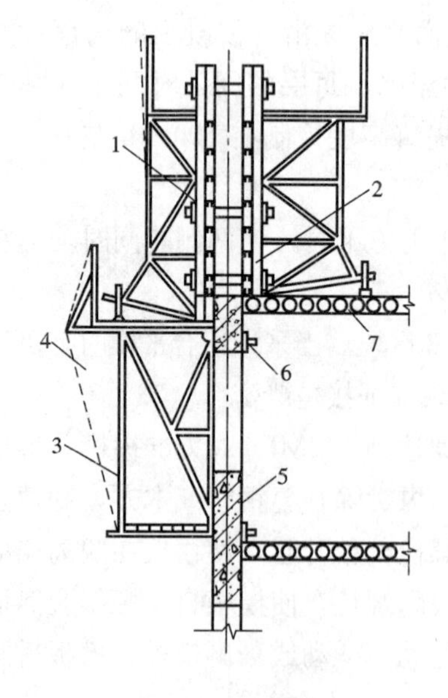

图 4-53　外承式外模
1—外墙外模；2—外墙内模；3—外承架；4—安全网；5—现浇外墙；6—穿墙卡具；7—楼板

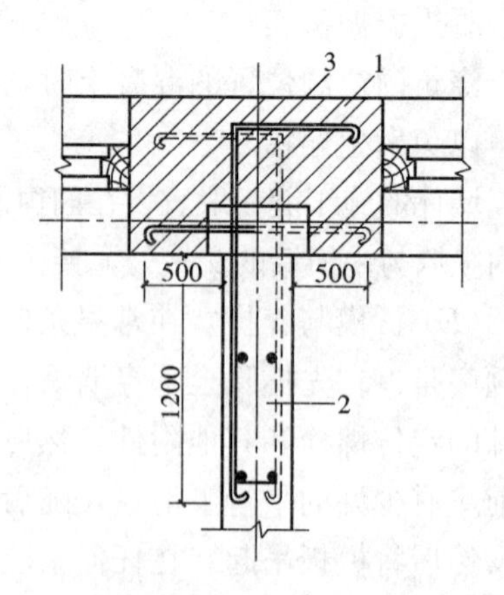

图 4-54　外砖墙与现浇内墙连接节点
1—外墙砖垛；2—现浇混凝土内墙；3—水平拉结筋

(A) 支模。内墙支模不同部位模板的安装顺序为，在纵横墙相交十字节点处，先立横墙正号模板，依次立门洞模板，安设水电预埋件及预留孔洞，进行隐蔽工程验收，立横墙反号模板，立纵墙正号模板，使纵墙板端头角钢紧贴横墙模端头挑出的钢板翼缘，立纵墙的门洞模板，并安设预埋件，立纵墙反号模板。外墙与内墙模板交接处的小角模，必须固定牢固，确保不变形。

(B) 混凝土浇筑。内浇外砌结构四大角构造柱的混凝土应分层浇筑，每层厚度不得超过 300mm；内外墙交接处的构造柱和混凝土墙应同时浇筑，振捣要密实。

2. 爬升模板施工

爬升模板（简称爬模）施工工艺，是在综合大模板施工和滑模施工原理的基础上，改进和发展起来的一项施工工艺。

(1) 爬模施工的特点

1) 模板的爬升依靠自身系统的设备，不需要塔式起重机或其他垂直运输机械。避免用塔式起重机施工常受大风影响的弊病；

2) 爬模施工中模板不用落地，不占用施工场地，特别适用于狭小场地的施工；

3) 爬模施工中模板固定在已浇筑的墙上，并附有操作平台和栏杆，施工安全，操作方便；

4) 爬模工艺每层模板可作一次调整，垂直度容易控制，施工误差小；

5) 爬模工艺受其他条件的干扰较少，每层的工作内容和穿插时间基本不变，施工进度平稳而有保证；

6) 爬模对墙面的形式有较强的适应性。它不只是用于施工高层建筑的外墙，还可用来施工现浇钢筋混凝土芯筒和桥墩，以及冷却塔等。尤其在现浇艺术混凝土施工中，更具有优越性。

(2) 爬模的构造

爬模（图 4-55）主要包括：爬升模板、爬升支架和爬升设备三部分。

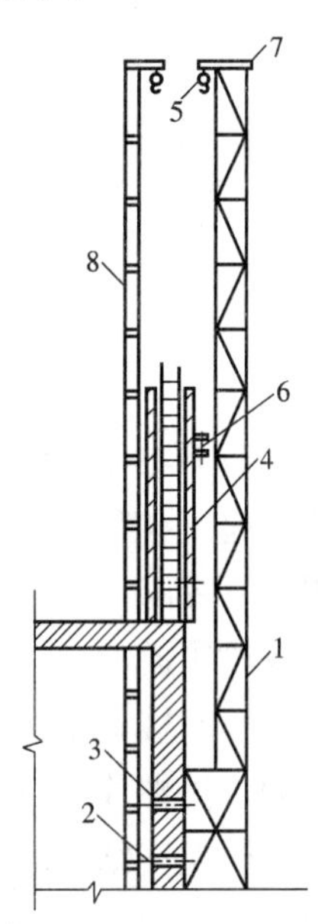

图 4-55 爬模构造图

1—爬架；2—穿墙螺栓；3—预留爬架孔；4—爬模；5—爬模提升装置；6—爬架提升装置；7—爬架挑横梁；8—内爬架

1) 爬升模板。爬升模板的构造与大模板中的平模基本相同。高度为层高加 50～100mm，其长出部分用来与下层墙搭接。模板下口需装有防止漏浆的橡皮垫衬。模板的宽度根据需要而定，一般与开间宽度相适应，对于山墙有时则更大。模板下面还可吊装脚手架，以便操作和修整墙面用。

2) 爬升支架（简称爬架）。为一格构式钢架，由上部支承架和下部附墙架两部分组成。支承架部分的长度大于两块爬模模板的高度。支承架的顶端装有挑梁，用来安装爬升设备。附墙架由螺栓固定在下层墙壁上。只有当爬架提升时，才暂时与墙体脱离。

3) 爬升设备。爬升设备有手拉葫芦以及滑模用的 QYD-35 型穿心千斤顶，还有用电动提升设备。当使用千斤顶时，在模板和爬架上分别增设爬杆，以便使千斤顶带着模板或爬架上下爬动。

(3) 爬升原理及布置原则

1) 爬升原理。爬模的大模板依靠固定于钢筋混凝土墙身上的爬架和安装在爬架上的提升设备上升、下降，以及进行脱模、就位、校正、固定等作业。爬架则借助于安装在大模板上的提升设备进行升降、校正、固定等作业。大模板和爬架相互作支承并交替工作，来完成结构施工（图 4-56）。

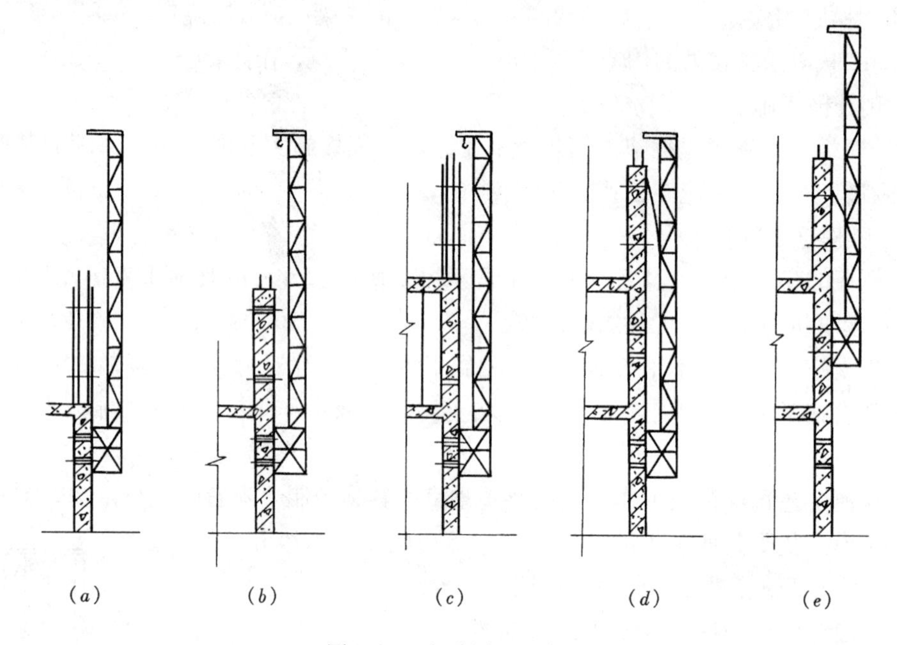

图 4-56 爬升原理示意图

(a) 固定爬架，支上层墙大模板；(b) 浇上层墙混凝土；(c) 提升爬模，浇筑上层楼面混凝土；(d) 浇墙身混凝土；(e) 提升爬架

2) 爬模模板布置原则。外墙模板可以采用每片墙一整块模板，一次安装。这样可减少起模和爬升后分块模板装拆的误差。但模板的尺寸受到制作、运输和吊装条件等限制，不可能做得过大。往往分成几块制作，在爬架和爬升设备安装后，再将各分块模板拼成整块模板。

预制楼板结构高层建筑采用爬模布置模板时，先布置内模，再考虑外模和爬架。外模的对销螺栓孔及爬架的附墙连接螺栓孔应与内模相符。

全现浇结构的内模如用散拆散装模板，布置模板的程序是爬架、外模和内模。内模固定是根据外模的螺栓孔临时钻孔、设置横肋与竖助。

尽量避免使用角模。因角模在起模时容易使角部混凝土遭受损伤。如必须用角模时，应将角模做成校链形式，使带角部分的模板在起模前先行脱离混凝土面。

3) 爬架布置原则。爬架间距要根据爬架的承载能力和重量综合考虑。由于每个爬架装 2 只液压千斤顶或 2 只环链手动葫芦，每只爬升设备的起重能力为 10～15kN。因此，每个爬架的承载能力为 20～30kN，再加模板连同悬挂脚手架重 3.5～4.5kN/m，故爬架间距一般为 4～5m。

爬架位置应尽可能避开窗洞口，使爬架的附墙架始终能固定在无洞口的墙上，若必须设在窗洞位置且用螺栓固定时，应假设全部荷载作用在窗洞上的钢筋混凝土梁上，对梁的强度要进行验算。爬架设在窗洞口上，最好是在附墙架上安活动牛腿搁在窗盘上。由窗盘承受爬架传来的垂直力，再用螺栓连接以承受水平力。

爬架不宜设在墙的端部。因为模板端部必须有脚手架，操作人员要在脚手架上进行模板封头和校正。

一块模板上根据宽度需布置3个及3个以上爬架时，应按每个爬架承受荷载相等的原则进行布置。

（4）爬模施工工艺要点

1）施工程序。由于爬模的附墙架需安装在混凝土墙面上，故采用爬模施工时，底层结构施工仍须用大模板或者一般支模的方法。当底层混凝土墙拆除模板后，方可进行爬架的安装。爬架安装好以后，就可以利用爬架上的提升设备，将二层墙面的大模板提升到三层墙面的位置就位，届时完成了爬模的组装工作，可进行结构标准层爬模施工。

2）爬架组装。爬架的支承架和附墙架是横卧在平整的地面上拼装的。经过质量检查合格后再用起重机安装到墙上。

将被安装爬架的墙面需预留安装附墙架的螺栓孔，孔的位置要与上面各层的附墙螺栓孔位置处于同一垂直线上。墙上留孔的位置越精确，爬架安装的垂直度越容易保证，安装好爬架后要校正垂直度，其偏差值宜控制在$h/1000$以内。

3）模板组装。高层建筑钢筋混凝土外墙采用爬模施工，当底层墙施工时爬架无处安装，可在半地下室或基础顶部设置“牛腿”支座，大模板搁置在“牛腿”支座上组装。爬升模板在开始层的组装程序如下：

（*A*）安装爬架并安装提升设备；

（*B*）吊装分块模板；

（*C*）利用校正工具校正和固定模板；

（*D*）当爬升模板到达二层墙高度时，开始安装悬挂脚手架及各种安全设施。

4）爬架爬升。爬架在爬升之前必须将外模与爬架间的校正支撑拆去，检查附墙连接螺栓是否都已抽除，清除爬模爬升过程中可能遇到的障碍，还应确定固定附墙架的墙体混凝土强度已不小于$10N/mm^2$。

爬架在爬升过程中两套爬升设备要同步提升，使爬架处于垂直状态。当用环链手拉葫芦时应两只同时拉动；用单作用液压千斤顶时应在总油路的分流器上用两根油管分别接到千斤顶的油嘴上，采用并联接法使两只千斤顶同时进油。爬架先爬升50～100mm，然后进行全面检查，待一切都通过检验后，就可进入正常爬升。

爬升过程中操作工人不得站在爬架内，可站在模板的外附脚手架上操作。

爬架爬升到位时要逐个及时插入附墙螺栓，校正好爬架垂直度后拧紧附墙螺栓的螺母，使得附墙架与混凝土的摩擦力足够平衡爬架的垂直荷载。

5）模板爬升。模板的爬升须待模板内的墙身混凝土强度达后$1.2\sim3.0N/mm^2$方可进行。

首先要拆除模板的对销螺栓、固定模板的支撑以及不同时爬升的相邻模板间的连接件，然后起模。起模时可用撬棒或千斤顶使模板与墙面脱离，接着就可以用提升爬架的同样方法和程序将模板提升到新的安装位置。

模板到位后要进行校正。此时不仅要校正模板的垂直度，还要校正它的水平位置，特别是拼成角模的两块模板间的拼接处，其高度一定要相同，以便连接。

（5）上海环球金融中心塔楼核心筒爬模施工实例

1）爬模的构造

该工程爬模采用液压爬模，液压爬模架主要由附墙装置、H型钢导轨、主承力架、架体系统、液压升降系统、防倾防坠装置、全钢大模板、聚苯乙烯保温面板等部分组成。它具备钢筋绑扎、模板支设、墙体养护保温、安全防护等功能。

2）爬模的安装

核心筒墙体内侧和外侧爬模均在第二层墙体混凝土施工完成后开始安装，爬模安装完成后，第三层开始使用爬模用的全钢大模板支模，三层混凝土施工完成后从四层开始爬模进入正常爬升状态。（图4-57）

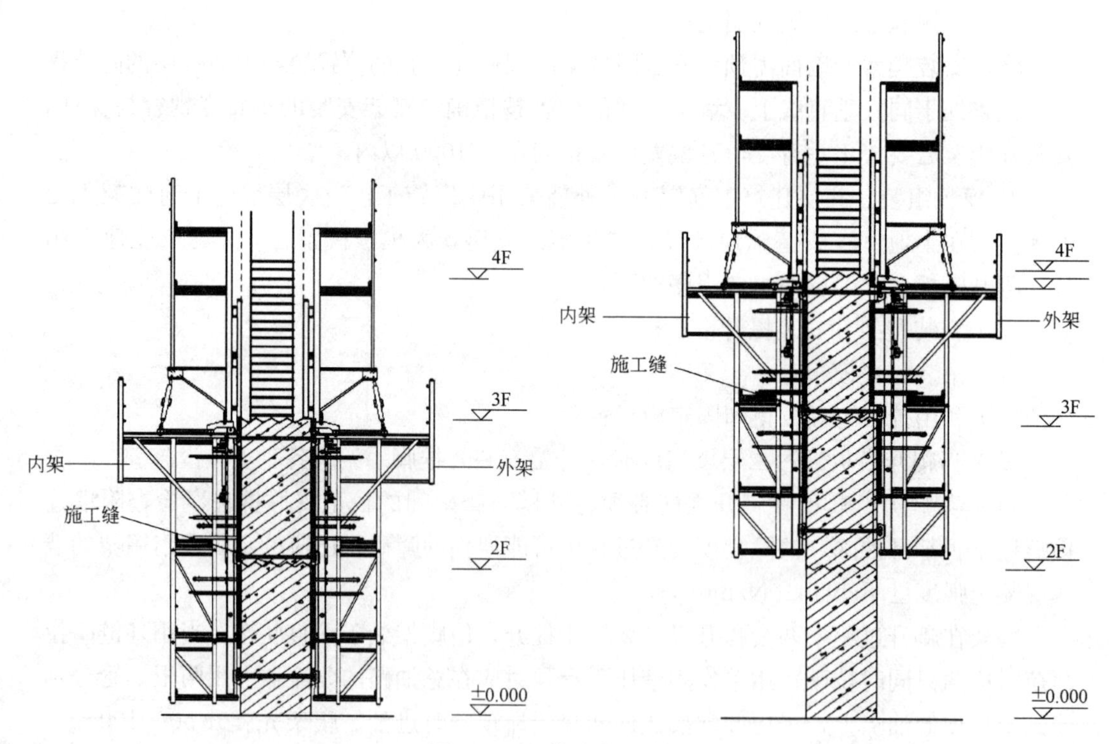

图4-57 爬模安装示意图

3）爬模的正常爬升

在施工层混凝土浇筑完成后，模板不拆除并进行带模养护，同时工人在爬模顶端的操作架上进行上层钢筋的绑扎，钢筋绑扎完成后，进行脱模及架体爬升，进入下一层混凝土的施工。（图4-58）

4）爬模核心筒墙体变截面爬升

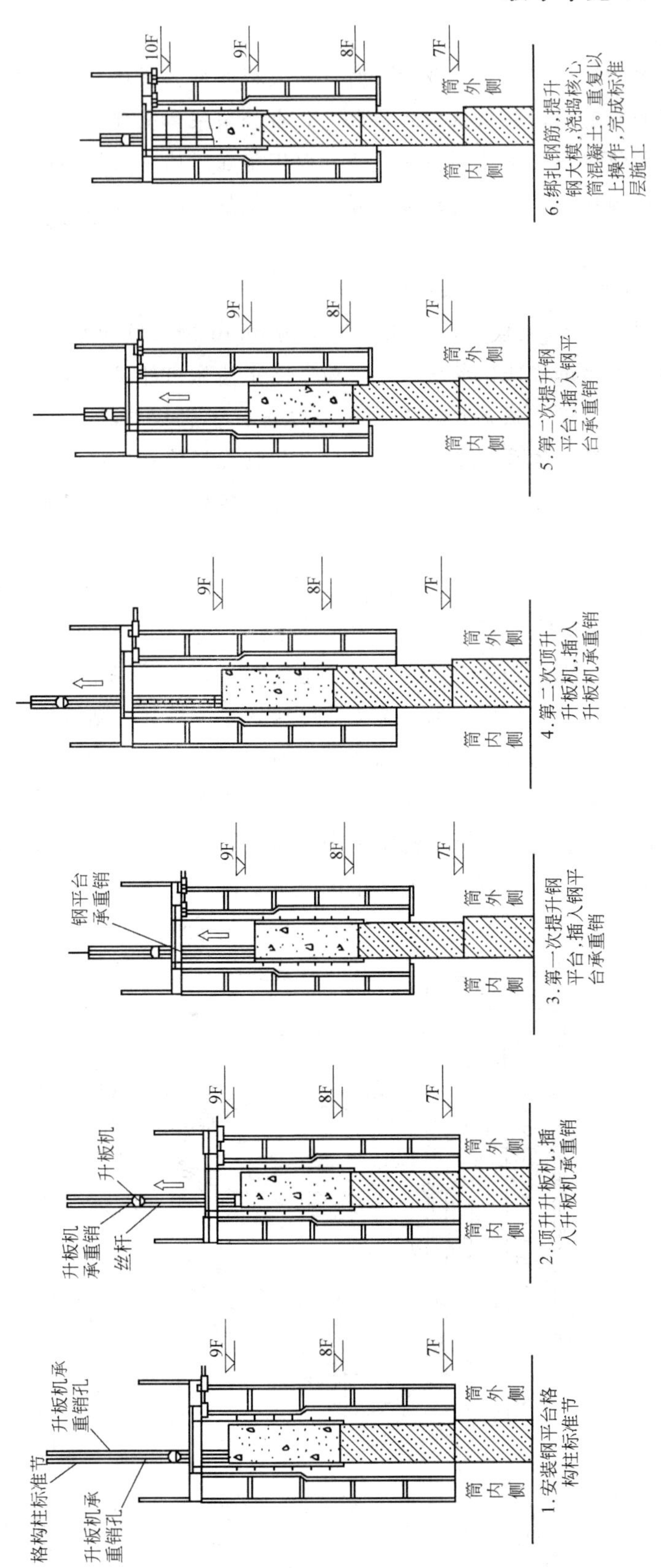

图4-58 爬模施工流程示意图

当核心筒外侧的爬模爬升到变截面处时，在变截面处的附墙杆上预先垫上与墙体截面变化厚度相同的钢垫板，爬架仍然正常爬升，当爬架架体全部处于变截面墙体部位后安装临时支架，并使爬模重量传到临时支架，取下垫在附墙杆上钢垫板，将墙杆重新安装到墙体上，通过顶丝将架体移到正常位置并安全就位到附墙杆上，然后按正常程序进行爬升。

5）全钢整体式大模板构造及爬架的墙体保温系统

核心筒爬模使用全钢大模板，全钢大模板用 6mm 钢板做面板，8＃槽钢做竖肋，10＃槽钢做横肋。由于工程墙体厚度较大，为了防止墙体内外温差过大，需对墙体进行保温养护。在混凝土浇筑完成后，即开始对墙体进行不脱模养护。为了实现不脱模养护，专门设计了墙体保温体系，在模板横竖肋之间放置聚苯乙烯保温板。保温构件通过活动支腿与爬架体进行连接，与爬架一起进行爬升，实现墙体的保温养护。

3. 滑升模板施工

液压滑升模板（简称“滑模”）施工工艺，是一种机械化程度较高的施工方法。它只需要一套 1m 多高的模板及液压提升设备，按照工程设计的平面尺寸组装成滑模装置，就可以绑扎钢筋，浇筑混凝土，连续不断地施工，直至结构完成。

滑模施工工艺具有机械化程度高，施工速度快，整体性强，结构抗震性能好，还能获得没有施工缝的混凝土构筑物。与传统的结构施工方法比较，滑模可缩短工期 50％以上；提高工效 60％左右，还可以改善劳动条件，减少用工量。

滑模工艺用在剪力墙高层建筑结构施工中，按楼板的施工方法不同可分为：逐层空滑，楼板并进施工工艺；先滑墙体、楼板跟进施工工艺和先滑墙体、楼板降模等施工工艺。这些工艺各有特点，可按不同施工条件和工程情况采用。

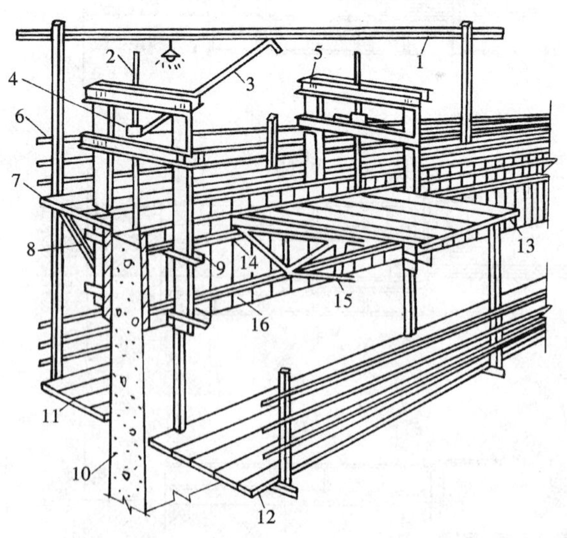

图 4-59 滑升模板的组成

1—支架；2—支承杆；3—油管；4—千斤顶；5—提升架；6—栏杆；7—外平台；8—外挑架；9—收分装置；10—混凝土墙；11—外吊平台；12—内吊平台；13—内平台；14—上围圈；15—桁架；16—模板

(1) 滑升模板的构造

滑模装置主要包括模板系统、操作平台系统和提升机具系统三部分。由模板、围圈、提升架、操作平台、内外吊脚手架、支承杆及千斤顶等组成（图 4-59)。

1) 模板系统。模板系统主要包括模板、围圈、提升架等基本构件。

(A) 模板。模板的作用主要是承受混凝土的侧压力、冲击力和滑升时混凝土与模板之间的摩阻力，并使混凝土按设计要求的截面形状成型。

模板的材料不同，可分为钢模板、木模板和钢木混合模板三种。最常用的是钢模板，可采用设角钢肋条或直接压制边肋以加强模板刚度。也可采用定型组合钢模板。

模板的高度主要取决于滑升速度和混凝土达到出模强度所需的时间，一般采用 900～1200mm。为防止混凝土浇筑时向外溅出，外模上端可以比内模高 100～200mm。模板的宽度可设计成几种不同的尺寸。考虑组装及拆卸方便，一般宜采用 150～500mm。当所施工的墙体尺寸变化不大时，也可根据实际情况适当加宽模板，以节约装卸用工。

(B) 围圈（围檩)。围圈的作用主要是使模板保持组装好的平面形状，并将模板与提升架连成一个整体。围圈工作时，承担水平荷载和竖向荷载，并将它们传递到提升架上。

围圈布置在模板外侧，沿建筑物的结构形状组成闭合圈，上下各一道。分别支承在提升架的立柱上。围圈的间距一般为 500～700mm，上围圈距模板上口的距离不宜大于 250mm。当提升架间距大于 2.5m 或操作平台的承重骨架直接支承在围圈上时，围圈宜设计成桁架式（图 4-60)。在使用荷载下，两个提升架之间围圈的垂直与水平方向的变形不应大于跨度的 1/500。

(C) 提升架（千斤顶架、门架)。提升架的作用主要是控制模板和围圈由于混凝土侧压力和冲击力而产生的向外变形，同时承受作用在整个模板和操作平台上的全部荷载，并将荷载传递给千斤顶。其次，提升架又是安装千斤顶，连接模板、围圈以及操作平台成整体的主要构件。图 4-61 为目前使用较广的钳形提升架。

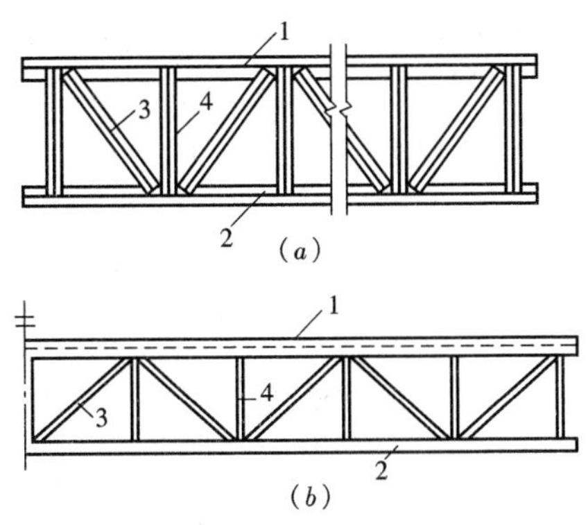

图 4-60　桁架式围圈构造

(a) 螺栓连接；(b) 焊接

1—上围圈；2—下围圈；

3—斜腹杆；4—直腹杆

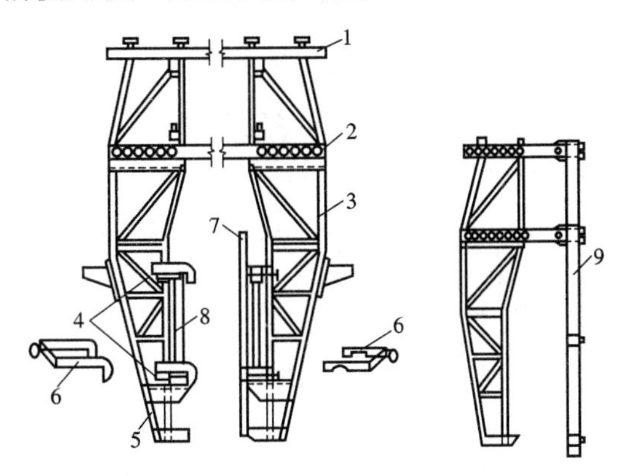

图 4-61　钳形提升架构造示意图

1—上横梁；2—下横梁；3—立柱；4—顶紧螺栓；

5—接长脚；6—扣件；7—滑模模板；

8—围圈；9—直腿方钢

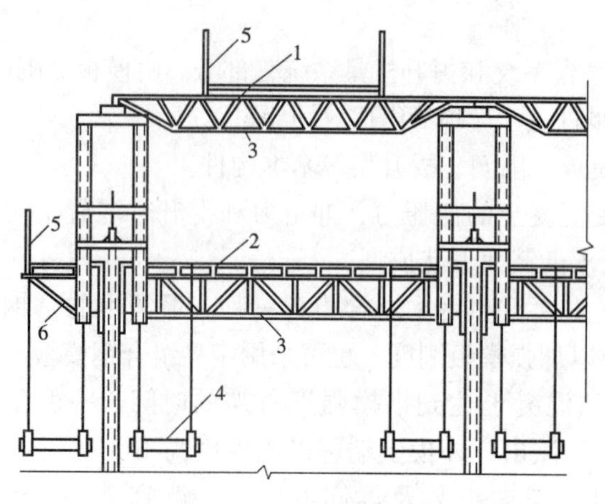

图 4-62 操作平台构造

1—上辅助平台；2—主操作平台；3—承重桁架；4—吊脚手架；5—防护栏杆；6—三角挑架

提升架的布置应与千斤顶的位置相适应。当均匀布置时，间距不宜超过 2m，当非均匀布置或集中布置时，可根据结构部位的实际情况确定。

2）操作平台系统。操作平台系统是指操作平台、内外吊脚手架以及某些增设的辅助平台（图 4-62）。

(A) 操作平台（工作台）。操作平台是施工人员绑扎钢筋、浇筑混凝土、提升模板等的操作场所，也是混凝土中转、存放钢筋等材料以及放置振捣器、液压控制台、电焊机等机械设备的场地。

操作平台按其搭设部位分内操作平台和外操作平台两部分。内操作平台由承重桁架（或梁）与楞木、铺板组成。承重桁架（或梁）的两端可支承在提升架的立柱上，也可通过托架支承在上下围圈上。外操作平台悬挑在混凝土外墙面外侧。通常由三角挑架与楞木、铺板等组成。三角挑架同样可以支承在提升架立柱上，或支承在上下围圈上。

根据楼板的施工工艺的不同要求，可将操作平台板做成固定或活动两种式样。

(B) 内外吊脚手架（吊架）。内外吊脚手架主要用于检查混凝土的质量、表面装饰以及模板的检修和拆卸等工作。由吊杆、横梁、脚手板防护栏杆等构件组成，吊杆上端通过螺栓悬吊于三角挑架或提升架的立柱上，下端与横梁连接。

3）提升机具系统。提升机具系统包括支承杆、液压千斤顶、针形阀、油管系统、液压控制台、分油器、油液、阀门等。

(A) 支承杆（爬杆）。支承杆是千斤顶向上爬升的轨道，也是滑模的承重支柱。它承受滑模施工中的全部荷载。支承杆的直径与数量根据提升荷载的大小通过计算确定。

支承杆按使用情况分为工具式和非工具式两种。工具式支承杆在使用时，应在提升架横梁下设置内径比支承杆直径大 2～5mm 的套管，其长度应到模板下缘。在支承杆的底部还应设置钢靴（图 4-63），以便最后拔出支承杆。非工具式支承杆直接浇筑在混凝土中。

支承杆在施工中需不断接长，其连接形式有丝扣连接、榫接和剖口焊接等（图 4-64）。对采用平头对接、榫接和丝扣接头的非工具式支承杆，当千斤顶通过接头部位后，应及时对接头进行焊接加固。

(B) 液压千斤顶。千斤顶是带动整个滑模系统沿支承杆上爬的机械设备。常用的油压千斤顶有 GYD-35 型和 QYD-35 型等。

液压千斤顶的构造和提升原理如图 4-65 所示。千斤顶内装上下两个卡头，当支承杆穿入千斤顶中心孔时，千斤顶内的卡块像倒刺一般，将支承杆紧紧抱住，使千斤顶只能沿支承杆向上爬升，不能下降；开动油泵，油液从进油嘴进入油缸，油液压缩大弹簧，这时上卡头紧紧抱住支承杆，下卡头随外壳带动模板系统上升。当上升到上下卡头

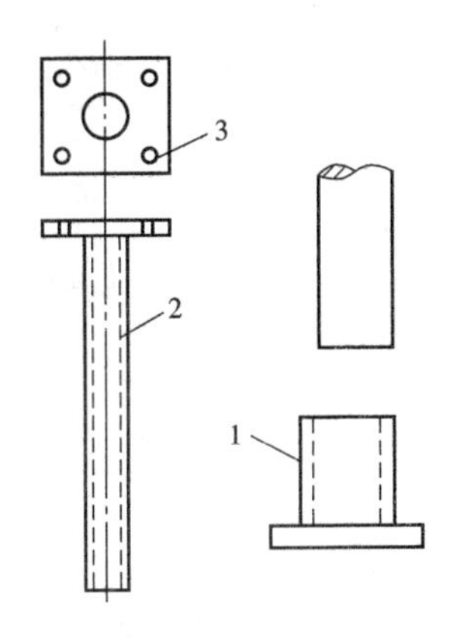

图 4-63 工具式支承杆的套管和钢靴
1—钢靴；2—套管；3—底座

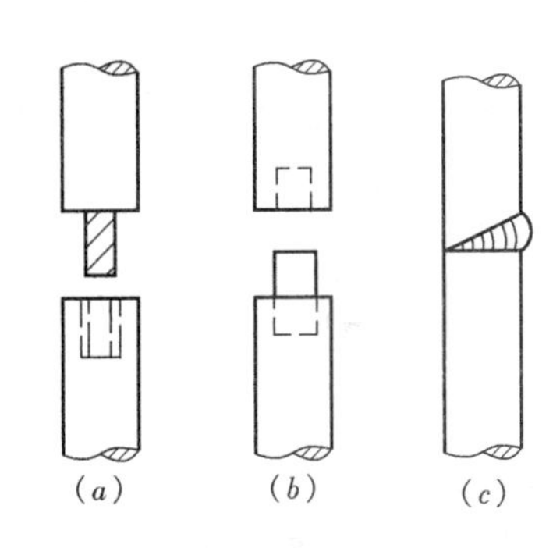

图 4-64 支承杆的连接
(a) 丝扣连接；(b) 榫接；(c) 焊接

相互顶紧时，完成举重过程，此时排油弹簧处于压缩状态。回油时，油压解除，弹簧复位回弹，在其压力作用下，下卡头锁紧支承杆，把上卡头和活塞向上举起，油液从油嘴排出油缸，完成复位过程。

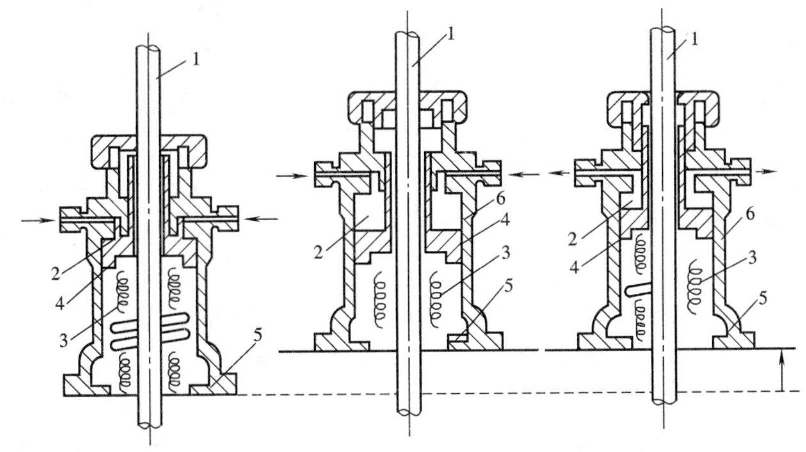

图 4-65 液压千斤顶构造与提升原理
1—支承杆；2—活塞；3—排油弹簧；4—上卡头；5—下卡头；6—缸体

(C) 提升操作装置。提升操作装置是液压控制台和油路系统的总称。它就像滑模系统的“头脑”和“血管”，操纵模板提升并供给千斤顶油压。液压控制台主要由电动机、油泵、换向阀、溢流阀、液压分配器和油箱等组成。

(2) 滑模施工程序

滑模施工程序如图 4-66 所示。

(3) 滑模组装

滑模施工的特点之一，是将模板一次组装完，一直使用到结构施工完毕，中途一般不再变化。

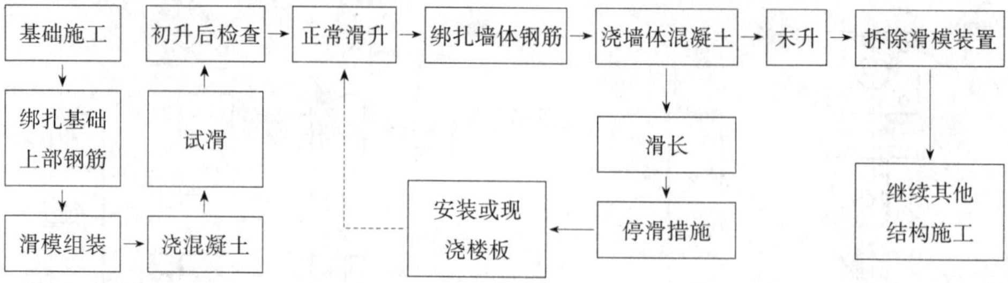

基础施工 → 绑扎基础上部钢筋 → 滑模组装 → 浇混凝土 → 试滑 → 初升后检查 → 正常滑升 → 绑扎墙体钢筋 → 浇墙体混凝土 → 末升 → 拆除滑模装置 → 继续其他结构施工

浇墙体混凝土 → 滑长 → 停滑措施 → 安装或现浇楼板 → 正常滑升

图 4-66　滑模施工程序

1）组装前的准备工作。滑模组装工作应在建筑物的基础顶板或楼板混凝土浇筑并达到一定强度后进行。组装前必须清理场地，设置运输道路和施工用水、用电线路。同时将基础回填平整。按图纸设计要求，在底板上弹出建筑物各部位的中心线及模板、围圈、提升架、平台构架等构件的位置线。对各种模板部件、设备等进行检查，核对数量、规格以备使用。

进行钢筋绑扎，柱子的钢筋较粗，可先绑扎钢筋骨架；对于直径较小的墙板钢筋，可待安装好一面侧模板后进行绑扎。

2）组装。组装的顺序是安装提升架→安装围圈→安装模板→安装操作平台→安装液压设备→安装支承杆。

模板安装要控制其倾斜度适当，要求上口小，下口大，单面倾斜度宜为 0.2%～0.5%。

支承杆的安装必须在模板全部安装验收合格，千斤顶空载试车，排气后进行。

为了增加支承杆的稳定性，避免支承杆基底处局部应力过于集中，在支承杆下端应垫一块 50mm×50mm、厚 5～10mm 的钢垫板，扩大承压面积。由于支承杆较长，上端容易歪斜，可在提升架上焊钢筋限位或三角架来扶正支承杆的位置。

滑模安装完毕，必须按规范要求的质量标准进行检查。

（4）墙体滑模施工

1）准备工作。滑模施工要求连续性，机械化程度较高。为保证工程质量，发挥滑模的优越性，必须根据工程实际情况和滑模施工待点，周密细致地做好各项施工组织设计和现场准备工作。

2）钢筋绑扎。钢筋绑扎要与混凝土浇筑及模板的滑升速度相配合。事先根据工程结构每个平面浇筑层钢筋量的大小，划分操作区段，合理安排绑扎人员，使每个区段的绑扎工作能够基本同时完成，尽量缩短绑扎时间。

钢筋的加工长度，应根据工程对象和使用部位来确定，水平钢筋长度一般不宜大于 7m，垂直钢筋一般与楼层高度一致。

钢筋绑扎时，必须注意留足混凝土保护层的厚度，钢筋的弯钩，必须一律背向模板面，以防模板滑升时被弯钩挂住。当支承杆兼作结构主筋时，应及时清除油污。

绑扎截面较高的大梁，其水平钢筋亦采取边滑升边绑扎的方法。为便于绑扎，可将箍筋做成上口开放的形式，待水平钢筋穿入就位后，再将上部绑扎闭合。

3）混凝土配制。为滑模施工配制的混凝土，除须满足设计强度要求之外，还应满足模板滑升的特殊工艺要求。为提高混凝土的和易性，减少滑模时的摩阻力，在颗粒级配中可适当加大细骨料用量，粒径在7mm以下的细骨料可达50%～55%，粒径在0.2mm以下的砂子宜在5%以上，配制混凝土的水泥品种，根据施工时的气温，模板提升速度及施工对象而选用。夏季宜选用矿渣水泥，气温较低时宜选用普通硅酸盐水泥或早强水泥，水泥用量不应少于250kg/m^3。

4）混凝土浇筑。混凝土的浇筑必须严格执行分层交圈均匀浇筑的制度。浇筑时间不宜过长，过长会影响各层间的粘结，分层厚度，一般墙板结构以200mm左右为宜，框架结构及面积较小的筒壁结构以300mm左右为宜。混凝土应有计划地、匀称地变换浇筑方向，防止结构的倾斜或扭转。

气温较高时，宜先浇筑内墙，后浇筑受阳光直射的外墙；先浇筑直墙，后浇筑墙角和墙垛；先浇筑较厚的墙，后浇筑较薄的墙。预留洞、门窗洞口、变形缝、烟道及通风管两侧的混凝土，应对称均衡浇筑。墙垛、墙角和变形缝处的混凝土，应浇筑稍高一些，防止游离水顺模板流淌，而冲坏阳角和污染墙面。

混凝土的施工和滑模模板提升是反复交替进行的，整个施工过程及相应的模板提升可分为以下三个施工阶段：

初浇阶段——这个施工阶段是从滑模组装并检查结束后，开始浇筑混凝土至模板开始提升为止，此阶段混凝土浇筑高度一般只有600～700mm，分2～3个浇筑层。

随浇随升阶段——滑模模板初升后即开始随浇随升施工阶段。这个阶段中，混凝土浇筑与钢筋绑扎、模板提升相互交替进行，紧密衔接。每次模板提升前，混凝土宜浇筑到距模板上口以下50～100mm处，并应将最上一道水平钢筋留置在混凝土外，作为绑扎上一层水平钢筋的标志。

末浇阶段——混凝土浇筑至与设计标高相差1m左右时。即进入末浇施工阶段。此时，混凝土的浇筑速度应逐渐放慢。

5）模板的滑升。初升阶段——模板的初升应在混凝土达到出模强度，浇筑高度为700mm左右时进行。开始初升前，为了实际观察混凝土的凝结情况，必须先进行试滑升，滑升过程必须尽量缓慢平稳。

正常滑升阶段——模板经初升调整后，即可按原计划进行混凝土和模板的随浇随升。正常滑升时，每次提升的总高度应与混凝土分层浇筑的厚度相配合，两次滑升的间隔停歇时间，一般不宜超过1h，在常温下施工，滑升速度为150～350mm/h，最慢不应少于100mm/h。

末升阶段——当模板升至距建筑物顶部标高1m左右时，即进入末升阶段，此时应放慢滑升速度，进行准确的抄平和找正工作。混凝土末浇结束后，模板仍应继续滑升，直至与混凝土脱离为止。

6）预埋件和预留孔的留设。滑模施工中，预埋铁件、预埋钢筋及水电管线等是随模板滑升而逐步安设的。

门窗洞及其他孔洞的留设方法有：

(*A*) 框模法。事先按照设计图纸尺寸制成孔洞框模（图 4-67*a*)，其材料可用钢材、木材或钢筋混凝土预制。尺寸比设计尺寸大 20～30mm，厚度比模板的上口尺寸小 5～10mm。正式门窗口作框模如图 4-67（*b*）所示。

(*B*) 堵头模板法。是在孔洞两侧的内外模板之间设置堵头模板（图 4-67*c*)。堵头模板（插板）通过角钢导轨与内外模配合。安装时先使插板沿插板支架滑下到与模板门窗框模板相平，随后与模板一起滑升。

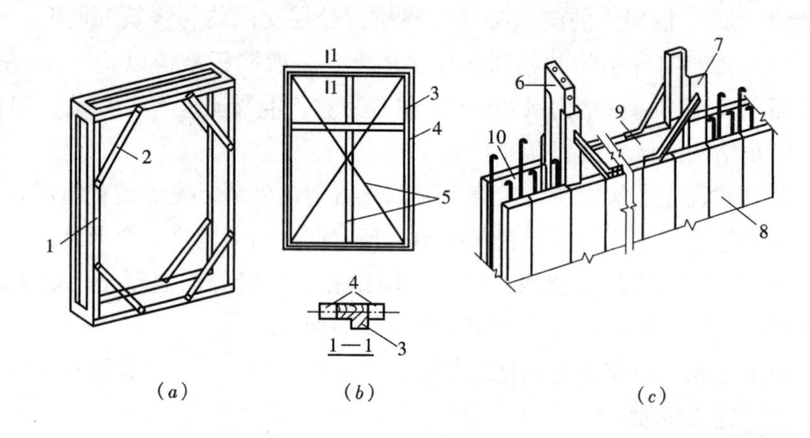

图 4-67　门窗留洞示意图

(*a*) 框模；(*b*) 正式门窗口作框模；(*c*) 堵头模板法

1—门窗框模板；2—支撑；3—正式门窗；4—挡条；5—临时支撑；6—堵头模板；7—导轨；8—滑模板；9—门窗预留洞；10—待浇筑的混凝土墙身

(*C*) 孔洞胎模法。对于较小的预留孔洞及接线盒等，可事先按孔洞具体形状制作空心或实心的孔洞胎模，尺寸应比设计要求大 50～100mm，厚度至少应比内外模上口小 10～20mm，四边应稍有倾斜，便于模板滑过后取出胎模。

(5) 楼板施工工艺

滑模施工中，楼板与墙体的连接，一般分为预制安装与现浇两大类。预制楼板的施工又分为滑空安装法、牛腿安装法和平接法。由于高层建筑结构抗震要求，50m 以上的高层建筑宜采用现浇结构，故高层建筑不采用预制安装方法。采用现浇楼板的施工方法，可提高建筑物的整体性，加快施工进度，并且安全。属于此类方法的现有“滑一浇一”逐层支模现浇法，“滑三浇一”支模现浇法和降模施工法等。

1)“滑三浇一”支模现浇法。这种方法是墙体不断向上滑，预留出楼板插筋及梁端孔洞。在内吊脚手架下面，加吊一层满堂铺板及安全网。当墙面滑出一层后，扳出墙内插筋，利用梁、柱及墙体预留洞或设置一些临时牛腿、插筋及挂钩，作为支设模板的支承点，在其上开始搭设楼板模板铺设钢筋等。当墙体滑升到三层时，浇捣第一层楼板混凝土。这样墙体滑升速度快。

2) 降模施工法。降模施工是当墙体连续滑升到顶或滑到 10 层左右高度后，利用滑模操作平台改装成为楼板底模板，在四个角及适当位置布设吊点，吊点应符合降模要求。把楼板模板降至要求高度，即可进行该层楼板施工（图 4-68）。当该层楼板混凝土达到拆模强度要求时，可将模板降至下一层楼板位置，进行下一层楼板的施工。此时，悬吊模板的吊杆也随之接长。这样依次逐层下降，直至最后在底层将模板拆除。

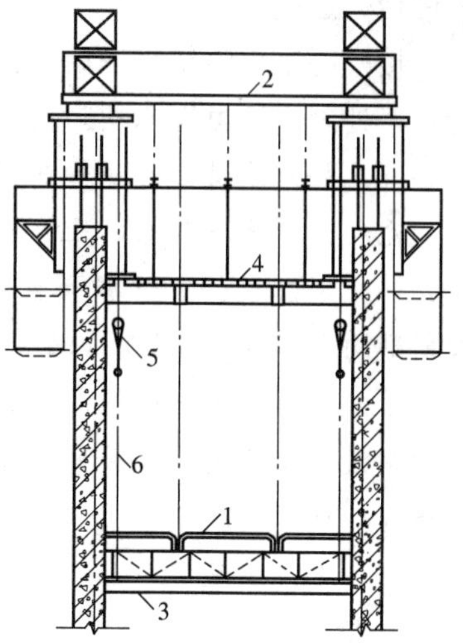

3）“滑一浇一”逐层支模法。“滑一浇一”又称逐层空滑现浇楼板法，它是高层建筑采用滑模时，楼盖施工应用较多的一种施工工艺。采用这种工艺，就是在墙体混凝土滑升一层，紧跟着支模现浇一层楼板，每层结构按滑一层浇一层的工序进行，由此将原来的滑模连续施工改变为分层间断的周期性施工。

图 4-68　降模法

1—操作平台改装降模模板；2—上钢梁；3—下钢梁；4—屋面板；5—起重机械；6—吊索

具体施工时，当每层墙体混凝土浇筑至上一层楼板底部标高后，将滑升模板继续空滑至模板下口与墙体上皮脱空一段高度为止（脱空高度根据楼板厚度而定；一般比楼板厚度多 50～100mm 左右），然后将操作平台的活动平台吊去，进行现浇楼板的支模、绑扎钢筋和浇筑混凝土，如此逐层进行（图 4-69）。

每一楼层的墙身顶皮混凝土施工时，由于上部无混凝土重量压住，模板滑空时容易将混凝土墙身拉裂。尤其在门窗过梁部分，下部也无混凝土相连，更容易产生混凝土随模板上浮面出现的疏散现象。为此，一方面在门窗框部位浇筑混凝土前采用在框侧板上打孔，插入与主筋焊接的短钢筋加以固定；另一方面将门窗过梁部分混凝土浇筑安排到与楼板混凝土同时进行。其他墙身顶皮混凝土滑空前，将其滑升间隔时间在原来浇一皮升一皮的基础上相应缩短，次数增加，直至混凝土达到终凝后才滑空。

现浇楼板的支模方法，可采用支柱法（即传统的楼板支模方法）或桁架支模，还可

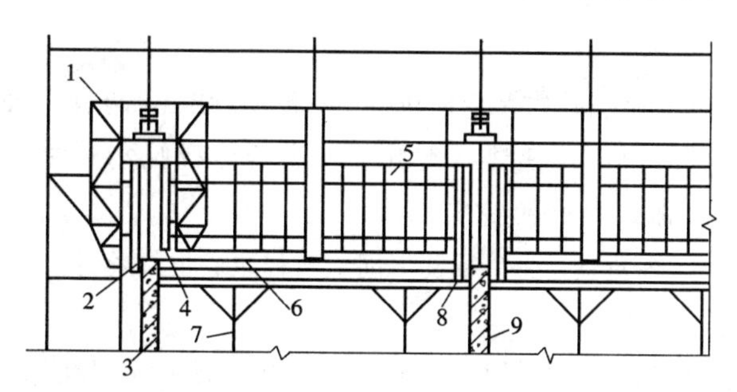

图 4-69　“滑一浇一”模板空滑示意图

1—加长腿钳形提升架；2—加长的外墙模板；3—混凝土外墙；4—外墙内模板；5—内墙模板；6—现浇楼板底模板；7—顶撑；8—加长阴角模；9—内墙混凝土

采用台模法施工。

楼板混凝土浇筑完毕后，楼板上表面与滑模模板下皮一般存在50～100mm的水平缝隙，处理方法可用木板封口，继续浇筑混凝土。

(6) 福州元洪大厦核心筒滑模施工

元洪大厦地下3层，上部28层，楼顶标高111.4m，两侧均有裙楼。总建筑面积48429m²。主楼是由12根大柱和圆形核心筒剪力墙组成的框筒结构，从筒壁周边向外放射形均匀布置36根变截面梁组成的平面受力体系。

该工程核心筒平面呈圆形，内纵横剪力墙多，而且不规则，采用常规支模施工，竖向结构模板组装量大，且安装难度大，混凝土浇捣易出现爆模、蜂窝、狗洞等缺陷，施工质量与施工速度难以保证，而且模板投入量大，而外围框架竖向结构工程量少。为此，施工单位确定了以核心筒滑模施工为主导、外围框架常规翻转模施工并举的施工方案。

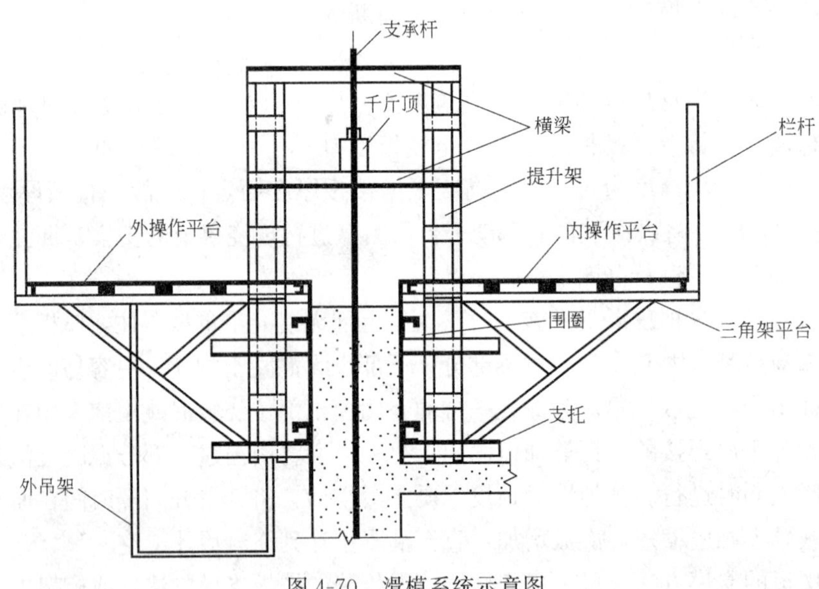

图4-70 滑模系统示意图

1) 滑模模板

① 模板。利用组合钢模板，高度为900mm和1200mm两种。即利用900m模板当外模，1200mm模板当内模，以便墙体滑升至板底后外模脱空，便于施工楼板，此时内模仍有一定握裹长度，保证平台的稳定性。

② 围圈。采用∠75×8角钢，上下围圈之间加斜杆组成桁架式围圈，保证围圈的刚度。

2) 提升系统

① 支承杆。大部分利用核心筒剪力墙暗柱结构配筋ϕ25螺纹钢，长度4m，支承杆加工成一头平，另一头加工成有双面锥度，钢筋切断不用钢筋切断机切割，必须用砂轮切割机或气割，当千斤顶顶面爬到接近支承杆端头约25cm左右时，开始接支承杆，新接支承杆与原支承杆垂直对齐，用电焊把锥面剖口焊满，注意不让焊缝超过原钢筋直径，待千斤顶滑过接头之后，在接头处加帮条焊接，增大支承杆承载能力，减少支承杆

用量，取得较好经济效益。

② 油路布置。采用三级并联油路，用一台 YZKT-56 型液压控制台控制，主油路 5 路，主油管采用 ϕ16 高压胶管，支油路用 ϕ8 高压胶管。

3）操作平台

为满足“滑一浇一”施工，核心筒电梯厅走道平台板设计成四块活动平台，等墙体滑升施工完一层后用塔式起重机吊离活动平台，施工走道板。

4）控制系统

水平度控制：在千斤顶上端加装限位调平器，在开始滑升前对各千斤顶的高低用水平仪测量校平，并在各支承杆上标示标高线（红三角），以后每 30cm 安装可移动限位挡块，使千斤顶每爬升 30cm，就可以达到同一标高，从而控制水平度。

垂直度控制：在走道板平台上、布置三点，每层楼板上下贯通、每滑升 1m，对中一次，发现问题，及时处理。

5）垂直运输系统

现场配一部 SIMMA 塔式起重机和快速井架一部，由于核心筒滑模先施工，快速井架提升混凝土，通过一活动钢管栈桥，用架子车通过串筒卸料至滑模平台后再分散至浇筑点。

6）施工中的几个关键性问题

① 竖向结构滑模与水平结构连接措施

本工程核心筒滑模与筒外梁板采用“滑一浇一”施工，其工艺过程为：

A. 吊去操作平台上多余的材料及机械设备；

B. 开始空滑时，由于混凝土强度较低，应缓慢、均匀地小高度提升模板，待混凝土强度达到脱模强度后，陆续将模板提升至要求高度；

C. 空滑过程中，柱钢筋及水电立管跟踪进行安装；

D. 加固支承杆以加强滑模装否的整体性和稳定性，空滑过程中，加强对操作平

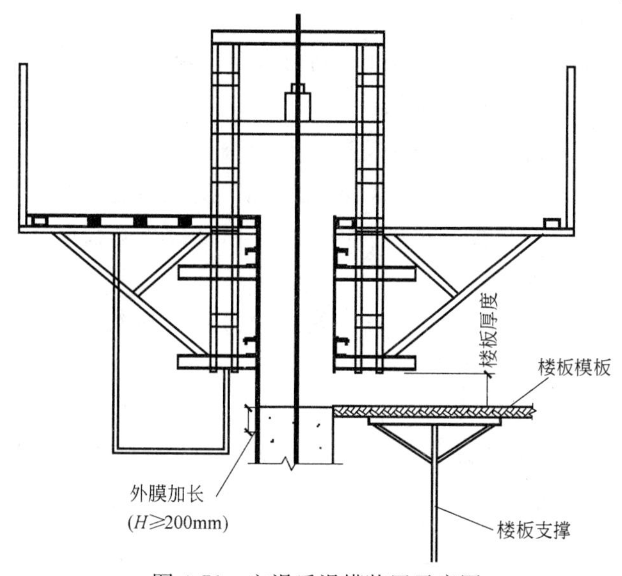

图 4-71　空滑后滑模装置示意图

台、支承杆工作状态的监控。

E. 空滑后，其外周模板与墙体接触部分高度不小于200mm。对外墙外模板的加长应在底层模板滑升过程中进行。空滑后滑模装置如图4-71所示。

F. 空滑后及时清理掉粘在模板上的混凝土。

G. 滑空后及时拆除并清理梁等预留孔洞的胎模，校核梁位置并进行梁板结构模板安装。

H. 梁板结构支模基本完成后，吊去活动平台及内平台的铺板，分别进行梁板结构钢筋安装、水电管线预埋及混凝土浇筑。

核心筒内除电梯厅走道板外，其余均采用“滑n浇一”施工，即水平楼板后浇施工，与墙体相差2～3层，为了保证竖向结构与横向结构的连接能满足设计要求，确保结构整体性，采取了下列技术措施：

A. 对伸入墙中的梁，采用在墙上留洞的办法，洞口的宽度比梁宽每边增大2～3cm。

B. 板与竖向结构的连接根据板端支承受力情况的不同分别处理。对单向板的非支承边，采用在墙体相应位置埋设插筋的方法处理，待滑出模板后把插筋凿出，并将连接面凿毛，楼板施工时，将插筋扳直，并按设计要求成型，采用绑扎连接。对双向板和单向板的支承边，采用留插筋及凿打凹槽。楼板施工时，必须将受力筋与插筋电焊连接。

② 滑模施工对结构配筋要求

A. 核心筒中所有暗柱的箍筋应能侧面套入柱内，即采用开口组合箍。

B. 墙体结构上设的各种洞口，其周边的加强筋，不宜设45°斜筋，应加强其竖向及水平筋。

C. 为留插筋及扳直钢筋方便，后浇楼板筋，其直径不宜大于ϕ8mm，对施工图中大于8mm的钢筋用ϕ8钢筋根据等强或等面积代换。

③ 保证竖向结构滑升垂直度措施

A. 安装调平限位器、每滑升30cm控制一次千斤顶标高。

B. 操作平台上的荷载应均匀布置。

C. 混凝土浇筑方向，应根据偏移情况及时调整。

D. 利用激光铅直仪加强垂直测控，做到勤测，发现问题及时处理。

E. 利用双千斤顶以加强提升平稳和加强平台刚度防止平台偏移。

7）劳力组织与工期指标

滑模施工是多工种协同作业，实行每层连续滑升，按两班制作业，每班12小时，单班劳力安排详见表4-6劳力组织一览表。

8）经济效益和社会效益

元洪滑模从二层开始，通过对比原每层核心筒墙体施工需占绝对工期7天左右，采用滑模施工后每层滑升仅20小时左右，同时滑升过程外围框架一起施工，核心筒施工基本不占绝对工期，确保元洪大厦结构根据合同提前二十五天封顶。施工质量方面：由于核心筒属圆形结构，内纵横剪力墙多，常规支模，爆模时有发生，质量不易保证；采用滑模施工模板一次组装，每次浇筑混凝土仅30cm，不存在爆模，而且混凝土浇捣密实，施工质量明显提高。元洪大厦核心筒墙体混凝土量约5000m^3，滑模模具合计：10万元，人工消耗：10975工日，而常规支模模板费合计：35万元，人工消耗：32300工日，仅此两项节省55万元，经济效益显著。

劳力组织一览表 表4-6

工种	数量	工作内容
负责人	1人	全面负责
混凝土工	10人	负责混凝土振捣和缺陷修补
钢筋工	20人	负责钢筋绑扎
木工	10人	负责放线、模板、预埋件、门洞接支承杆等
机械工	5人	开搅拌机、开电梯、快速井架
油泵工	1人	负责液压操纵等
起重工	2人	塔式起重机司机、指挥
电焊工	2人	负责钢筋、钢件、焊接以及零星气割
测量工	1人	负责垂直度测量
电工	1人	电气维护
普工	40人	负责混凝土前台、后台运输等
合计	93人	

4.4 预制装配结构施工

在高层建筑主体结构施工中，采取预制构、配件，现场机械化装配的施工模式，具有以下特点：

(1) 梁、柱、楼板等构件采用工厂化生产，节省了现场施工模板的支设、拆卸工作；

(2) 施工速度快，可以充分利用施工空间进行平行流水立体交叉作业；

(3) 施工需要配有相适应的起重、运输和吊装设备；

(4) 结构用钢量比现浇结构多，工程造价也比现浇结构高。

4.4.1 装配式预制框架结构施工

1. 构造要求

高层建筑中装配式预制框架结构的节点，多采用装配整体式。这种结构体系按地震烈度8度设防，建筑总高度可达50m。

(1) 构件体系

由柱、横梁、纵梁、走道梁，以及楼板（通常为预应力空心板）组成。

(2) 节点处理

梁、柱节点构造如图4-72所示。

为了增加建筑的抗震性能和保证楼盖的整体刚度，一般在预制板上和梁叠合层上，

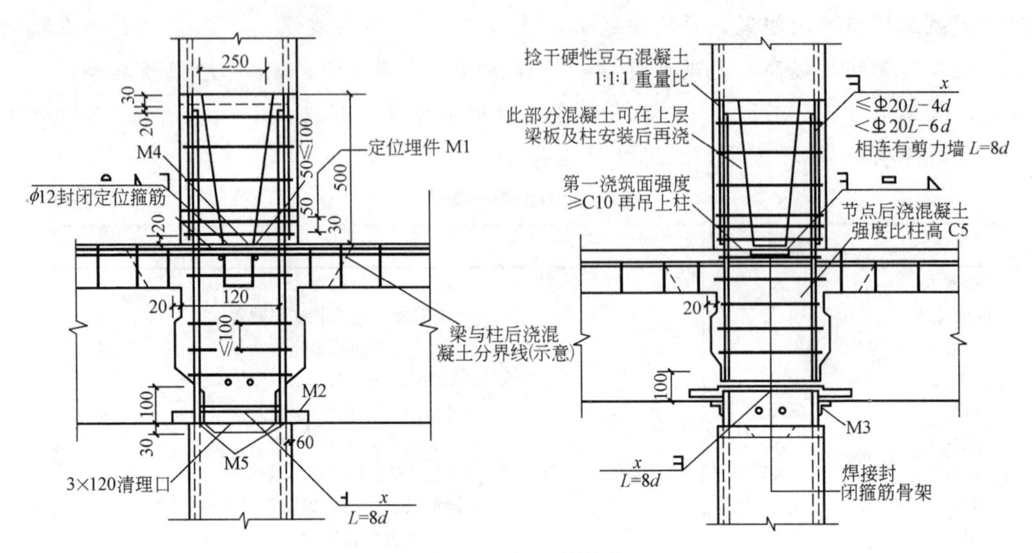

图 4-72　梁、柱节点

设 40mm 厚度现浇混凝土层，并配置双向 $\phi4$～$\phi6$ 钢筋，间距 250mm。这种节点处理，不仅抗震性能好，而且由于柱的安装无需临时支撑，接缝混凝土密实，焊接量少，并且解决了节点核心不便设置箍筋的问题，是较好的节点做法。

2. 施工工艺

(1) 工艺流程

首先进行施工准备工作，重点是抄平、放线以及验线工作；无误后即可吊装框架柱，焊接柱根钢筋；支设柱根模板，浇筑柱根混凝土。接下来吊装框架梁，焊接框架梁钢筋；同时绑扎剪力墙钢筋和吊装预制板，剪力墙支设模板，浇筑剪力墙混凝土，养护墙体混凝土后，吊装剪力墙上的预制板；支设叠合梁、柱头模板，支设板缝模板，绑扎叠合梁、叠台板钢筋；浇筑柱头混凝土，浇筑板缝、叠合梁、叠合板混凝土；柱头预埋钢板并找中找平。

(2) 结构吊装

1) 吊装准备

吊装前应按结构安装工程的要求进行构件的检查和弹线。

为了防止柱子翻身起吊小柱头触地而产生裂缝和外露钢筋弯折，可采用安全支腿(图 4-73)，这种安全支腿在柱子起吊后，即可自动脱落；也可用钢管三角架套在柱端钢筋处或撑垫木(图 4-74)。

2) 吊装

一般采用分层、分段流水吊装方法。

吊装过程的质量控制：对柱子控制平面位置和垂直度，对预制梁，重点控制伸入柱内的有效尺寸和顶面标高；对楼板，重点控制顶面标高。

3. 施工注意事项

(1) 梁、柱节点处理

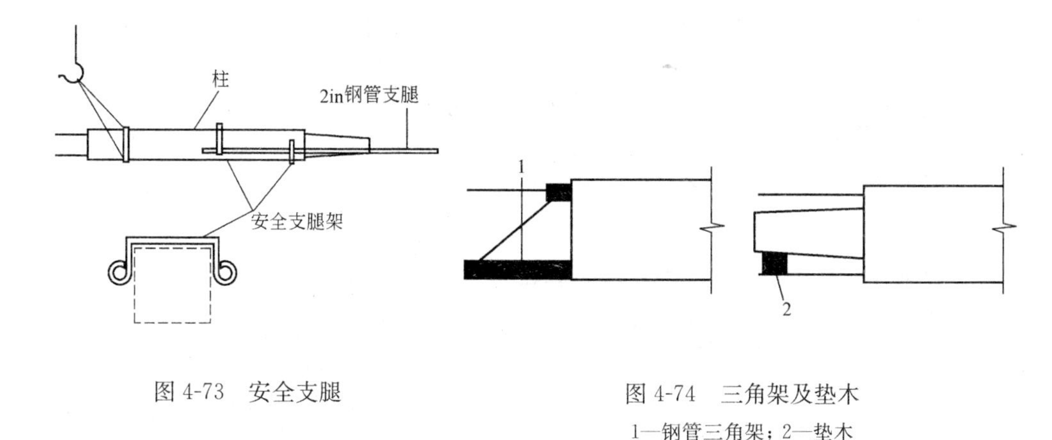

图 4-73　安全支腿

图 4-74　三角架及垫木
1—钢管三角架；2—垫木

节点梁端柱体的箍筋，宜采用预制焊接钢筋笼，待主、次梁吊装焊接完毕后，从柱顶往下套。梁、柱节点浇筑混凝土的模板，宜用钢模板，在梁下皮及以下用两道角钢和 ϕ12 螺栓组成围圈，或用 ϕ18 钢筋围套，并用楔子打紧。节点混凝土浇筑前，应将节点部位清理干净。梁端和柱头存有隔离剂或过于光滑时，应凿毛处理，并在浇筑前用水湿润。

浇筑节点混凝土时，外露柱子的主筋要用塑料套包好，以防粘结灰浆。节点混凝土浇筑及振捣，宜由一人负责一个节点，采用高频振捣棒，分层浇捣。要加强节点部位混凝土的湿润养护，养护时间不少于 7d。

(2) 叠合层混凝土的浇筑

浇筑前，要将叠合梁上被踏歪斜的外露箍筋扶正，确保负弯矩筋位置正确，并注意钢筋网片的接头和抗震墙下部要甩出连接钢筋。

预制板缝的模板要支撑牢固，浇筑混凝土前要清理湿润基层，同时刷一遍素水泥浆。板缝混凝土宜用 HZ_6P30 型振捣器振捣，或用钢钎捣实。

(3) 现浇剪力墙的施工

模板在安装前，先在墙下部按轴线作 100mm 高的水泥砂浆导墙，作为模板的下支点，模板下口与导墙间的缝隙要用泡沫塑料条堵严。

支设墙模时，要反复校正垂直度。模板中部要用穿墙螺栓拉紧，或用钢板条拉带拉紧，防止模板鼓胀，两片模板之间要用钢管或硬塑料管支撑，以保证墙体的厚度。

门洞口四周，钢筋较为密集，绑扎时可错位排列。如用木模作洞口模板，在浇筑混凝土前应浇水湿透。浇筑混凝土前，宜先浇一遍素水泥浆，然后按墙高分步浇筑混凝土。第一步浇筑高度不大于 500mm。浇筑时要采取人工送料的方法，严禁从料斗中直接卸混凝土入模。电梯井四面墙体在浇筑时，不可先浇满一面，再浇捣另一面，这样会使墙体模板整体变形、移位。应四面同时分层浇筑。

预制装配式框架结构的质量标准和检验方法按现行《混凝土结构工程施工质量验收规范》GB 50204 执行。

4.4.2　装配整体式框架结构工程施工

装配整体式框架结构，一般是指预制梁、板，现浇柱的框架结构（包括框架—剪力墙，剪力墙为现浇），是高层建筑中应用较多的一种工业化建筑体系。这种结构工艺体系，综合了全现浇和预制框架体系的优点，解决了预制梁、柱接头焊接量大和工序复杂的问题，增强了结构节点的整体性，可适用于有抗震设防要求的高层建筑。

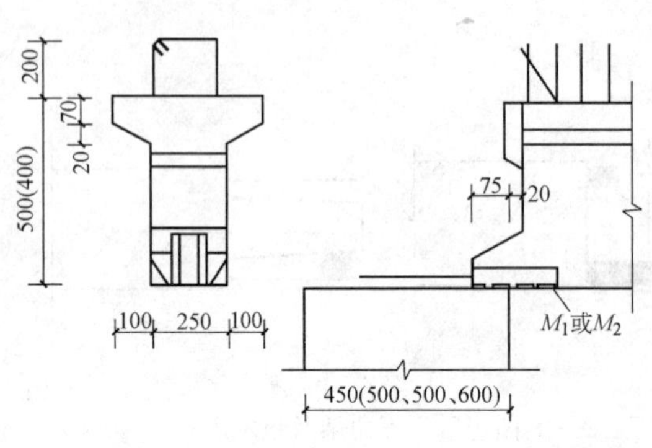

图 4-75　梁、柱节点构造

1. 梁、柱节点的构造

现浇柱预制梁板框架结构的梁、柱节点构造如图 4-75 所示，它具有以下特点：

（1）梁端部留有剪力槽，与现浇混凝土咬合后形成剪力键。梁端下部伸入柱内 95mm，梁端下部预留出钢筋，与节点混凝土形成一体，增加梁、柱节点的整体性。

（2）梁端主筋用角钢加强，并扩大了梁端的承压面。梁节点在二次浇筑后，使混凝土能充满梁底与柱面的空隙，使梁体早期将部分荷载传递给柱。

2. 施工方法

现浇柱预制梁板框架结构的施工特点在于梁、板先预制成型，在施工现场拼装；梁、柱交接处节点与现浇柱同时浇筑混凝土。常见的施工方法有两种：即先浇筑柱子混凝土，后吊装预制梁、板；先吊装预制梁、板，后浇筑柱子混凝土。

（1）先浇筑柱子混凝土，后吊装预制梁、板

这种施工方法是首先绑扎柱子钢筋，然后支设柱模板。再浇筑柱子混凝土到梁底标高，待柱子混凝土强度大于 5N/mm² 时，拆除柱模板，然后吊装预制梁、板，再浇筑梁、柱接头混凝土以及叠合层混凝土。预制梁吊装就位后的支托方法，通常有以下两种：

1）临时支柱法　在横梁两端轴线上，分别支设临时支柱（图 4-76），用以支承横梁、楼板构件自重及施工荷载。然后校正支柱的轴线位置和梁顶标高，并在支柱底部用木楔顶紧，再把支柱上端与梁支撑夹紧固定，同时将支柱上、下端用连接件与混凝土柱子连接固定，以保证支柱的稳定性。

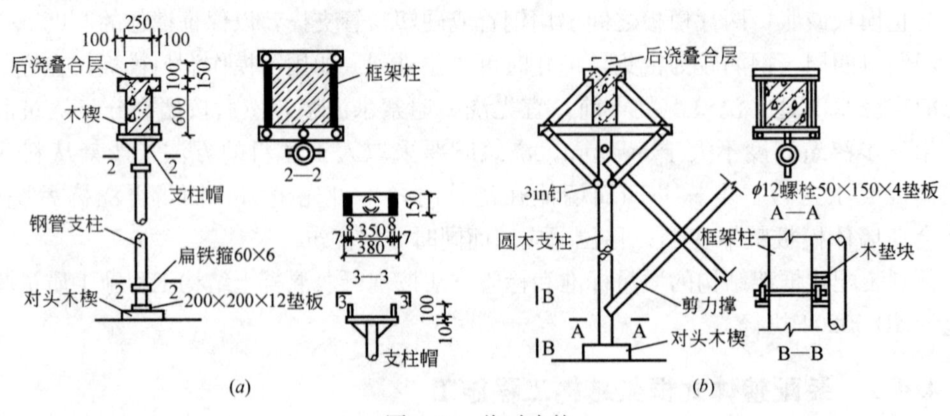

图 4-76　临时支柱

（a）钢支柱；（b）木支柱

2）木夹板承托法　木夹板承托法是指在柱模板拆模后，当混凝土强度不低于 7.5N/mm^2 时，在柱顶、梁底标高处安装木夹板，利用木夹板与混凝土柱子接触面间的摩擦力来支承框架横梁（图 4-77）。

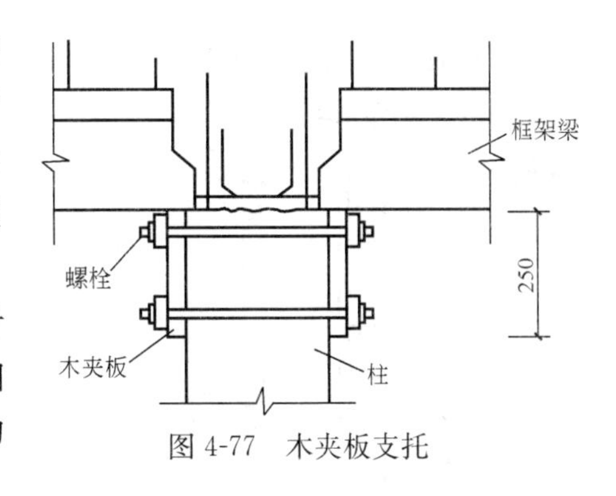

图 4-77　木夹板支托

施工时，一般混凝土柱顶标高应比横梁的设计底标高低 10～20mm，夹板顶标高与横梁底标高相同，用以传递梁端的荷载，木夹板与柱子接触面的摩擦力是靠螺栓施加给木夹板的预压力而产生的。

（2）先吊装梁、板，后浇筑柱子混凝土

这种施工方法是利用承重柱模板支承安装预制梁、板，然后浇筑柱子混凝土以及梁、柱接头，最后再浇筑叠合层混凝土。

1）承重钢柱模板的构造

承重钢柱模板由柱模、梁支承柱、柱顶小耳模和斜支撑等组成。

柱模是由 4 块侧模组成，其平面尺寸根据柱子尺寸和主、次梁的标高决定。柱体侧模可用 3mm 厚钢板，四周用∟50×5 角钢，横肋用 5 号槽钢，其间距为 600mm（图4-78）。

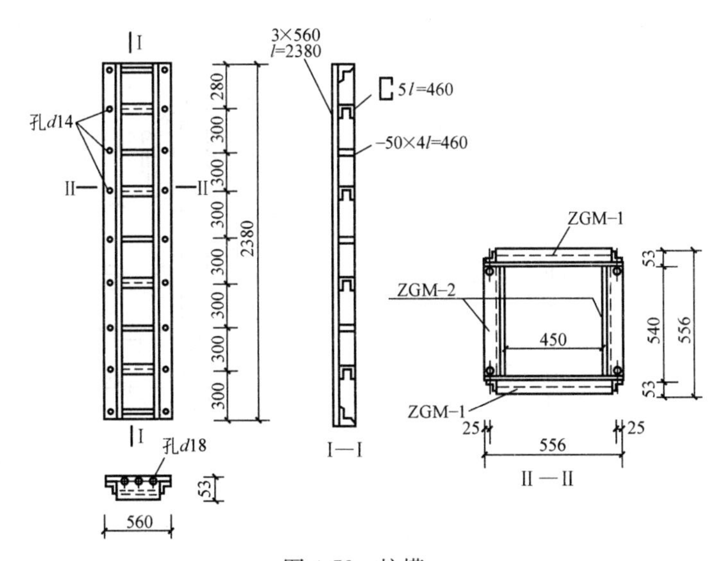

图 4-78　柱模

梁支承柱一般用 10 号槽钢加固而成，上部焊上支承框架梁的托梁，下部焊上 ϕ38 长 250mm 的可调节高低的顶丝（图 4-79）。

斜支撑的作用是用于调节柱模的垂直度，防止柱模受荷载后产生倾斜和位移（图4-80）。

小耳模是梁的定位模，四框由角钢组成，中间用 3mm 厚钢板，两边对称设置（图4-81）。

2）施工工艺

（A）安装钢柱模　钢柱模可采用先拼装、后安装就位的方法。钢柱模就位后，用扣件将梁支承柱与柱体侧模连接起来，并用梁支承柱的顶丝调节其高度。

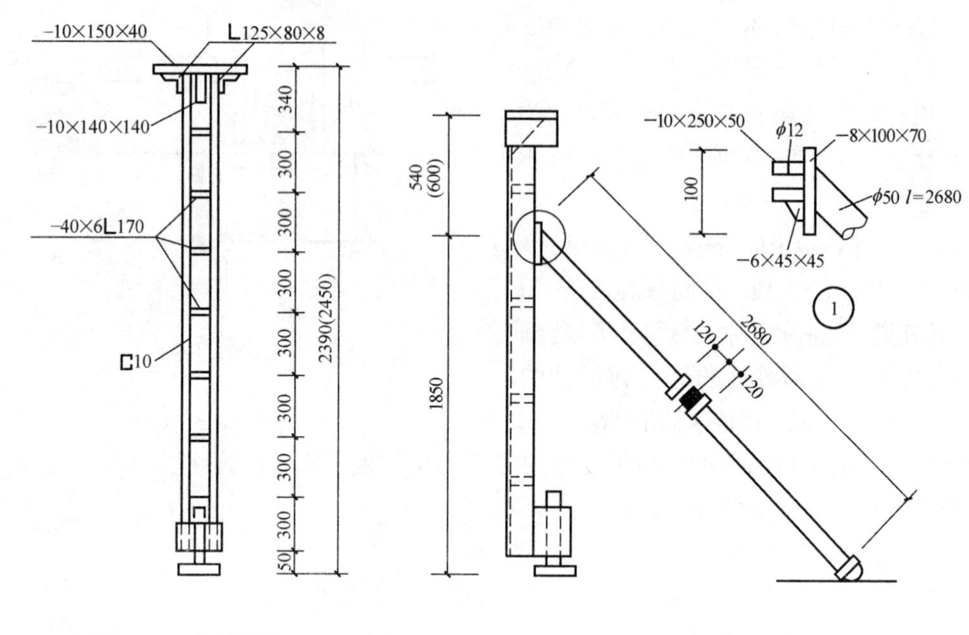

图 4-79 支承梁模

图 4-80 斜支撑

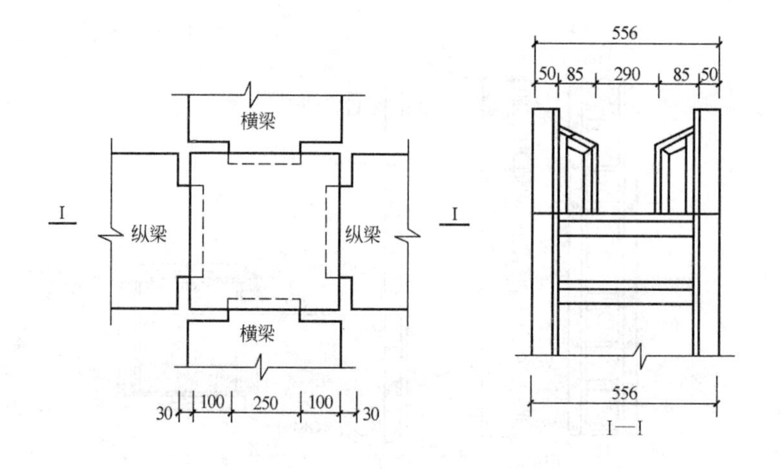

图 4-81 小耳模

梁支承柱的托板应高出钢柱模 10mm，以防止预制混凝土梁压在柱模上。

(*B*) 安装预制梁板　吊装预制梁、板时，应先吊主梁，后吊次梁，从一端向另一端推进，并逐间封闭。预制混凝土楼板吊装前，应先铺好找平层砂浆。楼板在梁上的搁置长度应按设计要求严格掌握。预制混凝土梁安装后，在其下部应设临时支撑，待叠合层混凝土浇筑养护后，满足规范要求的强度，方可拆除。

(*C*) 柱子混凝土浇筑　浇筑柱子混凝土时，应按中、边、角的顺序依次施工，这样有利整体结构的稳定，可防止因浇筑混凝土产生的侧压力而引起梁、柱的倾斜、偏移。

(*D*) 钢柱模板的拆除　钢柱模板拆除时，柱子混凝土强度不应小于 10N/mm^2。

4.4.3 装配式大板剪力墙结构工程施工

装配式大板剪力墙结构，是我国发展较早的一种工业化建筑体系，这种结构体系的特点是：除基础工程外，结构的内、外墙和楼板全部采用整间大型板材进行预制装配（图 4-82），楼梯、阳台、垃圾和通风道等，也都采用预制装配。构配件全部由加工厂生产供应，或有一部分在施工现场预制，在施工现场进行吊装组合成建筑。在北京地区目前已建成的高层建筑为 10～18 层，结构按 8 度抗震设防。

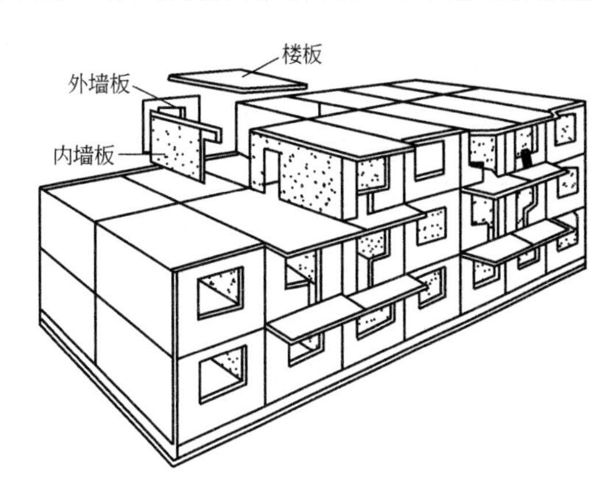

图 4-82 装配式大板建筑示意图

1. 构件类型和节点构造

（1）构件类型

1）内墙板 内墙板包括内横墙和内纵墙，是建筑物的主要承重构件，均为整间大型墙板，厚度均为 180mm，采用普通钢筋混凝土，其强度等级为 C20。墙板内结构受力钢筋采用 HRB335 级钢。

2）外墙板 高层装配式大板建筑的外墙板，既是承重构件，又要能满足隔热、保温、防止雨水渗透等围护功能的要求，并应起到立面装饰的作用，因此构造比较复杂，一般采用由结构层、保温隔热层和面层组合而成的复合外墙板。

3）大楼板 大楼板常为整间大型实心板材，厚 110mm。根据平面组合，其支承方式与配筋可分为双向预应力板、单向预应力板、单向非预应力板和带悬挑阳台的非预应力板。

4）隔断墙 隔断墙主要用于分室的墙体，如壁橱隔断、厕所和厨房间隔断等，采用的材料一般有加气混凝土条板、石膏板以及厚度较薄的（60mm）的普通混凝土板等。

（2）节点构造

高层装配式大板建筑的结构整体性，主要是靠预制构件间现浇钢筋混凝土的整体连接来实现。外墙节点除了要保证结构的整体连接外，还要做好板缝防水和保温、隔热的处理。因此，高层装配式大板建筑的节点构造，是确保建筑物功能的关键。

为了增强高层装配式大板建筑的整体性及抗剪能力，内、外墙板两侧面及大楼板四周均设有销键和预留钢筋套环及预留钢筋。墙板的垂直缝内的预留钢筋套环，均须插筋，且上、下层插筋须相互搭接焊接形成整体。墙板之间交接处下脚位置，设有局部放大截面现浇混凝土节点。墙板顶部，除留有楼板支承面外，还设有钢筋混凝土圈梁。内、外墙板底部，设有局部放大截面的现浇混凝土节点，其中预留主筋与下层墙板的吊环钢筋焊接在一起，形成具有抗水平推力的“剪力块”（图 4-83）。

2. 施工工艺

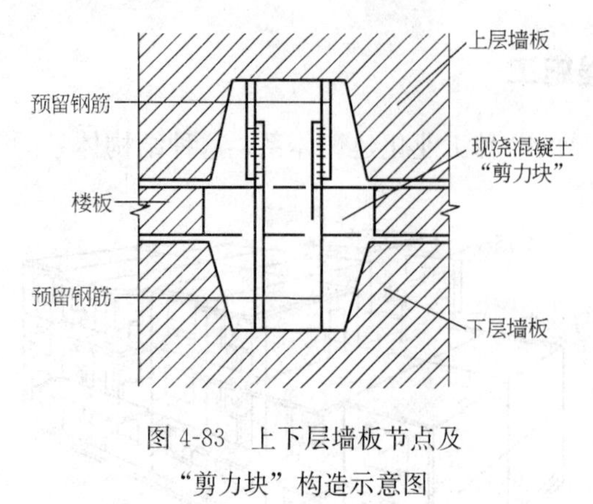

图 4-83　上下层墙板节点及“剪力块”构造示意图

(1) 施工准备

高层装配式大板建筑结构施工是以塔式起重机为中心，在塔臂工作半径范围内，组织多工种流水作业的机械化施工过程。由于建筑物的构、配件全部采用了装配式，所以它与全现浇结构、现浇与预制相结合结构具有明显的不同特点，即结构施工工序明确，吊次比较均衡，一般采用的流水作业方式是工序流水而不是通常在建筑施工中采用的区域流水，作业施工节奏快而紧凑，构件必须配套保证正常供应。因此，高层装配式大板建筑结构施工前的准备工作，除了一般要求外，有其突出的重点：

1) 合理地选用和布置吊装机械　在高层装配式大板建筑结构安装施工中，无论是构件起吊（指现场塔下重叠生产），还是卸车（指加工厂集中生产）、堆放和吊装，以及各种材料、设备的垂直运输，都由塔式起重机来完成。因此，要合理地选用和布置塔式起重机。

2) 合理进行施工现场的平面布置　重点是确保施工现场有足够的构件储备量；现场运输道路的布置，要方便大板运输车的通行和构件的卸车。

(2) 施工要点

高层装配式大板建筑结构施工（标准层）的工艺流程为：

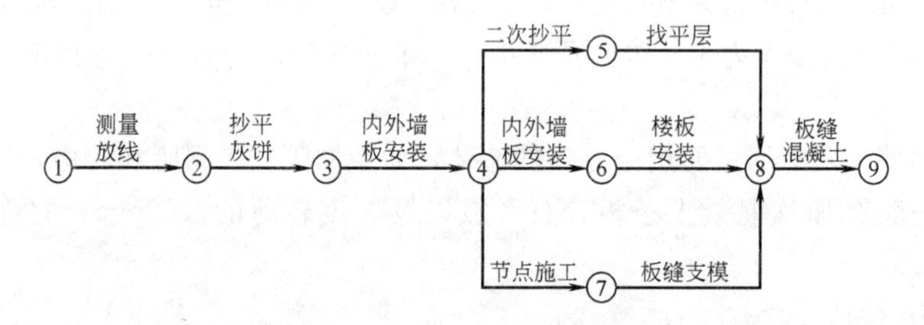

高层装配式大板建筑的结构安装施工，一般采用“储存吊装法”，分两班施工。白班按工艺流程进行结构安装施工；夜班按计划要求进行墙板等构件进场卸板储存工作及提升安全网等作业。

结构安装采用“逐间封闭法”施工。即以每一结构间为单元，先吊装内墙板，然后吊装外墙板。每一楼层的安装作业从标准间开始。标准间的设置，一般板式建筑选择在拟建建筑物中部靠楼梯（电梯）的房间。塔式建筑则视具体情况而定。

高层装配式大板建筑的结构节点，是确保建筑物整体性的关键。每层楼板安装完毕后，即可进行该层的节点施工，包括节点钢筋的焊接、支设节点现浇混凝土模板、浇筑节点混凝土、拆模等工序。

要注意的是，在设计有上、下、左、右墙、楼板全方位整体“剪力块”的节点部位，应采取一次支模、一次浇筑的施工工艺，而不允许下层墙板顶部节点构造、上层墙板底部节点构造随墙板安装分成两次支模、两次浇筑的做法，以确保其抵抗水平推力的能力。

(3) 外墙节点防水施工

外墙板之间形成的板缝节点是高层装配式大板建筑防水抗渗、保温隔热的关键部位，直接影响着整个建筑工程的质量，处理不好，将严重影响建筑物的使用功能。外墙节点防水主要有三类方案，即：构造防水方案、材料防水方案和综合防水方案。

构造防水方案主要是通过在外墙板四周，即板的边缘部位和板的侧面考虑一些构造形式来达到节点防水抗渗的目的。

材料防水方案是在外墙板四周板边没有特殊防水构造的情况下，主要依靠采用防水嵌缝材料对板缝节点进行粘结、填塞，阻断水流通路，达到防水的目的。

综合防水方案是一种综合了构造防水和材料防水各自优点的防水方案。综合防水方案一般以构造防水为主，在外墙板四周采取一定的防水构造措施，又辅之以性能可靠的嵌缝防水材料，从而避免了单一防水方案的局限性。国内大板建筑多采用综合防水方案。

4.4.4 高层预制盒子结构施工

盒子结构是把整个房间（一个房间或一个单元）作为一个构件，在工厂预制后运送到工地进行整体安装的一种房屋结构。每一个盒子构件本身就是一个预制好的，带有采暖、上下水道及照明等所有管线的，装修完备的房间或单元。它是装配化程度最高的一种建筑形式，比大板建筑装配化程度更高、更为先进。

但是，由于盒子结构建筑的大量作业转移到了工厂，因而预制工厂的投资较高，一般比大板厂高 8%～10%，而且运输和吊装也需要一些配套的机械。

1. 盒子种类

盒子构件按大小分，有单间盒子和单元盒子。

盒子构件按材料分，有钢、钢筋混凝土、铝、木、塑料等盒子。

盒子构件按功能分，有设备盒子（如卫生间、厨房、楼梯间盘子）和普通居室盒子。

盒子构件按制造工艺分，有装配式盒子和整体式盒子。

装配式盒子是在工厂制作墙板、顶板和底板，经装配后用焊接或螺栓组装成盒子。整体式盒子是在工厂用模板或专门设备制成钢筋混凝土的四面或五面体，然后再用焊接或销键把其余构件（底板、顶板或墙板）与其连接起来。整体式盒子节省钢材，缝隙的修饰工作量减少。

2. 盒子结构体系

盒子结构体系常用的有以下几种：

(1) 全盒子体系（图 4-84*a*）

全盒子体系是完全由承重盒子或承重盒子与一部分外墙板组成。这种体系的装配化程度高，刚度好，室内装修基本上在预制厂内完成，但是在拼接处出现双层楼板和双层墙，构造比较复杂。

美国等一些国家常采用这种形式，美国的 Shelly 体系即属此类，已用此体系建造了 18 层的旅馆。

（2）板材盒子体系（图 4-84*b*）

这种结构体系是将设备复杂的且小开间的厨房、卫生间、楼梯间等做成承重盒子，在两个承重盒子之间架设大跨度的楼板，另用隔墙板分隔房间。这种体系可用于住宅和公共建筑，虽然装配化程度较低，但能使建筑的布局灵活。

（3）骨架盒子体系（图 4-84*c*）

这种结构体系是由钢筋混凝土或钢骨架承重，盒子结构只承受自重，因此可用轻质材料制作，使运输、吊装和结构的重量大大减轻，它宜于建造高层建筑。如日本用以建造高层住宅的 CUPS 体系即属此类，它由钢框架承重，盒子镶嵌于构架中。

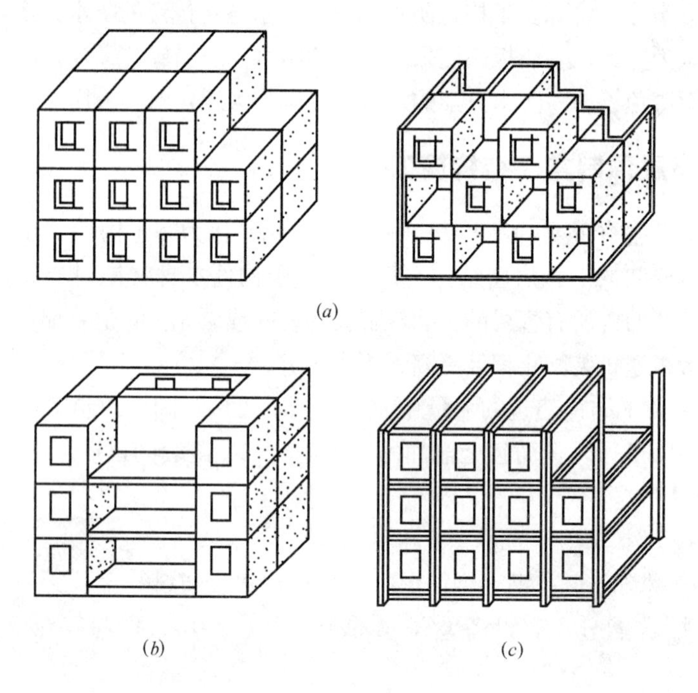

图 4-84　盒子结构体系

（*a*）全盒子体系；（*b*）板材盒子体系；（*c*）骨架盒子体系

盒子结构房屋的施工速度较快，国外一幢 9 层的盒子结构房屋，仅用 3 个月就完工。美国 21 层的圣安东尼奥饭店，中间 16 层由 496 个盒子组成，工期为 9 个月，平均每天安装 16 个盒子，最多日可达 22 个盒子。安装一个钢筋混凝土盒子约需二十分钟至半小时。至于金属盒子或钢木盒子，最快时一个机械台班可以安装 50 个。

盒子结构在国外有不同程度的发展，我国对于盒子结构虽然进行了一些有益的探索，但尚未形成生产能力。

4.4.5　高层升板法施工

升板法结构施工是介于混凝土现浇与构件预制装配之间的一种施工方法。这种施工方法是在施工现场就地重叠制作各层楼板及顶层板，然后利用安装在柱子上的提升机械，通过吊杆将已达到设计强度的顶层板及各层楼板，按照提升程序逐层提升到设计位置，并将板和柱连接，形成结构体系。

升板法施工可以节约大量模板，减少高空作业，有利安全施工，可以缩小施工用地，对周围干扰影响小，特别适用于现场狭窄的工程。

高层建筑升板法施工，主要是柱子接长问题。因受起重机械和施工条件限制，一般不能采用预制钢筋混凝土柱和整根柱吊装就位的方法，通常采用现浇钢筋混凝土柱。施工时，可利用升板设备逐层制作，无需大型起重设备，也可以采用预制柱和现浇柱结合施工的方法，先预制一段钢筋混凝土柱，再采用现浇混凝土柱接高。

1. 升板设备

高层升板施工的关键设备是升板机，主要分电动和液压两大类。

(1) 电动升板机

电动升板机是国内应用最多的升板机（图 4-85）。一般以 1 台 3kW 电动机为动力，带动 2 台升板机，安全荷载约 300kN，单机负荷 150kN，提升速度约 1.9m/h。电动升板机构造较简单，使用管理方便，造价较低。

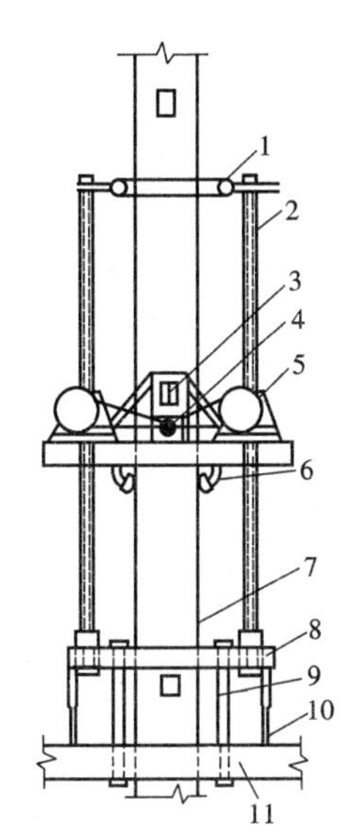

图 4-85　电动升板机构造

1—螺杆固定架；2—螺杆；3—承重锁；4—电动螺杆千斤顶；5—提升机组底盘；6—导向轮；7—柱子；8—提升架；9—吊杆；10—提升架支撑；11—楼板

电动升板机的工作原理为：当提升楼板时，升板机悬挂在上面一个承重销上。电动机驱动，通过链轮和蜗轮蜗杆传动机构，使螺杆上升，从而带动吊杆和楼板上升，当楼板升过下面的销孔后，插上承重销，将楼板搁置其上，并将提升架下端的四个支撑放下顶住楼板。将悬挂升板机的承重销取下，再开动电动机反转，使螺母反转，此时螺杆被楼板顶住不能下降，只能迫使升板机沿螺杆上升，待机组升到螺杆顶部，过上一个停歇孔时，停止电机，装入承重销，将升板机挂上，如此反复，使楼板与升板机不断交替上升（图 4-86）。

(2) 液压升板机

液压升板机可以提供较大的提升能力，目前我国的液压升板机单机提升能力已达 500～750kN，但设备一次投资大，加工精度和使用保养管理要求高。液压升板机一般由液压系统、电控系统、提升工作机构和自升式机架组成（图 4-87）。

2. 施工前期工作

(1) 基础施工

预制柱基础一般为钢筋混凝土杯型基础。施工中必须严格控制轴线位置和杯底标高，因为轴线偏移会影响提升环位置的准确性；杯底标高的误差会导致楼板位置差异。

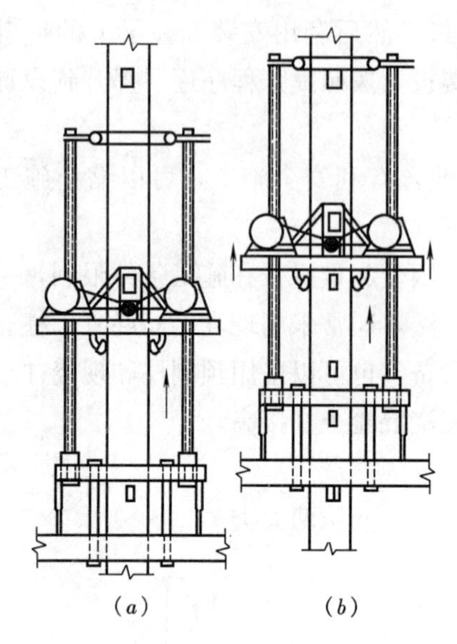

图 4-86　提升原理

(a) 楼板提升；

(b) 提升机组自升

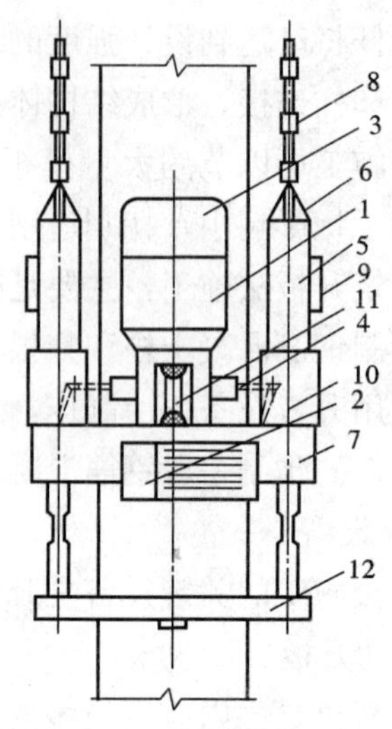

图 4-87　液压升板机构造简图

1—油箱；2—油泵；3—配油体；4—随动阀；5—油缸；6—上棘爪；7—下棘爪；8—竹节杠；9—液压锁；10—机架；11—停机销；12—自升随动架

(2) 预制柱

预制柱一般在现场浇筑。当采用叠层制作时不宜超过三层。柱上要留设就位孔（当板升到设计标高时作为板的固定支承）和停歇孔（在升板过程中悬挂提升机和楼板中途停歇时作为临时支承）。就位孔的位置根据楼板设计标高确定，偏差不应超过±5mm，孔的大小尺寸偏差不应超过 10mm，孔的轴线偏差不应超过 5mm。停歇孔的位置根据提升程度确定。如果就位孔与停歇孔位置重叠，则就位孔兼作停歇孔。柱子上下两孔之间的净距一般不宜小于 300mm。预留孔的尺寸应根据承重销来确定。承重销常用 10、12、14 号工字钢，则孔的宽度为 100mm，高度为 160～180mm。

柱模制作时，为了不使预留孔遗漏，可在侧模上预先开孔，用钢卷尺检查位置无误后，在浇混凝土前相对插入两个木楔（图 4-88)，如果漏放木楔，混凝土会流出来。

柱上预埋件的位置也要正确。对于剪力块承重的埋设件，中线偏移不应超过 5mm，标高偏差不应超过±3mm。预埋铁件表面应平整，不允许有扭曲变形。承剪埋设件的楔口面应与柱面相平，不得凹进，凸出柱面不应超过 2mm。

柱吊装前，应将各层楼板和屋面板的提升环依次叠放在基础杯口上，提升环上的提升孔与柱子上承重销孔方向要相互垂直（图 4-89)。预制柱可以根据其长度采用二点或三点绑扎起吊。柱插入杯口后，要用两台经纬仪校正其垂直度并对中，校正完用钢楔临时固定，分两次浇筑细石混凝土进行最后固定。

3. 楼层板的制作

板的制作分胎模、提升环放置和板混凝土浇筑三个步骤。

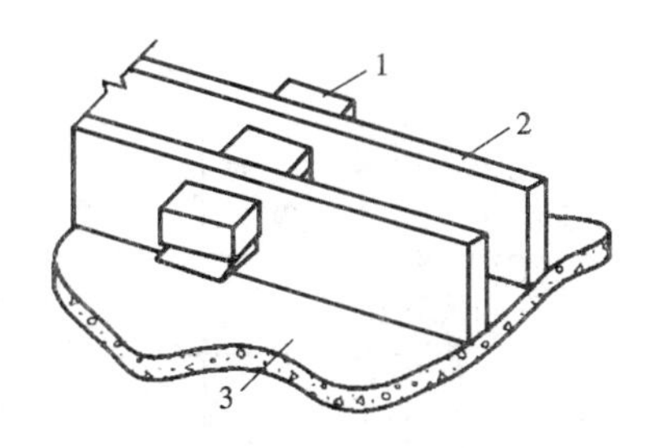

图 4-88 预制柱预留孔留设示意图
1—木楔块；2—预制柱侧模板；
3—预制柱底板

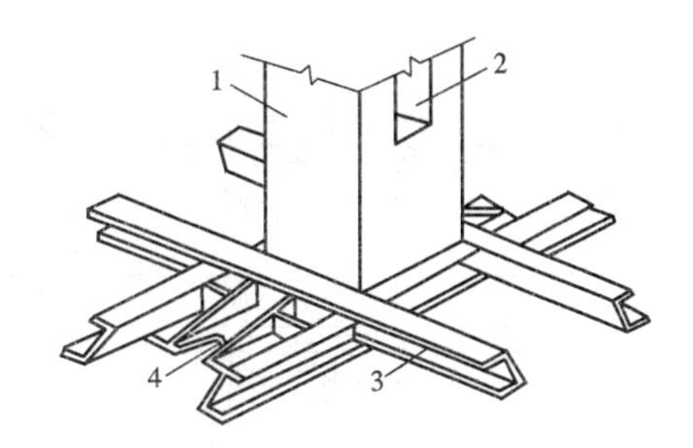

图 4-89 提升环与柱孔关系示意图
1—预制柱；2—柱上预留孔；
3—提升环；4—吊杆孔

(1) 胎模

胎模就是为了楼板和顶层板制作而铺设的混凝土地坪。要做到地基密实，防止不均匀沉降。面层平整光滑，提升环处标高偏差不应超过±2mm。胎模设伸缩缝时，伸缩缝与楼板接触处应采取特殊隔离措施，防止板受温度影响而开裂。

胎模表面以及板与板之间应设置隔离层。它不仅要防止板相互之间产生粘结，还应具有耐磨、防水和易于清除等特点。

(2) 提升环放置

提升环是配置在楼板上柱孔四周的构件。它既抗剪又抗弯，故又称剪力环，是升板结构的特有组成部分，也是主要受力构件。提升时，提升环引导楼板沿柱子提升，板的重量由提升环传给吊杆。使用时，提升环把楼板自重和承受的荷载传递给柱。并且，对因开孔而被削弱的楼板强度起到了加强作用。常用的提升环有型钢提升环和无型钢提升环两种（图 4-90）。

(3) 板混凝土浇筑

浇筑混凝土前，应对板柱间空隙和板（包括胎模）的预留孔进行填塞。每个提升单元的每块板应一次浇筑完成，不留施工缝。当下层板混凝土强度达到设计强度的 30%时，方可浇筑上层板。

密肋板浇筑时，先在底模上弹线，安放好提升环，再砌置填充材料或采用塑料、金属等工具式模壳或混凝土芯模，然后绑扎钢筋及网片，最后浇筑混凝土。密肋板在柱帽区宜做成实心板。这样，不但能增强抗剪抗弯能力，而且适合用无型钢提升环。格梁楼板的制作要点与密肋板相同。预应力平板制作要求同预应力预制构件。

4. 升板施工

升板施工阶段主要包括现浇柱的施工，板的提升就位以及板柱节点的处理等。

(1) 现浇柱的施工

现浇柱有劲性配筋柱和柔性配筋柱两种。

1) 劲性配筋柱。劲性配筋柱是由四根角钢及腹板组焊而成的钢构架，也作为柱中的钢筋骨架（图 4-91），可采用升滑法或升提法进行施工。

(A) 升滑法。升滑法是将升板和滑模两种工艺结合。柱模板的组装示意如图 4-92

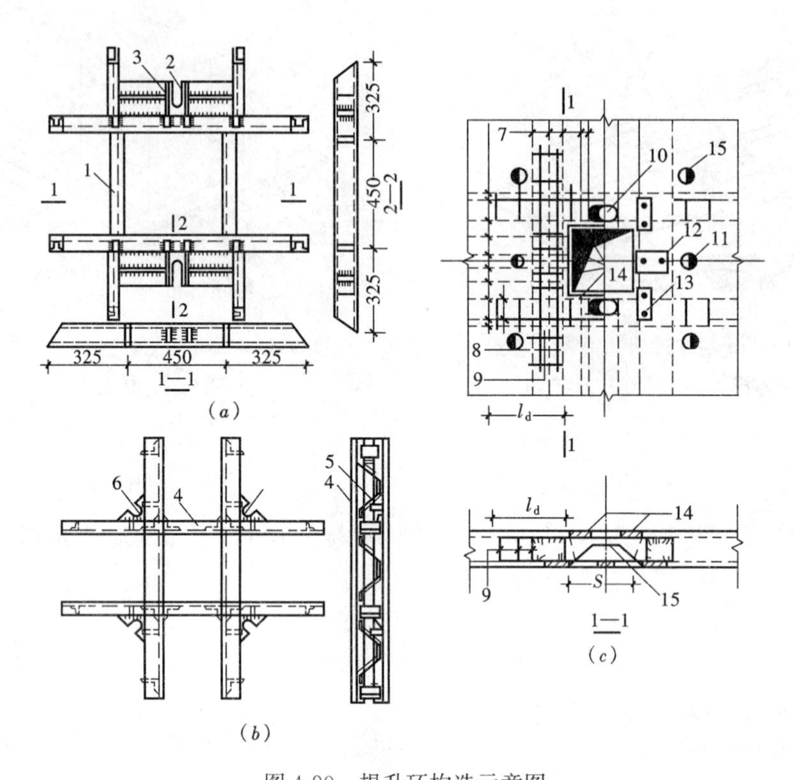

图 4-90 提升环构造示意图

(*a*) 槽钢提升环；(*b*) 角钢桁架式提升环；(*c*) 无型钢提升环

1—槽钢；2—提升孔；3—加劲板；4—角钢；5—圆钢；6—提升孔；

7—板内原有受力钢筋；8—附加钢筋；9—箍筋；10—提升杆通过孔；

11—灌筑销钉孔；12—支承钢板；13—吊耳；14—预埋钢板；15—吊筋

所示。即在施工期间用劲性钢骨架代替钢筋混凝土柱作承重导架，在顶层板下组装柱子的滑模设备，以顶层板作为滑模的操作平台，在提升顶层板过程中浇筑柱子的混凝土，当顶层板提升到一定高度并停放后，就提升下面各层楼板，如此反复，逐步将各层板提升到各自的设计标高，同时亦完成了柱子的混凝土浇筑工作，最后浇筑柱帽形成固定节点。

(*B*) 升提法。升提法是在升滑法基础上，吸取大模板施工的优点，发展形成的方法。施工时，在顶层板下组装柱子的提模模板（图 4-93）。每提升一次顶层板，重新组装一次模板，浇筑一次柱子混凝土。与升滑法不同之处在于，升提法是边提升顶层板、边浇筑柱子混凝土，而升提法是在顶层板提升并固定后，再组装模板并浇筑柱子混凝土。

2）柔性配筋柱。采用劲性配筋柱的缺点是柱子的用钢量大，为此，可改用柔性配筋柱，即常规配筋骨架，由于柔性钢筋骨架不能架设升板机，必须先浇筑有停歇孔的现浇混凝土柱，其方法有滑模法和升模法两种。

(*A*) 滑模法。柔性配筋柱滑模方法施工时，在顶层板上组装浇筑柱子的滑模系统（图 4-94），先用滑模方法浇筑一段柱子混凝土，当所浇柱子的混凝土强度≥15MPa 时，

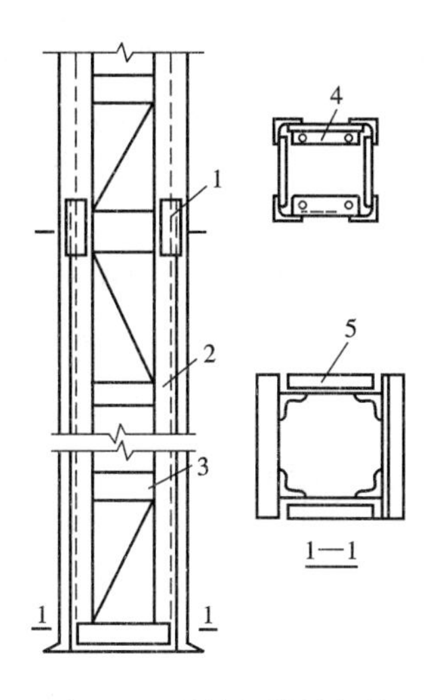

图 4-91　劲性钢筋骨架柱

1—帮焊角钢；2—主角钢；3—缀板；4—带拼装孔的角钢；5—底面角钢

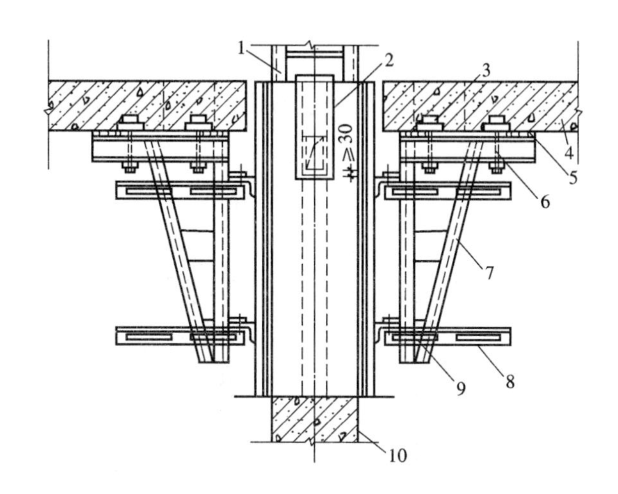

图 4-92　升滑法施工柱模板组装示意图

1—劲性钢骨架；2—抽拔模板；3—预埋的螺帽钢板；4—顶层板；5—垫木；6—螺栓；7—提升架；8—支撑；9—压板；10—已浇筑的柱子

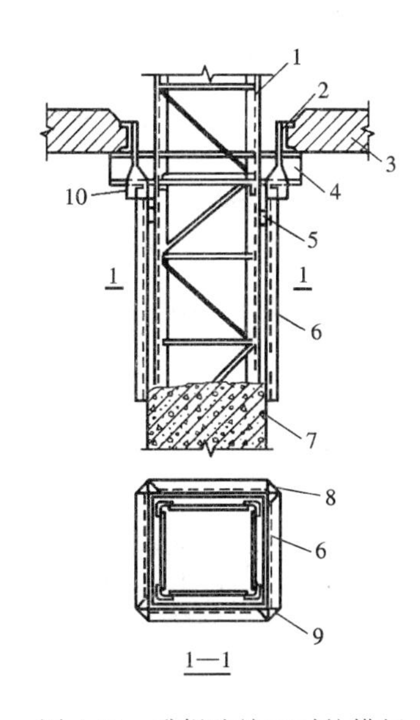

图 4-93　升提法施工时柱模板组装示意图

1—劲性钢筋骨架；2—提升环；3—顶层板；4—承重销；5—垫块；6—模板；7—已浇筑的柱子；8—螺栓；9—销子；10—吊板

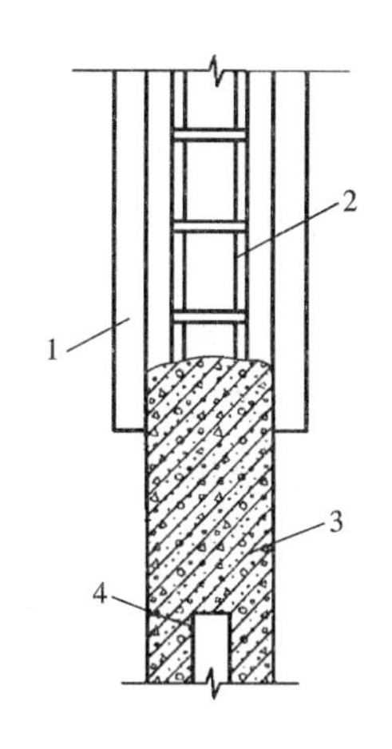

图 4-94　柔性配筋柱滑模法施工柱子示意图

1—滑模模板；2—柔性配筋柱（柱内钢筋骨架）；3—已浇筑的柱子；4—预留孔

再将升板机固定到柱子的停歇孔上，进行板的提升。依次交替，循序施工。

(*B*) 升模法。柔性配筋柱用逐层升模方法施工时，需在顶层板上搭设操作平台、安装柱模和井架（图 4-95）。操作平台、柱模和井架都随顶层板的逐层提升而上升。每当顶层板提升一个层高后，及时施工上层柱，并利用柱子浇筑后的养护期，提升下面各层楼板。当所浇筑柱子的混凝土的强度≥15MPa 时，才可作为支承用来悬挂提升设备继续板的提升，依次交替，循序施工。

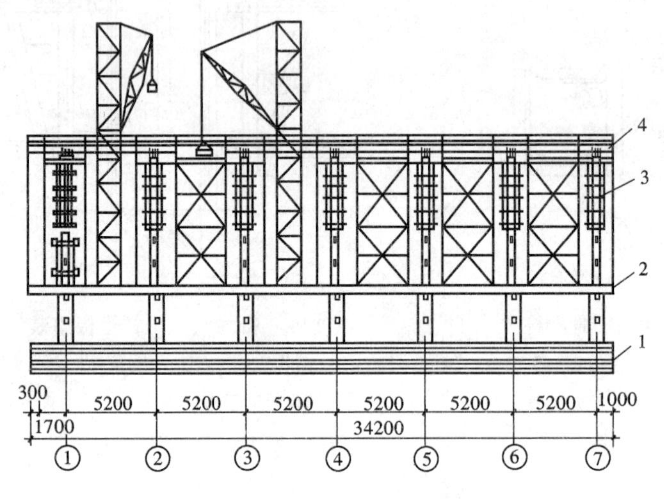

图 4-95　柔性配筋柱逐层升模法浇筑柱子示意图

1—叠浇板；2—顶层板；3—柱模板；4—操作平台

（2）划分提升单元和确定提升程序

升板工程施工中，一次提升的板面过大，提升差异不容易消除，板面也容易出现裂缝，同时还要考虑提升设备的数量，电力供应情况和经济效益。因此要根据结构的平面布置和提升设备的数量，将板划分为若干块，每一板块为一提升单元。提升单元的划分，要使每个板块的两个方向尺寸大致相等，不宜划成狭长形；要避免出现阴角，提升阴角处易出现裂缝。为便于控制提升差异，提升单元以不超过 24 根柱子为宜。各单元间留设的后浇板带位置必须在跨中。

升板前必须编制提升程序图。

对于两吊点提升的板，在提升下层板时，因吊杆接头无法通过已升起的上层板的提升孔，所以除考虑吊杆的总长度外，还必须根据各层提升顺序，正确排列组合各种长度吊杆，以防提升下层板时，吊杆接头被上层板顶起。

采用四吊点升板时，板上提升孔在柱的四周，而在柱的两侧板上通过吊杆的孔洞可留大些，允许吊杆接头通过，因此只要考虑在提升不同标高楼板时的吊杆总长度就可以了。

现以电动穿心式提升机为例，设螺杆长度为 3.2m，一次可提升高度为 1.8m，吊杆长度取 3.6m、2.3m、0.5m 三种，某三层楼的提升程序及吊杆排列如图 4-96 所示。

提升程序说明：

1）设备自升到第二停歇孔；

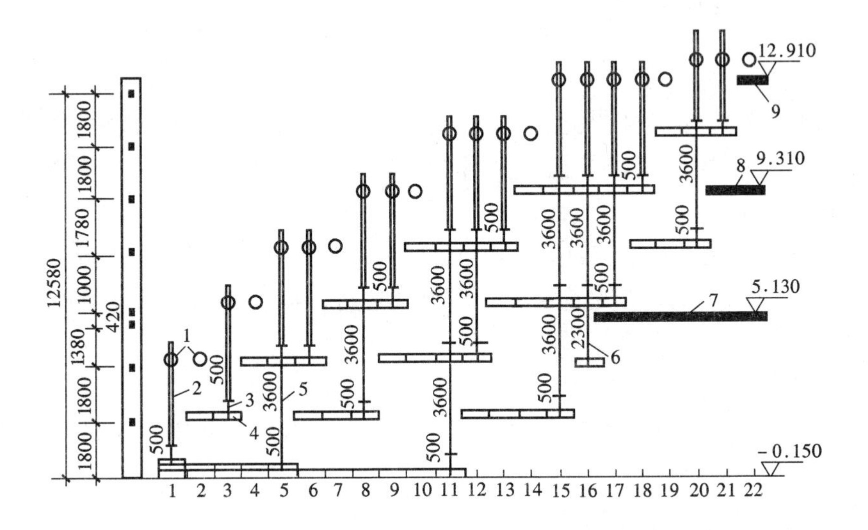

图 4-96 三层楼升板提升程序和吊杆排列示意图

1—提升机；2—螺杆；3—500mm 吊杆；4—待提升楼板；
5—3600mn 吊杆；6—2300mm 吊杆；7—已固定的二层楼板；
8—已固定的三层楼板；9—已固定的屋面板

2）屋面板升到第一停歇孔；

3）设备自升到第四停歇孔；

4）屋面板升到第二停歇孔；

5）设备升到第五停歇孔，接 3600mm 吊杆；

6）三层楼板升到第一停歇孔；

7）屋面板升到第四停歇孔；

8）设备自升到三层就位孔；

9）三层楼板提升到第二停歇孔；

10）屋面板提升到第五停歇孔；

11）设备自升到第七停歇孔，再接 3600mm 吊杆……，以下程序如图 4-96 所示。

（3）板的提升

板正式提升前应根据实际情况，可按角、边、中柱的次序或由边向里逐排进行脱模。每次脱模提升高度不宜大于 5mm，使板顺利脱开。

板脱模后，启动全部提升设备，提升到 30mm 左右停止。调整各点提升高度，使板保持水平，并将各观察提升点上升高度的标尺定为零点，同时检查各提升设备的工作情况。

提升时，板在相邻柱间的提升差异不应超过 10mm，搁置差异不应超过 5mm。承重销必须放平，两端外伸长度一致。在提升过程中，应经常检查提升设备的运转情况、磨损程度以及吊杆套筒的可靠性，观察竖向偏移情况，板搁置停歇的平面位移不应超过 30mm。

板不宜在中途悬挂停歇，如遇特殊情况不能在规定的位置搁置停歇时，应采取必要措施进行固定。

在提升时，若需利用升板提运材料、设备，应经过验算，并在允许范围内堆放。

板在提升过程中，升板结构不允许作为其他设施的支承点或缆索的支点。

(4) 板的就位

升板到位后，用承重销临时搁置，再做板柱节点固定。板的就位差异：一般提升不应超过 5mm，平面位移不应超过 25mm。板就位时，板底与承重销（或剪力块）间应平整严密。

(5) 板的最后固定

提升到设计标高的板，要进行最后固定。板在永久性固定前，应尽量消除搁置差异，以消除永久性的变形应力。

板的固定方法一般可采用后浇柱帽节点和无柱帽节点两类。后浇柱帽节点能提高板柱连接的整体性，减少板的计算跨度，降低节点耗钢量，是目前升板结构中常用的节点形式。无柱帽节点有剪力块节点、承重销节点、齿槽式节点、预应力节点及暗销节点等。

5. 其他高层升板方法

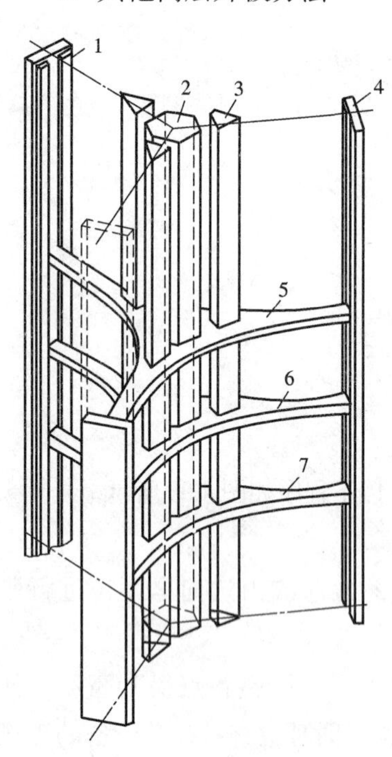

图 4-97 分段升板法施工的“联合国城”三叶形高层建筑的承重结构示意图
1—框架柱；2—中央核心筒；3—承重核心筒；4—楼梯间塔楼；5、6、7—升板承重层

(1) 升层法

升层法是在升板法的基础上发展起来的，是在准备提升的板面上，先进行内外墙和其他竖向构件的施工，还可以包括门窗和一部分装修设备工程的施工，然后整层向上提升，自上而下，逐层进行，直至最下一层就位。升层法的墙体可以采用装配式大板，也可以采用轻质砌块或其他材料、制品。

升层结构在提升过程中重心提高，形成头重脚轻，迎风面大，必须采取措施解决稳定问题。

(2) 分段升板法

分段升板法是为适应高层及超高层建筑而发展起来的一种新升板技术。它是将高层建筑从垂直方向分成若干段，每段的最下一层楼板采用箱形结构，作为承重层，在各承重层上浇筑该段的各层楼板，达到规定强度后进行提升，这样，就将高层建筑的许多层楼板分成若干承重层同时进行施工，比通常采用的全部楼板在地面浇筑和提升要快得多。1979 年在奥地利首都维也纳市完成的“联合国城”的建筑群，其中最高的四栋三叶形的高层建筑，其高度分别为 62m、77m、108m 和 121m。就分别分成 1～3 个承重层在垂直方向同时进行施工（图 4-97）。这种多层次的立体平行大流水的升板施工，可用于高层和超高层建筑，是国际上享有盛誉的施工方法。

4.4.6 新加坡SEMBAWANGN5C7项目预制装配结构施工实例

1. 工程概况

SEMBAWANGN5C7项目位于新加坡北部，是由六栋25层政府住宅楼及一栋七层多层停车场组成。项目建筑面积近80000m^2，地面下为钻孔灌注桩及独立钢筋混凝土承台，地面上为预制构件装配整体式框架结构，住户内由砖墙及轻质隔墙分隔。

2. 主要构件形式

SWN5C7项目主要采用了5类构件形式（图4-98）。

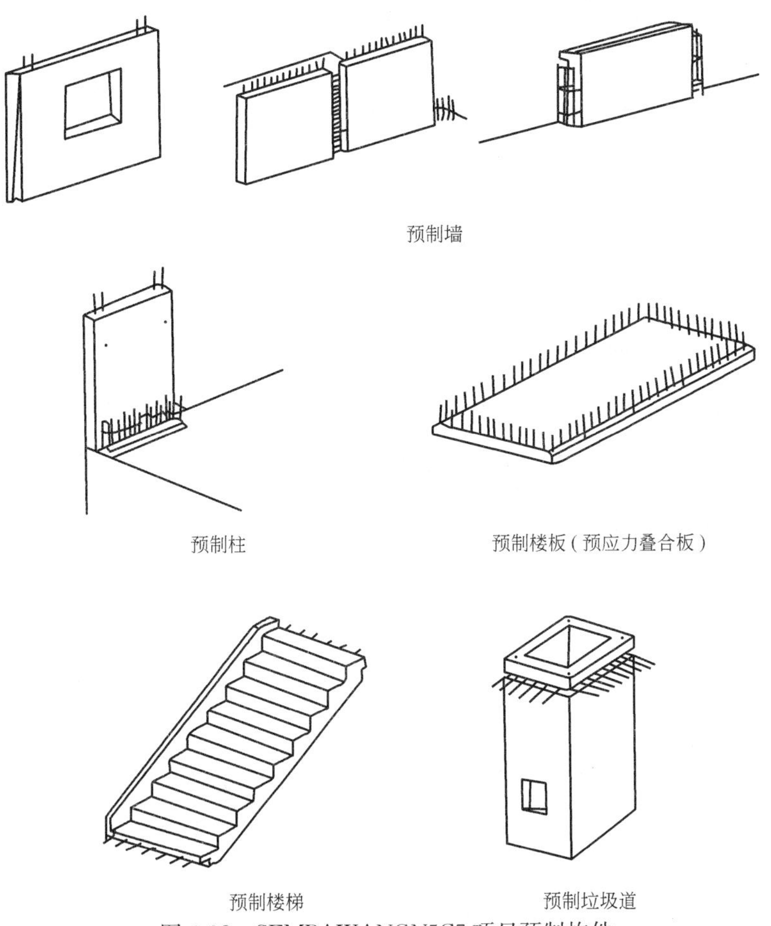

图4-98 SEMBAWANGN5C7项目预制构件

3. 施工技术准备

（1）图纸深化准备：各类构件加工前须校对水、电、通风、建筑装饰等专业图纸，正确预留所需的洞口中、线槽、预埋件，构件节点预留钢筋位置也需翻样确定，防止节点主筋或箍筋相碰，避免后道工序重复敲凿造成结构破坏。

（2）临时支撑系统：预制板、梁支撑系统采用1.2m×1.8m标准门式脚手架，上下为可调节螺栓铁撑头脚，板宽方向铺设7cm×10cm木桁条，上铺300mm宽钢模板带

(每块大板两条),其位置界于两块大板接缝之间,各榀门架的间距按板跨作调整,但不能超过1200mm,门架体系剪刀拉杆必须全部设置。预制柱、墙支撑采用可调节钢管以预埋或膨胀螺栓固定于墙、柱及地面,也是调节构件安装垂直度的主要工具。

(3) 构件吊装配件:根据吊装工况验算吊钩、吊索,合理选择起重机械。

(4) 灌浆施工工艺:合理选择灌浆工艺,经选择的连接套管、灌浆水泥在批量进货时要抽样检验,并报请批准,合格后方可使用。

4. 施工现场准备

(1) 机械:根据构件重量及起重半径合理安排起重机械,项目构件单件最重为2.9t,现场最大安装半径为40m,故7栋建筑物结构施工选用POTAIN K30/40C平臂塔式起重机。

(2) 人员:根据工程安装进度每组安装人员配备塔式起重机指挥1名,起重绑扎工1名,安装工4名,灌浆2名,共8人进行作业。

5. 主要构件安装程序及灌浆施工

(1) 墙的安装顺序(图4-99):根据楼层标高设置垫片→外墙边敷设自粘型防水条→墙缝敷设不收缩水泥→安装上层墙板,并使不收缩水泥挤出水平缝→装设临时支撑、校正→灌浆。

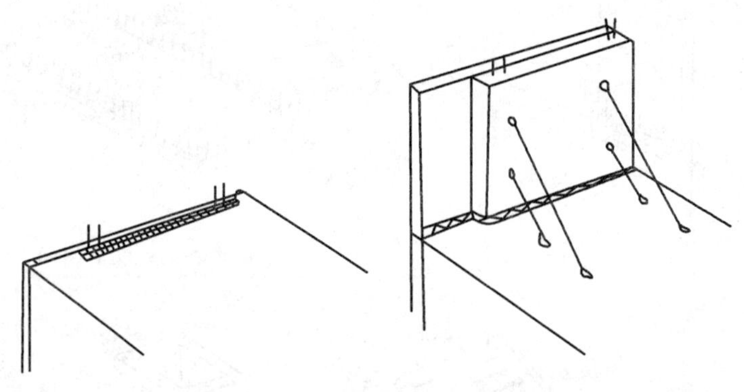

图4-99 墙的安装

(2) 柱的安装顺序(图4-100):根据楼层标高设置垫片→柱缝敷设不收缩水泥→

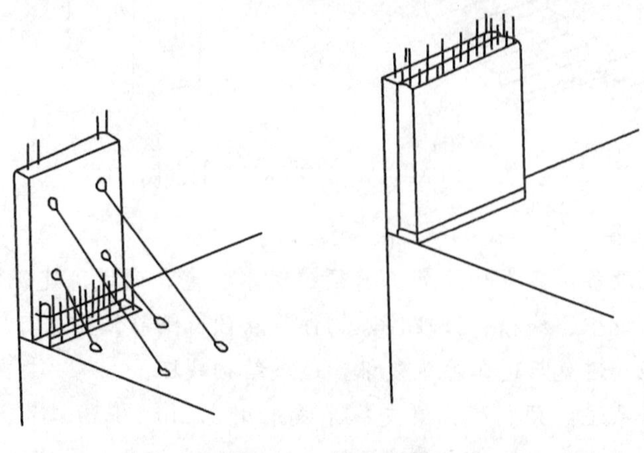

图4-100 柱的安装

安装上层柱，并使不收缩水泥挤出水平缝→装设临时支撑→校正→灌浆→复合现浇柱柱钢筋绑扎、支模→混凝土浇捣。

(3) 预制板安装（图 4-101）　搭设门式脚手架支撑→梁模板及板底模板带安装→吊装预制板→板缝灌浆→节点处理及面层网片铺设→叠合板混凝土浇捣。

(4) 节点灌浆施工

钢筋连接节点灌浆施工是相当重要的一个环节，节点灌浆主要应用于竖向预制构件钢筋连接节点，使用预埋接合套管及高强度不收缩水泥使上下预制件钢筋接合，保证结构应力有效传递。在这里连接套管主要采用日本产 NMB UX Splice Sleeve，根据使用钢筋规格选取相应套管（图 4-102）。

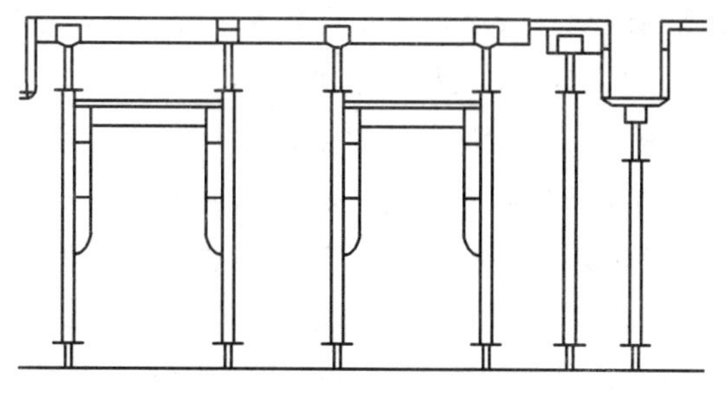

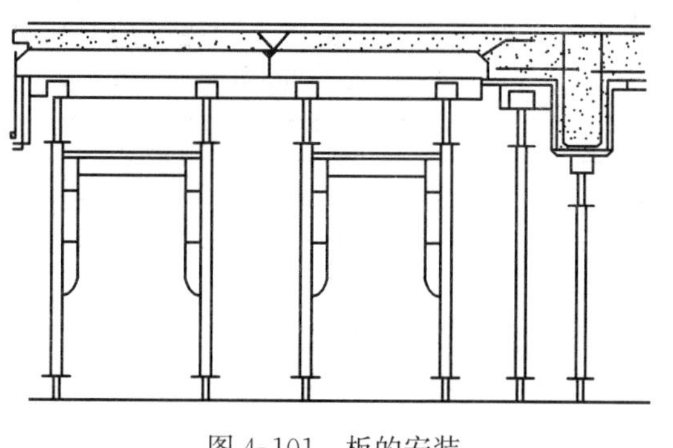

图 4-101　板的安装

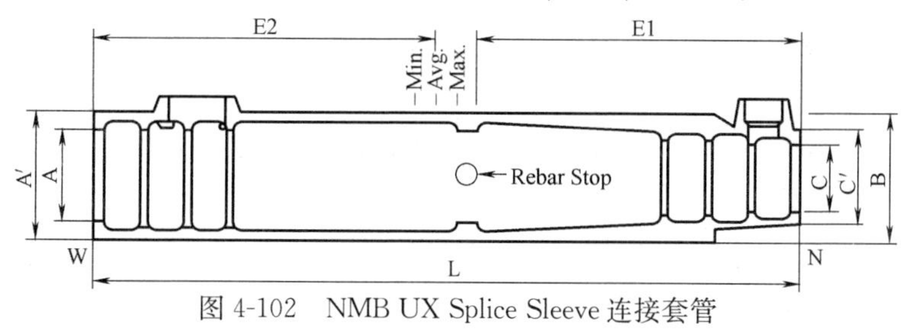

图 4-102　NMB UX Splice Sleeve 连接套管

节点灌浆施工流程如下：

1) 认真检查待安装预制构件，确保套管及预留钢筋位置正确，表面完整无缺口。

2) 构件吊装后经专人验收安装平整、垂直度，合格后方可开始灌浆。

3) 高强度水泥浆的准备（表 4-7）。

① 严格按每千克水泥配 0.138 升水的配比，并使用手提式机械搅拌抢搅拌至少 5min。

② 水泥浆搅拌后须进行现场坍落度试验及准备试件测试 7 天及 28 天强度，强度测试应达以下标准（N/mm^2）。

高强度水泥浆强度要求　　表 4-7

	12h	18h	1d	3d	7d	28d
20℃	7	24	39	70	85	119
30℃	26	47	55	81	99	110

4) 压力灌浆。灌浆前应将灌浆泵注水润滑并持续注入水泥浆将灌将泵及管道内的空气排除，然后将喷嘴注入连接套管入口，连接灌浆直到套管出口溢出水泥浆后立即用橡皮

塞塞住洞口，清洁构件表面流浆。第二天即可拔出橡皮塞并将构件表面洞口修补平滑。

(5) 其他节点构造施工

除了上述钢筋套管灌浆连接外，其他节点如梁柱、梁板节点均在接头处设置木模或定型钢模并浇筑高强度不收缩水泥连接节点。与国内装配式结构施工不同在于节点构造完全没有焊接连接，所以节点钢筋锚固与绑扎处理应认真对待，浇筑前须严格验收，浇筑高强度不收缩水泥时应有专人监督，防止漏浆空洞现象的发生。

6. 装配式结构施工与现浇结构施工的对比

装配式结构施工与现浇结构施工的对比见表 4-8。

装配式结构施工与现浇结构施工的对比　　表 4-8

对比项目	结构施工人数	结构施工进度	备　注
BMRC33A 项目(现浇式)	34 人/楼	15 天/层	两个项目标准层面积基本相同
SWN5C7 项目(装配式)	20 人/楼	9 天/层	

4.5 钢结构高层建筑施工

钢材属于轻质高强材料，匀质体，力学性能好，因而用于高层建筑时具有以下特点：

(1) 结构重量轻　据统计，高层建筑采用钢结构时，结构的重量约为 $1t/m^2$ 左右，而采用钢筋混凝土结构时，为 $1.3\sim1.8t/m^2$ (都不包括基础)。因而采用钢结构时节省了运输和吊装费用，减轻了基础受力，节省了基础造价，同时还减小了地震反应，相当于设防烈度降低 1 度。

(2) 结构尺寸小　由于钢结构的截面尺寸小，可以增加建筑物的有效使用面积 3%～6%。

(3) 施工速度快、周期短　一般 30 层左右高层建筑的建筑面积为 5～6 万 m^2，采用钢结构时的施工周期与采用钢筋混凝土结构相比，可以缩短工期半年甚至更多。

(4) 大跨度、大空间　采用钢梁钢柱结构时，可以采用大柱距，梁的跨度达 12～18m (甚至更大)，使建筑物内部为大空间，使用灵活方便。

(5) 便于管线设置　现代建筑不断向信息化、电子化、网络化、智能化的方向发展，各种管道和线路也愈来愈多，且更新周期缩短。在钢结构建筑中，这些管道和线路可方便地穿越钢梁和钢柱，施工方便，更新也方便。

按结构材料及其组合分类，高层钢结构可分为全钢结构、钢—混凝土混合结构、型钢混凝土结构和钢管混凝土结构四大类。

全钢结构有刚接框架结构、框架—支撑结构、错列桁架结构、半筒体结构、筒体结构等几种。

钢—混凝土混合结构，是指在同一结构物中既有钢构件，也有钢筋混凝土构件。它们在结构物中分别承受水平荷载和重力荷载，最大限度地发挥不同结构材料的效能。钢—混凝土混合结构有：钢筋混凝土框架—筒体—钢框架结构，混凝土筒中筒—钢楼盖结构和钢框架—混凝土核心筒结构。

型钢混凝土结构，日本又称 SRC 结构，即在型钢外包裹混凝土形成结构构件。这种结构比钢筋混凝土结构延性增大，抗震性能提高，在有限截面中可配置大量钢材，承载力提高，截面减小，超前施工的钢框架作为施工作业支架，可扩大施工流水层次，简化支模作业，甚至可不用模板。与钢结构比较，它的耐火性能优异，外包混凝土参与承受荷载，刚度加强，抗屈曲能力提高，减震阻尼性能提高。

钢管混凝土结构是介于钢结构和钢筋混凝土结构之间的又一种复合结构。钢管和混凝土这两种结构材料在受力过程中相互制约：内填充混凝土可增强钢管壁的抗屈曲稳定性；而钢管对内填混凝土的紧箍约束作用，又使其处于三向受压状态，可提高其抗压强度即抗变形能力。这两种材料采取这种复合方式，使钢管混凝土柱的承载力比钢管和混凝土柱芯的各自承载力之总和提高约 40%。

4.5.1 钢结构材料和结构构件

1. 钢的种类

高层建筑钢结构用钢有普通碳素钢、普通低合金钢和热处理低合金钢三大类。大量使用的仍以普通碳素钢为主。我国目前在建筑钢结构中应用最普遍的是 Q235 和 16Mn。屈服点分别为 235N/mm^2 和345N/mm^2，可用于抗震结构。

国外有些钢材的性能与我国钢材类似。类似我国 Q235 钢的有美国的 A36、日本的 SM41、德国的 ST37 以及前苏联的 CT3，类似我国 16 锰钢的有美国的 A440、日本的 SS50 和 SS51、德国的 ST52 等。采用国外进口钢材时，一定要进行化学成分和机械性能的分析和试验。

2. 钢材品种

在现代高层钢结构中，广泛采用经济合理的钢材截面，例如热轧 H 形钢、热轧圆钢管、异形钢管，以及用钢板组焊而成的各种截面，尤以后者为最多。这样，可充分利用结构的截面特征值，发挥最大的承载能力。传统的工、槽、角、扁形钢有时仍有使用，但由于其截面力学性能欠佳，已渐趋淘汰。图 4-103 所示是美国 ASTM 标准列举的几种新型钢材截面。

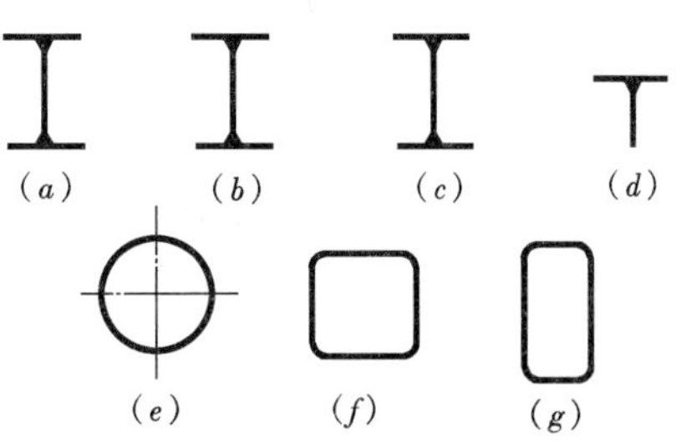

图 4-103 美国几种新型钢材截面
(a) W 系列标准 H 形钢，可做梁柱用；(b) M 系列 H 形钢，轻型，截面与 W 系列相似；(c) HP 系列 H 形钢，可作承重柱，翼缘板与腹板厚度相同；(d) WT 系列 T 形钢，一般由 W 系列和 M 系列 H 形钢在腹板中部分割而成；(e) 钢管或超强度钢管；(f) 方截面结构钢管；(g) 长方形截面结构钢管

(1) 热轧 H 形钢

欧美国家称宽翼缘工字钢，日本称 H 形钢。与普通工字钢不同，它沿两轴方向惯性矩比较接近，截面合理，翼缘板内外侧相互平行，连接施工方便。

(2) 焊接工字截面

在高层钢结构中，用三块板焊接而成的工字形截面是采用广泛的截面形式。它在设计上有更大的灵活性，可按照设计条件选择最经济的截面尺寸，使结构性能改善。

（3）热轧方钢管

这种型材用热挤压法生产，价格比较昂贵，但施工时二次加工容易，外形美观。

（4）离心圆钢管

离心圆钢管是离心浇铸法生产的钢管，其化学成分和机械性能与卷板自动焊接钢管相同，专用于钢管混凝土结构。

（5）热轧 T 形钢

这种型材一般用热轧 H 形钢沿腹板中线割开而成，最适用于桁架上下弦，比双角钢弦杆节省节点板，回转半径增大，桁架自重减小。有时也用于支撑结构的斜撑杆件。

（6）热轧厚钢板

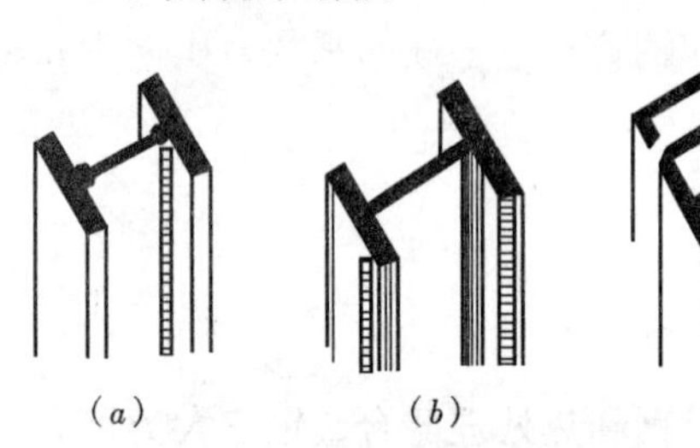

图 4-104　焊接工字截面和 H 形钢增强截面

（a）焊接工字截面；（b）H 形钢加焊翼缘板；（c）H 形钢和钢板组焊的封闭格构截面

热轧厚钢板在高层钢结构中采用极广。按我国标准，厚钢板厚度为 4～60mm，大于 60mm 的为特厚钢板。

3. 钢结构构件

（1）柱子

高层钢结构钢柱的主要截面形式，有箱形断面、H 形断面和十字形断面，一般都是焊接截面，热轧型钢用得不多。就结构体系而言，筒中筒结构、钢—混凝土混合结构和型钢混凝土结构多采用 H 形柱，其他多采用箱形柱；十字形柱则用于框架结构底部的型钢混凝土框架部分。

1）H 形截面。柱子 H 形截面，可为热轧 H 形钢，也可为焊接截面。柱用热轧 H 形钢通常为宽翼缘（如 400mm×100mm），它在两个轴线方向上都有相当大的抗压屈强

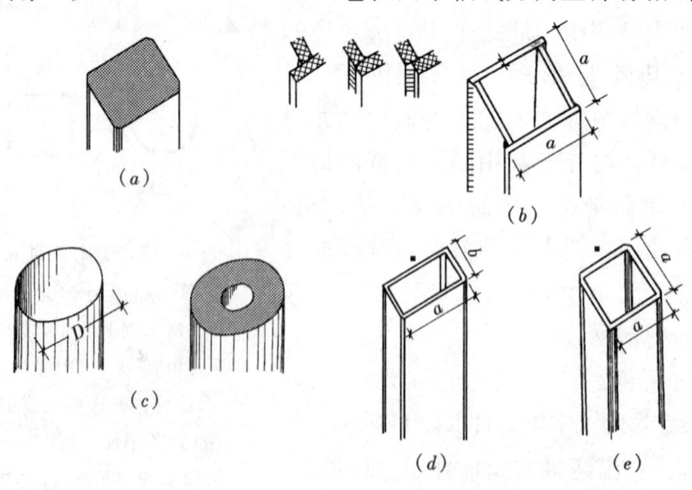

图 4-105　实心和空心截面钢柱

（a）实心方钢柱；（b）焊接箱形柱；（c）钢管柱；（d）、（e）异形钢管柱

度（图4-104）。

2）实心和空心截面。如图 4-105 所示。这类截面有实心方柱、焊接箱形柱、钢管柱和异形钢管柱。

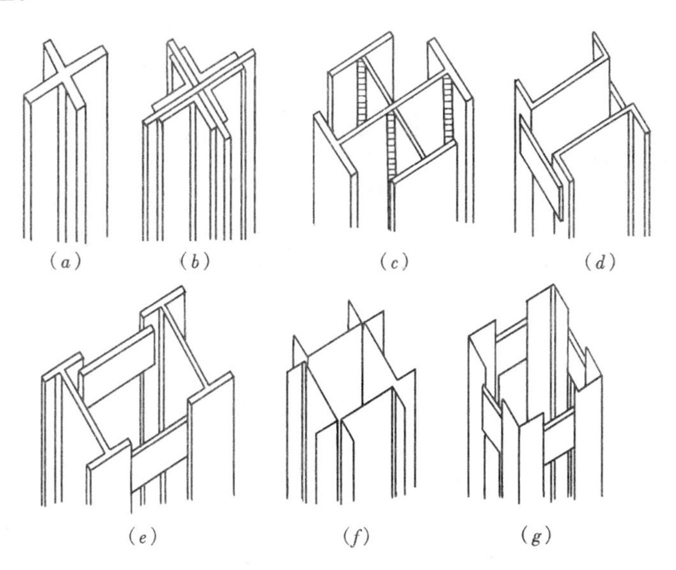

图 4-106 柱子组合截面

(a) 角钢组焊十字钢柱；(b) 夹焊钢板的十字钢柱；(c) 十字形柱；(d) 双槽钢柱；(e) 双 H 形钢柱；(f) 四槽钢柱；(g) 四角钢柱

3）组合截面。如图 4-106 所示，这类截面形式较多，一般地说，这种截面并不经济，但它非常适合于作内隔断交叉点钢柱。

(2) 梁和桁架

高层钢结构的梁的用钢量约占结构总用钢量的 65%，其中主梁约占 35%～40%。因此梁的布置力求合理，连接简单，规格少，以利于简化施工和节省钢材。采用最多的梁是工字截面，受力小时也可采用槽钢，受力很大时则采用箱形截面，但其连接非常复杂。

把桁架用于高层钢结构楼盖水平构件，可做到大跨度小净空，工程管线安装方便。平行弦桁架是用钢量最小的一种水平构件，但制造比较费工费事。楼盖钢桁架一般由平行的上下弦杆和腹杆（斜撑和竖撑或只用斜撑）组成。弦杆和腹杆可采用角钢、槽钢、

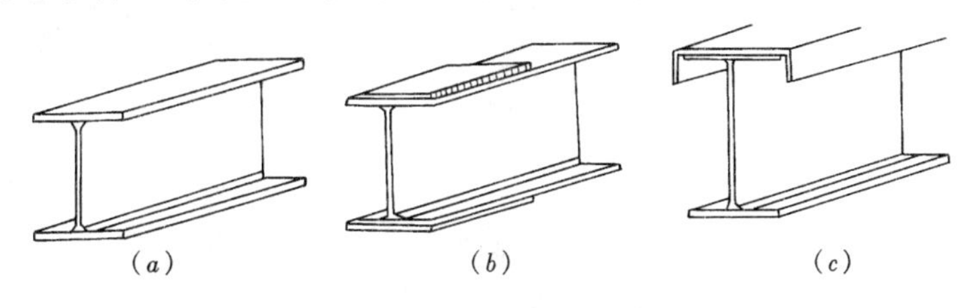

图 4-107 热轧 H 形钢梁

(a) 宽翼缘系列；(b) 翼缘加焊钢板；(c) 上翼缘用槽钢加强

T 形钢、H 形钢、矩形和正方形截面钢管等钢材。图 4-107～图 4-110 所示是几种常用的桁架类型。

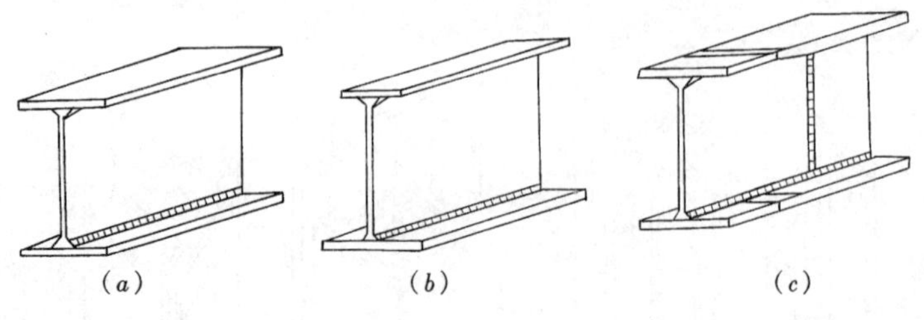

图 4-108　焊接工字钢梁

(*a*) 对称截面；(*b*) 非对称截面；(*c*) 变翼缘宽度和腹板厚度钢梁

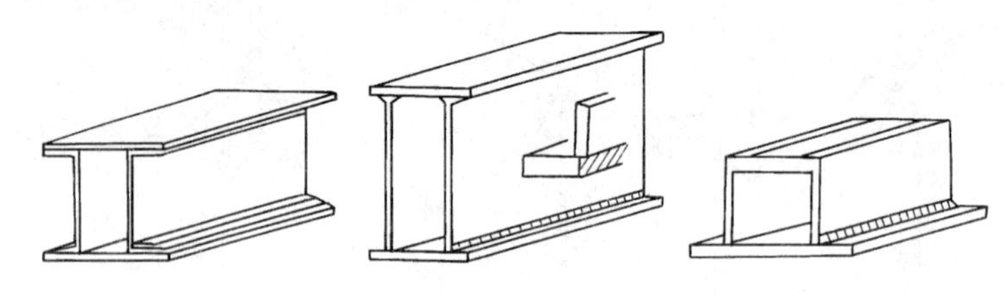

图 4-109　焊接箱形钢梁

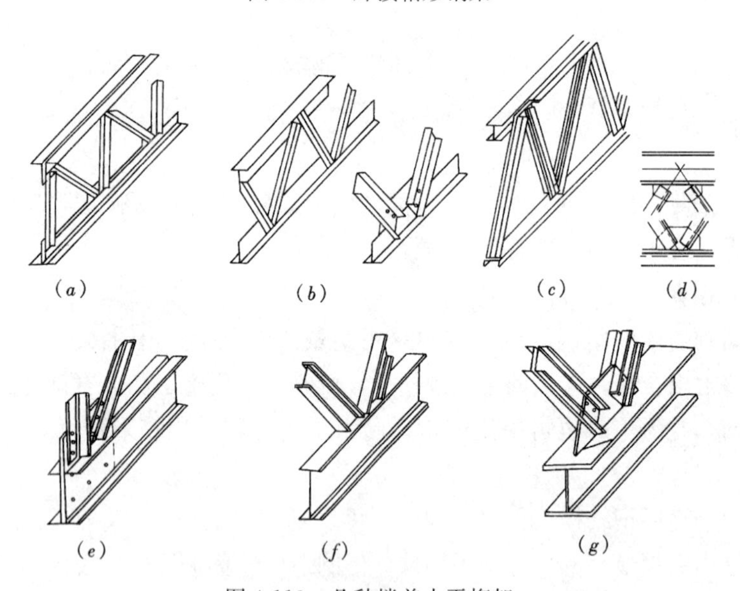

图 4-110　几种楼盖水平桁架

(*a*) 角钢桁架，借助节点板作螺栓或焊接连接；(*b*) T 形钢桁架，腹杆为角钢或槽钢；(*c*) H 形钢、槽钢桁架，双角钢腹杆借助节点板作焊接连接；(*d*) 桁架 *c* 的节点大样；(*e*) 双槽钢桁架；(*f*) H 形钢桁架；(*g*) H 形钢、槽钢混合桁架

4. 连接节点

连接节点是钢结构中极其重要的结构部位，它把梁柱等构件连接成整体结构系统，使其获得空间刚度和稳定性，并通过它把一切荷载传递给基础。

连接节点，按其传力情况分为铰接、刚接和介于两者之间的半刚接。设计中主要采用前两者，半刚接采用较少。在实际工程中真正的铰接和刚接是不容易做到的，只能是接近于铰接或刚接。按连接的构件分主要有钢柱柱脚与基础的连接、柱—柱连接、柱—梁连接、柱梁—支撑连接、梁—梁连接（梁与梁对接和主梁与次梁连接）、梁—混凝土筒连接等。

（1）钢柱柱脚与基础的连接

对于不传递弯矩的铰接柱，柱脚与基础的连接是用地脚螺栓。如果柱子要传递轴力和弯矩给基础，则需有可靠的锚固措施，此时地脚螺栓则需用角钢、槽钢等锚固（图4-111）。

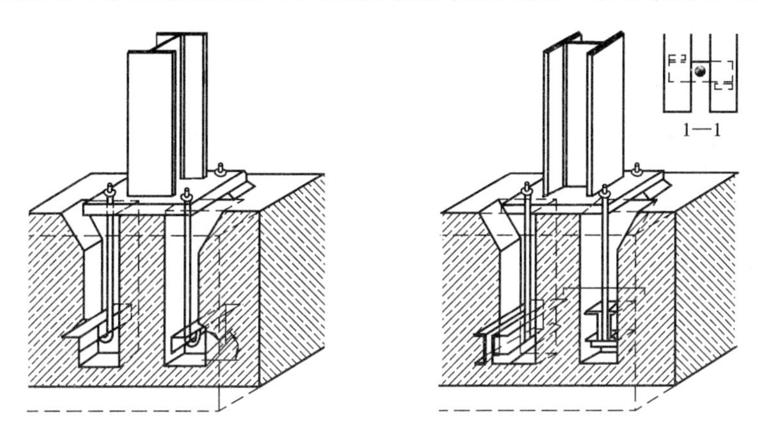

图 4-111　钢柱脚与基础的连接

（2）柱—柱连接

在高层钢结构中，柱子通常从下到上是贯通的。柱—柱连接即是把预制柱段（2～4 个楼层高度）在现场垂直地对接起来。可采取螺栓连接（图 4-112），也可采用焊接连接。当柱—柱为焊接连接时，需预先在柱端焊上安装耳板（图 4-113），用作撤去吊钩

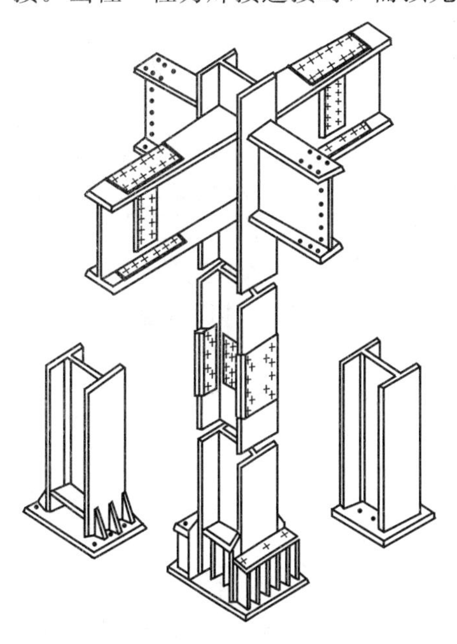

图 4-112　采用 H 形钢柱的全螺栓连接

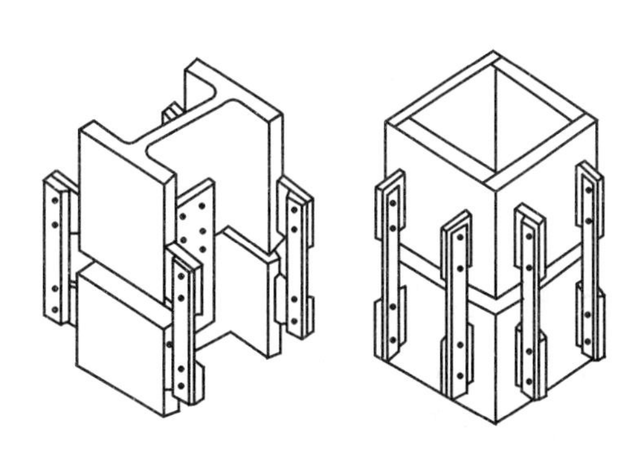

图 4-113　柱段用耳板临时固定焊接连接

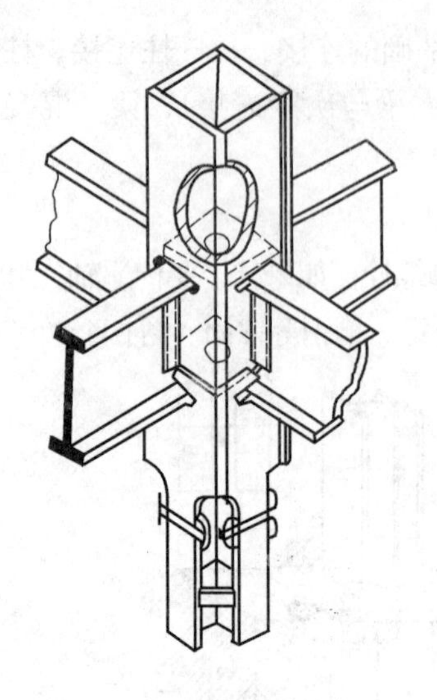

图 4-114 十字形柱与箱形柱的焊接连接

后的临时固定，节点焊缝焊到其 1/3 厚度时，用火焰把耳板割掉。对于 H 形钢柱，耳板应焊在翼缘两侧的边缘上，既有利于提高临时固定的稳定性，又有利于施焊。十字形柱与箱形柱的焊接连接如图 4-114 所示。

(3) 柱—梁连接

在框架结构中，柱—梁连接十分关键，它是结构性能的主要决定因素。其现场连接方式分为全螺栓连接和焊接—螺栓混合连接两种（图 4-115、图 4-116）。

(4) 梁—梁连接

图 4-117 所示为主梁与主梁对接的三种节点形式，图 4-118 所示为主梁与次梁连接的几种节点形式。图 4-119所示为主梁与次梁连接的立体视图，其中图 (*a*)、(*b*) 所示连接只传递剪力，图 (*c*)、(*d*) 所示连接不仅传递剪力还同时传递弯矩。

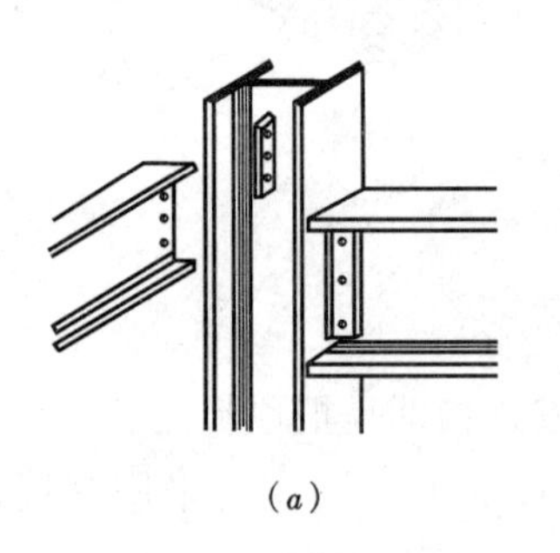

(*a*)

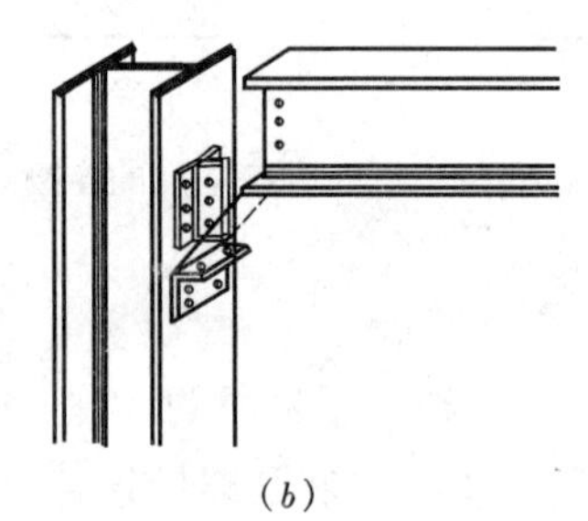

(*b*)

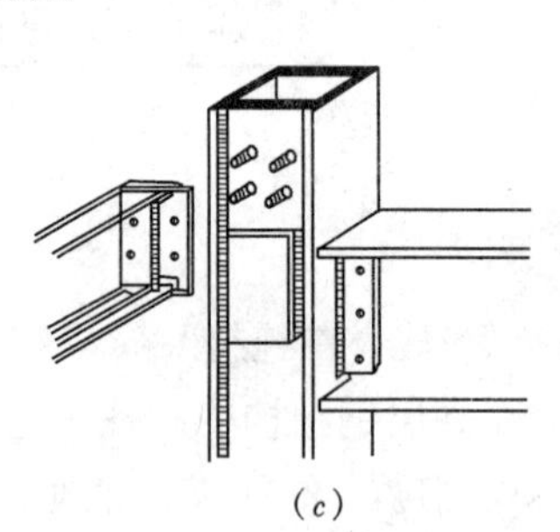

(*c*)

图 4-115 柱—梁铰接节点

(*a*) 用焊在柱上的扁钢作连接板；(*b*) 用一对垂直角钢及角钢支座连接；(*c*) 用焊在梁上的对接板连接

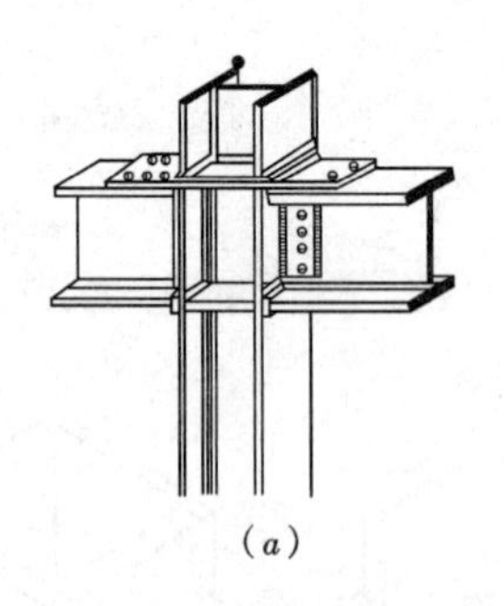

(*a*)

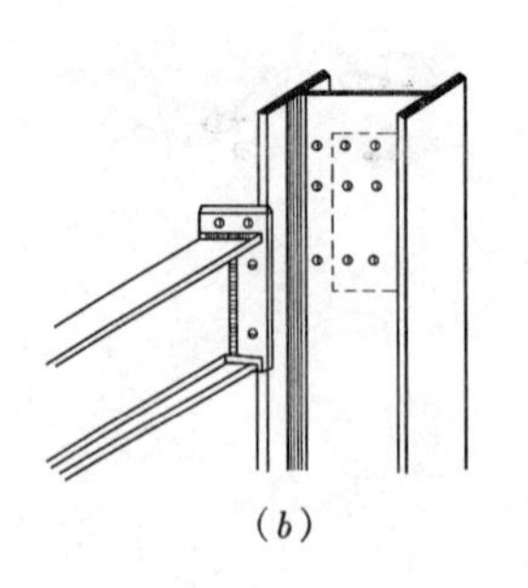

(*b*)

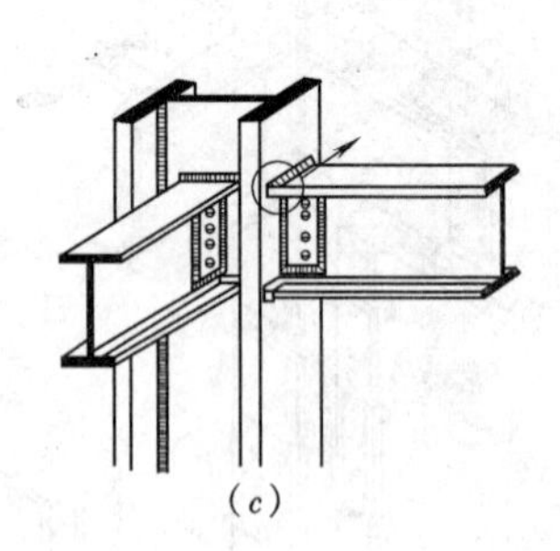

(*c*)

图 4-116 柱—梁刚接节点

(5) 梁—混凝土筒连接

这种连接，通常为铰接。预埋钢板可借助于栓钉、弯钩钢筋、钢筋环、角钢等，埋设锚固于混凝土筒壁之中，钢板应与筒壁表面齐平，如图 4-120 所示。常采用的栓钉锚固件可用作受弯受剪连接件。

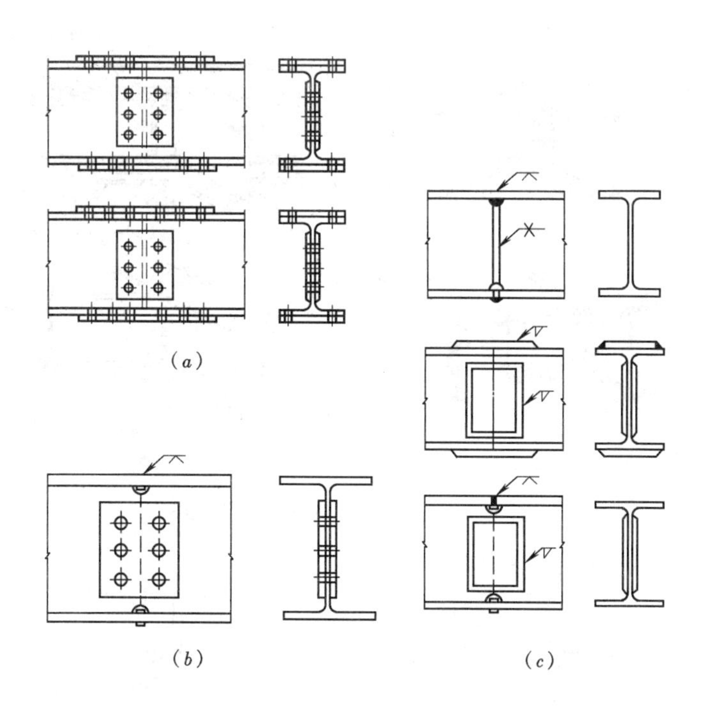

图 4-117　主梁与主梁对接的几种节点
(a) 全螺栓连接；(b) 螺栓—焊
接混合连接；(c) 全焊接连接

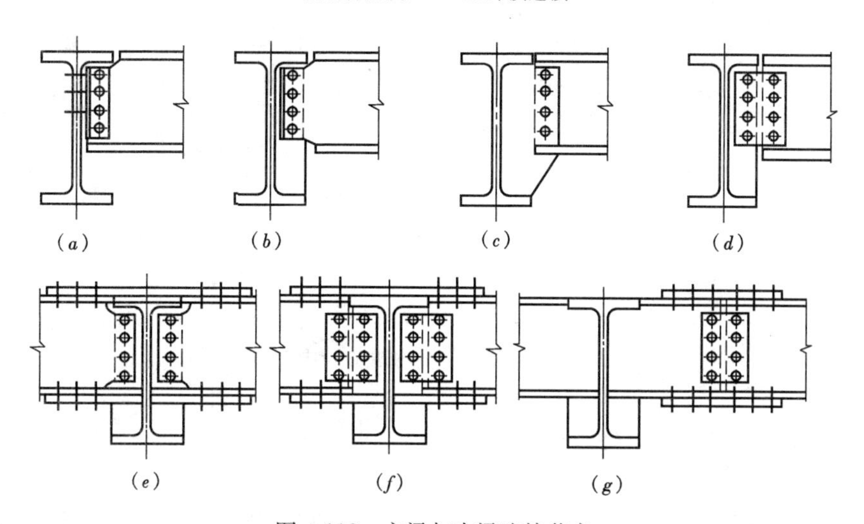

图 4-118　主梁与次梁连接节点
(a) 借助于角钢连接件；(b)、(c)、(e) 直接与肋板连接，不用连接板；
(d)、(f) 直接与肋板连接，用连接板；(g) 与次梁梁头连接

值得注意的是，在筒壁混凝土浇筑过程中，预埋钢板在三个方向上都会产生位移，误差较大。因此，除了在设计上充分考虑施工因素外，施工时应在模板技术、混凝土浇捣技术方面高度重视。

5. 加工制造

由于高层建筑钢结构的精度要求高，因此，构件的加工制造一般由专门的钢结构加

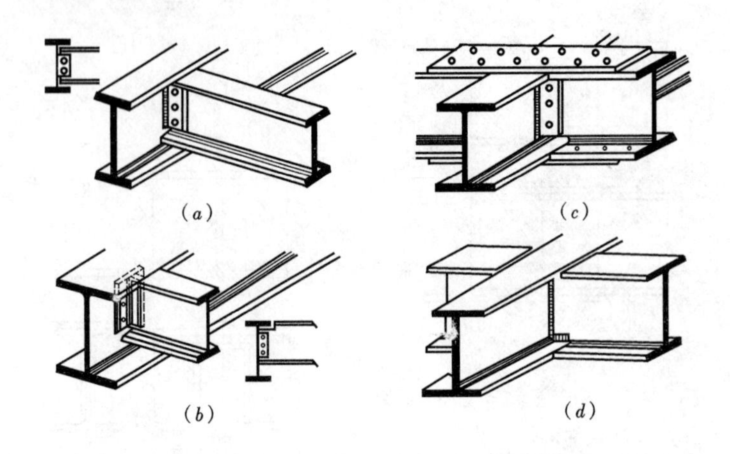

图 4-119 主梁与次梁连接立体视图

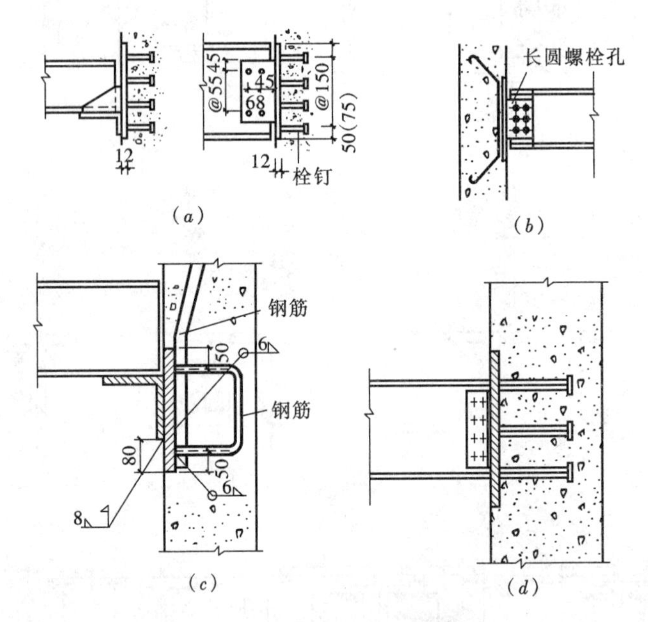

图 4-120 几种预埋钢板的锚固方法

工厂在工厂预制完成。整个加工制造过程有以下几个环节：

(1) 构件的划分

高层钢结构构件（主要是梁、柱）的划分，涉及到结构体系、连接节点类型、构件截面的大小、单位长度重量以及起重机合理的起重能力等诸多因素。

钢柱分段原则是吊装机械不超载，又便于构件运输和堆放，并能减少现场安装工作量。柱段过长，柔性过大，不利于运输、吊装与校直；柱段过短，则吊次增多，焊接接头增多，影响施工速度。钢柱标准柱段的长度一般等于 2～3 个楼层高度。两个柱段的接头位置，通常选在主梁上表面以上 1000～1300mm 处。

钢梁（包括周边梁和楼盖梁）的跨度，一般与柱网尺寸相同。

(2) 机械加工

建筑结构设计图上的尺寸数据还不能直接用于加工制造，需要加工厂根据设备、工艺条件翻制详图，然后根据详图放出大样，制作样板或样件，经确认无误后，再投入正式生产。

1）放样和划线。在钢结构制作中，放样是把零（构）件的足尺轮廓尺寸、切口、制孔圆心、折弯和机加工种类等从图纸准确地转移到样板和样件上，而样板和样件则是下料、制弯、铣、刨、制孔等加工的依据。

放样中应特别注意的是：丈量工具必须统一，并经计量部门检定，以消除相对误差；合理预留焊接收缩与切铣等机加工的余量；钢柱的下料长度，还应增加经常作用荷载下柱轴力引起的弹性压缩量。

2）接料和矫平。我国采用的钢板长度一般为 6～8m，对制作大长焊接构件，需对钢板作纵向拼接。经验证明，先拼接后下料优于先下料后拼接。钢板由于运输和拼接焊接等原因产生翘曲，在划线切割前需要在专门的矫平机上进行矫平。

3）下料切割。切割的方式一般采用气割和锯割。气割，即火焰切割。锯割是用专门的圆盘锯机切割钢材，适用于切断大型轧制 H 形钢和大型焊接截面。《高层建筑钢结构设计与施工规程》条文说明指出，大型 H 形钢用锯割下料，切割面一般不须再作机械加工，可大大提高生产效率。

4）制孔。高层钢结构构件的连接螺栓孔，定位精度要求高，精制、高强螺栓孔的直径要求也高，通常采用机械钻孔。

（3）焊接和拼装

高层钢结构的制造，对焊接质量的要求高于其他钢结构，且厚钢板较多，新的接头型式和焊接方法的采用，都对工艺措施要求更为严格。焊接方法多采用 CO_2 保护焊、自动埋弧焊和电渣焊。手工电弧焊则较少采用，一般仅用作焊缝打底和拼装定位点焊。

典型的钢结构构件的焊接主要有：工字形截面、箱形截面和十字形截面的焊接。要尽可能地把焊接变形控制到最小，焊后应采取必要的矫正措施，对重要结构构件的焊接质量要进行超声波探伤。

大型结构构件的拼装应在拼装平台上进行，拼装平台的平整度和刚度是保证拼装质量的重要因素。

4.5.2 钢结构的安装

钢结构的高层建筑结构安装的独有施工特点有：

（1）由于结构复杂而使施工复杂化。钢结构安装的精确度要求高，允许误差小，为保证这些精度要采取一些特殊的措施。而当建筑物采用钢—混凝土组合结构时，钢筋混凝土结构为现场浇筑，允许误差较大，两者配合，往往产生矛盾。同时，钢结构高层建筑要进行防火和防腐处理，为减轻建筑物自重要采用一些新型的轻质材料和轻型结构，这也使施工增加了新的内容。因此，要求有严密的施工组织，否则会引起混乱和带来浪费。

（2）高空作业受天气的影响较大。钢结构高层建筑的结构安装作业属高空作业，受风的影响甚大，当风速达到某一限值时，起重安装工作就难以进行，会被迫停工。所以，在高空可进行工作的时间要比一般情况缩短，在安排施工计划时必须考虑这一因素。

(3) 高空作业工作效率低。随着建筑物高度的增大，工作效率也有所降低。这主要表现在两个方面：一是人的工作效率降低，主要是恶劣气候（风、雨、寒冷等）的影响，以及高处工作不安全感的心理影响。二是起重安装效率降低，起重高度增大后，一个工作循环的时间延长，单位时间内的吊次减少，工效随之降低。

(4) 施工安全问题十分突出。由于高度高，材料、工具、人员一旦坠落，会造成重大安全事故。尤其是钢结构电焊量大，防火十分重要，必须引起高度重视。

1. 结构安装前的准备工作

高层钢结构安装前的准备工作，主要有编制施工方案、拟订技术措施、构件检查、安排施工设备、工具和材料、组织安装力量等。现仅就钢结构安装特有的安装前准备工作介绍如下。

(1) 安装机械的选择

高层钢结构安装都用塔式起重机，要求塔式起重机的臂杆长度具有足够的覆盖面；要有足够的起重能力，满足不同部位构件起吊要求；钢丝绳容量要满足起吊高度要求；起吊速度要有足够档位，满足安装需要；多机作业时，相互要有足够的高差，互不碰撞。

如用附着式塔式起重机，锚固点应选择钢结构便于加固、有利于形成框架整体结构和有利于玻璃幕墙安装的部位。对锚固点应进行计算。

如用内爬式塔式起重机，爬升位置应满足塔身自由高度和每节柱单元安装高度的要求。塔式起重机所在位置的钢结构，在爬升前应焊接完毕，形成整体。

(2) 安装流水段的划分

高层钢结构安装需按照建筑物平面形状、结构形式、安装机械数量和位置等划分流水段。总原则是：平面流水段划分应考虑钢结构安装过程中的整体稳定性和对称性，安装顺序一般由中央向四周扩展，以减少焊接误差。立面流水段划分，一般以一节钢柱高度内所有构件作为一个流水段。

高层钢结构中，由于楼层使用要求不同和框架结构受力因素，其钢构件的布置和规则也相应而异。例如底层用于公共设施，则楼层较高；受力关键部位则设置水平加强结构的楼层；管道布置集中区则增设技术楼层等。这些楼层的钢构件的布置都是不同的。但是多数楼层的使用要求是一样的，钢结构的布置也基本一致，称为钢结构框架的"标准节框架"。标准节框架的安装流水顺序如图 4-121 所示。标准节框架安装方法有下列两种：

1) 节间综合安装法。此法是在标准节框架中，先选择一个节间作为标准间。安装 4 根钢柱后立即安装框架梁、次梁和支撑等，构成空间标准间，并进行校正和固定。然后以此标准间为基准，按规定方向进行安装，逐步扩大框架，每立 2 根钢柱，就安装 1 个节间，直至该施工层完成。国外多采用节间综合安装法，随吊随运，现场不设堆场，每

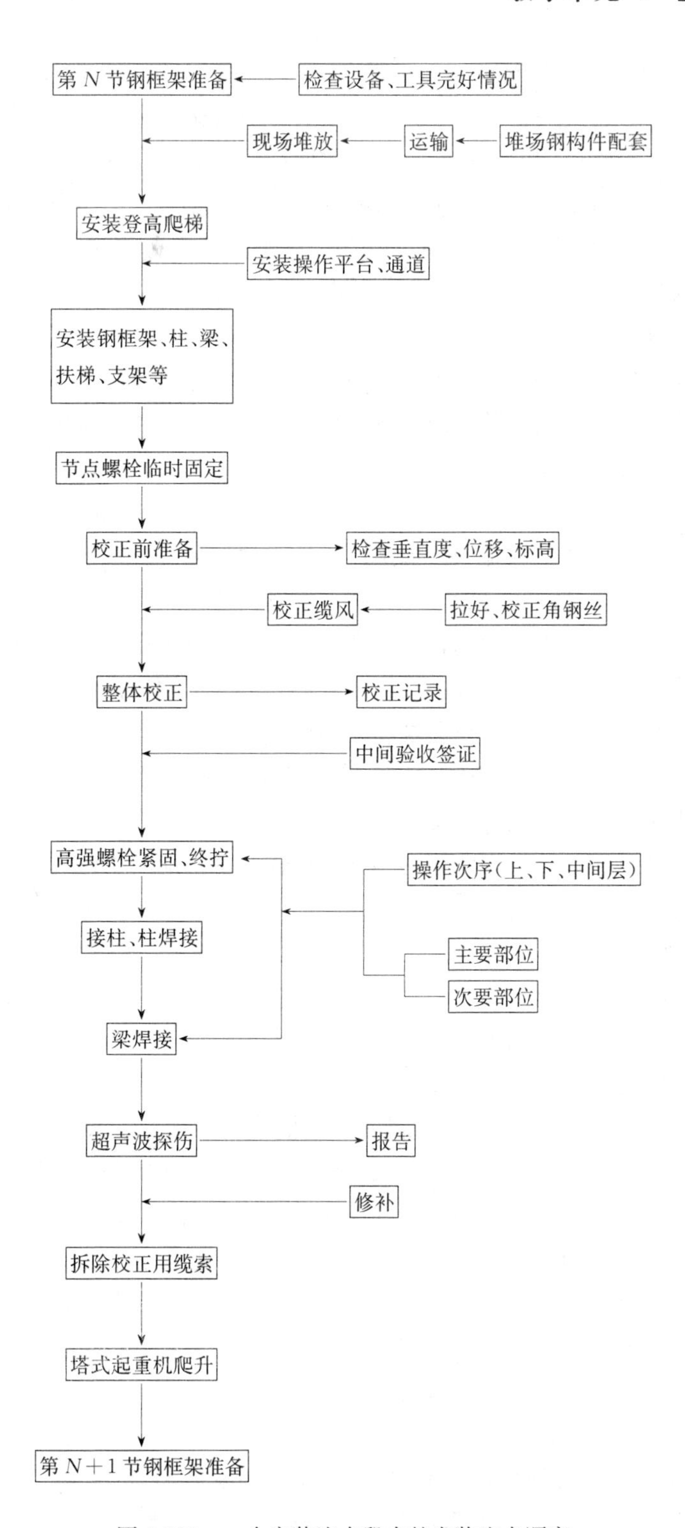

图 4-121 一个安装流水段内的安装流水顺序

天提出构件需求清单，每天安装完毕。这种安装方法对现场管理要求严格，运输交通必须确保畅通，在构件运输保证的条件下能获得最佳的效果。

2）按构件分类大流水安装法。此法是在标准节框架中先安装钢柱，再安装框架梁，然后安装其他构件，按层进行，从下到上，最终完成框架。国内目前多数采用此法，其原因是：①影响钢构件供应的因素多，不能按照综合安装供应钢构件；②在构件不能按计划供应的情况下尚可继续进行安装，有机动的余地；③管理和生产工人容易适应。

两种不同的安装方法，各有利弊，但是，只要构件供应能够保证，构件质量又合格，其生产工效的差异不大，可根据实际情况进行选择。

（3）钢构件的运输和堆放

1）运输。钢构件从制作厂发运前，应进行必要的包装处理，特别是构件的加工面、轴孔和螺纹，均应涂以油脂和贴上油纸，或用塑料布包裹，螺孔应用木楔塞住。装运时要防止相互挤压变形，避免损伤加工面。

2）中转。现场钢结构安装是根据规定的安装流水顺序进行的。钢构件必须按照流水顺序的要求供货到现场，但是构件加工厂是按构件的种类分批生产供货的，与结构安装流水顺序不一致。因此，宜设置钢构件中转堆场调节。

中转堆场应尽量靠近工程现场，同市区公路相通，符合运输车辆的运输要求，要有电源、水源和排水管道，场地平整。堆场的规模，应根据钢构件储存量、堆放措施、起重机行走路线、汽车道路、辅助材料堆场、构件配套用地、生活用地等情况确定。

3）配套。是指按安装流水顺序，以一个结构安装流水段为单元，将所有钢构件分别由堆场整理出来，集中到配套场地，在数量和规格齐全之后进行构件预检和处理修复，然后根据安装顺序，分批将合格的构件由运输车辆供应到工地现场。配套中应特别注意附件（如连接板等小型构件）的配套。

4）现场堆放。钢构件应按安装流水顺序配套运入现场，利用现场的装卸机械尽量将其就位到安装机械的回转半径内。因运转造成的构件变形，在施工现场均要加以矫正。一般情况下，结构安装用地面积宜为结构工程占地面积的1.0～1.5倍。

（4）钢构件预检

1）出厂检验。钢构件在出厂前，制造厂应根据制作规范、规定及设计图的要求进行产品检验，填写质量报告、实际偏差值。钢构件交付结构安装单位后，结构安装单位再在制造厂质量报告的基础上，根据构件性质分类，再进行复核或抽检。

2）计量工具。预检钢构件的计量工具和标准应事先统一，质量标准也应统一。特别是对钢卷尺的标准要十分重视，有关单位（业主、土建、安装、制造厂）应各执统一标准的钢卷尺，制造厂按此尺制造钢构件，土建施工单位按此尺进行柱基定位施工，安装单位按此尺进行结构安装，业主按此尺进行结构验收。标准钢卷尺由业主提供，钢卷尺需同标准基线进行足尺比较，确定各地钢卷尺的误差值以及尺长方程式，应用时按标准条件实施。钢卷尺应用的标准条件为：拉力用弹簧秤称量，30m钢卷尺拉力值用98.06N，50m钢卷尺拉力值用147.08N；温度为20℃；水平丈量时钢卷尺要保持水平，挠度要加托。使用时，实际读数按上述条件，根据当时气温按其误差值、尺长方程式进行换算。但实际应用时如全部按上述方法进行，计算量太大。一般是关键性构件（如柱、框架大梁）的长度复检和长度大于8m的构件按上法，其余构件均可以按实读数为依据。

3）预检。结构安装单位对钢构件预检的项目，主要是与施工安装质量和工效直接有关的数据，如：几何外形尺寸，螺孔大小和间距，预埋件位置，焊缝坡口，节点摩擦面，附件数量规格等。构件的内在制作质量应以制造厂质量报告为准。预检数量一般是关键构件全部检查，其他构件抽检 10%～20%，应记录预检数据。

钢构件预检是项复杂而细致的工作，预检时尚须有一定的条件，预检时间放在钢构件中转堆场配套时进行。这样可省去因预检而进行构件翻堆所耗费的机械和人工，不足之处是发现问题进行处理的时间比较紧迫。

构件预检宜由结构安装单位和制造厂联合派人参加，同时也应组织构件处理小组，将预检出的偏差及时给予修复，严禁不合格的构件运到工地现场，更不应该将不合格构件送到高空去处理。

现场施工安装应根据预检数据，采取相应措施，以保证安装顺利进行。

（5）柱基检查

第一节钢柱是直接安装在钢筋混凝土柱基底顶上的。钢结构的安装质量和工效同柱基的定位轴线、基准标高直接有关。安装单位对柱基的预检重点是定位轴线间距、柱基顶面标高和地脚螺栓预埋位置。

1）定位轴线检查。定位轴线从基础施工起就应引起重视，先要做好控制桩。待基础浇筑混凝土后再根据控制桩将定位轴线引测到柱基钢筋混凝土底板面上，然后检查定位轴线是否同原定位轴线重合、封闭，每根定位线总尺寸误差值是否超过控制数，纵横定位轴线是否垂直、平行。定位轴线检查在弹过线的基础上进行。检查应由业主、土建、安装三方联合进行，对检查数据要统一认可签证。

2）柱间距检查。柱间距检查是在定位轴线认可后进行的。采用标准尺实测柱距。柱距偏差值应严格控制在±3mm 范围内，绝不能超过±5mm。柱距偏差超过±5mm，则必须调整定位轴线。原因是定位轴线的交点是柱基中心点，是钢柱安装的基准点，钢柱竖向间距以此为准，框架钢梁连接螺孔的孔洞直径一般比高强度螺栓直径大 1.5～2.0mm，如柱距过大或过小，将直接影响框架梁的安装连接和钢柱的垂直。

3）单独柱基中心线检查。检查单独柱基的中心线同定位轴线之间的误差，调整柱基中心线使其同定位轴线重合，然后以柱基中心线为依据，检查地脚螺栓的预埋位置。

4）柱基地脚螺栓检查。检查柱基地脚螺栓，其内容有：检查螺栓的螺纹长度是否能保证钢柱安装后螺母拧紧的需要；检查螺栓垂直度是否超差，超过规定必须矫正，矫正方法可用冷校法或火焰热校法；检查螺纹有否损坏，检查合格后在螺纹部分涂上油，盖好帽盖加以保护；检查螺栓间距，实测独立柱地脚螺栓组间距的偏差值，绘制平面图表明偏差数值和偏差方向。再检查地脚螺栓相对应的钢柱安装孔，根据螺栓的检查结果进行调查，如有问题，应事先扩孔，以保证钢柱的顺利安装。

地脚螺栓预埋的质量标准：任何两只螺栓之间的距离允许偏差为 1mm；相邻两组地脚螺栓中心线之间距离的允许偏差值为 3mm。实际上由于柱基中心线的调整修改，工程中有相当一部分不能达到上述标准。但可通过地脚螺栓预埋方法的改进，实现这一指标。

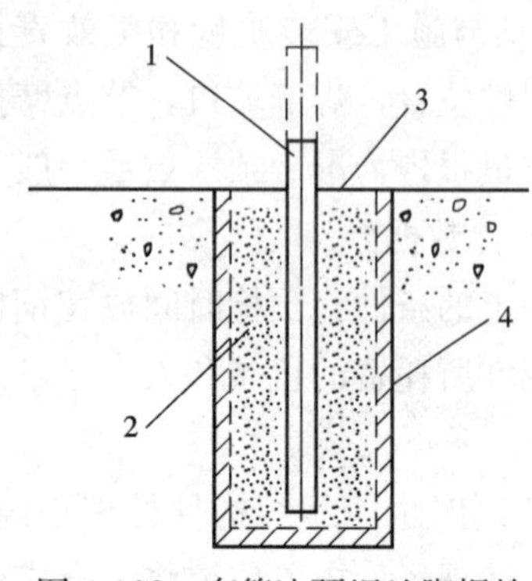

图 4-122　套管法预埋地脚螺栓

1—套埋螺栓；2—无收缩砂浆；3—混凝土基础面；4—套管

目前高层钢结构工程柱基地脚螺栓的预埋方法有直埋法和套管法两种。直埋法就是用套板控制地脚螺栓相互之间距离，立固定支架控制地脚螺栓群不变形，在柱基底板绑扎钢筋时埋入，控制位置，同钢筋连成一体，整浇混凝土，一次固定，难以再调整。采用此法实际上产生的偏差较大。套管法就是先安套管（内径比地脚螺栓大 2～3 倍），在套管外制作套板，焊接套管并立固定架，并将其埋入浇筑的混凝土中，待柱基底板上的定位轴线和柱中心线检查无误后，再在套管内插入螺栓，使其对准中心线，通过附件或焊接加以固定，最后在套管内注浆锚固螺栓（图 4-122）。注浆材料按一定级配制成。此法对保证地脚螺栓的定位的质量有利，但施工费用较高。

5）基准标高实测。在柱基中心表面和钢柱底面之间，考虑到施工因素，设计时都考虑有一定的间隙作为钢柱安装时的标高调整，该间隙一般规定为 50mm。基准标高点一般设置在柱基底板的适当位置，四周加以保护，作为整个高层钢结构工程施工阶段标高的依据。以基准标高点为依据，对钢柱柱基表面进行标高实测，将测得的标高偏差绘制平面图，作为临时支承标高块调整的依据。

（6）标高块设置及柱底灌浆

1）标高块设置。柱基表面采取设置临时支承标高块的方法来保证钢柱安装控制标高。要根据荷载大小和标高块材料强度确定标高块的支承面积。标高块一般用砂浆、钢垫板和无收缩砂浆制作。一般砂浆强度低，只用于装配钢筋混凝土柱杯形基础粉平。钢垫块耗钢多加工复杂，无收缩砂浆是高层钢结构标高块的常用材料，因它有一定的强度，而且柱底灌浆也用无收缩砂浆，传力均匀。

临时支承标高块的埋设方法，如图 4-123 所示。柱基边长＜1m 时，设一块；柱基＞1m，边长＜2m 时，设“十”字形块；柱基边长＞2m 时，设多块。标高块的形状，圆、方、长方、“十”字形均可。为了保证表面平整，标高块表面可增设预埋钢板。标高块用无收缩砂浆时，其材料强度应≥$30N/mm^2$。

2）柱底灌浆。一般在第一节钢框架安装完成后即可开始紧固地脚螺栓并进行灌浆。灌浆前必须对柱基进行清理，立模板，用水冲洗基础表面，排除积水，螺孔处必须擦干，然后用自流砂浆连续浇灌，一次完成。流出的砂浆应清除干净，加盖草包养护。砂浆必须做试块，到时试压，作为验收资料。

2. 钢结构构件的连接

（1）焊接连接

现场焊接方法一般用手工焊接和半自动焊接两种方法。焊接母材厚度不大于 30mm 时采用手工焊，大于 30mm 时采用半自动焊，此外尚须根据工程焊接量的大小和操作条件等来确定。

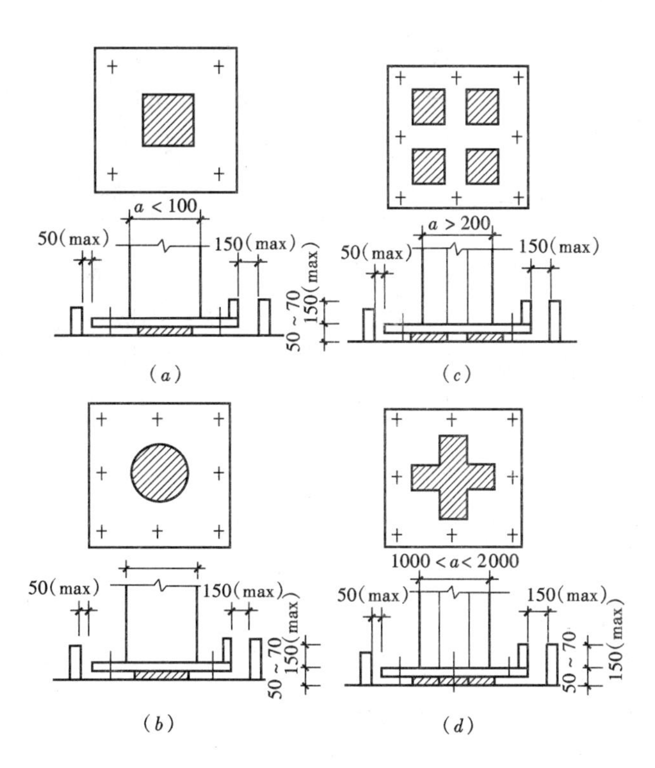

图 4-123 临时支承标高块的埋设方法

(*a*) 单独一块型；(*b*) 单独圆块型；(*c*) 四块型；(*d*) "十"型

高层钢结构构件接头的施焊顺序，比构件的安装顺序更为重要。焊接顺序不合理，会使结构产生难以挽回的变形，甚至会因内应力而将焊缝拉裂。

柱与柱的对接焊，应由两名焊工在两相对面等温、等速对称焊接。加引弧板时，先焊第一个两相对面，焊层不宜超过 4 层，然后切除引弧板，清理焊缝表面，再焊第二个两相对面，焊层可达 8 层，再换焊第一个两相对面，如此循环直到焊满整个焊缝。

梁、柱接头的焊缝，一般先焊 H 形钢的下翼缘板，再焊上翼缘板。梁的两端先焊一端，待其冷却至常温后再焊另一端。

只有在一个垂直流水段（一节柱段高度范围内）的全部构件吊装、校正和固定后，才能施焊。

柱与柱、梁与柱的焊缝接头，应试验测出焊缝收缩值，反馈到钢结构制作单位，作为加工的参考。要注意焊缝收缩值受周围已安装柱、梁的约束程度不同收缩也不同。

焊接的设备选用、工艺要求以及焊缝质量检验等按现行施工验收规范执行。

（2）高强度螺栓连接

钢结构高强螺栓连接，一般是指摩擦连接(图 4-124)。它借助螺栓紧固产生的强大轴力夹紧连接板，靠板与板接触面之间产生的抗剪摩擦力传递同螺栓轴线方向相垂直的应力。因此，螺栓只受拉不受剪。施工简便而迅速，易于掌握，可拆换，受力好，耐疲劳，较安全，已成为取代铆接和部分焊接的一种主要的现场连接手段。

国家标准（GB 1228～GB 1231 和 GB 3632～GB 3633）规定，大六角头高强螺栓的

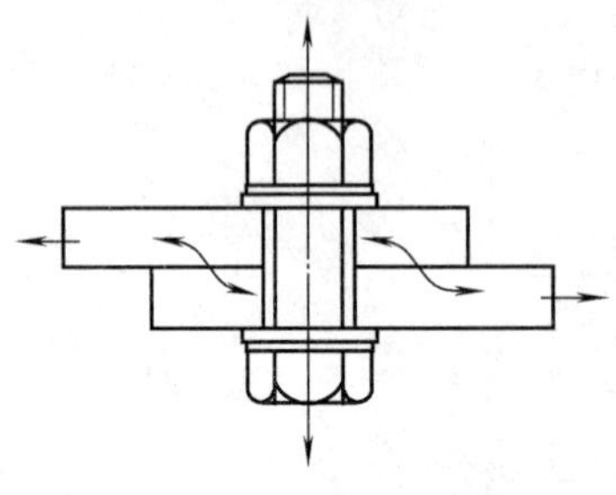

图 4-124　高强螺栓摩擦连接

性能等级分为 8.8 级和 10.9 级，前者用 45 号钢或 35 号钢制作，后者用 20MnTiB、40B 或 35VB 钢制作。扭剪型螺栓只有 10.9 级，用 20MnTiB 钢制作。我国高强螺栓性能等级的表示方法是，小数点前的“8”或“10”表示螺栓经热处理后的最低抗拉强度属于 800N/mm^2（实际为 830N/mm^2）或 1000N/mm^2（实际为 1010N/mm^2）这一级；小数点后的“0.8”或“0.9”表示螺栓经热处理后的屈强比，即屈服强度与抗拉强度的比值。

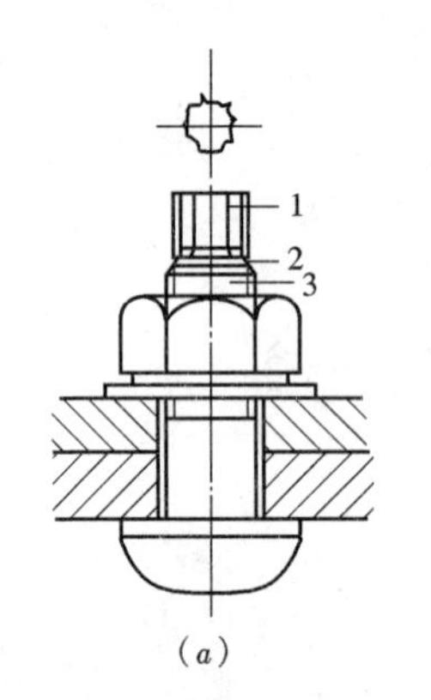

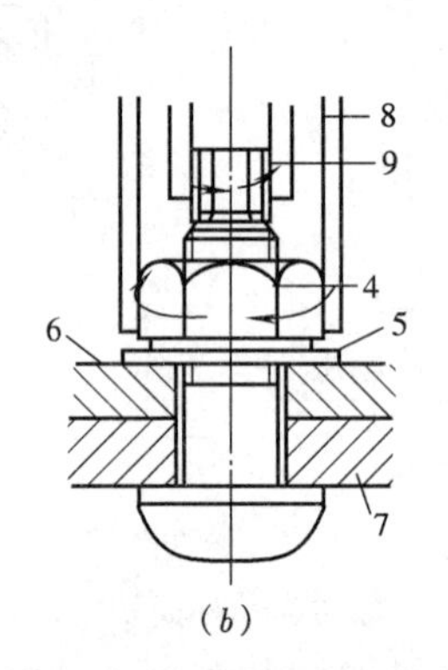

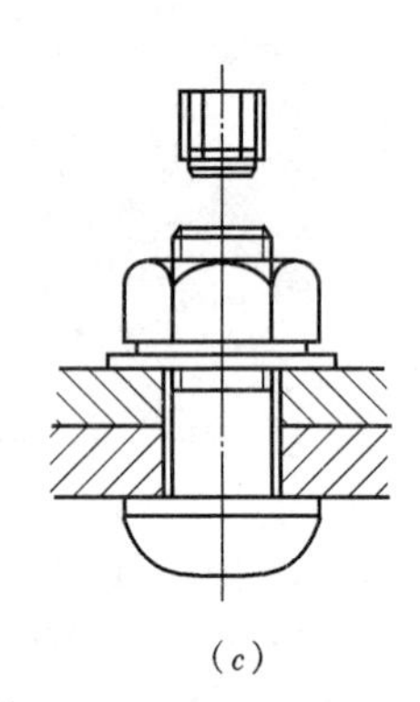

图 4-125　扭剪型高强螺栓及其施工

(a) 施工前；(b) 施工中；(c) 施工后

1—12 角梅花形卡头；2—扭断沟槽；3—高强螺栓；4—螺母；5—垫圈；6—被连接钢板 1；7—被连接钢板 2；8—紧固扳手外套筒；9—内套筒

高强螺栓的类型，除了大六角头普通型外，广泛采用的是扭剪型高强螺栓（图4-125）。

扭剪型螺栓的螺头与铆钉头相似，螺尾多了一个梅花形卡头和一个能够控制紧固扭矩的环形切口。在螺栓副组成上，它较普通高强螺栓少一个垫圈，因为在螺头一边把垫圈与螺头的功能结合成一体。在施工方法上，只是紧固扭矩的控制方法不同。普通高强螺栓施加于螺母上的紧固扭矩靠扭矩扳手控制，而扭剪型高强螺栓施加于螺母上的紧固扭矩，则是由螺栓本身环形切口的扭断力矩来控制的，即所谓自标量型螺栓。

扭剪型高强螺栓的紧固是用一种特殊的电动扳手（TC 扳手）进行的。扳手有内外两个套筒。紧固时，内套筒套在梅花卡头上，外套筒套在螺母上，紧固过程中产生的反力矩通过内套筒由梅花卡头承受。扳手内外套筒间形成大小相等、方向相反的一对力偶。螺栓切口部分承受纯扭转。当施加于螺母上的扭矩增加到切口扭断力矩时，切口扭断，紧固完毕。

高强度螺栓连接副的运输、装卸、保管过程中，要防止损坏螺纹。应按包装箱上注明的批号、规格分类保管。在安装使用前严禁任意开箱。

高强螺栓施工包括摩擦面处理、螺栓穿孔、螺栓紧固等工序。

1）摩擦面处理。对高强度螺栓连接的摩擦面一般在钢构件制作时进行处理，处理方法是采用喷砂、酸洗后涂无机富锌漆或贴塑料纸加以保护。但是由于运输或长时间暴露在外，安装前应进行检查，如摩擦面有锈蚀、污物、油污、油漆等，须加以清除处理使之达到要求。常用的处理工具有铲刀、钢丝刷、砂轮机、除漆剂、火焰等，可结合实际情况选用。施工中应对摩擦面的处理十分重视，摩擦面将直接影响节点的传力性能。

2）螺栓穿孔。安装高强度螺栓时用尖头撬棒及冲钉对正上下或前后连接板的螺孔，将螺栓自由穿入。安装用临时螺栓，可用普通标准螺栓或冲钉，高强螺栓不宜作为临时安装螺栓使用。临时螺栓穿入数量应由计算确定，并应符合下述规定：

（A）不得少于安装孔总数的1/3；

（B）至少应穿两个临时螺栓；

（C）如穿入部分冲钉，则其数量不得多于临时螺栓的30％。

临时螺栓穿好后，在余下的螺孔中穿入高强螺栓。在同一连接面上，高强螺栓应按同一方向穿入，并应顺畅穿入孔内，不得强行敲打入孔。如不能自由穿入，该孔应用铰刀修整，修整后孔的最大直径应小于1.2倍螺栓直径。

3）螺栓紧固。高强度螺栓一经安装，应立即进行初拧，初拧值一般取终拧值的60％～80％，在一个螺栓群中进行初拧时应规定先后顺序。终拧紧固采用终拧电动扳手。根据操作要求，大六角头普通型高强螺栓应采用扭矩扳手控制终拧扭矩；扭剪型高强螺栓尾端螺杆的梅花卡头扭断，终拧即完成。

高强螺栓的初拧、复拧、终拧应在同一天内完成。螺栓拧紧要按一定顺序进行，一般应由螺栓群中央顺序向外拧紧。

4）螺栓紧固后的检查。观察高强螺栓末端梅花卡头是否扭下，连接板接触面之间是否有空隙，螺纹是否穿过螺母露出3扣螺纹，垫圈是否安装在螺母一侧，用测力扳手紧固的螺栓是否有标记，然后再在此基础上进行抽查。

3. 钢结构构件的安装工艺

（1）钢柱安装

第一节钢柱是安装在柱基临时标高支承块上的，钢柱安装前应将登高扶梯和挂篮等临时固定好。钢柱起吊后对准中心轴线就位，固定地脚螺栓，校正垂直度。其他各节钢柱都安装在下节钢柱的柱顶（采用对接焊），钢柱两侧装有临时固定用的连接板，上节钢柱对准下节钢柱柱顶中心线后，即用螺栓固定连接板作临时固定。

钢柱起吊有两种方法（图4-126）：一种是双机抬吊法，特点是用两台起重机悬高起吊，柱根部不着地摩擦；另一种是单机吊装法，特点是钢柱根部必须垫以垫木，以回转法起吊，严禁柱根拖地。钢柱就位后，先对钢柱的垂直度、轴线、牛腿面标高进行初校，然后安装临时固定螺栓，再拆除吊索。

（2）框架钢梁安装

钢梁在吊装前，应于柱子牛腿处检查标高和柱子间距。主梁吊装前，应在梁上装好扶手杆和扶手绳，待主梁吊装就位后，将扶手绳与钢柱系牢，以保证施工人员的安全。

钢梁采用两点起吊，一般在钢梁上翼缘处开孔，作为吊点。吊点位置取决于钢梁的跨度。为加快吊装速度，对重量较小的次梁和其他小梁，常利用多头吊索一次吊装数根。

水平桁架的安装基本同框架梁，但吊点位置选择应根据桁架的形状而定，须保证起

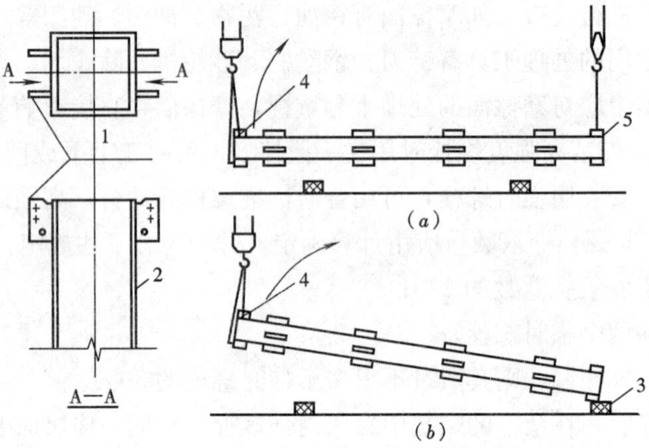

图 4-126　钢柱吊装工艺

(*a*) 双机抬吊；(*b*) 单机吊装

1—钢柱吊耳（接柱连接板）；2—钢柱；3—垫木；4—上吊点；5—下吊点

吊后平直，便于安装连接。安装连接螺栓时严禁在情况不明的情况下任意扩孔，连接板必须平整。

(3) 墙板安装

装配式剪力墙板安装在钢柱和楼层框架梁之间，剪力墙板有钢制墙板和钢筋混凝土墙板两种。安装方法多采用下述两种：

1) 先安装好框架，然后再装墙板。进行墙板安装时，选用索具吊到就位部位附近临时搁置，然后调换索具，在分离器两侧同时下放对称索具绑扎墙板，再起吊安装到位。此法安装效率不高，临时搁置尚须采取一定的措施（图 4-127）。

2) 先按上部框架梁组合，然后再安装。剪力墙板是四周与钢柱和框架梁用螺栓连接再用焊接固定的，安装前在地面先将墙板与上部框架梁组合，然后一并安装，定位后再连接其他部位。组合安装效率高，是个较合理的安装方法（图 4-128）。

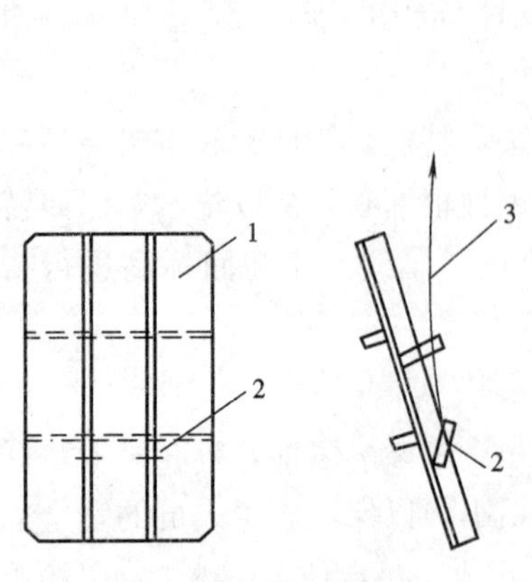

图 4-127　剪力墙板吊装方法之一

1—墙板；2—吊点；3—吊索

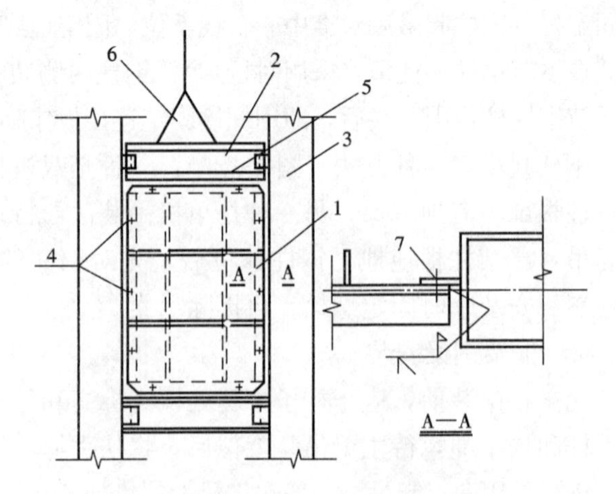

图 4-128　剪力墙板吊装方法之二

1—墙板；2—框架梁；3—钢柱；4—安装螺栓；5—框架梁与墙板连接处（在地面先组合成一体）；6—吊索；7—墙板安装时与钢柱连接部位

剪力支撑安装部位与剪力墙板吻合，安装时也应采用剪力墙板的安装方法，尽量组合后再进行安装。

(4) 钢扶梯安装

钢扶梯一般以平台部分为界限分段制作，构件是空间体，与框架同时进行安装，然后再进行位置和标高调整。在安装施工中常作为操作人员在楼层之间的工作通道，安装工艺简便，定位固定较复杂。

4. 高层钢框架的校正

(1) 框架校正的基本原理

1) 校正流程。框架整体校正是在主要流水区安装完成后进行的。一节标准框架的校正流程如图 4-129 所示。

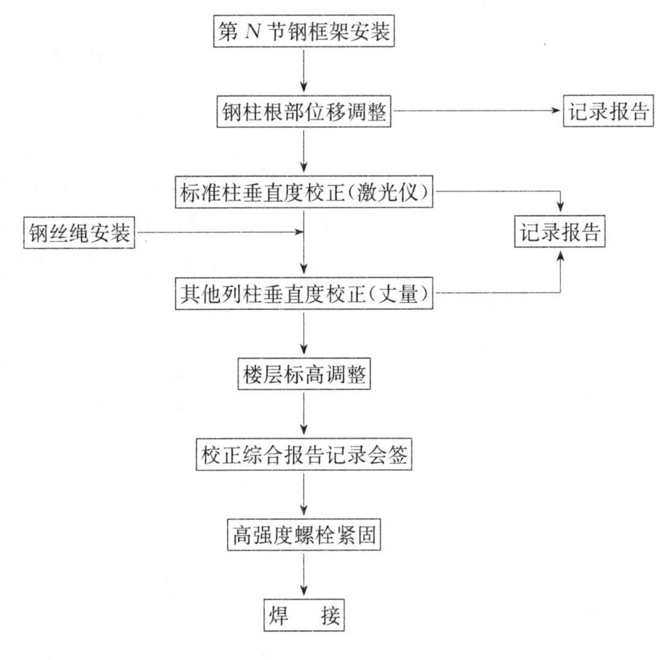

图 4-129 一节标准框架的校正流程

2) 校正时的允许偏差。目前只能针对具体工程由设计单位参照有关规定提出校正的质量标准和允许偏差，供高层钢结构安装实施。

3) 标准柱和基准点选择。标准柱是能控制框架平面轮廓的少数柱子，用它来控制框架结构安装的质量。一般选择平面转角柱为标准柱。如正方形框架取 4 根转角柱；长方形框架当长边与短边之比大于 2 时取 6 根柱；多边形框架取转角柱为标准柱。

基准点的选择以标准柱的柱基中心线为依据，从 x 轴和 y 轴分别引出距离为 e 的补偿线，其交点作为标准柱的测量基准点。对基准点应加以保护，防止损坏，e 值大小由工程情况确定。

进行框架校正时，采用激光经纬仪以基准点为依据对框架标准柱进行垂直度观测，对钢柱顶部进行垂直度校正，使其在允许范围内。

框架其他柱子的校正不用激光经纬仪，通常采用丈量测定法。具体做法是以标准柱为依据，用钢丝组成平面方格封闭状，用钢尺丈量距离，超过允许偏差者需调整偏差，在允许范围内者只记录不调整。框架校正完毕要调整数据列表，进行中间验收鉴定，然后才能开始高强螺栓紧固工作。

（2）高层钢框架结构的校正方法

1）轴线位移校正。任何一节框架钢柱的校正，均以下节钢柱顶部的实际柱中心线为准。安装钢柱的底部对准下节钢柱的中心线即可。控制柱节点时须注意四周外形，尽量平整以利焊接。实测位移，按有关规定作记录。校正位移时特别应注意钢柱的扭矩。钢柱扭转对框架安装极为不利，应引起重视。

2）柱子标高调整。每安装一节钢柱后，应对柱顶作一次标高实测，根据实测标高的偏差值来确定调整与否（以设计±0.000为统一基准标高）。标高偏差值≤6mm，只记录不调整，超过6mm需进行调整。调整标高用低碳钢板垫到规定要求。钢柱标高调整应注意下列事项：

偏差过大（>20mm）不宜一次调整，可先调整一部分，待下一步再调整。因为一次调整过大会影响支撑的安装和钢梁表面的标高；中间框架柱的标高宜稍高些，通过实际工程的观察证明，中间列柱的标高一般均低于边柱标高，这主要是因为钢框架安装工期长，结构自重不断增大，中间列柱承受的结构荷载较大，因此中间列柱的基础沉降值亦大。

3）垂直度校正。垂直度校正用一般的经纬仪难以满足要求，应采用激光经纬仪来测定标准柱的垂直度。测定方法是将激光经纬仪中心放在预定的基准点上，使激光经纬仪光束射到预先固定在钢柱上的靶标上，光束中心同靶标中心重合，表明钢柱垂直度无偏差。激光经纬仪须经常检验，以保证仪器本身的精度（图4-130）。当光束中心与靶标中心不重合时，表明有偏差。偏差超过允许值应校正钢柱。

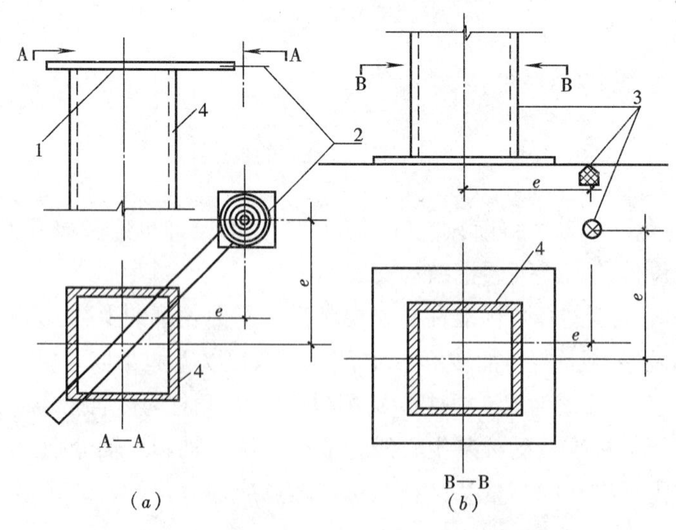

图4-130　用激光经纬仪测量钢柱的垂直度

(*a*)钢柱顶部；(*b*) 钢柱底部

1—钢柱顶部靶标夹具；2—激光靶标；3—柱底基准点；4—钢柱

测量时，为了减少仪器误差的影响，可采用4点投射光束法来测定钢柱的垂直度。就是在激光经纬仪定位后，旋转经纬仪水平度盘，向靶标投射四次光束（按0°、90°、180°、270°位置），将靶标上四次光束的中心用对角线连接，其对角线交点即为正确位置。以此为准检验钢柱是否垂直，决定钢柱是否需要校正。

4）框架梁平面标高校正。用水平仪、标尺进行实测，测定框架梁两端标高误差情况。超过规定时应做校正，方法是扩大端部安装连接孔。

5．楼面工程及墙面工程

高层钢结构中，楼面由钢梁和混凝土楼板组成。它有传递垂直荷载和水平荷载的结构功能。楼面应当轻质，并有足够的刚度，易于施工，为结构安装提供方便，尽可能快地为后继防火、装修和其他工程创造条件。

（1）楼板种类

高层钢结构中，楼板种类有压型钢板现浇楼板、预制楼板、钢筋混凝土叠合楼板和现浇楼板。

1）压型钢板现浇楼板。压型钢板模板，是采用镀锌或经防腐处理的薄钢板，经冷轧成具有梯波形截面的槽形钢板。压型钢板作为永久性模板，一般用于钢结构工程，按其结构功能分为组合式和非组合式两种。组合式压型钢板既起到模板的作用，又作为现浇楼板底面受拉钢筋，不但在施工阶段承受施工荷载和现浇层自重，而且在使用阶段还承受使用荷载。非组合式则只起模板功能，只承受施工荷载和现浇层自重，不承受使用阶段荷载。

压型钢板一般采用0.75～1.6mm厚（不包括镀锌和饰面层）的Q235薄钢板冷轧制成。图4-131～图4-133所示为常见的压型钢板形状，图4-134所示为压型钢板复合楼板和复合钢梁系统。

压型钢板作为一种永久性模板，除了可以减少或完全免去支拆模作业，简化施工外，它的严密性好，不漏浆，可作主体结构安装施工的操作平台和下部楼层施工人员的安全防护板，有利于立体交叉作业，有利于照明管线的敷设和吊顶龙骨的固定。缺点是湿作业工作量大，用作底面受拉配筋时，必须做防火层，造价较高。不过，从总的施工效果看，只有采用压型钢板模板，才能充分发挥钢结构工程快速施工的特点和效益。如果采用密度小、耐火性能好的轻骨料混凝土，还可以有效地降低楼板厚度和压型钢板的厚度。

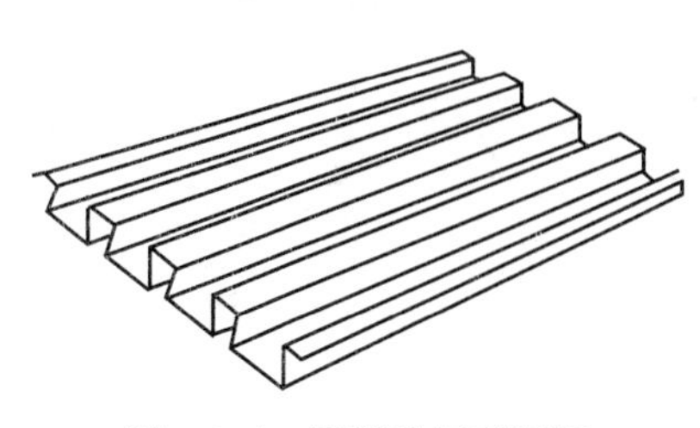

图4-131 楔形肋压型钢板

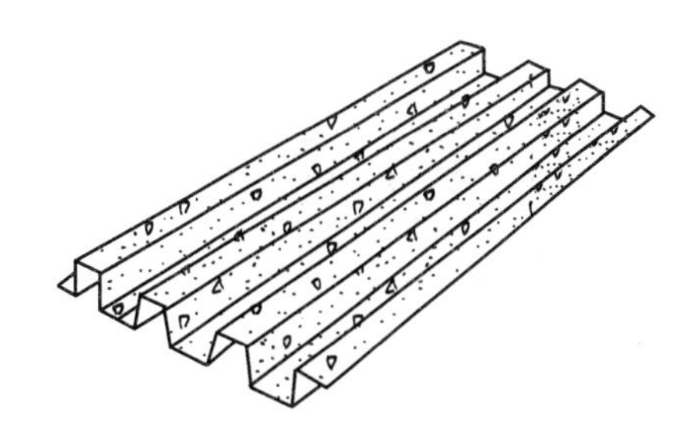

图4-132 带压痕压型钢板

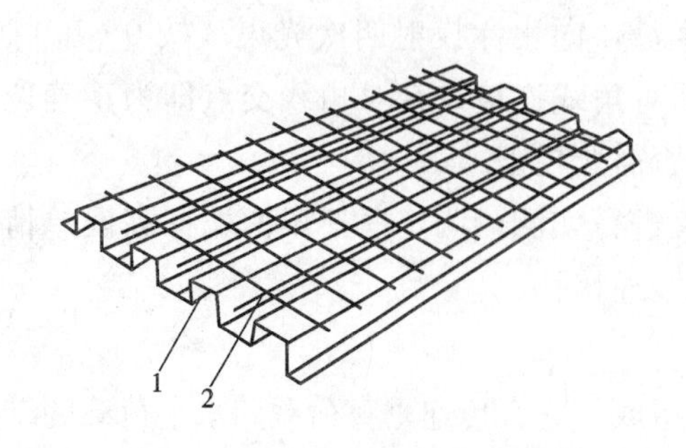

图 4-133　焊有横向钢筋的压型钢板

1—压型钢板；2—钢筋

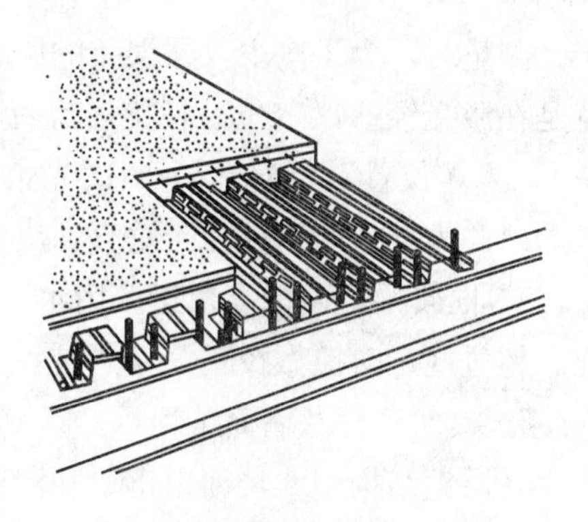

图 4-134　压型钢板复合楼板和复合钢梁系统

压型钢板铺设前要将油渍擦净，一面刷好防锈漆。压型钢板一般直接铺设于次钢梁上，相互搭接长度不小于 10cm，用点焊与钢梁上翼缘焊牢，或设置锚固栓钉，现常采用剪力栓钉（又称柱状螺栓）（图 4-135）。由于设置数量多，一般都采用专门的栓焊机在极短的时间内（0.8～1.2s）通过大电流（1800～2000A）把栓钉直接焊在钢柱、钢梁上作为剪力件。

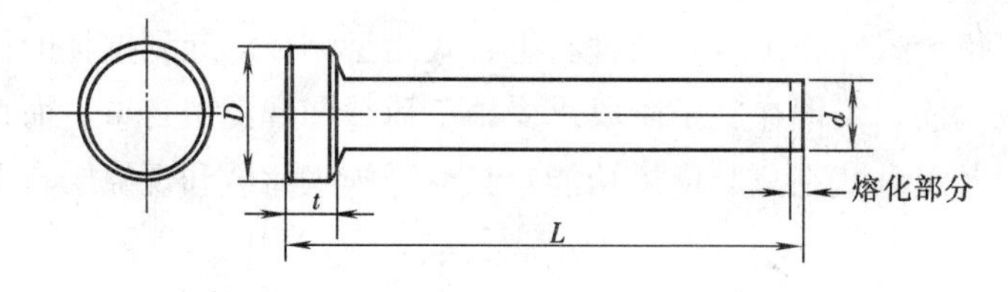

图 4-135　剪力栓钉

压型钢板现浇楼板施工工艺要点有：

当钢梁同混凝土楼板共同工作以前，钢梁以及压型钢板的抗弯刚度不足以支撑楼面现浇混凝土自重，必须增设临时支撑。一种方法是在连续 4 层楼面上设置钢管排架支撑，直接支撑压型钢板模板，支撑间距 1.3m 左右（图 4-136*a*）；另一种方法是用桁架支撑压型钢板模板，桁架则支承在结构钢梁上，此时，则需在对连续 4 层楼面的结构钢梁设临时跨中支撑，把 4 层钢梁顶撑起来（图 4-136*b*）。

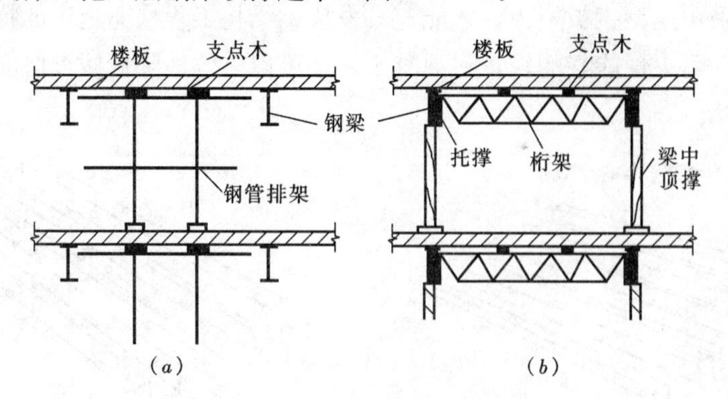

图 4-136　楼面支撑示意

(*a*)排架支撑；(*b*) 桁架支撑

在结构施工后期，为开辟楼面施工第二工作面，解决钢梁和压型钢板抗弯能力不足的方法是加焊型钢腹杆，使上下两层钢梁形成平行弦桁架（图 4-137），用以承受模板荷载。

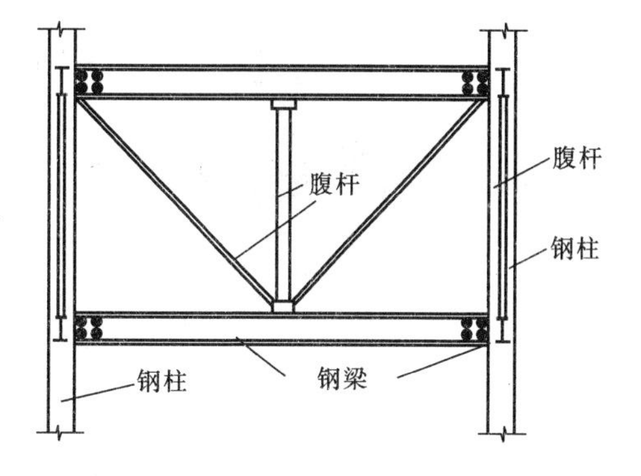

图 4-137 钢梁焊接桁架示意图

在楼面安装压型钢板前，梁面上必须先放出压型钢板的安装位置线，按照图纸规定的行距、列距顺序排放。要注意相邻两列压型钢板的槽口必须对齐，使钢筋混凝土楼板下层的主筋能顺利地放入压型钢板的槽内。

压型钢板应按图纸所示的规格配套和打捆，用塔式起重机提升并放置于相应位置，由工人由近而远地手工铺放。由于压型钢板有的一块重达 200kg，而且工人要在钢梁上行走，因此应避免作长距离水平运输和调头。钢板各列端头的肋必须对齐。

压型钢板铺好以后，应将其端部固定在钢梁上，以保证施工安全和防止大风掀掉。在固定方法中，可用射钉和自攻螺钉，但最好的方法是熔焊，如 CO_2 自动焊机，可焊透，不损伤钢板，且效率很高。每块钢板应有 4 个焊点，每端 2 个，焊点直径为 12mm。为了浇灌混凝土时不漏浆，应把压型钢板的肋的端部做封端处理。如肋的高度较小，可不做封端而用聚苯乙烯块堵塞。

2）钢筋混凝土叠合楼板。在厚度较小的预制钢筋混凝土薄板上浇一层混凝土形成整体实心楼板，称叠合楼板。在本章现浇混凝土模板技术中已有介绍。这种楼板在高层钢结构上并不多见，因为在施工工艺上它不如压型钢板和预制楼板简单。但它是一种永久性模板，可省去支拆模工序，节省模板材料，整体性比预制楼板好，而有利于抗震。

在这类楼板结构中，下层预制薄板可为预应力或非预应力的，厚度约在 40mm 左右，含楼板的全部底部受拉配筋。它的上部剪力配筋伸出板面以外（如钢筋环），以解决预制薄板和现浇层之间的粘结抗剪强度问题。此外，端部的伸出钢筋可使薄板相互连接。如在现浇层中配置连续钢筋网，那么楼板即成为连续楼板，可作为抗风荷载水平隔板加以利用。为使楼板与钢梁共同工作，钢梁上同样应焊有剪力栓钉。浇灌混凝土时，必须注意把接缝填满并振实。

3）预制楼板。预制楼板在钢结构高层旅馆、公寓建筑中采用较多，因为这类建筑的预埋管线比办公楼少。预制楼板一般具有很高的表面质量，现场湿作业少，而且隔声性能好，振动小，大多不做吊顶。不过，它传递水平荷载的能力不及现浇整体楼板。

采用预制楼板，要着重解决预制板之间的纵、横向接缝问题。为了不使板、梁相互作用区域受到干扰，预制板端部接缝可设在两根钢梁之间的跨中。此时其纵向钢筋应伸入接缝中，相互连接并浇灌混凝土（下支模板）。对于高层钢结构，横向接缝一般与钢梁轴线重合。此时，板端应预留喇叭口形凹槽，以容纳抗剪栓钉，如图 4-138 所示。

4）现浇楼板。普通现浇楼板在高层钢结构中采用不多，因为支拆模非常费工，施

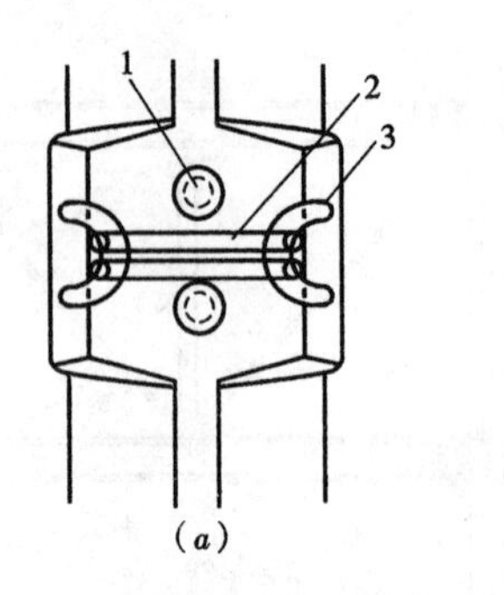

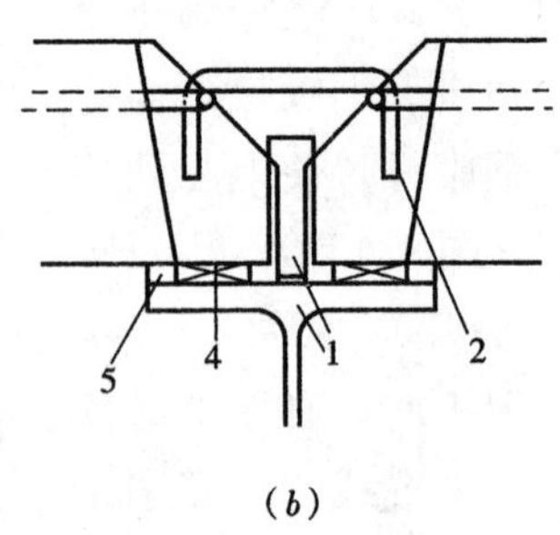

图 4-138 预制板和钢梁之间的连接构造

1—抗剪栓钉；2—ϕ12mm 钢筋卡子；3—端头外伸钢筋环；
4—薄钢板垫片；5—泡沫塑料条

工速度慢。但为降低工程造价，这种楼板仍不失为一种经济的做法。

高层钢结构现浇楼板对建筑物的刚度和稳定性有重要影响，楼板还是抗扭的重要结构构件。因此要求钢结构安装到第六层时，应将第一层楼板的混凝土浇完，使钢结构安装和楼板施工相距不超过 5 层。

(2) 墙面工程

高层钢框架体系一般采用在钢框架内填充与钢框架有效连接的剪力墙板（亦称框架剪力墙结构)。这种剪力墙板可以是预制钢筋混凝土墙板、带钢支撑的预制钢筋混凝土墙板或钢板墙板，墙板与钢结构的连接用焊接或高强螺栓固定，也可以是现浇的钢筋混凝土剪力墙。

为减轻自重，对非承重结构的隔墙、围护墙等，一般广泛采用各种轻质材料，如加气混凝土、石膏板、矿渣棉、塑料、铝板、玻璃围幕等。

6. 高层钢结构施工的安全措施

钢结构高层和超高层建筑施工，安全问题十分突出，应该采取有力措施保证安全施工。

在柱、梁安装后而未设置压型钢板的楼板时，为便于人员行走和施工方便，需在钢梁上铺设适当数量的走道板。

在钢结构吊装期间，为防止人员、物料和工具坠落或飞出造成安全事故，需铺设安全网。安全网分平网和竖网。安全平网设置在梁面以上 2m 处，在建筑平面范围内满铺。当楼层高度小于 4.5m 时，可隔层设置。安全竖网铺设在建筑物外围，高度一般为两节柱的高度。

为便于接柱施工，并保证操作工人的安全，在接柱处要设操作平台，平台固定在下节柱的顶部。

钢结构施工需要许多设备，如电焊机、空气压缩机、氧气瓶、乙炔瓶等，这些设备需随着结构安装而逐渐升高。为此，需在刚安装的钢梁上设置存放施工设备用的平台。固定平台钢梁的临时螺栓数要根据施工荷载计算确定，不能只投入少量的临时螺栓。

为便于施工登高，吊装钢柱前要先将登高钢梯固定在钢柱上。为便于进行柱梁节点紧固高强螺栓和焊接，需在柱梁节点下方安装挂篮脚手。

施工用的电动机械和设备均须接地，绝对不允许使用破损的电线和电缆，严防设备漏电。施工用电器设备和机械的电缆，必须集中在一起，并随楼层的施工而逐节升高。每层楼面须分别设置配电箱，供每层楼面施工用电需要。

高空施工，当风速达 10m/s 时，吊装工作应停止。当风速达到 15m/s 时，一般应停止所有的施工工作。

施工期间应该注意防火，配备必要的灭火设备和消防人员。

4.5.3 钢结构的防火与防腐施工

1. 防火工程

钢结构高层建筑要特别重视火灾的预防。因为钢材热传导快，比热小，虽是一种不燃材料，但极不耐火。当钢构件暴露于火灾高温之下时，其温度很快上升，当其温度达到 600℃时，钢的结构发生变化，其抗拉强度、屈服点和弹性模量都急剧下降（如屈服点下降 60%）。并且，钢柱以及承重钢梁会由于挠度的急剧增大而失去稳定性，导致整个建筑物坍垮。1973 年，天津体育馆因其通风管道甘蔗渣板被引燃而发生火灾，从发现火情报警仅过去 20mim，3500m^2 屋盖的拱形钢屋架全部塌落。震惊世界的 9·11 事件，美国纽约 110 层的世界贸易中心的两座大厦，被恐怖分子劫持的飞机撞击后仅 32min，南楼就坍塌到底，其中一个重要原因就是因为该楼是钢结构的，在大火高温下，丧失承载能力所致。

钢结构防火工程的目的，在于用防火材料阻断火灾热流传给钢构件的通路，延缓传热速率（延长钢构件升温达到临界温度的时间），使钢结构在某一个特定时间内能够继续承受荷载。

(1) 耐火极限等级

钢结构构件的耐火极限等级，是根据它在耐火试验中能继续承受荷载作用的最短时间来分级的。耐火时间大于或等于 30min，则耐火极限等级为 F30，每一级都比前一级长 30min，所以耐火时间等级分为 F30、F60、F90、F120、F150、F180 等。

钢结构构件耐火极限等级的确定，依建筑物的耐火等级和构件种类而定；而建筑物的耐火等级又是根据火灾荷载确定的。火灾荷载，是指建筑物内如结构部件、装饰构件、家具和其他物品等可燃材料燃烧时产生的热量。单位面积的火灾荷载为：

$$q=\frac{\Sigma Q_i}{A}\qquad (\mathrm{MJ/m^2})$$

式中 Q_i——材料燃烧时产生的热量（MJ）；

A——建筑面积（m^2）。

与一般钢结构不同，高层建筑钢结构的耐火极限又与建筑物的高度相关，因为建筑物越高，重力荷载也越大。依据我国《高层钢结构设计与施工规程》，高层钢结构的耐火等级分为Ⅰ、Ⅱ两级，其构件的燃烧性能和耐火极限应不低于表 4-9 的规定。

建筑构件的燃烧性能和耐火极限　　表 4-9

构件名称		Ⅰ级	Ⅱ级
墙体	防火墙	非燃烧体 3h	非燃烧体 3h
	承重墙、楼梯间墙、电梯井及单元之间的墙	非燃烧体 2h	非燃烧体 2h
	非承重墙、疏散走道两侧的隔墙	非燃烧体 1h	非燃烧体 1h
	房间隔墙	非燃烧体 45min	非燃烧体 45min
柱子	从楼顶算起（不包括楼顶塔形小屋）15m 高度范围内的柱	非燃烧体 2h	非燃烧体 2h
	从楼顶算起向下 15～55m 高度范围内的柱	非燃烧体 2.5h	非燃烧体 2h
	从楼顶算起 55m 以下高度范围内的柱	非燃烧体 3h	非燃烧体 2.5h
其他	梁	非燃烧体 2h	非燃烧体 1.5h
	楼板、疏散楼梯及屋顶承重构件	非燃烧体 1.5h	非燃烧体 1.0h
	抗剪支撑、钢板剪力墙	非燃烧体 2h	非燃烧体 1.5h
	吊顶（包括吊顶搁栅）	非燃烧体 15min	非燃烧体 15min

注：当房间可燃物超过 200kg/m^2 而又不设自动灭火设备时，则主要承重构件的耐火极限按本表的数据再提高 0.5h。

（2）防火材料

钢结构的防火保护材料，应选择绝热性好，具有一定抗冲击振动能力，能牢固地附着在钢构件上，又不腐蚀钢材的防火涂料或不燃性板型材。选用的防火材料，应具有国家检测机构提供的理化、力学和耐火极限试验检测报告。

防火材料的种类主要有：①热绝缘材料；②能量吸收（烧蚀）材料；③膨胀涂料。大多数最常用的防火材料实际上是前两类材料的混合物。采用最广的具有优良性能的热绝缘材料有矿物纤维和膨胀骨料（如蛭石和珍珠岩）；最常采用的热能吸收材料有石膏和硅酸盐水泥，它们遇热释放出结晶水。

1）混凝土。混凝土是采用最早和最广泛的防火材料，其导热系数较高，因而不是优良的绝热体，同其他防火涂层比较，它的防火能力主要依赖于它的化学结合水和游离水，其含量约为 16%～20%。火灾中混凝土相对冷却，是依靠它的表面和内部水。它的非暴露表面温度上升到 100℃时，即不再升高；一旦水分完全蒸发掉，其温度将再度上升。

混凝土可以延缓金属构件的升温，而且可承受与其相对面积和刚度成比例的一部分柱子荷载，有助于减小破坏。混凝土防火性能主要依靠的是厚度：耐火时间小于 90min 时，耐火时间同混凝土层的厚度呈曲线关系；大于 90min 时，耐火时间则与厚度的平方成正比。

2）石膏。石膏具有不寻常的耐火性质。当其暴露在高温下时，可释放出 20%的结晶水而被火灾的热所气化。所以，火灾中石膏一直保持相对的冷却状态，直至被完全煅烧脱水为止。石膏作为防火材料，既可做成板材，粘贴于钢构件表面，也可制成灰浆，涂抹或喷射到钢构件表面上。

3）矿物纤维。矿物纤维是最有效的轻质防火材料，它不燃烧，抗化学侵蚀，导热性低，隔声性能好。以前采用的纤维有石棉、岩棉、矿渣棉和其他陶瓷纤维，当今采用的纤维则不含石棉和晶体硅，原材料为岩石或矿渣，在 1371℃下制成。

（A）矿物纤维涂料。由无机纤维、水泥类胶结料以及少量的掺合料配成。加掺合料有助于混合料的浸湿、凝固和控制粉尘飞扬。混合料中还掺有空气凝固剂、水化凝固剂和陶瓷凝固剂。按需要，这几种凝固剂可按不同比例混合使用，或只使用某一种。

（B）矿棉板。如岩棉板，它有不同的厚度和密度。密度越大，耐火性能越高。矿棉板的固定件有以下几种：用电阻焊焊在翼缘板内侧或外侧的销钉；用薄钢带固定于柱上的角铁形固定件等。

矿棉板防火层一般做成箱形，可把几层叠置在一起。当矿棉板绝缘层不能做得太厚时，可在最外面加高熔点绝缘层，但造价提高。矿棉板的耐火时间是：厚度为 62.5mm 时，耐火极限为 2h。

4）氯氧化镁。氯氧化镁水泥用作地面材料已近 50 年，20 世纪 60 年代始用作防火材料。它与水的反应是这种材料防火性能的基础，其含水量可达 44%～54%，相当于石膏含水量（按重量计）的 2.5 倍以上。当其被加热到大约 300℃时，开始释放化学结合水。经标准耐火试验，当涂层厚度为 14mm 时，耐火极限为 2h。

5）膨胀涂料。膨胀涂料是一种极有发展前景的防火材料，它极似油漆，直接喷涂于金属表面，粘结和硬化与油漆相同。涂料层上可直接喷涂装饰油漆，不透水，抗机械破坏性能好，耐火极限最大可达 2h。

6）绝缘型防火涂料。近年来，我国的科研单位大力开发了不少热绝缘型防火涂料，如 TN—LG、JG—276、ST1—A、SB—1、ST1—B 等。其厚度在 30mm 左右时，耐火极限均不低于 2h。

（3）防火工程施工方法

钢结构构件的防火措施，总的说来有三类：外包层法、屏蔽法和水冷却法。

1）外包层法。外包层法是应用最多的一种方法。它又分为湿作业的和干作业的两类。

（A）湿作业。湿作业又分浇筑、抹灰和喷射三种方法。

（*a*）浇筑法即在钢构件四周浇筑一定厚度的混凝土、轻质混凝土或加气混凝土等，以隔绝火焰或高温。为增强所浇筑的混凝土的整体性和防止其遇火剥落，可埋入细钢筋网或钢丝网；

（*b*）抹灰法即在钢构件四周包以钢丝网，外面再抹以蛭石水泥灰浆、珍珠岩水泥灰浆、石膏灰浆等，厚度视耐火极限等级而定，一般约为 35mm；

（*c*）喷射法即用喷枪将混有胶粘剂的石棉或蛭石等保护层喷涂在钢构件表面，形成防火的外包层。喷涂的表面较粗糙，还需另行处理。

（B）干作业。干作业即用预制的混凝土板、加气混凝土板、蛭石混凝土板、石棉水泥板、陶瓷纤维板或者矿棉毡、陶瓷纤维毡等包围钢构件形成防火层。板材用化学胶粘剂粘贴。棉毡等柔软材料则用钢丝网固定在钢构件表面，钢丝网外面再包以铝箔、钢套等，以防在施工过程中下雨，使棉毡受潮，同时也起隔离剂作用，减轻日后棉毡等的吸水。

楼板、梁和内柱的防火多用外包层法。图4-139所示为钢内柱的防火做法，其中图（*a*）～图（*c*）为加钢丝网或钢箍筋后浇筑混凝土，如耐火极限为90min，混凝土外包层的厚度至少40mm。图（*d*）为钢柱包钢丝网后外面抹灰，边角另加防护钢条。图（*e*）、图（*f*）为喷涂防火层。图（*g*）、图（*h*）为用预制的蛭石混凝土板、石棉水泥板做防火层。图（*i*）为用石膏板、钢箍和胶粘剂制作的耐火极限为90min的三层防火外包层做法。图（*j*）、图（*k*）为用矿棉毡（厚40～50mm）外加钢板套（厚0.75mm）的防火外包层。

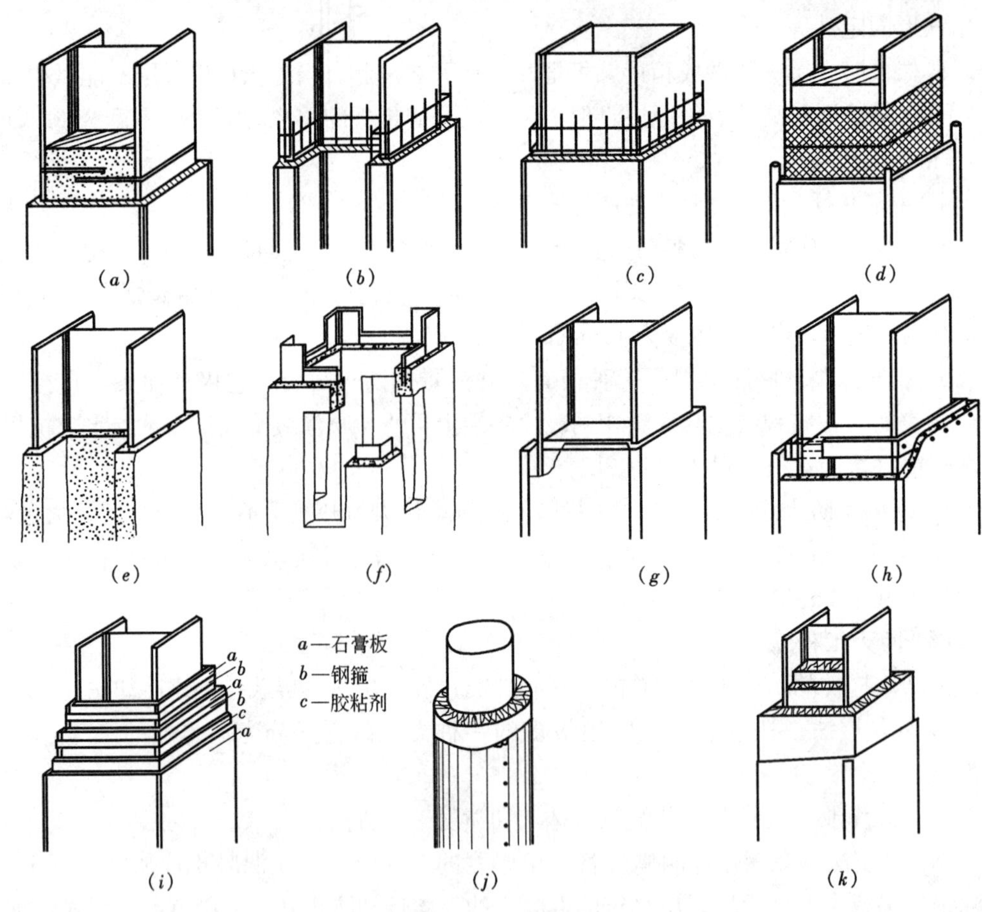

图4-139　内柱的防火

图4-140所示为钢梁的防火做法，图（*a*）为钢梁涂以防火涂料，可以达到30min的耐火极限。图（*b*）是除下翼缘外均包以混凝土，下翼缘包以水泥或蛭石灰浆。图（*c*）为钢梁在吊装前就包以混凝土，如果梁很高，可在腹板上焊上栓钉使外包混凝土层不至于剥落。图（*d*）为喷涂石棉或蛭石灰浆防火层。图（*e*）是将腹板处填以砖或轻混凝土，外面再抹灰。图（*f*）是钢梁包以钢丝网后再抹蛭石灰浆。图（*g*）是将钢梁用预制的蛭石板等防火材料包起来。图（*h*）是先将防火板条固定在钢梁腹板外，再用钉子将石棉板等固定在板条上，在外面形成防火的外包层。

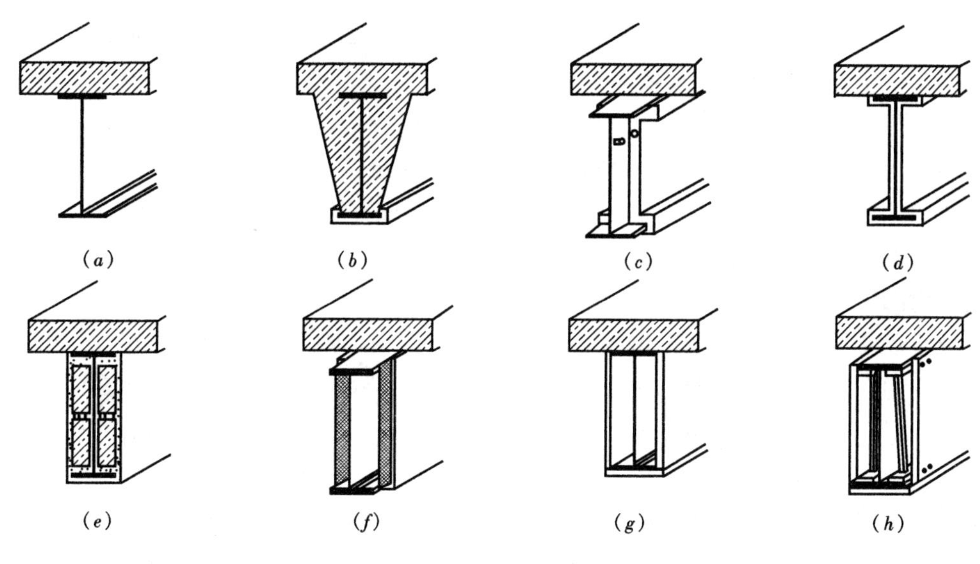

图 4-140 梁的防火

对于楼板，如为现浇钢筋混凝土板，有一定厚度就可以防火。板厚 60mm 就可耐火 30min，板厚 100mm 就可耐火 90min。如为用压型钢板浇筑的楼板，其本身亦可耐火 90min 左右；如防火要求高，则可在下面再喷涂或抹以蛭石、珍珠岩、石棉等灰浆。

2）屏蔽法。即将不做防火外包层的钢结构构件包藏在耐火材料构成的墙或顶棚内，或用耐火材料将钢构件与火焰、高温隔绝开来。这常常是较经济的防火方法，国外有些钢结构高层建筑的外柱即采用这种方法防火。即在结构设计上，让外柱在外墙之外，距离外墙一定距离，同时也不靠近窗子，这样一旦发生火灾，火焰就达不到柱子，柱子也就没必要做防火保护。另一种是将防火板放在柱子后面做防火屏障，防火板每边突出柱外一定的宽度（7～15cm），视耐火极限、型钢种类和大小而定，这样就能防止窗口喷出的火焰烧热柱子。如果外墙嵌在外柱之间，不直接靠近窗子的外柱只在柱子里面用防火材料做屏蔽即可。

3）水冷却法。即在呈空心截面的钢柱内充水进行冷却。如发生火灾，钢柱内的水被加热而产生循环，热水上升，冷水自设于顶部的水箱流下，以水的循环将火灾产生的热量带走，以保证钢结构不丧失承载能力。此法已在柱子中应用，亦可扩大用于水平构件。为了防止钢结构生锈，可在水中掺入专门的防锈外加剂。冬期为了防冻，亦可在水中加入防冻剂。美国 64 层的匹兹堡美国钢铁公司大厦，即采用水冷却法进行钢结构防火。该建筑的钢柱为圆形或矩形空心断面，便于水在其中循环。它是每 16 层楼（64m 高）为一组水冷却系统，最大静水压力为 640kPa。

钢结构高层建筑的防火是十分重要的，它关系到居住人员的生命财产安全和结构的稳定。高层钢结构防火措施的费用一般占钢结构造价的 18%～20%，占结构造价的 9%～10%，占整个建筑物造价的 5%～6%。

2. 防腐工程

除不锈钢等特殊钢材之外，钢结构在使用过程中，由于受到环境介质的作用易被腐蚀破坏。因此钢结构都必须进行防腐处理，以防止氧化腐蚀和其他有害气体的侵蚀。钢结构高层建筑的防腐处理很重要，它可以延长结构的使用寿命和减少维修费用。

（1）钢结构腐蚀的化学过程与防腐蚀方法

钢结构腐蚀的程度和速度，与相对大气温度以及大气中侵蚀性物质含量密切有关。研究表明，当相对大气湿度小于70%时，钢材的腐蚀并不严重，只有当相对大气湿度超过70%时，才会产生值得重视的腐蚀。在潮湿环境中，主要是氧化腐蚀，即氧气与钢材表面的铁产生化学作用而引起锈蚀。

防止氧化腐蚀的主要措施是把钢结构与大气隔绝。如在钢结构表面现浇一定厚度的混凝土覆面层或喷涂水泥砂浆层等，不但能防火，也能保护钢材免遭腐蚀。香港汇丰银行新厦，对于钢组合柱、桁架吊杆、大梁等，就是用水泥砂浆喷涂进行防腐。砂浆的成分是水泥∶砂∶钢纤维为1∶8∶0.05，并与一种专用的乳胶加水混合后用压缩空气经喷嘴喷涂在钢构件表面。防腐喷涂层的厚度不小于12mm，但亦不大于20mm。一般分两次喷涂，每层不小于6mm。第一层加钢纤维，第二层（面层）可以不加。喷涂后用聚氯乙烯薄膜覆盖，防止水分蒸发，起养护作用，同时也防止被雨水冲坏。

另外，在钢结构表面增加一层保护性的金属镀层（如镀锌），也是一种有效的防腐方法。上述香港汇丰银行新厦的次梁、小桁支撑等小构件，就是用镀锌方法进行防腐。

（2）钢结构的涂装防护

用涂油漆的方法对钢结构进行防腐，是用得最多的一种防腐方法。钢结构的涂装防护施工，包括钢材表面处理、涂层设计、涂层施工等。

1）钢材表面处理。进行钢材表面处理，先要确定钢材表面原始状态、除锈质量等级、除锈方法和表面粗糙度等。

在除锈之前应先了解钢材表面原始状态，并确定其等级，以便决定处理措施和施工方案。钢结构表面防护涂层的有效寿命，在很大程度上取决于其表面的除锈质量。施工现场的临时除锈，至少要求除去疏松的氧化皮和涂层，使钢材表面在补充清理后呈现轻微的金属光泽；一般要求是除去疏松的氧化皮和涂层，使钢材表面在补充清理后呈现明显的金属光泽。

除锈方法主要有喷射法、手工或机械法、酸洗法和火焰喷射法等。国外对钢结构的除锈大多采用喷射法，包括离心喷射、压缩空气喷射、真空喷射和湿喷射等。我国较大的金属结构厂，钢材除锈多用酸洗方法。中、小型金属结构厂和施工现场，多采用手工或机械方法除锈。有特殊要求的才用喷射除锈。

采用不同的除锈方法，其涂层的防锈效果也不一样，因为每一个除锈质量等级都有一定的表面粗糙度，而钢结构的表面粗糙度影响着涂层的附着力、涂料用量和防锈效果。如果粗糙度很大，仅涂1～2道底漆是很难填平钢材表面上的波峰。这样，如果不在短时间内涂上面漆，表面的波峰很快就会被锈蚀掉。因此，表面粗糙度大的钢材在涂漆前应经机械打磨或喷射处理。

2）涂层设计。涂层设计包括涂料品种选择、确定涂层结构和涂层厚度。

钢结构用的涂料，一般分防锈底漆和面漆两种。底漆中含有限蚀剂，对金属起阻蚀作用。面漆用于底漆的罩面，起保护底漆的作用，同时显示色彩起装饰作用。

我国常用的钢结构面漆有醇酸漆、过氯乙烯漆和丙烯酸漆。

面漆和底漆要配套使用。如油基底漆不能用含强溶剂的面漆罩面，以免出现咬底现象；过氯乙烯面漆只能用过氯乙烯底漆配套，而不宜用其他的漆种配套。各种油漆都有专用的稀释剂，不是专用的稀释剂不能乱用。

为了避免漏刷或漏喷，相邻两涂层不宜选用一种颜色的涂料，但也不宜选用色差过于明显或过于接近的颜色。

至于涂层结构，一般做法是一底漆一面漆，国外不少钢结构是采用一底漆一中层漆一面漆。

至于底漆与面漆的层数，总层数为三层时，底漆可为一层；总层数为四层或四层以上时，底漆可分为两层。底漆层数不宜过多，因为底漆的抗渗性能差，涂层过厚时其表层上部不与金属接触，也起不到阻蚀作用，反而会降低整个涂层的抗渗性和抗老化性。

3）涂层施工。涂层施工前，钢结构表面处理的质量必须达到要求的等级标准。在有影响施工因素的条件下（大风、雨、雪、灰尘等）应禁止施工。施工温度一般规定为5～35℃，根据涂料产品使用说明书中的规定选用。一般规定施工时相对湿度不得超过85%。

涂料使用前应予以搅拌，使之均匀，然后调整施工黏度。因施工方法不同，施工黏度也有所区别。

钢结构涂层的施工方法，常用的有涂刷法、压缩空气喷涂法、滚涂法和高压无气喷涂法。涂刷法施工简便、省料费工，无论大、小，或形状复杂的构件均可采用。喷涂法工效高，但涂料消耗多。滚涂法适用于大面积的构件施工。此外热喷涂和静电喷涂也有应用。

（3）金属镀层防腐

锌是保护性镀层用得最多的金属。在钢结构高层建筑中亦有不少构件是采用镀锌来进行防腐的。镀锌防腐多用于较小的构件。

镀锌可用热浸镀法或喷镀法。热浸镀锌在镀槽中进行，可用来浸镀大构件，镀的锌层厚度约为80～100μm。

喷镀法可用于车间或工地上，镀的锌层厚度约为80～150μm。在喷镀之前应先将钢构件表面适当打毛。

钢结构防腐的费用，约占建筑总造价的0.1%～0.2%。一个较好的防腐系统，在正常气候条件下的使用寿命可达10～15年。在到达使用年限的末期，只要重新油漆一遍即可。

4.5.4 型钢混凝土结构

型钢混凝土结构又称钢骨混凝土结构，也称为劲性钢筋混凝土结构，日本又称SRC结构，是指梁、柱、墙等杆件和构件，以型钢为骨架，在型钢外包裹混凝土形成的复合结构，如图4-141所示。此类构件的特点是：①钢筋混凝土与型钢形成整体，共

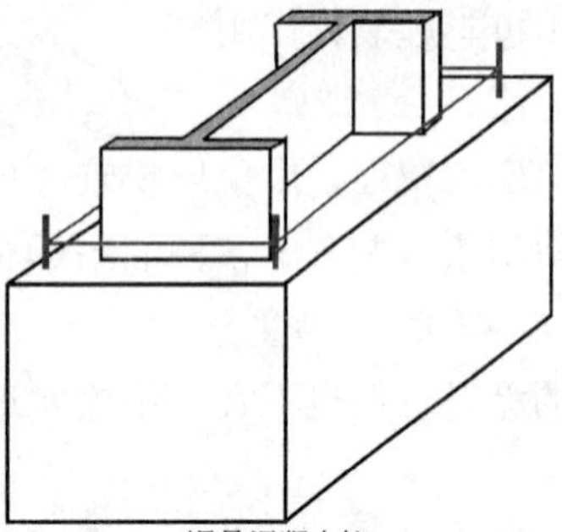

钢骨混凝土柱

图 4-141 型钢混凝土结构

同受力，比钢筋混凝土结构延性增大，抗震性能提高；②在有限截面中配置大量钢材，承载力提高，截面减小，与全钢结构相比较，可节约钢材 1/3 左右；③包裹在型钢外面的钢筋混凝土，不仅在刚度和强度上发挥作用，而且可以取代型钢外的防火和防锈材料，更加耐久，并可节约维护费用；④超前施工的钢框架作为施工作业支架，可扩大施工流水层次，简化支模作业，甚至可不用模板，其施工速度比钢筋混凝土结构快，比全钢结构稍慢。

就我国当前的经济、技术条件而言，对于地震区的高层建筑，型钢混凝土结构比全钢结构更具有竞争力。

1. 型钢混凝土结构的构造

(1) 一般构造

型钢混凝土中的型钢，除采用轧制型钢外，还广泛采用焊接型钢，配合使用钢筋和钢箍。型钢混凝土可做成多种构件，能组成各种结构，可代替钢结构和混凝土结构应用于工业和民用建筑中。型钢混凝土梁和柱是最基本的构件。

型钢分为实腹式和空腹式两类。实腹式型钢可由型钢或钢板焊成。空腹式构件的型钢由缀板或缀条连接角钢或槽钢组成。实腹式型钢制作简便，承载能力大，近年来在日本和西方国家普遍采用。空腹式型钢较节省材料，在前苏联曾大量使用，但其制作费用较高，我国多用实腹式。

型钢混凝土组合结构的混凝土强度等级不宜小于 C30。型钢混凝土组合结构构件中，纵向受力钢筋直径不宜小于 16mm，纵筋与型钢的净间距不宜小于 30mm。型钢混凝土组合结构构件中的型钢钢板厚度不宜小于 6mm，型钢的混凝土保护层最小厚度，对梁不宜小于 100mm，且梁内型钢翼缘离梁两侧距离之和不宜小于截面宽度的 1/3；对柱不宜小于 120mm。

(2) 型钢混凝土框架梁

型钢混凝土框架梁的截面宽度不宜小于 300mm，截面高度和宽度的比值不宜大于 4。梁中纵向受拉钢筋不宜超过二排，其配筋率宜大于 0.3%，直径宜为 16～25mm，净距不宜小于 30mm 和 1.5d（d 为钢筋最大直径）；梁的上部和下部纵向钢筋伸入节点的锚固构造要求，应符合《混凝土结构设计规范》(GB 50010—2010) 的规定。

型钢混凝土框架梁的截面高度大于或等于 500mm 时，在梁的两侧沿高度方向每隔 200mm 设置一根纵向腰筋，且腰筋与型钢间宜配置拉结钢筋。

型钢混凝土框架梁箍筋的配置，应符合《混凝土结构设计规范》(GB 50010—2010) 的规定；考虑地震作用组合的型钢混凝土框架梁，梁端应设置箍筋加密区。梁端第一根箍筋应设置在距节点边缘不大于 50mm 处，非加密区的箍筋最大间距不宜大于加密区箍筋间距的 2 倍。

对于转换层大梁或托柱梁等主要承受竖向重力荷载的梁，梁端型钢上翼缘宜增设栓钉。

配置桁架式型钢的型钢混凝土框架梁，其压杆的长细比宜小于 120。

开孔型钢混凝土梁的孔位宜设置在剪力较小截面附近，且宜采用圆形孔。当孔洞位于离支座 1/4 跨度以外时，圆形孔的直径不宜大于 0.4 倍梁高，且不宜大于型钢截面高度的 0.7 倍；当孔洞位于离支座 1/4 跨度以内时，圆孔的孔径不宜大于 0.3 倍梁高，且不宜大于型钢截面高度的 0.5 倍。孔洞周边宜设置钢套管，管壁厚度不宜小于型钢腹板厚度。腹板孔周围两侧宜各焊上厚度稍小于腹板厚度的环形补强板，环板宽度应取 75～125mm，且孔边应加设构造箍筋和水平筋。

(3) 型钢混凝土框架柱

实腹式型钢混凝土（框架）柱常见的形式如图 4-142 所示。型钢多用钢板焊接而成，亦有轧制型钢。十字形截面用于中柱，T 字形截面用于边柱，L 形截面适用于角柱，圆钢管与方钢管截面是近年发展起来的，钢管内部可以充填混凝土，也可以不充填混凝土。应用较多的是实腹式宽翼缘 H 型钢。

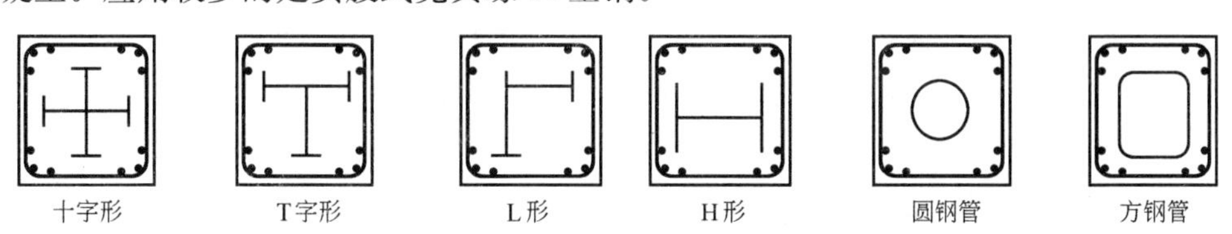

图 4-142 实腹式型钢混凝土柱

型钢混凝土框架柱中箍筋的配置应符合混凝土结构设计规范中的规定。考虑地震作用组合的型钢混凝土框架柱，柱端箍筋应当加密，加密区长度、箍筋最大间距和最小直径应符合相关规定。

柱箍筋加密区长度以外，箍筋的体积配筋率不宜小于加密区配筋率的一半，且对一、二级抗震等级，箍筋间距不应大于 $10d$；对三级抗震等级不宜大于 $15d$，d 为纵向钢筋直径。

型钢混凝土框架柱全部纵向受力钢筋的配筋率不宜小于 0.8%；受力型钢的含钢率不宜小于 4%，且不宜大于 10%。

框架柱内纵向钢筋的净距不宜小于 60mm。

(4) 连接构造

1) 梁柱节点连接构造

梁柱节点设计和施工都应重视，应做到构造简单、传力明确、便于混凝土浇筑和配筋。

型钢混凝土组合结构的梁柱连接有下列几种形式：

(A) 型钢混凝土柱与型钢混凝土梁的连接；

(B) 型钢混凝土柱与混凝土梁的连接；

(C) 型钢混凝土柱与钢梁的连接。

上述三种连接形式中，柱内型钢宜采用贯通型，柱内型钢的拼接应满足钢结构的连接要求。

型钢混凝土柱与型钢混凝土梁或混凝土梁连接的梁柱节点应为刚性连接，梁的纵向钢筋应伸入柱节点，且应满足钢筋锚固要求。柱内型钢的截面形式和纵向钢筋的配置，宜便于梁纵向钢筋的贯穿，应减少梁纵向钢筋穿过柱内型钢柱的数量，且不宜穿过型钢翼缘，也不应与柱内型钢直接焊接连接。

梁柱连接也可在柱型钢上设置工字钢牛腿，梁纵向钢筋中一部分可与钢牛腿焊接或搭接。

型钢混凝土柱与型钢混凝土梁或钢梁连接时，柱内型钢与梁内型钢或钢梁的连接应采用刚性连接，且梁内型钢翼缘与柱内型钢翼缘应采用全熔透焊缝连接；梁腹板与柱宜采用摩擦型高强度螺栓连接；悬臂梁段与柱应采用全焊接连接。

2）柱与柱连接构造

在各种结构体系中，当结构下部采用型钢混凝土柱，上部采用混凝土柱时，下部型钢混凝土柱中的型钢应向上延伸一层或二层作为过渡层。过渡层内的型钢应设置栓钉。

当结构下部采用型钢混凝土柱，上部采用钢结构柱时，下部型钢混凝土柱亦应向上延伸一层作为过渡层。结构过渡层至过渡层以下 2 倍柱型钢截面高度范围内应设置栓钉，箍筋沿柱全高加密。

型钢混凝土柱中的型钢需改变截面时，宜保持型钢截面高度不变，可改变翼缘的宽度、厚度或腹板厚度。当需要改变柱截面高度时，截面高度宜逐步过渡，且在变截面的上、下端应设置加劲肋。

3）梁与梁连接构造

当框架柱的一侧为型钢混凝土梁，另一侧为混凝土梁时，型钢混凝土梁中的型钢宜延伸至混凝土梁 1/4 跨度处，且在伸长段型钢的上下翼缘设置栓钉，在梁端伸长段外 2 倍梁高范围内，箍筋应加密。

混凝土次梁与型钢混凝土主梁连接，次梁中的钢筋应穿过或绕过型钢混凝土梁的型钢。

4）梁与墙的连接构造

型钢混凝土梁或钢梁垂直于混凝土墙的连接，可做成铰接或刚接。铰接连接时，可在混凝土墙中设置预埋件，预埋件上焊连接板，连接板与型钢梁的腹板用高强螺栓连接，也可在预埋件上焊支承钢梁的钢牛腿来连接型钢梁。型钢混凝土梁中的纵向受力钢筋应锚入墙中。

当型钢混凝土梁与墙需要刚接时，可在混凝土墙中设置型钢柱，型钢梁与墙中型钢柱形成刚性连接，其纵向钢筋应伸入墙中，且满足锚固要求。

2. 型钢混凝土结构的施工

型钢混凝土结构是钢结构与混凝土结构的组合体，这二者的施工方法都可以应用到型钢混凝土结构中来。但由于二者同时并存，因此也有一些特点，充分利用型钢骨架的承重能力为施工创造有利条件，能使施工效率提高。

（1）型钢和钢筋施工

型钢骨架施工应遵守钢结构的有关规范和规程。

安装柱的型钢骨架时，先在上下型钢骨架连接处进行临时连接，纠正垂直偏差后再进行焊接或高强螺栓固定，在梁的型钢骨架安装后，应再次观测和纠正因荷载增加、焊接收缩或螺栓紧固而产生的垂直偏差。

施工中应确保现场型钢柱拼接和梁柱节点连接的焊接质量，其焊缝质量应满足一级焊缝质量等级要求。对一般部位的焊缝，应进行外观质量检查，并应达到二级焊缝质量等级要求。

工字形和十字形型钢柱的腹板与翼缘、水平加劲肋与翼缘的焊接应采用坡口熔透焊缝，水平加劲肋与腹板连接可采用角焊缝。箱形柱隔板与柱的焊接，宜采用坡口熔透焊缝。

栓钉焊接前，应将构件焊接面的油、锈清除；焊接后栓钉高度的允许偏差应在±2mm以内，同时按有关规定抽样检查其焊接质量。

在梁柱接头处和梁的型钢翼缘下部，由于浇筑混凝土时有部分空气不易排出，或因梁的型钢翼缘过宽妨碍浇筑混凝土（图 4-143），为此要在一些部位预留排除空气的孔洞和混凝土浇筑孔（图 4-144）。

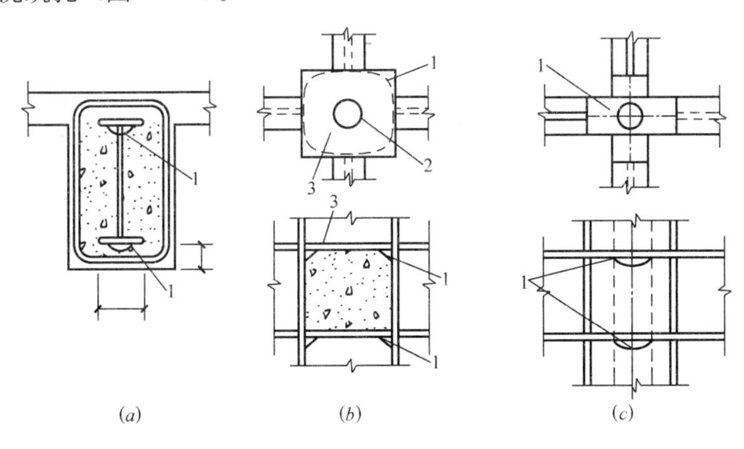

图 4-143 混凝土不易充分填满的部位

1—混凝土不易充分填满的部位；2—混凝土浇筑孔；

3—柱内加劲肋板

型钢混凝土结构的钢筋绑扎，与混凝土结构中的钢筋绑扎基本相同。由于柱的纵向钢筋不能穿过梁的翼缘，因此柱的纵向钢筋只能设在柱截面的四角或无梁的部位。

在梁柱节点部位，柱的箍筋要在型钢梁腹板上已留好的孔中穿过，由于整根箍筋无法穿过，只好将箍筋分段，再用电弧焊焊接。不宜将箍筋焊在梁的腹板上，因为节点处受力较复杂。如腹板上开孔的大小和位置不合适时，征得设计者的同意后，再用电钻补孔或用铰刀扩孔，不得用气割开孔。

(2) 模板与混凝土浇筑

型钢混凝土结构与普通混凝土结构的区别在于型钢混凝土结构中有型钢骨架，在混

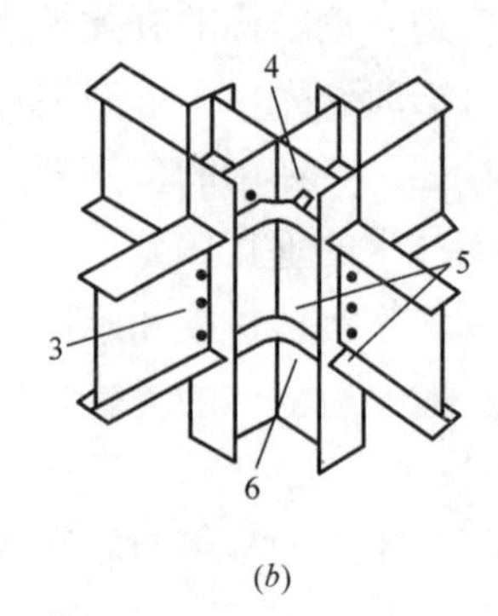

(*a*) (*b*)

图 4-144 梁柱接头处预留孔洞位置

1—柱内加劲肋板；2—混凝土浇筑孔；3—箍筋通过孔；

4—梁主筋通过孔；5—排气孔；6—柱腹板加劲肋

凝土未硬化之前，型钢骨架可作为钢结构来承受荷载，为此，施工中可利用型钢骨架来承受混凝土的重量和施工荷载，为降低模板费用和加快施工创造了条件。将梁底模用螺栓固定在型钢梁上，可完全省去梁下的支撑。楼盖模板可用钢框木模板和快拆体系支撑，达到加速模板周转的目的。

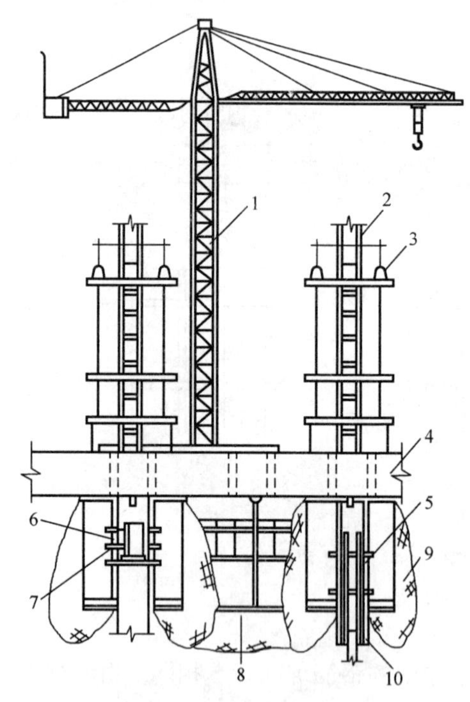

图 4-145 升梁提模工艺装置示意图

1—随升塔式起重机；2—型钢柱；3—升板机；

4—双梁施工平台；5—模板；6—梁模板；

7—托架梁；8—吊脚手；9—安全网；10—刚性墙

施工型钢混凝土结构，还可用升梁提模体系（图 4-145），它是将屋面框架梁设计成双肢梁，在地面制作后，在双梁网格上铺设脚手板构成施工操作平台。双梁网格下悬挂框架柱、梁和剪力墙等的模板，以及吊架和吊脚手等。升板机挂在柱的型钢骨架上。施工时，按规定的程序用升板机提升双梁网格平台，同时即可提升柱、梁、墙的模板，每浇筑一层提升一层，逐步形成框架。

施工时有关型钢骨架的安装，与钢结构安装一样，应遵守钢结构安装有关的规范。

型钢混凝土结构的混凝土浇筑，应遵守有关混凝土施工的规范、规程，在梁柱接头处和梁型钢翼缘下部等混凝土不易填满处，应仔细进行浇筑和捣实。型钢混凝土结构外包的混凝土外壳，要满足耐火和受力的双重要求，浇筑和养护时要保证其密实度和防止开裂。

4.5.5 钢管混凝土结构

钢管混凝土结构是介于钢结构和钢筋混凝土结构之间的又一种复合结构。钢管混凝土通常用于柱，即在钢管（方管或圆管）中灌注混凝土，钢管和混凝土这两种结构材料在受力过程中相互制约。如图（图 4-146）其主要受力机制是：①利用钢管对混凝土的约束作用，使其中的混凝土处于三向受压状态，从而大大提高其抗压强度和变形能力；②借助内填混凝土来增强薄壁钢管的抗屈曲强度和稳定性。这两种材料采取这种复合方式，使钢管混凝土柱的承载力比钢管和混凝土柱芯的各自承载力之总和提高约 40%。

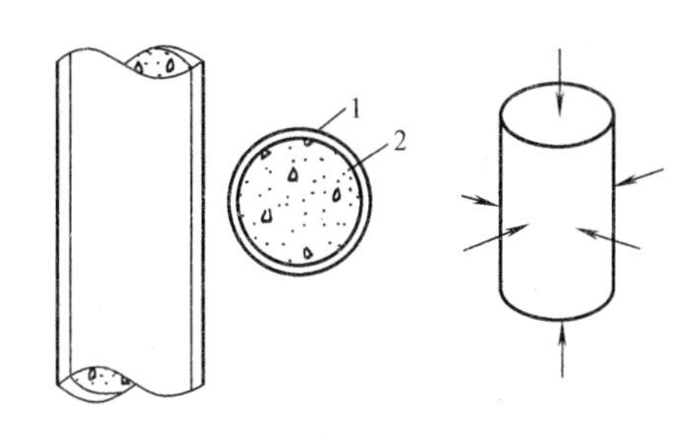

图 4-146 钢管混凝土结构
1—钢管；2—混凝土

钢管混凝土柱有良好的经济性能，同一般型钢混凝土柱比较，在同等条件下，钢管混凝土柱可节约 30%的用钢量。同钢筋混凝土柱比较，可节省水泥 70%，节约钢材 10%，节省模板 100%，而造价大致相等。

近 10 多年来，钢管混凝土结构已广泛应用于各种类型的高层建筑。在美国、日本、澳大利亚等国家，建成的钢管混凝土结构高层建筑已经超过 40 幢。在我国，建成的和拟建的钢管混凝土结构高层建筑也近 10 幢。就世界范围而言，钢管混凝土结构在高层建筑中的应用比例将日益增大。

1. 钢管混凝土结构的构造

（1）钢管及连接材料

钢管可采用 Q235 和 Q345 钢材，也可采用 Q390 和 Q420 钢材。对处于外露环境，且对大气腐蚀有特殊要求或在腐蚀性气态和固态介质作用下的钢管混凝土结构，宜采用耐候钢。也可根据实际情况选用高性能耐火建筑用钢。

圆钢管宜采用螺旋焊接管或直缝焊接管，方、矩形钢管宜采用直缝焊接管或冷弯型钢钢管。当价格合理时，也可采用无缝钢管。焊接钢管的焊缝必须采用对接熔透焊缝，达到焊缝连接与母材等强的要求。焊缝质量应满足《钢结构工程施工质量验收规范》二级焊缝的要求。

用于加工钢管的钢板板材尚应具有冷弯试验的合格保证。对于冷弯卷制而成的钢管，要求冷弯 180°的保证。

钢管对接及与梁相连的钢管上的牛腿，包括加强环板和内隔板等一般都采用焊接，钢管本身的对接焊缝，包括钢管对接和现场对接焊缝属一级质量等级；其他焊缝皆属二级质量等级。钢管混凝土柱与钢梁的连接，钢梁腹板与牛腿竖板常采用普通螺栓或高强度螺栓。

（2）混凝土

钢管混凝土结构中的混凝土可采用普通混凝土或高性能混凝土，由于钢管本身是封闭的，多余水分不能排出，因而应控制混凝土的水灰比，对于一般塑性混凝土，水灰比不宜大于0.4。为了方便施工，可掺减水剂，坍落度宜在160～180mm。为了减小管内混凝土收缩的影响，可在混凝土中掺适量膨胀剂来补偿混凝土的收缩。有条件时，应优先采用高流态混凝土。混凝土的水灰比不应大于0.3，掺入高效减水剂1%左右。

钢管混凝土的混凝土强度等级不宜低于C30。根据钢管混凝土的受力特点，为了更充分地发挥其钢管和混凝土的性能，一般：Q235钢配C30或C40级混凝土；Q345钢配C40、C50或C60级混凝土；Q390和Q420钢配C50或C60级及以上等级的混凝土。

2. 钢管混凝土结构的施工

(1) 一般规定

钢管结构制作和安装的施工单位应具有相应的资质，施工单位应根据批准的施工图设计文件编制施工详图和制作工艺。制作工艺至少应包括：制作所依据的标准，施工操作要点，成品质量保证措施等。

复杂构件的加工，应通过工艺实验取得工艺参数，如加工、装配、焊接的变形控制、尺寸精度的控制等，用以指导构件的批量生产。

在结构施工中，当需以屈服强度不同的钢材代替原设计中的钢材时，应按照钢材的实际强度进行验算。注意到先行浇灌混凝土会使结构调整发生困难，甚至无法调整，钢管管内混凝土浇灌宜在钢构件安装完毕并经验收合格后进行。

利用空钢管临时承重时，宜避免空钢管受弯及径向受压，防止产生不易矫正的变形。为了保证结构的安全性，钢管混凝土柱防火涂料涂装前柱表面除锈及防锈底漆涂装应符合设计要求和国家现行有关标准规定。采用新型防火涂料时，必须有可靠的依据，且经过有关管理部门的批准。

(2) 钢管的制作

钢管构件应根据施工详图进行放样。放样与号料应预留焊接收缩量和切割、端铣等加工余量。对于高层框架柱尚应预留弹性压缩量，弹性压缩量可由制作单位和设计单位协商确定。

采用成品无缝钢管或焊接钢管应具有产品出厂合格证书。螺旋焊接或直缝焊接圆管，以及采用板材焊接的矩形钢管，其焊缝宜采用坡口熔透焊缝。需边缘加工的零件，宜采用精密切割；焊接坡口加工宜采用自动切割、半自动切割、坡口机、刨边机等方法进行，并应用样板控制坡口角度和尺寸。

施工单位自行卷制的钢管，所采用的板材应平直，表面未受冲击，未锈蚀，当表面有轻微锈蚀、麻点、划痕等缺陷时，其深度不得大于钢板厚度负偏差值的1/2，且卷管方向应与钢板压延方向一致。卷管内径对Q235钢不应小于钢板厚度的35倍；对16Mn钢不应小于钢板厚度的40倍。

卷制钢管前，应根据要求将板端开好坡口。坡口端应与管轴严格垂直。卷板过程中，应保证管端平面与管轴线垂直。采用螺旋焊接管时，要预先开好坡口。当用滚床卷管和手工焊接时，宜采用直流电焊机进行反接焊接施工，以得到较稳定的焊弧，并能获得含氢量较低的焊缝。焊接钢管使用的焊条型号，应与主体金属强度相适应。钢管混凝土结构中的钢管对核心混凝土起套箍作用，焊缝应达到与母材等强。焊缝质量应满足《钢结构工程施工质量验收规范》二级焊缝的要求。

钢管构件制作完毕后应仔细清除钢管内的杂物，钢管内表面必须保持干净，不得有油渍等污物，应采取适当措施保持管内清洁。制作完毕后的钢管构件，应采取适当保护措施，防止钢管内表面严重锈蚀。

(3) 钢管柱拼接组装

根据运输条件，柱段长度一般以12m左右为宜。在现场组装的钢管柱的长度，根据施工要求和吊装条件确定。

钢管对接应严格保持焊后管肢平直，应特别注意焊接变形对肢管的影响，焊接宜用分段反向焊接顺序，分段施焊应尽量保持对称。肢管对接间隙应适当放大0.5～2.0mm，以抵消收缩变形，具体数据可根据试焊结果确定。

焊接前，小直径钢管采用点焊定位；大直径钢管可另用附加钢筋焊于钢管外壁做临时固定，固定点的间距以300mm为宜，且不少于3点。

为确保连接处的焊缝质量，可在管内接缝处设置附加衬管，长度为20mm，厚度为3mm，与管内壁保持0.5mm的膨胀间隙，以确保焊缝根部的质量。

格构柱的肢管和腹杆的组装顺序，应严格按工艺设计要求进行。肢管与腹杆连接尺寸和角度必须准确。腹杆与肢管连接处的间隙应按板全展开图进行放样。肢管与腹杆的焊接次序应考虑焊接变形的影响。实验研究表明，在设计荷载下施焊，柱刚度变化也很小，对结构的工作性能无明显影响。但应注意不宜在同一构件上多点同时施焊，且焊接电流不宜过大。

钢管构件必须在所有焊缝检查后方能按设计要求进行防腐处理。吊点位置应有明显标记。

(4) 钢管柱的吊装

钢管构件在吊装时应控制吊装荷载作用下的变形，吊点的设置应根据钢管构件本身的承载力和稳定性经验算后确定。必要时，应采取临时加固措施。吊装钢管构件时，应将其管口包封，防止异物落入管内。当采用预制钢管混凝土构件时，应待管内混凝土强度达到设计值的50%以后，方可进行吊装。钢管构件吊装就位后，应立即进行校正，采取可靠固定措施以保证构件的稳定性。钢管构件的吊装质量应符合现行国家标准《钢结构工程施工质量验收规范》的规定。

(5) 管内混凝土浇筑

钢管混凝土核心混凝土的配合比除了应满足有关力学性能指标的要求外，尚应注意混凝土坍落度的选择。混凝土配合比应根据混凝土设计等级计算，并通过实验后确定。

钢管混凝土的特点是它的钢管即模板，有很好的强度和密闭性。在一般情况下，钢管内无钢筋骨架，混凝土浇筑十分方便。浇筑可采用人工逐层浇筑法、导管浇筑法、高位抛落无振捣法和泵送顶升法。

1) 人工逐层浇筑法

人工立式逐层浇筑法是混凝土自钢管上口浇入，用振动器振捣成型。

管径大于350mm者用内部振动器，每次振动时间不少于30s，一次浇筑高度不宜超过 2m。管径小于 350mm 者可用附着式振动器振捣。振动器的位置应随混凝土浇灌的进展加以调整。外部振动器的工作范围，以钢管横向振幅不小于 0.3mm 为宜。振幅可用百分表实测，振捣时间不小于 1min。一次浇筑的高度不应大于振动器有效工作范围和 2～3m 柱长。此法所用混凝土的坍落度宜为 20～40mm，水灰比不大于 0.4，粗骨料粒径可为 10～40mm。

当钢管截面尺寸较大时，工人也可进入管内按常规方法用振捣棒振捣。这样逐层浇筑，逐层振捣，直到灌满为止。

在钢管的终端，使混凝土稍为溢出后，再迅速将留有排气孔的端板紧压在管端，随即进行点焊，此时应让混凝土从端板上的气孔中溢出，如有不足，适当添加混凝土，待混凝土硬化后再将端板补焊至设计要求的程度。有时也可以在混凝土施工到钢管顶部时暂不加端板，几天后混凝土施工表面由于收缩而下凹，用和混凝土强度相同的水泥砂浆抹平后，盖上端板并焊好。

手工浇捣法施工速度较慢，且施工人员必须严格遵守操作纪律，才能保证混凝土的施工质量。

2）导管浇筑法

采用导管浇筑法时，在钢管内插入上端装有混凝土料斗的钢制导管，自下而上一边提升导管，一边完成混凝土的浇筑。浇筑前导管下口离底部的垂直距离不宜小于 300mm，浇筑过程中导管下口宜置于混凝土中 1m。导管与柱内水平隔板浇灌孔的侧隙不宜小于 50mm，以便插入振捣棒振捣。当钢管最小边长小于 400mm 时，可采用附着式振动器在钢管外部振捣。

为了减轻劳动强度，混凝土浇筑过程中应尽可能采用机械提升导管的方法。

3）高位抛落免振捣法

高位抛落免振捣法是利用混凝土从高空顺钢管下落时的动能，达到混凝土密实的目的，可免去或减轻繁重的振捣工作。适用于管径大于 350mm，高度不小于 4m 的情况。对于抛落高度不足 4m 的区段，应用内部振动器捣实。一次抛落的混凝土量宜为 0.7m^3 左右，用料斗装料，料斗的下口尺寸应比钢管内径小 100～200mm，以便混凝土下落时，管内空气能够排出。此法所用混凝土的坍落度不小于 150mm，水灰比不大于 0.45，粗骨料粒径可采用 5～30mm。对于钢管混凝土柱的一些特殊部位，如横隔板处，需辅助振捣以保证混凝土具有足够的密实度。

4）泵送顶升浇筑法

泵送顶升浇筑法，是在钢管接近地面的适当位置安装一个带闸门的进料支管，直接与混凝土泵的输送管相连，由泵车的压力将混凝土连续不断地自下而上顶升灌入钢管，无需振捣，钢管的直径宜大于或等于泵径的两倍。用此法浇筑混凝土的坍落度不小于 150mm，水灰比不大于 0.45，要有较好的流动性，但收缩要小，与管壁有良好的粘结。粗骨料粒径可采用 5～30mm。泵送顶升浇筑不可进行外部振捣，以免泵压急剧上升，甚至使浇筑被迫中断。为防止拆除进料支管时混凝土回流，所以在进料支管上设一个止流闸门。当混凝土泵送到顶并浇筑结束，控制泵压 2～3min，然后打入止流闸门，即可拆除混凝土输送管。待管内混凝土达到70%设计强度后切除进料支管，补焊洞口管壁，补洞用的钢板宜为原开洞时切下的钢板。为了保证钢管结构的安全性，必要时应对采用泵送顶升法浇筑的多层高柱下部入口处的钢管壁，以及钢管柱纵向焊缝进行强度验算。

不管用哪种浇筑法，混凝土浇筑都宜连续进行，需留施工缝时，应将管口封闭，以免水、油、杂物落入。

每次浇筑混凝土前（包括施工缝），应先浇筑一层厚度为10～20cm的与混凝土强度等级相同的水泥砂浆，以免自由下落的混凝土粗骨料产生弹跳现象。

当浇筑至钢管顶端时，可使混凝土稍为溢出，再将留有排气孔的层间横隔板或封顶板紧压在管端，随即进行点焊。待混凝土达到50%设计强度时，再将层间横隔板或封顶板按设计要求进行补焊。

也可将混凝土浇至稍低于钢管顶端，待混凝土达到50%设计强度后，再用同强度等级的水泥砂浆补填主管口，再将层间横隔板或封顶板一次封焊到位。

管内混凝土的浇筑质量，可用敲击钢管的方法进行初步检查，如有异常，可用超声脉冲技术检测。对不密实的部位，可用钻孔压浆法进行补强，然后将钻孔补焊封固。

钢管混凝土只适宜用作柱子，长细比也不宜超过90。如果施加预应力成为预应力钢管混凝土结构，则可用于受弯构件，可大大扩展其应用范围。

4.5.6 上海国际金融中心钢结构施工案例

上海国际金融中心（以下简称国金中心）占地面积约6 4万m^2，规划建筑面积约30万m^2；地下5层，地上55层（高度为250m）。结构体系为钢混凝土劲性框筒结构，内部为钢筋混凝土核心筒，外部在办公层主要为八根巨型框架柱和吊柱组成，核心筒墙体角部和外框柱内部均设有劲性骨架。国金中心效果图、平面图如图4-147所示。

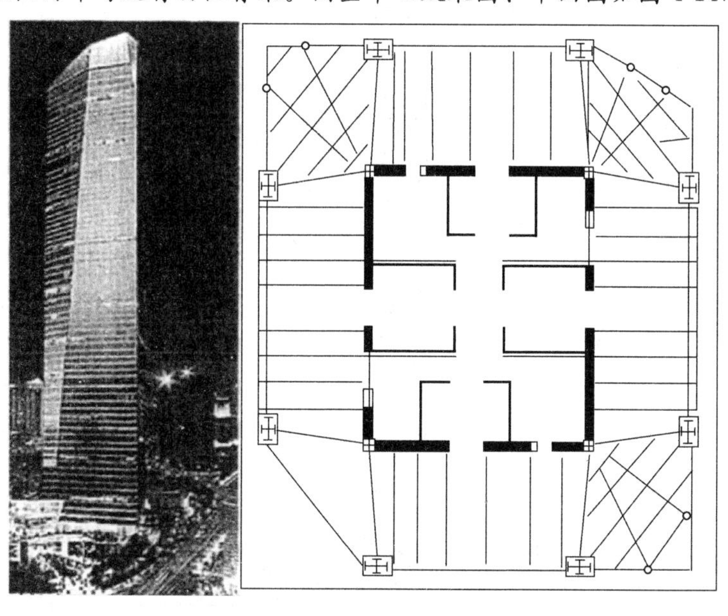

图4-147 国金中心效果图、平面图

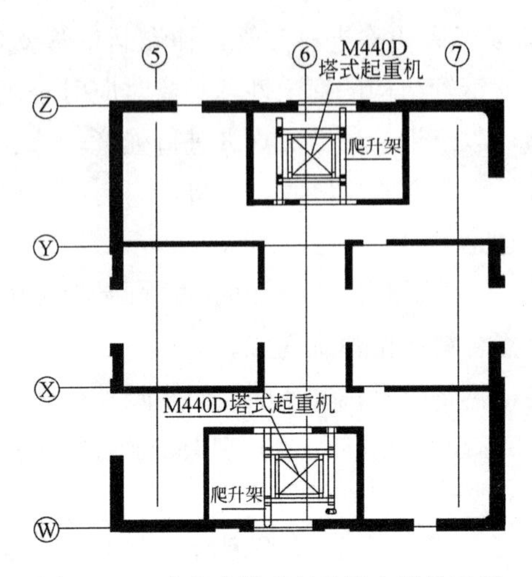

图 4-148　内爬式塔式起重机布置位置图

1. 塔式起重机选择及布置

国金中心核心筒南北方向跨度 28m，东西方向跨度 22m。核心筒外墙采用了厚度变截面（1100～400mm），核心筒内墙也采用了厚度变截面（350～250mm）。选用 2 台 M440D 内爬式塔式起重机，设立在核心筒内部。塔式起重机设立以后的结构平面图如图 4-148 所示。

M440D 塔式起重机，主要性能参数如图 4-149 所示。

爬升体系上框承受 R_1 和 M_t，下框承受 R_2 和 V。详细数值如图 4-149 所示。

上框扭矩为 $M_t=450\text{kN}\cdot\text{m}$；水平力为 $R_1=900\text{kN}$。

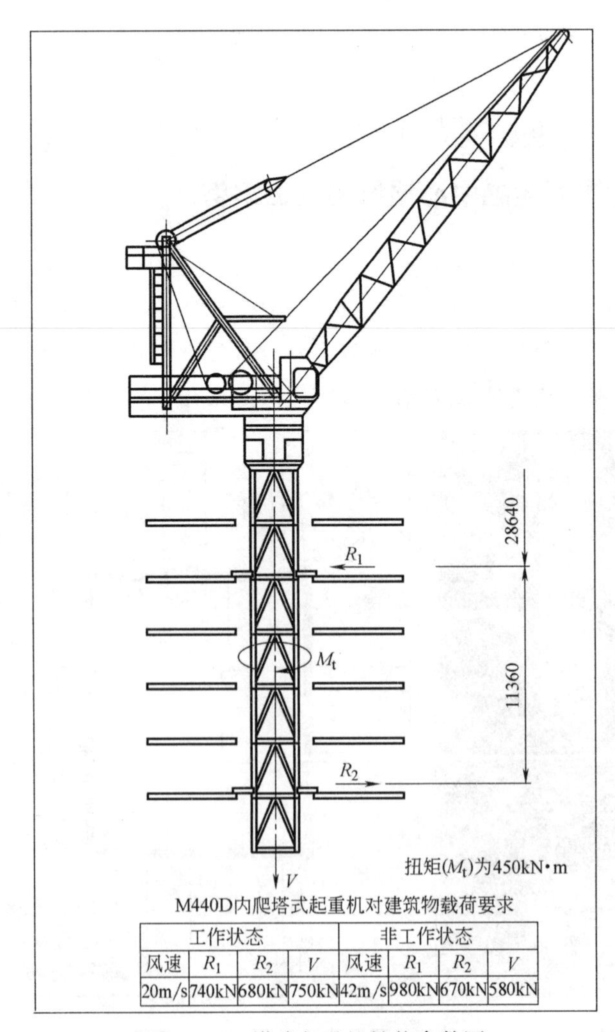

M440D内爬塔式起重机对建筑物载荷要求

工作状态				非工作状态			
风速	R_1	R_2	V	风速	R_1	R_2	V
20m/s	740kN	680kN	750kN	42m/s	980kN	670kN	580kN

图 4-149　塔式起重机性能参数图

下框垂直力为 $V=1750kN\cdot m$；水平力为 $R_2=680kN$。

塔式起重机最不利工况下荷载为垂直力设计值为1750kN；水平力设计值为900kN，扭矩设计值为450kN·m。

内爬式塔式起重机的荷载通过爬升梁传递给核心筒结构，因此除了要解决爬升梁本身的承载能力外，还必须考虑建筑结构本身的承载。因此，在进行相应计算的基础上，对支承爬升梁部位的结构进行加固，采用在土建结构中增加钢筋的方案比较节约。

爬升梁平面布置如图4-150所示。

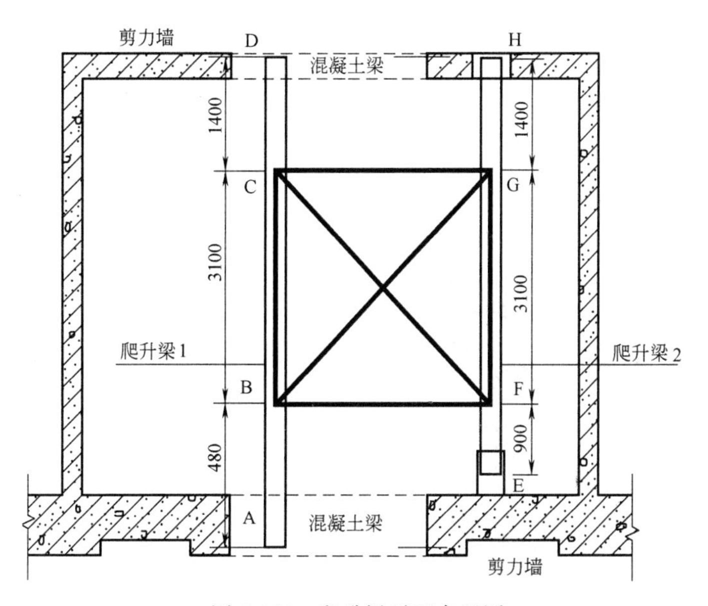

图4-150 爬升梁平面布置图

2. 桁架层的吊装

国金中心将设备层、避难层的结构形式设计为桁架层，三道桁架层起着重要抗侧力作用，从钢结构安装的角度，合理确定桁架层的吊装顺序能够方便施工，减少结构内力，减少施工工期，具有重要意义。

以第二道桁架层为例，该桁架层划分成12榀外围带状桁架、4个45度桁架和与核心筒连接的8片伸臂桁架，桁架高度11m。

桁架的安装根据其结构形式一般有三种方式：一是分段散件安装，采用此方式常因构件组合后超出塔式起重机额定起重性能，缺点是吊装次数明显增加、费时、结构施工时稳定性差，优点是安装灵活、重量轻；二是现场拼装成单元组件进行安装，采用此方式常因整体安装无施工条件，但单元体重量在塔式起重机额定起重性能范围内，缺点是重量较大、现场需要有一定组装场地，优点是安装速度提高、施工时单元体稳定性较好；三是桁架整体安装，此时常用提升方式或双机抬吊，缺点是体积庞大、重量大、需要有特定拼装场地、对机械设备要求高、安装技术措施复杂、危险性大，适用于一定的结构型体，优点是一次安装完成、整体稳定。

本工程中的桁架结构型体由伸臂桁架和环带桁架组成，不适合整体安装；组成单元构件后重量超出塔式起重机起重性能，并且无场地组装，亦不适合单元体吊装；因此采取分段散件安装方式。

(1) 桁架层构件分段

1) 分段原则

目的是将吊装重量控制在两台 M440D 驳运和吊装的工作半径的起重性能范围内，要求是吊装的总重量不超过 25t 并且符合结构设计上的要求。

柱间桁架段：上下弦杆在钢柱连接处断开，中间不截断。

角部悬挑段：上下弦杆在钢柱连接处断开，转角处断开。

立杆和斜腹杆；在与上下弦连接处断开，中间不截断。

中间水平腹杆：中间截断，各段作为斜腹杆或立杆的一部分。

2) 分段结果

钢柱总共分成 3 段；8 榀伸臂桁架，每榀分成 13 段；外围带状桁架，分成 60 段；四个悬挑桁架，每处分成 16 段。

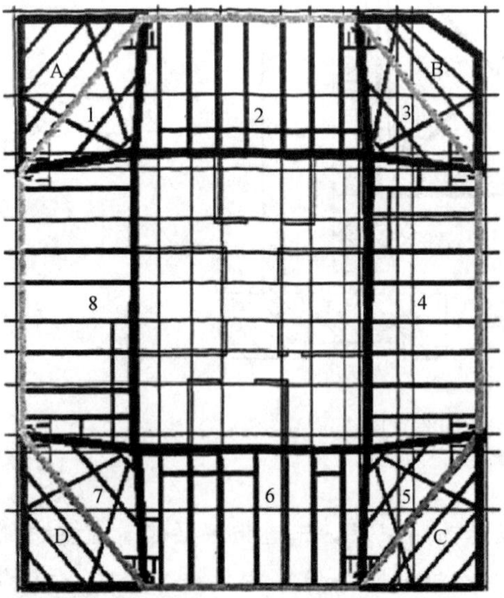

图 4-151 桁架层安装顺序示意图

(2) 桁架层总体安装顺序

首先安装钢柱，钢柱安装完毕后，安装伸臂桁架，使得钢柱与混凝土核心筒连成一体。然后逐层安装带状桁架及相应楼层其他构件，最后逐层安装悬挑桁架及相应楼层其他构件。

平面安装顺序：1～8 区伸臂桁架安装→1～8 区柱间带状桁架和次梁安装→A～D 区悬挑桁架和次梁安装，如图 4-151 所示。

(3) 吊装过程中结构件的变形问题

1) 变形问题概况

经过计算模拟桁架安装，发现桁架层在散件安装状态，特别是安装带状桁架时，由于下弦杆跨度较大（近 20m），并且上层构件自重荷载达到一定程度且上弦杆未安装或安装后未焊接形成有效的整体前，会使下弦杆产生严重变形，影响安装质量。计算模拟表明施工时若未对下弦杆预起拱，则施工状态时，下弦杆变形将达 52mm，超过安装偏差允许误差范围。

针对这一现象，施工时现场增设临时支撑，同时，为了考虑支撑体系变形对桁架弦杆的影响以及计算上的误差，下弦杆进行预起拱。施工实践证明，这一方式可有效而经济的保证了桁架层施工的效果。

2) 预防变形的措施

① 预先支撑措施：根据模拟计算结果，在竖向腹杆下方增设支撑体系。经模拟计算，增设支撑后桁架层下弦杆最大竖向变形仅为 5mm。

② 工厂对下弦杆进行预起拱措施：根据下弦杆长度近 20m，根据预起拱经验公式：

$q=L/1000=20$mm，对桁架下弦杆进行了20mm的预起拱。工程实施结果表明，经过现场和加工厂采取的预防措施，成功消除了桁架下弦可能出现的过大变形现象。

3. 结构施工过程数值分析

国金中心为钢一混凝土劲性框筒结构，内部为钢筋混凝土核心筒，外部在办公层区域主要为八根巨型框架柱和吊柱组成，上升到酒店层外部竖向结构变为密集框架柱，核心筒墙体角部和外框柱内部均设有劲性骨架。

(1) 分析内容

钢桁架的存在增加了核心筒和外部框架柱之间的整体性，增加了整体结构的抗侧刚度，但同时由于钢筋混凝土核心筒和巨型框架柱结构类型不同，其间必然存在竖向变形差异，这就给桁架层的安装施工带来了较大的困难。

分析整体结构的竖向变形差异，同时在考虑施工过程和混凝土材料时变特性的情况下，研究结构的变形差异。主要分析内容：

1) 建立整体结构模型，在不考虑施工阶段和混凝土时变特性情况下，研究结构整体竖向变形和核心筒与外框柱之间的竖向变形差异；

2) 根据施工过程模型，在考虑混凝土材料时变特性和施工阶段情况下，研究结构整体竖向变形和核心筒与外框柱之间的竖向变形差异。

整体结构模型仅为地上结构部分。根据主体结构封顶后的情形建立。详尽反映整体结构中墙、柱、梁、桁架、板的实际尺寸和位置关系，共35000个单元，其中墙单元有7000个，板单元有9300个，梁单元19200个。桁架层全部采用梁单元模拟，通过释放梁端的约束，来模拟桁架层的受力和变形。

(2) 施工过程结构模型

根据整体结构模型建立施工过程模型，依据施工方案，统一确定为每5天施工一层，同时核心筒保持领先外框柱结构五层。为方便施工阶段划分，将各层楼板随结构同时施工，这样共划分55个施工阶段，每个施工阶段持续时间为5天，则整个上部主体结构305天左右完成。其中为了考虑桁架层的整体性，将桁架层整体安装，其持续时间较长。

施工阶段模型见表4-10。

施工阶段模型　　表4-10

施工序号	1	5	6
模型			

续表

施工序号	1	5	6
施工说明	施工第三层核心筒	施工到第7层核心筒	施工到第8层核心筒、第3层外部结构、吊柱支撑
施工序号	9	10	15
模型	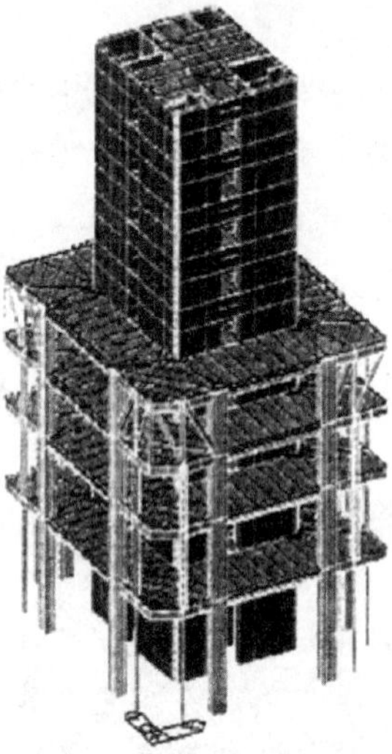	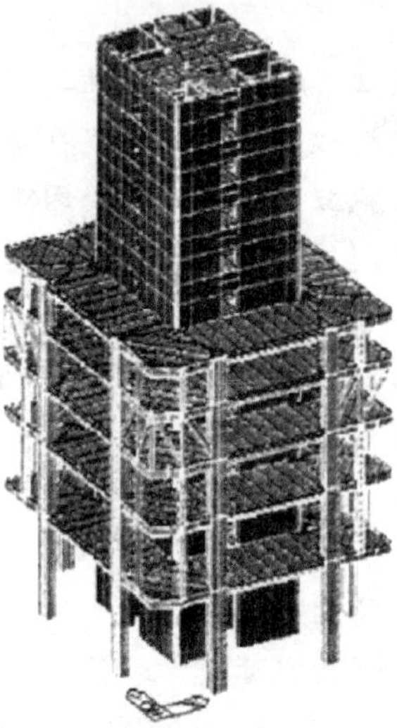	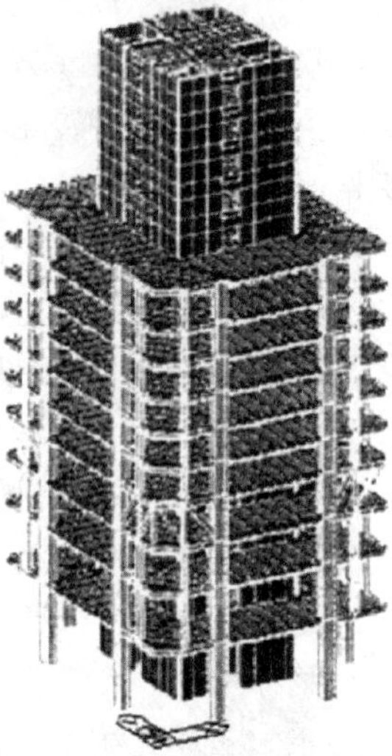
施工说明	施工到第11层核心筒、第一道桁架层完成	施工到第12层核心筒、第7层外部结构	施工到第19层核心筒、第12层外部结构
施工序号	20	23	25
模型	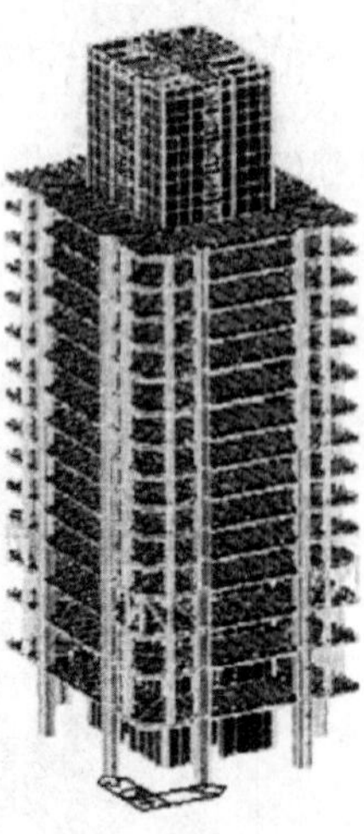	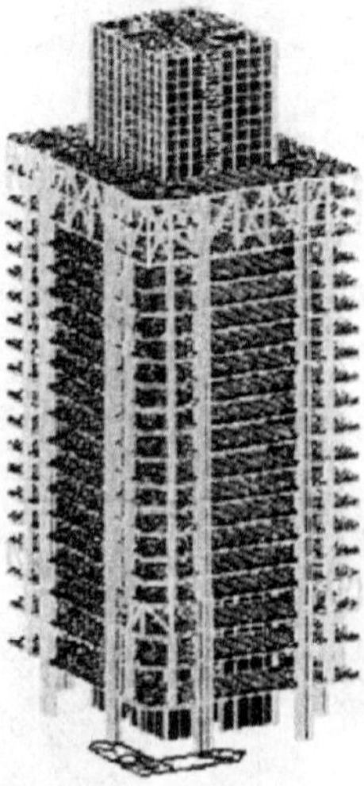	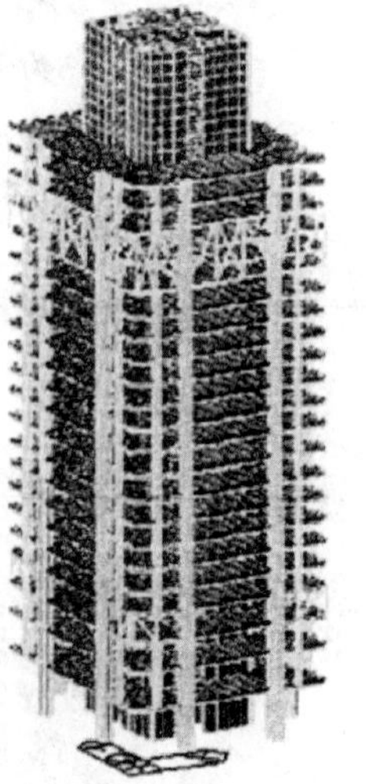
施工说明	施工到第M4层核心筒、第19层外部结构	施工到第28层核心筒、第二道桁架层施工完成	施工到第30层核心筒、第25层外部结构

续表

施工序号	30	35	38
模型	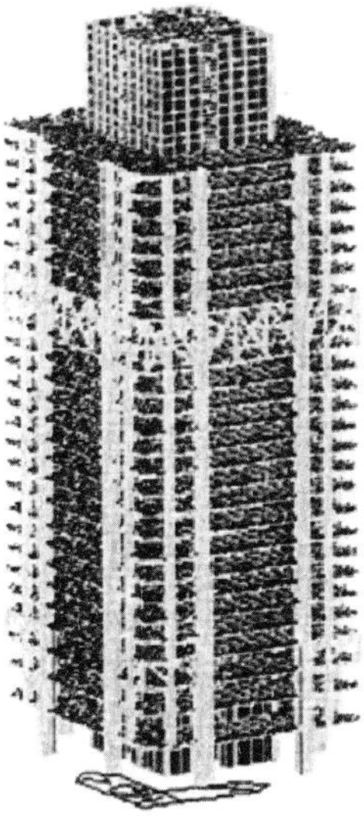	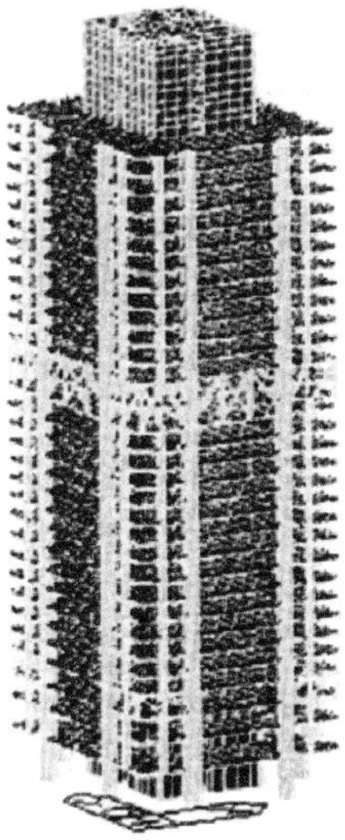	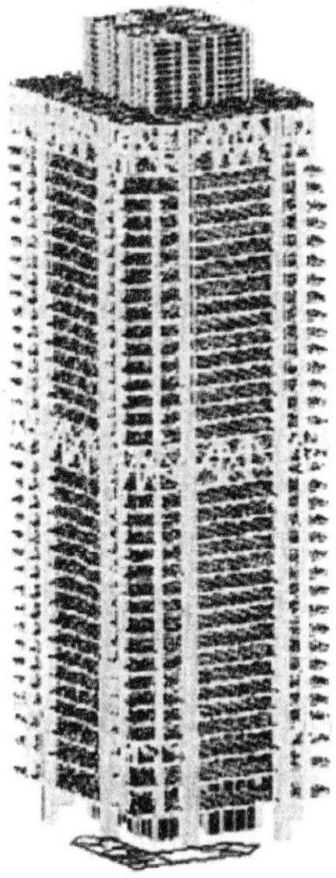
施工说明	施工到第 36 层核心筒、第 30 层外部结构	施工到第 M7 层核心筒、第 36 层外部结构	施工到第 45 层核心筒、第二道桁架层施工完成
施工段序号	45	50	55
模型	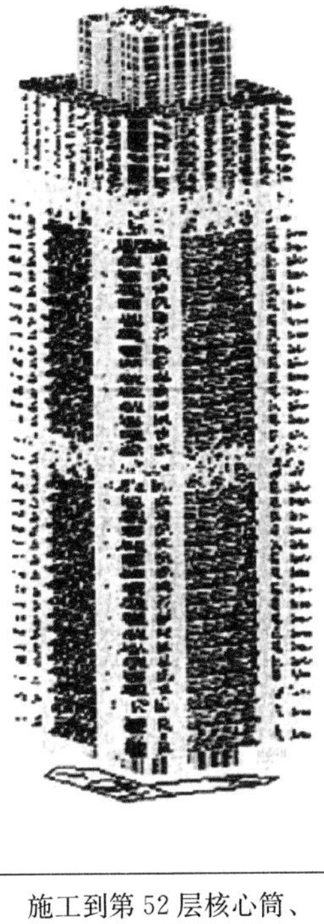	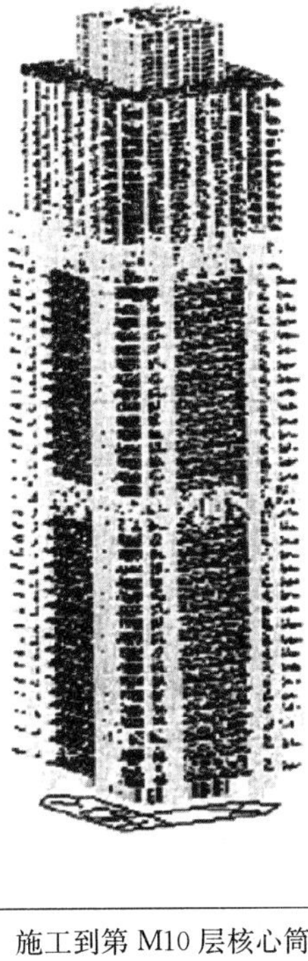	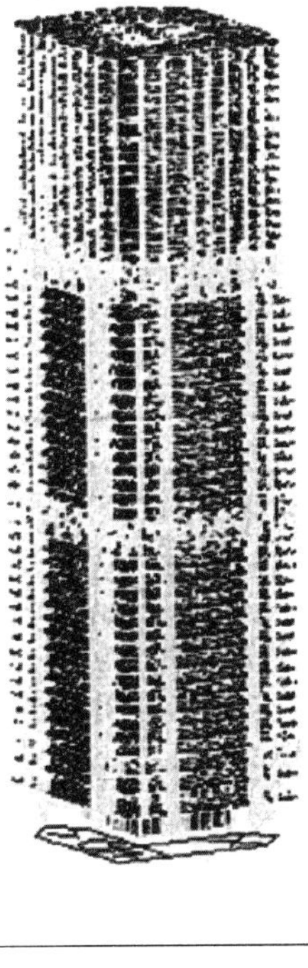
施工说明	施工到第 52 层核心筒、第 47 层外部结构	施工到第 M10 层核心筒、第 52 层外部结构	主体结构封顶

(3) 模拟计算结果

1) 整体结构模型结果

将每层外围钢柱与核心筒的变形差异绘于曲线图中，如图 4-152 所示。

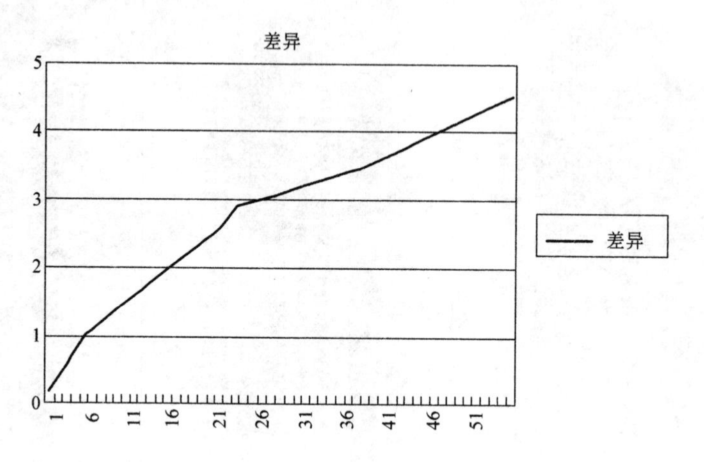

图 4-152　每层外围钢柱与核心筒变形差异

最大变形差异为 4.5mm。

2) 施工过程模型结果

将每层外围钢柱与核心筒的变形差异绘于曲线图中如图 4-153 所示。

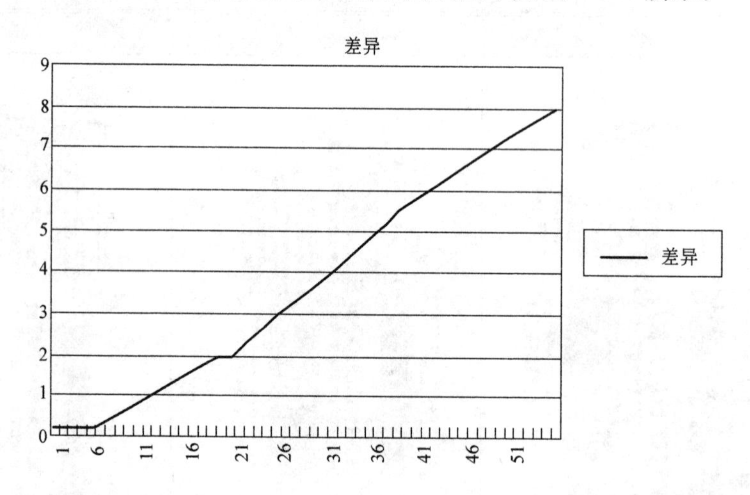

图 4-153　每层外围钢柱与核心筒变形差异

最大变形差异为 8mm。

(4) 施工过程模型结果对比

根据前面两种模型的模拟计算结果对比可以看出：

1) 整体结构模型下核心筒最大竖向变形约为 27.2mm，发生在筒顶，而施工过程模型下核心筒的最大竖向变形约为 26.1mm；

2) 整体结构模型下外框柱最大竖向变形为 34.7mm，发生在柱顶；而施工过程模型下外框柱的最大竖向变形约为 33.9mm；

3）整体结构模型下核心筒与巨型框架柱之间的最大竖向变形差异约有 4.5mm；而施工过程模型下核心筒与巨型框架柱之间的最大竖向变形差异约有 8mm。

综上所述，整体结构模型和施工过程模型得到的计算结果有相当大的差异。特别对于最大竖向变形差异结果，两者相差近一倍。其原因在于整体结构模型不考虑施工过程和混凝土的时变特性，其计算结果与实际有较大的差别；而施工过程模型不但考虑了施工过程和混凝土的时变特性，而且也考虑了正常施工过程中按设计标高施工而产生的无形标高补偿。

施工过程模型理论分析结果与整体结构模型理论分析结果的正确与否，要靠实际监测数据验证。

4. 国金中心施工过程监测

（1）测点设置

塔楼设立 6 个监测楼层，监测楼层编号为：5、11、18、25、32、39，每层设立 8 个监测点，如图 4-154 所示。

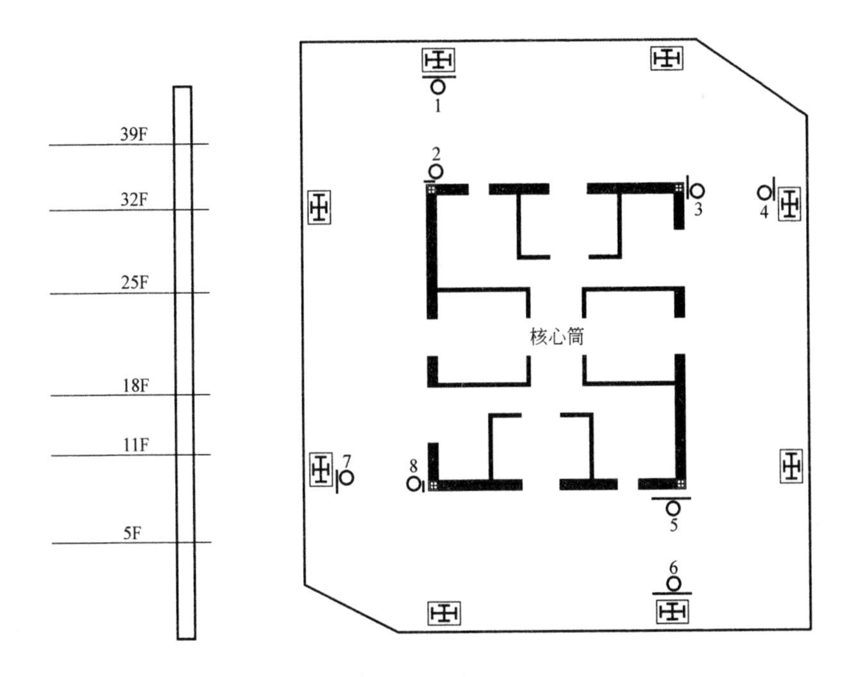

图 4-154 现场测点布置图

（2）测量结果

根据上述测点布置，每隔一段时间进行测量记录，测量数据见表 4-11。表中分别记录了测量当日以及与上次测量相比核心筒、钢结构、楼板又施工了几层后的数据。测量结果汇总见表 4-12。

对应上述测量数据，理论分析的数据见表 4-13。

实际测量结果与理论对比分析见表 4-14。

国金中心不均匀测量结果　单位（mm）　表 4-11

日期	2007.11.16	2007.12.6	2007.12.27	2008.01.17	2008.02.27	2008.04.7	2008.06.05	2008.07.18	2008.09.10
核心筒施工到	19层	24层	27层	30层	33层	39层	50层	53层	顶
施工了多少层		5	3	3	3	6	11	3	3
钢结构施工到	17层	21层	24层	26层	32层	38层	46层	49层	53层
施工了多少层		4	3	2	4	6	8	3	4
楼板浇捣到	10层	13层	16层	20层	21层	25层	38层	43层	50层
施工了多少层		3	3	4	1	4	13	5	7
5F(1#—2#)	0	0.5	1	1.5	2	3	5	7.5	8.5
5F(3#—4#)	0	0.5	0.5	0.5	1	1.5	3	5	6
5F(5#—6#)	0	0.5	1	1.5	1.5	2.5	4	6	7
5F(7#—8#)	0	0.5	0.5	1	1	2	3.5	6	6.5
11F(1#—2#)		0	0.5	1	1.5	2	3.5	5.5	6
11F(3#—4#)		0	0.5	0.5	1	1	2	3.5	4.5
11F(5#—6#)		0	0.5	1	1.5	1.5	2.5	5	5.5
11F(7#—8#)		0	0.5	0.5	1	1	2	4.5	5
18F(1#—2#)			0	0.5	1	1.5	3	4	5
18F(3#—4#)			0	0.5	0.5	1	2	3	3.5
18F(5#—6#)			0	0.5	1	1.5	2.5	3.5	4.5
18F(7#—8#)			0	0.5	0.5	1	1.5	3	3.5
25F(1#—2#)				0	0.5	1	1.5	3	4
25F(3#—4#)				0	0.5	0.5	1	2	2.5
25F(5#—6#)				0	0.5	1	1.5	3	3.5
25F(7#—8#)				0	0.5	0.5	1	2	2.5
32F(1#—2#)					0	0.5	1	2	3
32F(3#—4#)					0	0.5	0.5	1.5	2
32F(5#—6#)					0	0.5	1	2	2.5
32F(7#—8#)					0	0.5	0.5	1.5	2
39F(1#—2#)								0	1.5
39F(3#—4#)								0	0.5
39F(5#—6#)								0	1
39F(7#—8#)								0	1

测量结果汇总表　表 4-12

楼层	第一次测	第二次测	第三次测	第四次测	第五次测	第六次测	第七次测	第八次测	第九次测
5	0	0.5	0.75	1.1	1.5	2.2	4	6	7
11		0	0.5	0.5	1.2	1.5	2.5	4.5	5
18			0	0.5	0.5	1.2	2.2	3.5	4
25				0	0.5	0.8	1.2	2.5	3.5
32					0	0.5	1	2	2.5
39								0	1

注：测量过程中，记录了每层8个测点的数据，主要统计了相邻点位之间差值。上述表格中的5F（1#—2#）中的数值代表1#测点与2#测点之间的差值。最终的汇总表为每层每次测量的平均值。

施工阶段理论分析数据　　表 4-13

楼层	第一工况	第二工况	第三工况	第四工况	第五工况	第六工况	第七工况	第八工况	第九工况
5	0.2	0.4	0.6	1	1.2	1.6	3.5	5.5	6.5
11		0	0.3	0.4	0.8	1.1	2	2.8	3.5
18			0	0.3	0.7	1.36	1.8	2.5	3
25				0	0.4	0.8	1.4	1.8	2.5
32					0	0.5	1	1.6	2
39								0.7	1

施工阶段理论分析与实际测量误差表　　表 4-14

楼层	第一工况	第二工况	第三工况	第四工况	第五工况	第六工况	第七工况	第八工况	第九工况
5	0.2	−0.1	−0.15	−0.1	−0.3	−0.6	−0.5	−0.5	−0.5
11	0	0	−0.2	−0.1	−0.4	−0.4	−0.5	−1.7	−1.5
18	0	0	0	−0.2	0.2	0.1	−0.4	−1	−1
25	0	0	0	0	−0.1	0	0.2	−0.7	−1
32	0	0	0	0	0	0	0	−0.4	0
39								−0.5	−0.5

比较理论分析数据与实测数据发现，最大误差约 2mm，出现在 11 层。数据比较表明，理论变形数据小于实际测量数据，这是因为实际施工时的不利因素较多，而模拟计算只能分析部分影响情况。而且实际测量过程中，考虑操作人员的测量误差最大可达 2～3mm，也对测量数据产生影响。分析显示，通过施工阶段模拟分析数据可以作为实际施工控制的参考数据。

单元小结

现浇钢筋混凝土结构高层建筑主体施工仍然是解决好模板、钢筋、混凝土三方面的工程技术问题。竖向模板可根据工程情况采用大模板、爬升模板、滑升模板以及各类组合模板散支散拆，横向模板则可采用台模、隧道模、永久性模板、塑料及玻璃钢模壳，以及组合模板散支散拆等工艺。钢筋工程重点是粗钢筋的连接，可采用电渣压力焊、气压焊、机械连接等技术。混凝土则大量应用泵送混凝土，发展高强混凝土。

预制装配式高层建筑的主体结构有多种施工方法体系，如全部构件都预制的装配式预制框架结构；预制梁、板，现浇柱的整体式预制框架结构；装配式大板剪力墙结构；高层预制盒子结构；以及升板法施工等。预制装配式高层建筑主体结构施工的关键是处理好装配节点的施工构造。

钢结构高层建筑从施工部署上看，仍然是一种预制装配施工体系，但由于材料不同，也就有其独有的特点，如构件制作和安装施工的精度要求都比混凝土结构高，节点连接的方式多采用焊接和高强螺栓连接，楼面一般采用压型钢板现浇叠合楼板，墙面则采用轻质材料，并且，钢结构的防火和防腐是必须高度重视的施工项目。

型钢混凝土结构和钢管混凝土结构在国外已有近百年的发展历史，我国也早在 20 世纪 50 年代就开始了引进和研究，大规模进入实际施工，也是伴随高层建筑的兴起而发展起来的。型钢混凝土构件与相同外形混凝土构件相比，其承载能力可高于一倍以上，钢管混凝土与钢结构相比，在自重相近和承载能力相同的条件下，可节省钢材 50%。并且，型钢混凝土结构可以简化支模，钢管混凝土不需支模，对高层建筑施工，有着重要意义。但这两种结构都需要把钢结构和混凝土结构这两种完全不同的施工工艺结合起来，才能实现其优良的技术经济性能。

复习思考题

1. 高层建筑施工竖向精度有何要求？
2. 高层建筑轴线竖向投测常用有哪些主要方法？
3. 现浇高层建筑的横向模板体系有哪些种类模板？竖向模板体系有哪些种类模板？
4. 试述早拆模板的早拆原理和工艺过程。
5. 试述台模施工工艺。
6. 试述隧道模施工工艺。
7. 试述永久性模板的施工工艺。
8. 高层建筑结构竖向钢筋有哪些连接工艺？其要点是什么？
9. 如何在高层建筑施工中应用混凝土输送技术，应当注意哪些问题？
10. 泵送混凝土对材料有何要求？
11. 何谓高强混凝土？高强混凝土的配制要注意哪些环节？
12. 现浇框架、框架—剪力墙结构一般有哪几种施工工艺方法？其工艺特点及要点是什么？
13. 现浇剪力墙结构一般有哪几种施工工艺方法？其工艺特点及要点是什么？
14. 滑模工艺的楼面有哪些施工方法？各有何特点？
15. 滑模与爬模在工艺上有哪些不同？
16. 装配预制框架与装配整体式框架在结构上有何不同？施工工艺有何不同？
17. 简述装配式大板结构的施工工艺过程。
18. 什么是高层盒子建筑？
19. 高层升板的现浇柱有哪些施工方法？
20. 钢结构高层建筑有哪些施工特点？
21. 钢结构高层建筑的现场连接有哪些方法？各应该注意什么？
22. 钢结构高层建筑的楼面施工有哪些方法？其工艺特点是什么？
23. 在高层钢结构中，常用哪些防火保护方法？并比较各法的优缺点。
24. 钢结构的防锈方法可划分为哪几类？工程中常用哪几种防锈方法？
25. 型钢混凝土结构有哪些特点？施工中应注意哪些问题？
26. 钢管混凝土结构有哪些特点？施工中应注意哪些问题？

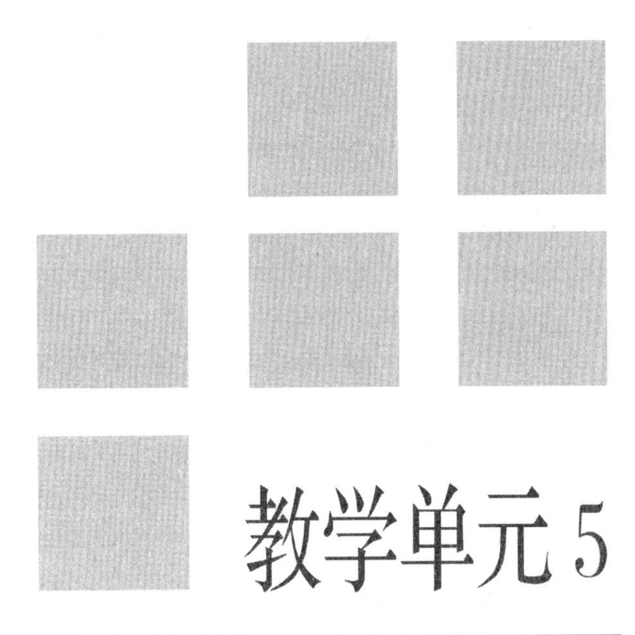

教学单元5

专项施工方案设计

【教学目标】 通过本单元教学，使学生掌握高层建筑专项施工方案审批程序、论证、实施的相关要点，基本具备编制高层建筑专项施工方案的能力。

由于高层建筑施工具有高、深、大、长、密的特点，即建筑物的高度高，基础埋置深度深，建筑工程量大，施工周期长，一般建造在密集的建筑群中，施工条件复杂，使得高层建筑施工中安全隐患多，如何在确保质量和工期，尽量降低施工造价的同时，加强施工安全方面的预防和管理，尽可能避免发生安全事故，是高层建筑施工中，从施工组织到施工技术诸方面都必须高度重视的问题。因此，对高层建筑施工中一些特别的施工环节，必须进行专项施工方案设计。

5.1 高层建筑安全专项施工方案编制

《建设工程安全生产管理条例》规定：对达到一定规模的危险性较大的分部分项工程应当编制安全专项施工方案，并附具安全验算结果，经施工单位技术负责人、总监理工程师签字后实施，由专职安全生产管理人员进行现场监督。其中特别重要的专项施工方案还必须组织专家进行论证、审查，建设部发布的《危险性较大的分部分项工程安全管理办法》对此作了明确规定。

5.1.1 安全专项施工方案编制

1. 编制范围

高层建筑施工中，应当编制安全专项施工方案的分部分项工程见表 5-1。

高层建筑施工安全专项施工方案编制项目　　表 5-1

危险性较大的分部分项工程 （应当编制安全专项施工方案）	超过一定规模的危险性较大的分部分项工程 （应当编制安全专项施工方案且应当组织专家进行论证、审查）
一、基坑支护与降水工程 开挖深度超过 3m（含 3m）或虽未超过 3m 但地质条件和周边环境复杂的基坑（槽）支护、降水工程。 二、土方开挖工程 开挖深度超过 3m（含 3m）的基坑（槽）的土方开挖工程	一、深基坑工程 1. 开挖深度超过 5m（含 5m）的基坑（槽）的土方开挖、支护、降水工程。 2. 开挖深度虽未超过 5m，但地质条件、周围环境和地下管线复杂，或影响毗邻建筑（构筑）物安全的基坑（槽）的土方开挖、支护、降水工程
三、模板工程及支撑体系 1. 各类工具式模板工程：包括大模板、滑模、爬模、飞模等工程。 2. 混凝土模板支撑工程：搭设高度 5m 及以上；搭设跨度 10m 及以上；施工总荷载 $10kN/m^2$ 及以上；集中线荷载 $15kN/m^2$ 及以上；高度大于支撑水平投影宽度且相对独立无联系构件的混凝土模板支撑工程。 3. 承重支撑体系：用于钢结构安装等满堂支撑体系	二、模板工程及支撑体系 1. 工具式模板工程：包括滑模、爬模、飞模工程。 2. 混凝土模板支撑工程：搭设高度 8m 及以上；搭设跨度 18m 及以上，施工总荷载 $15kN/m^2$ 及以上；集中线荷载 $20kN/m^2$ 及以上。 3. 承重支撑体系：用于钢结构安装等满堂支撑体系，承受单点集中荷载 700kg 以上

续表

危险性较大的分部分项工程（应当编制安全专项施工方案）	超过一定规模的危险性较大的分部分项工程（应当编制安全专项施工方案且应当组织专家进行论证、审查）
四、起重吊装工程 1. 采用非常规起重设备、方法，且单件起吊重量在10kN及以上的起重吊装工程。 2. 采用起重机械进行安装的工程。 3. 起重机械设备自身的安装、拆卸	三、起重吊装工程 1. 采用非常规起重设备、方法，且单件起吊重量在100kN及以上的起重吊装工程。 2. 起重量300kN及以上的起重设备安装工程；高度200m及以上内爬起重设备的拆除工程
五、脚手架工程 1. 搭设高度24m及以上的落地式钢管脚手架工程。 2. 附着式整体和分片提升脚手架工程。 3. 悬挑式脚手架工程。 4. 吊篮脚手架工程。 5. 自制卸料平台、移动操作平台工程。 6. 新型及异型脚手架工程	四、脚手架工程 1. 搭设高度50m及以上落地式钢管脚手架工程。 2. 提升高度150m及以上附着式整体和分片提升脚手架工程。 3. 架体高度20m及以上悬挑式脚手架工程
六、拆除、爆破工程 1. 建筑物、构筑物拆除工程。 2. 采用爆破拆除的工程	五、拆除、爆破工程 1. 采用爆破拆除的工程。 2. 码头、桥梁、高架、烟囱、水塔或拆除中容易引起有毒有害气（液）体或粉尘扩散、易燃易爆事故发生的特殊建、构筑物拆除工程。 3. 可能影响行人、交通、电力设施、通信设施或其他建、构筑物安全的拆除工程。 4. 文物保护建筑、优秀历史建筑或历史文化风貌区控制范围的拆除工程
七、其他 1. 建筑幕墙安装工程。 2. 钢结构、网架和索膜结构安装工程。 3. 人工挖扩孔桩工程。 4. 地下暗挖、顶管及水下作业工程。 5. 预应力工程。 6. 采用新技术、新工艺、新材料、新设备及尚无相关技术标准的危险性较大的分部分项工程	六、其他 1. 施工高度50m及以上的建筑幕墙安装工程。 2. 跨度大于36m及以上的钢结构安装工程；跨度大于60m及以上的网架和索膜结构安装工程。 3. 开挖深度超过16m的人工挖孔桩工程。 4. 地下暗挖工程、顶管工程、水下作业工程。 5. 采用新技术、新工艺、新材料、新设备及尚无相关技术标准的危险性较大的分部分项工程

2. 编制依据

安全专项施工方案的编制依据有：

(1) 国家和政府有关安全生产的法律、法规和有关规定；

(2) 安全技术标准、规范，安全技术规程；

(3) 企业的安全管理规章制度。

3. 编制原则

安全专项施工方案的编制，必须考虑现场的实际情况、施工特点及周围作业环境，措施要有针对性。凡施工过程中可能发生的危险因素及建筑物周围外部环境不利因素等，都必须从技术上采取具体且有效的措施予以预防。

安全施工方案除应包括相应的安全技术措施外，还应当包括监控措施、应急方案以及紧急救护措施等内容。

4. 编制要求

(1) 及时性

1) 安全性措施在施工前必须编制好，并且经过审核批准后正式下达施工单位以指导施工；

2) 在施工过程中，工程或设计发生变更时，安全技术措施必须及时变更或做补充，否则不能施工；

3) 施工条件发生变化时，必须变更安全技术措施内容，并及时经原编制、审批人员办理变更手续，不得擅自变更。

(2) 针对性

1) 要根据施工工程的特点，从技术上采取措施，保证施工安全和质量；

2) 要针对不同的施工方法和施工工艺制定相应的安全技术措施；

3) 施工使用新技术、新工艺、新设备、新材料时，必须研究应用相应的安全技术措施。

(3) 具体性

1) 安全专项施工方案必须明确具体，可操作性强，能指导具体施工；

2) 方案必须有设计、有计算、有详图、有文字说明。

5. 方案编制内容

安全专项施工方案编制应根据实际情况，有针对性地编制，应包括的内容一般有：分部分项工程概况、施工组织与部署、施工准备、材料构件及机具设备、施工工艺流程、施工技术及操作要点、安全防护措施与安全规定、风险防范与应对措施、检验检测及验收制度等。

5.1.2 安全专项施工方案的审批与实施

1. 编制审核

建筑施工企业专业工程技术人员编制的安全专项施工方案，由施工企业技术部门的专业技术人员及监理单位专业监理工程师进行审核，审核合格后由施工企业技术负责人、监理单位总监理工程师审批签字。

2. 专家论证审查

属于《危险性较大工程安全专项施工方案编制及专家论证审查办法》所规定范围的分部分项工程，要求：

(1) 建筑施工企业应当组织不少于5人的专家组，对已编制的安全专项施工方案进行论证审查。

(2) 安全专项施工方案专家组必须提出书面论证审查报告，施工企业应根据论证审查报告进行完善，施工企业技术负责人、总监理工程师签字后，方可实施。

(3) 专家组书面论证审查报告应作为安全专项施工方案的附件，在实施过程中，施工企业应严格按照安全专项方案组织施工。

3. 实施

施工过程中，必须严格安全专项施工方案组织施工，做到：

(1) 施工前，应严格执行安全技术交底制度，进行分级交底；相应的施工设备设施搭建、安装完成后，要组织验收，合格后才能投入使用。

(2) 施工中，对安全施工方案要求的监测项目（如标高、垂直度等），要落实监测，及时反馈信息；对危险性较大的作业，还应安排专业人员进行安全监控管理。

(3) 施工完成后，应及时对安全专项施工方案进行总结。

5.2 塔式起重机基础和附着的设计及施工

塔式起重机是高层建筑施工的基本设备，根据高层建筑的施工特点，除超高层建筑有使用内爬式塔式起重机以外，一般高层建筑多使用固定式的附着式塔式起重机。由于每个建筑工程的结构形式、平面布置、地基基础情况等都不尽相同，所以，塔式起重机的基础和附着装置也不可能千篇一律，而必须根据工程实际情况进行设计和施工。

5.2.1 塔式起重机基础

附着式塔式起重机的混凝土基础采用固定式钢筋混凝土，要求混凝土强度等级不低于 C35，基础表明平整度允许偏差为 1/1000，埋设件的位置、标高和垂直度以及施工工艺符合出厂说明书要求。

塔式起重机混凝土基础的构造形式分为整体式和分块式两种。如图 5-1、图 5-2 所示。

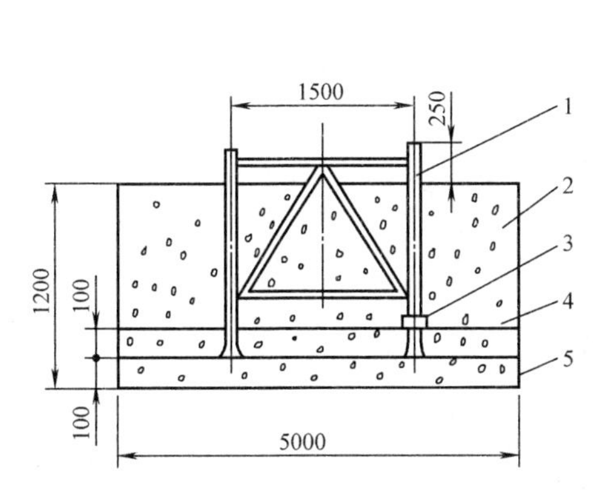

图 5-1 整体式基础示意图

1—基础节；2—C10 混凝土；3—预埋件；4—底板钢筋；5—C10 混凝土

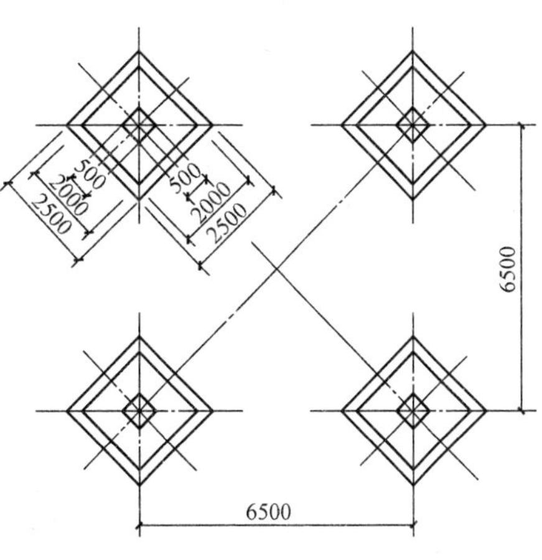

图 5-2 分块式基础示意图

采用整体式混凝土基础时，塔式起重机通过专用塔身基础节和预埋地脚螺栓固定在混凝土基础上，混凝土用量大，对预埋件位置、标高要求高，但它能起压载作用，提高塔身抗整体倾覆的稳定性。基础必须根据建筑物所在地的地质条件进行设计。

采用分块式混凝土基础时，起重机的塔身结构固定在底架上，而底架的四个支座则通过垫板支承在四块分开的混凝土基础上。采用分块式混凝土基础的优点是混凝土用量仅 8～10m³，较整体式基础节省混凝土。压载物仍像轨道式塔式起重机一样，安置在底架上，可重复使用。

1. 整体式基础

整体式混凝土基础的计算简图如图 5-3 所示。其计算如下：

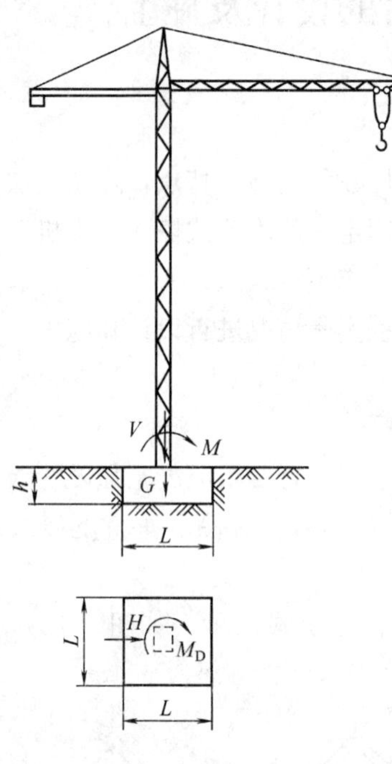

图 5-3　塔式起重机整体式混凝土基础的计算简图

(1) 基础底面压力计算

应符合下列要求：

1）轴心荷载时　　$p \leqslant f_a$　　(5-1)

式中　f_a——地基承载力；

p——基础底面平均压力。

$$p=\frac{V+G}{A} \tag{5-2}$$

式中　V——塔式起重机传至基础顶面的竖向力；

G——基础自重和其上的土重；

A——基础底面面积。

2）偏心荷载时，除符合式（5-1）的要求外，还应满足：

$$p_{max} \leqslant 1.2 f_a \tag{5-3}$$

式中　p_{max}——在偏心荷载作用下基础底面的最大压力

$$p_{max}=\frac{V+G}{A}+\frac{M}{W} \tag{5-4}$$

式中　M——塔式起重机作用于基础上的弯矩；

W——基础的抵抗矩。

当偏心距 $e>\frac{L}{6}$时，p_{max}按下式计算：

$$p_{max}=\frac{2(V+G)}{3L \cdot a} \tag{5-5}$$

式中　L——垂直于弯矩作用方向的基础底面边长；

a——合力$(V+G)$作用点至基础面最大压力边缘的距离。

(2) 防止塔式起重机倾覆计算

塔式起重机稳定应满足：

$$e=\frac{M_1+H\cdot h}{V+G}\leqslant\frac{1}{3}L \tag{5-6}$$

式中　e——地基反力合力至基础中心线的距离；

M_1——作用于塔身上的倾覆力矩；

H——塔式起重机作用于基础上的水平力；

h——基础的埋置深度。

其他符号同前。

2. 分块式基础

（1）确定基础埋深

视地基情况而定，一般塔式起重机基础埋深为 1～1.5m。

（2）计算基础底面面积 A

$$A=\frac{V+G}{f_a} \tag{5-7}$$

分离式基础承受轴向荷载，基础一般为正方形。

（3）计算基础厚度

应满足冲切要求，近似按下式计算：

$$h\geqslant\frac{V}{0.6f_t u_m} \tag{5-8}$$

式中　h——基础厚度；

f_t——混凝土抗拉强度设计值；

u_m——塔式起重机支腿底座板周长。

3. 塔式起重机基础的布置

（1）布置在基础边

当基坑开挖面积与上部建筑面积相近时，基础施工阶段的塔式起重机一般布置在基坑边，布置方式有以下三种：

1）布置在围护墙之外

当基坑围护墙位移较小（不大于 100mm，如支护结构采用较强的内支撑体系）时，可采用这种布置方式，基础可按常规方法施工。但在设计塔式起重机基础部位的围护墙和支撑体系时，要考虑塔式起重机引起的附加荷载。对重力式或悬臂式支护结构，则不应采用此布置方式，因为其位移较大，会引起塔式起重机位移或倾斜。

2）布置在水泥土墙围护墙上

由于水泥土墙宽度往往较大，且格栅式布置的水泥土墙承载力也较高，因此可在其上浇筑塔式起重机的整体式基础，实践证明此法有效也经济。

要注意的是，由于重力式挡土墙的位移较大，对塔式起重机的稳定非常不利，因此要特别注意控制水泥土墙的位移，通常可采用加厚水泥土墙，并加大其入土深度，必要时还可在塔式起重机部位的坑底采取加固手段，以减小水泥土围护墙的位移。另外，塔式起重机设在水泥土墙上，增加了围护墙的自重，也增加了围护墙的下卧层荷载，应进行下卧层地基强度的验算。

实际施工土方开挖时，特别是开挖初期应加强对塔式起重机的监测，包括位移、沉降及垂直度，保证其偏差在安全范围内。图 5-4 是在水泥土围护墙上设置塔式起重机基础的示意图。

3）布置在桩上

当基坑边水泥土墙计算位移较大、塔式起重机直接置于水泥土墙顶上可能发生危险时，则应在塔式起重机基础下设置桩基础，以确保安全。塔式起重机基础桩一般可设置 4 根，该桩主要承受水平力，桩径与桩长应计算确定，一般可取桩径 ϕ600mm，或 400mm×400mm 方桩，桩长为 12～18m。

对于排桩式支护墙或地下连续墙，由于其围护墙体较薄，如果直接在围护墙顶上设置塔式起重机基础，会因为基底承载力严重不均，而导致塔式起重机基础不均匀沉降，使塔式起重机工作时发生倾斜。因此，应在支护墙外侧加布桩基，一般布置 2 根即可（图 5-5）。该桩验算以沉降为主，由于围护墙纵向都连成整体，其沉降量相对较小，而围护墙外侧的桩数较少，相对沉降较大，设计时应使其沉降差控制在 5mm 内，以保证塔式起重机的正常工作。

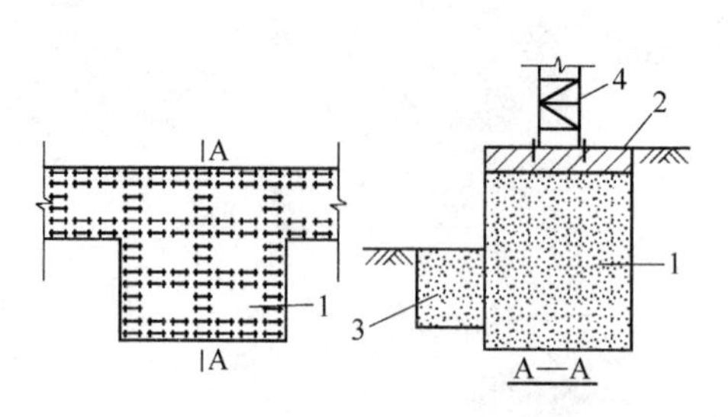

图 5-4　水泥土墙上设置塔式起重机基础

1—塔式起重机基础下加宽水泥土墙；2—塔式起重机基础；3—坑底加固；4—塔式起重机

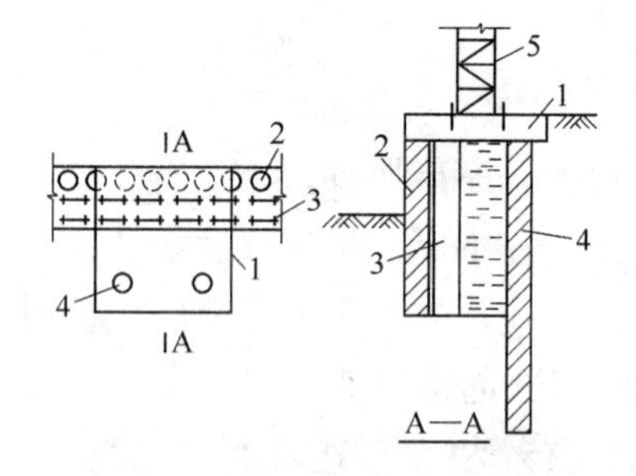

图 5-5　塔式起重机桩基布置

1—塔式起重机基础；2—支护墙；3—止水帷幕；4—塔式起重机桩基；5—塔式起重机

（2）布置在基坑中央

为了充分利用地下空间，不少高层建筑的地下室并不局限设在上部主体结构投影面积范围内，而是比上部建筑面积大得多，甚至将几幢高层或多层建筑的地下室连成一片，这样的基坑面积很大，往往上万平方米。此时，塔式起重机的布置已不能设在基坑边，而需设在基坑中央。另外，采用内爬式塔式起重机的工程，在基坑施工阶段，塔式起重机也需要设在基坑中，以便上部主体结构施工至若干层后，将塔式起重机直接改为内爬式，而不再拆装转移。

基坑中央的塔式起重机设置，可在地下工程施工前进行，其施工顺序为：

1）确定塔式起重机的布置位置

基坑内塔式起重机的布置位置主要根据上部结构施工的需要及所选塔式起重机类型

确定。一般将塔式起重机布置在地上结构外墙外侧的合适位置，并充分考虑附着装置的位置和具体尺寸。应避免设在地下室墙、支护结构支撑，以及可能影响支护结构或主体结构施工的部位。

内爬式塔式起重机，一般布置在电梯井位置。

2）塔式起重机桩基及支承立柱施工

由于在地下结构施工前就需将塔式起重机安装完成，而以后基坑又将开挖，故基坑中央设置的塔式起重机需采用桩基或用支承立柱将其托起（图 5-6）。桩基一般采用钻孔灌柱桩，为不影响地下室结构的施工，桩顶一般不超出基底标高，而塔式起重机底座又不应落在基础底板上，因此，要在浇筑混凝土前插入支承立柱，柱顶设置塔式起重机承台。

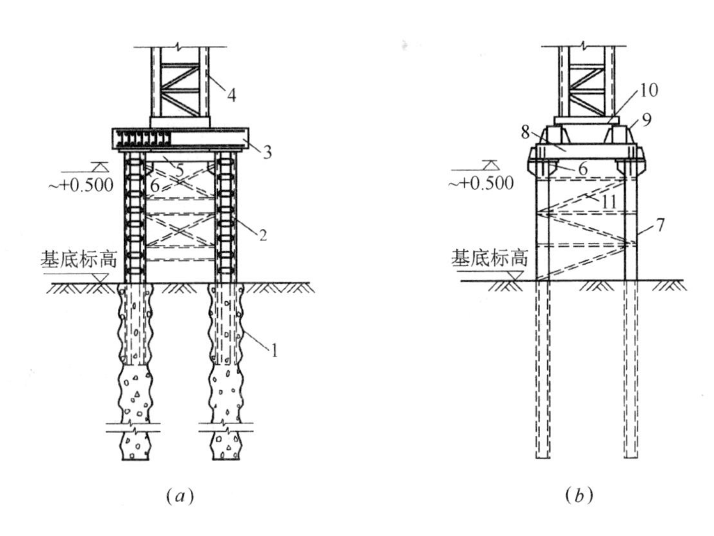

图 5-6　基坑中央塔式起重机的设置

（*a*）灌注桩及钢筋混凝土承台；（*b*）钢桩及钢结构承台；

1—灌注桩；2—格构式支承立柱；3—混凝土承台；

4—塔式起重机塔身；5—钢梁；6—牛腿；

7—H 形钢桩（与支承柱合一）；8—钢主梁；9—箱形钢次梁；

10—塔式起重机十字底座；11—系杆

塔式起重机灌注桩桩基一般用 4 根，桩长应根据计算确定。桩径不宜小于 ϕ700，考虑支承立柱的插入，配筋可采用半桩长配置方法。支承立柱一般采用格构式，常用的格构式截面为 400mm×400mm 或 450mm×450mm，主肢采用 4L125×10 或 4L140×10。

桩基也可采用 H 形钢等打入，采用这种方法把桩基与支承立柱合为一体，下端插入基坑底下，上端搁置塔式起重机承台。

由于施工过程中支承立柱需穿过底板，在地下室底板施工前需做好立柱的防水处理，可在立柱边焊接止水钢板。

3）塔式起重机承台

支承立柱顶部设置塔式起重机承台，其形式可为混凝土结构或钢结构。图5-6（*a*）是采用的混凝土承台结构的示意图，图 5-6（*b*）是采用的钢结构承台的示意图。

4）塔式起重机安装

由于塔式起重机安装是在基坑开挖前进行，其安装与常规平地安装基本相同。

5）基坑开挖与系杆安装

塔式起重机安装经验收后即可投入使用，但在基坑开挖过程中，应随基坑开挖自上而下逐层安装系杆，将 4 个支承立柱连成整体以保证支承立柱的稳定性。一般情况下，塔式起重机立柱应独立自成体系，尽可能不要与基坑支护结构的支撑体系连接，以免支撑体系受力复杂化，特别是基坑内钢支撑，其刚度较小，不可作为塔式起重机立柱的水平系杆，对于混凝土立柱，也应谨慎处置。

5.2.2 附着式塔式起重机的附着装置

附着式塔式起重机随施工进度向上接高到限定的自由高度后，需利用附着装置与建筑物拉结，以减小塔身长细比，改善塔身结构受力，同时将塔身上部传来的力矩、水平力等通过附着装置传给已施工完成的建筑结构（图 5-7）。

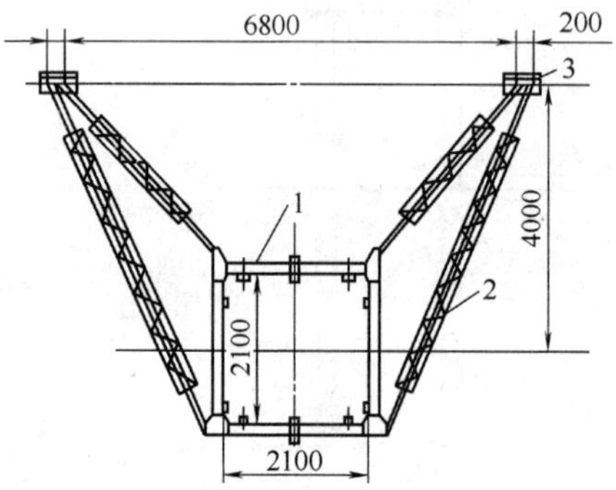

图 5-7 塔式起重机附着装置

1—附着框架；2—附着杆；3—附着支座

附着装置有整个塔身抱箍式和抱柱式两种。前者整体性好，但用钢多，构造复杂；后者结构简单、安装方便。附着装置由附着框架、附着杆和附着支座组成。附着杆由型钢、无缝钢管制成，应有调节螺母以调节长度，较长的附着杆一般用型钢焊成空间桁架。附着装置的布置方式如图 5-8 所示。

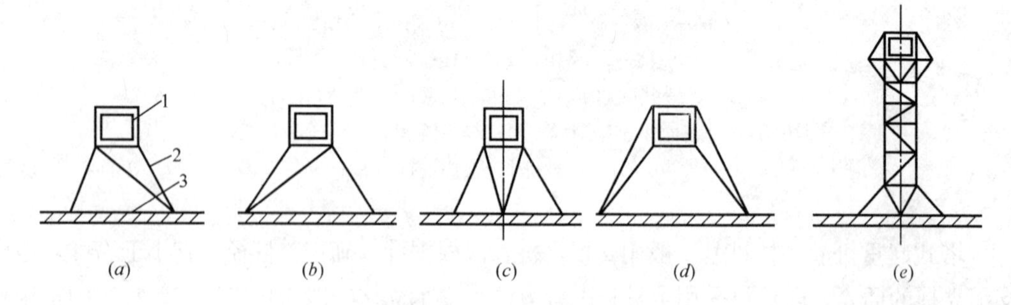

图 5-8 附着装置的布置方式

（*a*）、（*b*）三杆式；（*c*）、（*d*）四杆式；（*e*）空间桁架式

1—塔身；2—附着杆；3—已施工的结构（柱子、近楼板处的墙壁）

由塔身中心线至建筑物外墙皮之间的垂直距离称为附着距离，多为 4.1～6.5m，有时大至 10～15m。附着距离小于 10m 时，可用三杆式或四杆式附着装置，超过 10m 时，一般用空间桁架式。

1. 附着杆计算

附着杆按两端铰支的轴心受压杆件计算。

(1) 附着杆内力

附着杆内力按说明书规定取用；如说明书无规定，或附着杆与建筑物连接的两支座间距改变时，则需进行计算。其计算要点如下：

1) 塔式起重机按说明书规定与建筑物附着时，最上一道附着装置的负荷最大（图 5-9），因此，应以此道附着杆的负荷作为设计或校核附着杆截面的依据。

2) 附着杆的内力计算应考虑两种工况：

工况Ⅰ：塔式起重机满载工作，起重臂顺塔身 *X-X* 轴或 *Y-Y* 轴，风向垂直于起重臂，如图 5-10（*a*）所示。

工况Ⅱ：塔式起重机非工作，起重臂处于塔身对角线方向，风由起重臂吹向平衡臂，如图 5-10（*b*）所示。

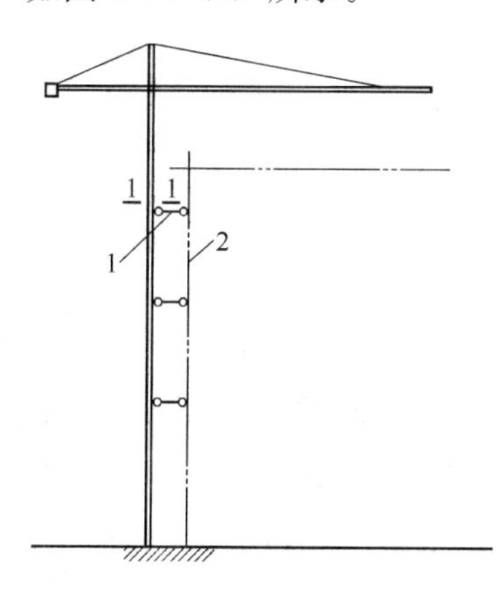

图 5-9 塔式起重机与建筑物附着情况简图

1—最上一道附着装置；2—建筑物

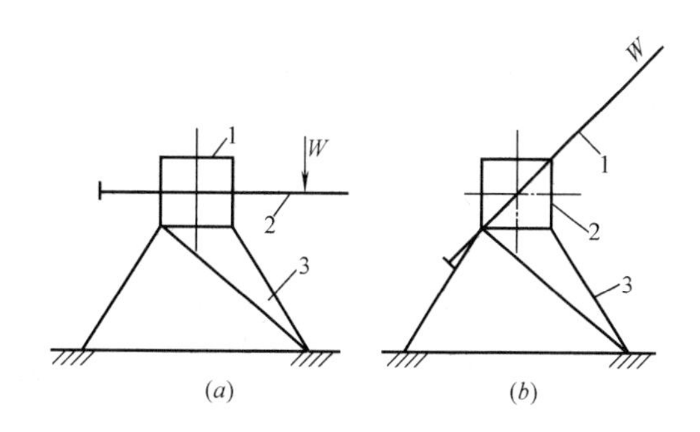

图 5-10 附着杆内力计算的两种情况

（*a*）计算工况Ⅰ；（*b*）计算工况Ⅱ

1—锚固环；2—起重臂；3—附着杆；*W*—风力

3) 附着杆内力计算

附着杆内力按力矩平衡原理计算。

计算工况Ⅰ（图 5-11*a*）：

由 $\Sigma M_B=0$，得

$$l_1 \cdot R_{AC}=T+l_2 \cdot V'_X+l_3 \cdot V'_Y$$

$$\therefore \quad R_{AC}=\frac{T+l_2 \cdot V'_X+l_3 \cdot V'_Y}{l_1} \tag{5-9}$$

由 $\Sigma M_c=0$，得

$$l_4 \cdot R_{BD}=T'+0.5a \cdot V_X+0.5a \cdot V'_Y$$

$$\therefore \quad R_{BD}=\frac{T'+0.5a\ (V_X+V'_Y)}{l_4} \tag{5-10}$$

(a)

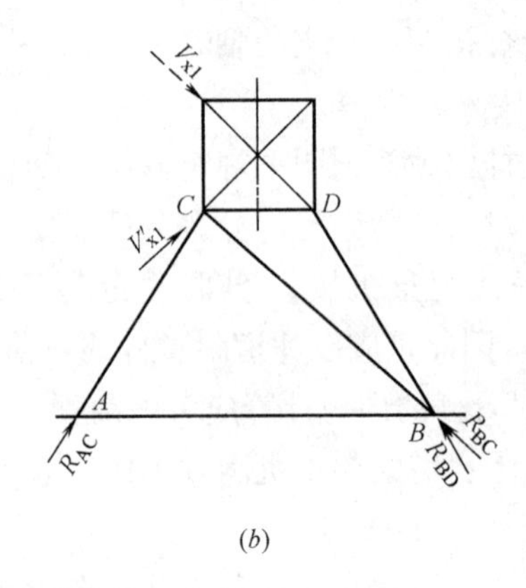

(b)

图 5-11 用力矩平衡原理计算附着杆内力

(a) 计算工况Ⅰ；(b) 计算工况Ⅱ

由 $\Sigma M'_O=0$，得

$$l_5\cdot R_{BC}=T+l_6\cdot V_X$$

$$\therefore\quad R_{BC}=\frac{T+l_6\cdot V_X}{l_5} \tag{5-11}$$

式中 T、T'——塔身截面 1—1 处（最上一道附着装置处，见图 5-9，以下同）所承受的由于回转惯性力（包括起吊构件重、塔式起重机回转部件自重产生的惯性力）而产生的扭矩与由于风力而产生的扭矩之和，风力按工作风压 0.25kN/m^2 取用。$|T|=|T'|$，但方向相反，考虑回转方向不同之故；

V_X、V'_X——塔身截面 1—1 处在 x 轴方向的剪力，$|V_X|=|V'_X|$，方向相反，原因同上；

V_Y、V'_Y——塔身截面 1—1 处在 y 轴方向的剪力，$|V_Y|=|V'_Y|$，方向相反，原因同上；

a、$l_1\sim l_6$——力臂，见图 5-11（a）。

计算工况Ⅱ（图 5-11b）：

同样用力矩平衡原理，由 $\Sigma M_B=0$、$\Sigma M_C=0$、$\Sigma M_O=0$，分别求得塔式起重机在非工作状态下的 R_{AC}、R_{BC}、R_{BD}之值。要注意，此计算工况下无扭矩作用，风力按塔式起重机使用地区的基本风压值计算，V_{X1}、V'_{X1}为非工作状态下的截面 1—1 处的剪力。

（2）附着杆长细比计算

附着杆长细比 λ 不应大于 100。实腹式附着杆的长细比按 $\lambda=l:r$ 计算（l—附着杆长度；r—附着杆截面的最小惯性半径）；格构式附着杆的长细比按《钢结构设计规范》计算，此处从略。

（3）稳定性计算

附着杆的稳定性按下列公式计算：

$$\frac{N}{\varphi A} \leqslant f \tag{5-12}$$

式中 N——附着杆所承受的轴心力，按使用说明书取用或由计算求得；

A——附着杆的毛截面面积；

φ——轴心受压杆件的稳定系数，按《钢结构设计规范》取用；

f——钢材的抗压强度设计值，按上述规范取用。

2. 附着支座连接计算

附着支座与建筑物的连接，目前多采用与预埋在建筑物构件上的螺栓相连接。预埋螺栓的规格、材料、数量和施工要求，塔式起重机使用说明书一般都有规定。如无规定，可按下列要求确定：

（1）预埋螺栓（以下简称螺栓）用 Q235 镇静钢制作；

（2）附着的建筑物构件的混凝土强度等级不应低于 C20；

（3）螺栓的直径不宜小于 24mm；

（4）螺栓埋入长度和数量按下列公式计算：

$$0.75 n\pi d l f_{\tau} = N \tag{5-13}$$

式中 0.75——螺栓群不能同时发挥作用的降低系数；

n——螺栓数量；

d——螺栓直径；

l——螺栓埋入混凝土长度；

f_{τ}——螺栓与混凝土的粘接强度，C20 混凝土取 1.5N/mm^2；C30 混凝土取 3.0N/mm^2；

N——附着杆轴向力，按使用说明书取用或计算求得。

计算结果，尚需符合下列要求：

1）螺栓数量，单耳支座不得少于 4 只；双耳支座不得少于 8 只；

2）螺栓埋入长度不应少于 $15d$；

3）螺栓埋入混凝土的一端应作弯钩并加焊横向锚固钢筋；

4）螺栓的直径和数量应按《钢结构设计规范》验算其抗拉强度。

（5）附着点应设在建筑物楼面标高附近，距离不宜大于 200mm。附着点处结构需验算，必要时应加强。

3. 附着框架计算

附着框架按方形钢架计算，其计算简图如图 5-12 所示；为便于计算，可将其分解，如图 5-13 所示。图中 P 为作用于附着框架的荷载；根据最大单根附着杆内力计算，作用点为顶紧螺栓（附着框架与塔身连接用）与附着框架的接触点。具体计算方法可参阅建筑结构力学有关内容。

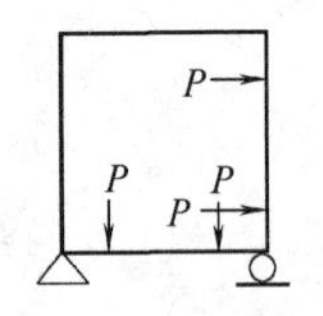

图 5-12　附着框架计算简图

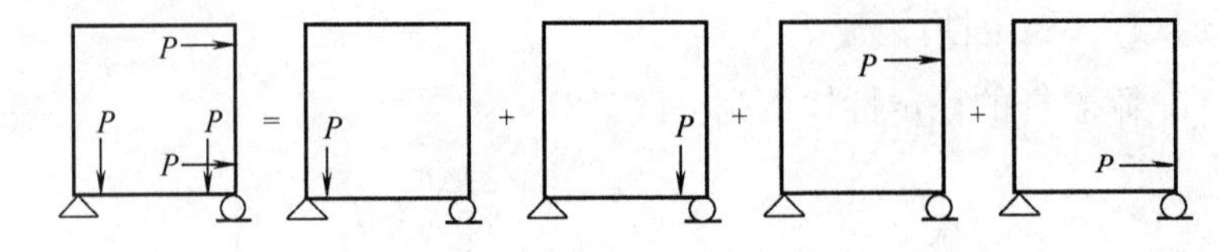

图 5-13　附着框架计算分解图

在安装和固定附着杆时，必须用经纬仪检查塔身的垂直度，如塔身倾斜，可调节附着杆的长度进行调直。附着杆安装应牢固，倾角不得大于 10%。

一般情况下附着式塔式起重机设置 2～3 道附着装置即可满足施工需要。第一道附着装置设在距塔机基础表面 30～50m 处，自第一道附着装置向上，每隔14～20m 设一道附着装置。对超高层建筑不必设置过多的附着装置，可将下部的附着装置拆换装到上部使用。

在降落塔身时，拆除附着装置要同步进行，严禁先拆除全部附着装置，然后再拆除塔身。

5.3　脚手架计算

高层建筑施工中，脚手架使用量大、要求高、技术较复杂，对人员安全、施工质量、施工速度和工程成本有重大影响，应慎重对待，在特殊情况下需有专门的设计和计算，并绘制脚手架施工图。

5.3.1　荷载

脚手架上荷载分为永久荷载和可变荷载两类。

1. 永久荷载（恒荷载）

永久荷载（恒荷载）可分为：

(1) 脚手架结构自重，包括立杆、纵向水平杆、横向水平杆、剪刀撑、横向斜撑和扣件等的自重。每根杆承受的结构自重标准值，宜按表 5-2 采用。

单、双排脚手架立杆承受的每米结构自重标准值 g_k (kN/m)　　表 5-2

步距(m)	脚手架类型	纵距(m)				
		1.2	1.5	1.8	2.0	2.1
1.20	单排	0.1642	0.1793	0.1945	0.2046	0.2097
	双排	0.1538	0.1667	0.1796	0.1882	0.1925
1.35	单排	0.1530	0.1670	0.1809	0.1903	0.1949
	双排	0.1426	0.1543	0.1660	0.1739	0.1778

续表

步距(m)	脚手架类型	纵距(m)				
		1.2	1.5	1.8	2.0	2.1
1.50	单排	0.1440	0.1570	0.1701	0.1788	0.1831
	双排	0.1336	0.1444	0.1552	0.1624	0.1660
1.80	单排	0.1305	0.1422	0.1538	0.1615	0.1654
	双排	0.1202	0.1295	0.1389	0.1451	0.1482
2.00	单排	0.1238	0.1347	0.1456	0.1529	0.1565
	双排	0.1134	0.1221	0.1307	0.1365	0.1394

(2) 冲压钢脚手板、木脚手板与竹串片脚手板自重标准值，应按表 5-3 采用。

(3) 栏杆与挡脚板自重标准值，应按表 5-4 采用。

脚手板自重标准值　　表 5-3

类　别	标准值(kN/m^2)
冲压钢脚手板	0.30
竹串片脚手板	0.35
木脚手板	0.35
竹芭脚手板	0.10

栏杆、挡脚板自重标准值 表 5-4

类　别	标准值(kN/m^2)
栏杆、冲压钢脚手板挡板	0.16
栏杆、竹串片脚手板挡板	0.17
栏杆、木脚手板挡板	0.17

(4) 脚手架上吊挂的安全设施（安全网、苇席、竹笆及帆布等）的荷载应按实际情况采用。

2. 可变荷载（活荷载）

包括下列两种荷载：

(1) 施工荷载

包括作业层上的人员、材料及施工工具等，按表 5-5 取值。

其中，斜道均布活荷载标准值不应低于 $2kN/m^2$。

施工均布活荷载标准值　　表 5-5

类　别	标准值(kN/m^2)
装修脚手架	2.0
混凝土、砌筑结构脚手架	3.0
轻型钢结构及空间网格结构脚手架	2.0
普通钢结构脚手架	3.0

注：斜道上的施工均布荷载标准值不应低于 $2.0kN/m^2$。

(2) 风荷载

作用于脚手架上的水平风荷载标准值，应按下列计算：

$$W_k = 0.7\mu_z \cdot \mu_s \cdot \omega_0 \qquad (5\text{-}14)$$

式中 W_k——风荷载标准值（kN/m^2）；

μ_z——风压高度变化系数，按现行国家标准《建筑结构荷载规范》（GB 50009—2001）规定采用；

μ_s——脚手架风荷载体型系数，按表 5-6 采用；

ω_0——基本风压（kN/m^2），按现行国家标准《建筑结构荷载规范》（GB 50009—2001）的规定采用。

脚手架的风荷载体型系数 μ_s **表 5-6**

背靠建筑物的状况		全封闭墙	敞开、框架和开洞墙
脚手架状况	全封闭、半封闭	1.0φ	1.3φ
	敞　开	μ_{stw}	

注：1. μ_{stw}值可将脚手架视为桁架，按现行国家标准《建筑结构荷载规范》的规定计算；

2. 为挡风系数，$\varphi=1.2\dfrac{A_n}{A_w}$，其中 A_n 为挡风面积；A_w 为迎风面积。

敞开式单、双排脚手架的 φ 值宜按表 5-7 采用。

敞开式单、双排扣件式钢管（ϕ48×3.5mm）脚手架的挡风系数 φ 值 **表 5-7**

步　距(m)	纵　距(m)			
	1.2	1.5	1.8	2.0
1.2	0.115	0.105	0.099	0.097
1.35	0.110	0.100	0.093	0.091
1.5	0.105	0.095	0.089	0.087
1.8	0.099	0.089	0.083	0.080
2.0	0.096	0.086	0.080	0.077

5.3.2 荷载效应组合

设计脚手架的承重构件时，应根据使用过程中可能出现的荷载取其最不利组合进行计算，荷载效应组合宜按表 5-8 采用。

荷载效应组合 **表 5-8**

计 算 项 目	荷 载 效 应 组 合
纵向、横向水平杆强度与变形	永久荷载＋施工荷载
脚手架立杆地基承载力 型钢悬挑梁的强度、稳定与变形	① 永久荷载＋施工荷载
	② 永久荷载＋0.9（施工荷载＋风荷载）
立杆稳定	①永久荷载＋可变荷载（不含风荷载）
	②永久荷载＋0.9（可变荷载＋风荷载）
连墙件强度与稳定	单排架，风荷载＋2.0kN 双排架，风荷载＋3.0kN

在基本风压等于或小于 0.35kN/m^2 的地区，对于仅有栏杆和挡脚板的敞开式脚手架，当每个连墙点覆盖的面积不大于 30m^2，构造符合《建筑施工扣件式钢管脚手架安全技术规范》相应规定时，验算脚手架立杆的稳定性，可不考虑风荷载作用。

5.3.3 基本设计规定

脚手架承载能力的设计计算项目：

(1) 纵向、横向水平杆等受弯构件的强度和连接扣件抗滑承载力计算；

(2) 立杆的稳定性计算；

(3) 连墙件的强度、稳定性和连接强度的计算；

(4) 立杆地基承载力计算。

计算构件的强度、稳定性与连接强度时，应采用荷载效应基本组合的设计值。永久荷载分项系数应取 1.2，可变荷载分项系数应取 1.4。

脚手架中的受弯构件，尚应根据正常使用极限状态的要求验算变形。验算构件变形时，应采用荷载短期效应组合的设计值。

当纵向或横向水平杆的轴线对立杆轴线的偏心距不大于 55mm 时，立杆稳定性计算中可不考虑此偏心距的影响。

50m 以下的常用敞开式单、双排脚手架，当采用《建筑施工扣件式钢管脚手架安全技术规范》规定的构造尺寸，且符合该规范的构造规定时，其相应杆件可不再进行设计计算。但连墙件、立杆地基承载力等仍应根据实际荷载进行设计计算。

Q235 钢材的抗拉、抗压和抗弯强度设计值取 $f=205\text{N/mm}^2$，弹性模量取 $E=2.06\times10^5\text{N/mm}^2$。

扣件、底座的承载力设计值为：对接扣件(抗滑)3.20kN；直角扣件、旋转扣件(抗滑) 8.00kN；底座（抗压）40.00kN。

受弯构件的挠度不应超过表 5-9 规定的容许值，受压、受拉构件的长细比不应超过表 5-10 规定的容许值。

受弯构件容许挠度　　表 5-9

构件类别	容许挠度 [ν]
脚手板，脚手架纵向、横向水平杆	1/150 与 10mm
脚手架悬挑受弯杆件	l/400
型钢悬挑脚手架悬挑钢梁	l/250

注：l 为受弯构件的跨度，对悬挑杆件为其悬伸长度的 2 倍。

受压、受拉构件容许长细比　表 5-10

构件类别		容许长细比 [λ]
立杆	双排架 满堂支撑架	210
	单排架	230
	满堂脚手架	250
横向斜撑、剪刀撑中的压杆		250
拉杆		350

5.3.4 计算方法

1. 荷载的传递路径与计算简图

脚手架计算首先要确定计算简图，即永久荷载和可变荷载具体如何分配到各杆件上，形成计算模型。确定计算简图的前提是搞清荷载的传递路径，而传递路径与脚手板的铺设方向相关。

(1) 脚手板纵向铺设

当采用冲压钢脚手板、木脚手板、竹串片脚手板时，脚手板一般纵向铺设，即铺在横向水平杆上，脚手架搭设应该横向水平杆在纵向水平杆之上，荷载的传递路线是：脚手板→横向水平杆→纵向水平杆→纵向水平杆与立柱连接的扣件→立柱→地基。对应这种传递路线的横向、纵向水平杆的计算简图如图 5-14 所示。

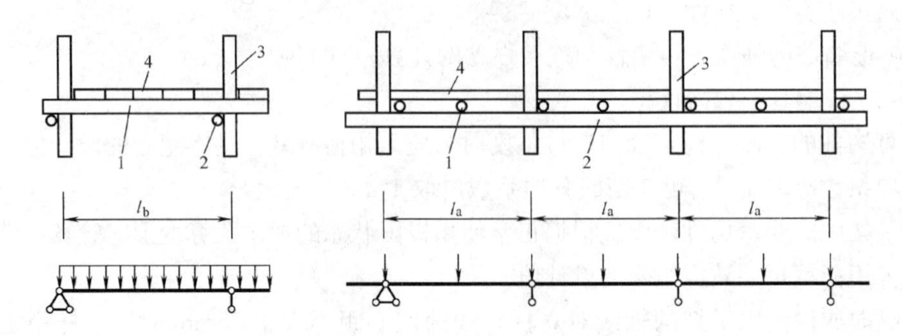

图 5-14　落地双排脚手架脚手板纵向铺设时横向、纵向水平杆的计算简图

1—横向水平杆；2—纵向水平杆；3—立柱；4—脚手板；

l_a—立杆纵距(柱距)；l_b—立杆横距(排距)

(2) 脚手板横向铺设

当采用竹笆脚手板时，竹笆板一般横向铺设，即铺在纵向水平杆上。脚手架搭设应该纵向水平杆在横向水平杆之上，荷载的传递路线是：脚手板→纵向水平杆→横向水平杆→横向水平杆与立柱连接的扣件→立柱→地基。对应这种传递路线的横向、纵向水平杆的计算简图如图 5-15 所示。

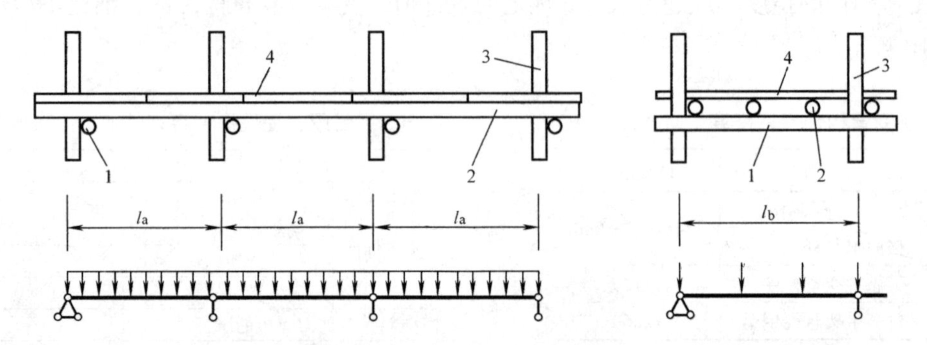

图 5-15　落地双排脚手架脚手板横向铺设时横向、纵向水平杆的计算简图

1—横向水平杆；2—纵向水平杆；3—立柱；4—脚手板；

l_a—立杆纵距（柱距）；l_b—立杆横距（排距）

2. 纵、横向水平杆及脚手板计算

(1) 纵、横向水平杆及脚手板按受弯构件计算

计算纵向、横向水平杆的内力与挠度时，纵向水平杆宜按三跨连续梁计算，计算跨度取纵距 l_0；横向水平杆宜按简支梁计算，计算跨度 l_0 可按图 5-16 采用；双排脚手架的横向水平杆的构造外伸长度 $a=500$ 时，其计算外伸长度 a_1 可取 300mm。

脚手板按承受均布荷载的简支梁计算，冲压钢板、木、竹串片脚手板的计算跨度，取两横向水平杆的间距。

按上述计算简图求得最大弯矩后，按下式验算抗弯强度：

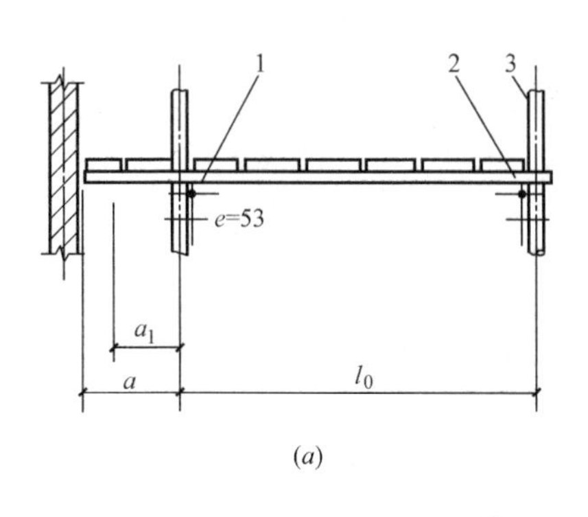

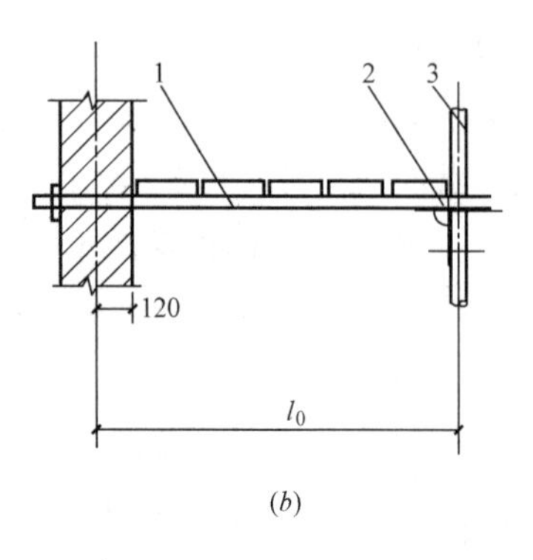

图 5-16 横向水平杆计算简图

1—横向水平杆；2—纵向水平杆；3—立柱

$$\sigma=\frac{M_{\max}}{W_{n}}\leqslant f \tag{5-15}$$

$$M_{\max}=1.2M_{Gk}+1.4\sum_{i=1}^{n}M_{Qik} \tag{5-16}$$

式中 $M_{\max}$——最大弯矩值；

W_n——截面模量；

f——钢材的抗弯强度设计值；

M_{Gk}——永久荷载标准值产生的弯矩值；

M_{Qik}——第 i 个可变荷载标准值产生的弯矩值。

（2）纵、横向水平杆与立柱连接的扣件抗滑移承载力，应满足下式：

$$R_{\max}\leqslant R_{C} \tag{5-17}$$

式中 $R_{\max}$——纵、横向水平杆传给立柱的最大竖向力；

R_C——扣件抗滑移承载力设计值。

3. 立杆计算

（1）立杆的稳定性按下列公式计算：

不组合风荷载：

$$\sigma=\frac{N}{\varphi A}\leqslant f \tag{5-18}$$

组合风荷载：

$$\sigma=\frac{N}{\varphi A}+\frac{M_{w}}{W_{n}}\leqslant f \tag{5-19}$$

式中 N——计算立杆段的轴向力；

φ——轴心受压构件的稳定系数，根据长细比 $\lambda=\frac{l_0}{i}$ 查规范附表，l_0 为计算长度；

A——立杆截面面积；

M_w——计算立杆段由风荷载产生的弯矩；

W_n——截面模量；

f——钢材的抗压强度设计值。

(2) 计算立杆段的轴向力设计值 N，应按下列公式计算：

不组合风荷载时： $N=1.2(N_{G1k}+N_{G2k})+1.4\Sigma N_{Qk}$ (5-20)

组合风荷载时： $N=1.2(N_{G1k}+N_{G2k})+0.9\times1.4\Sigma N_{Qk}$ (5-21)

式中 N_{G1k}——脚手架结构自重产生的轴向力；

N_{G2k}——构配件自重产生的轴向力；

ΣN_{Qk}——施工荷载产生的轴向力总和，内、外立杆可按一纵距（跨）内施工荷载总和的 1/2 取值。

(3) 立杆计算长度 l_0 按下式计算：

$$l_0=k\mu h \tag{5-22}$$

式中 k——计算长度附加系数，其值取 1.155；

μ——考虑脚手架整体稳定因素的单杆计算长度系数，按表 5-11 取值；

h——立杆步距。

脚手架立杆的计算长度系数 μ **表 5-11**

类别	立杆横距 (m)	连墙件布置	
		二步三跨	三步三跨
双排架	1.05	1.50	1.70
	1.30	1.55	1.75
	1.55	1.60	1.80
单排架	≤1.50	1.80	2.00

(4) 由风荷载设计值产生的立杆段弯矩 M_w，可按下式计算：

$$M_w=0.9\times1.4M_{wk}=\frac{0.9\times1.4\omega_k l_a h^2}{10} \tag{5-23}$$

式中 M_{wk}——风荷载标准值产生的弯矩（kN·m）；

ω_k——风荷载标准值（kN/m²）；

l_a——立杆纵距（m）；

h——立杆步距（m）。

(5) 立杆稳定性计算部位的确定应符合下列规定：

1) 当脚手架搭设尺寸采用相同的步距、立杆纵距、立杆横距和连墙件间距时，应计算底层立杆段；

2) 当脚手架搭设尺寸中的步距、立杆纵距、立杆横距和连墙件间距有变化时，除计算底层立杆段外，还必须对出现最大步距或最大立杆纵距、立杆横距、连墙件间距等部位的立杆段进行验算；

3) 双管立杆变截面处主立杆上部单根立杆，应计算其稳定性。

4. 连墙件计算

强度：

$$\sigma=\frac{N_l}{A_c}\leqslant 0.85f \tag{5-24}$$

稳定：

$$\frac{N_l}{\varphi A}\leqslant 0.85f \tag{5-25}$$

$$N_l=N_{lw}+N_o \tag{5-26}$$

式中 σ——连墙件应力值（N/mm^2）；

A_c——连墙件的净截面面积（mm^2）；

A——连墙件的毛截面面积（mm^2）；

N_l——连墙件轴向力设计值（N）；

N_{lw}——风荷载产生的连墙件轴向力设计值。

$$N_{lw}=1.4\cdot w_k\cdot A_w \tag{5-27}$$

式中 w_k——风荷载标准值（kN/m^2）；

A_w——单个连墙件所覆盖的脚手架外侧面的迎风面积；

N_o——连墙件约束脚手架平面外变形所产生的轴向力。单排架取2kN，双排架取3kN；

φ——连墙件的稳定系数，应根据连墙件长细比按《建筑施工扣件式钢管脚手架安全技术规范》（JGJ 130—2011）附录A表A.0.6取值。

5. 立杆地基承载力计算

（1）立杆基础底面的平均压力应满足下式的要求：

$$P_k=\frac{N_k}{A}\leqslant f_g \tag{5-28}$$

式中 P_k——立杆基础底面处的平均压力标准值（kPa）；

N_k——上部结构传至立杆基础顶面的轴向力标准值（kN）；

A——基础底面面积（m^2）；

f_g——地基承载力特征值（kPa）。

（2）地基承载力设计值应按下式计算：

$$f_g=k_c\cdot f_{gk} \tag{5-29}$$

式中 k_c——脚手架地基承载力调整系数，对碎石土、砂土、回填土应取0.4；对黏土应取0.5；对岩石、混凝土应取1.0；

f_{gk}——地基承载力标准值，按现行国家标准《建筑地基基础设计规范》（GB 50007—2011）规定采用。

（3）对搭设在楼面上的脚手架，应对楼面承载力进行验算。

单元小结

为了确保高层建筑的安全施工，按《建设工程安全生产管理条例》的规定，必须对危险性较大的施工分部分项工程编制专项施工方案，经审批或者论证、审查后实施。本章重点介绍了专项施工方案的编制要求，塔式起重机基础和附着杆以及脚手架的计算等专项施工方案的编制技术。值得注意的是，专项施工方案的编制，除了要结合施工现场的实际情况，有针对性内容以外，还应当包括监控措施、应急方案以及紧急救护措施等内容。

复习思考题

1. 高层建筑施工中，哪些分部分项工程应当编制安全专项施工方案？
2. 安全专项施工方案的审批有哪些规定？
3. 塔式起重机基础的计算项目有哪些？
4. 高层建筑塔式起重机基础的布置方案有哪几种？
5. 附着式塔式起重机附着杆的内力计算有哪两种工况？
6. 附着式塔式起重机的附着支座应满足哪些要求？
7. 脚手架的荷载有哪些？荷载效应组合有哪几类？
8. 脚手架承载能力的设计计算项目有哪几项？
9. 扣件式钢管脚手架什么条件下可以不计算横杆？
10. 纵、横向水平杆按什么力学模型进行计算？

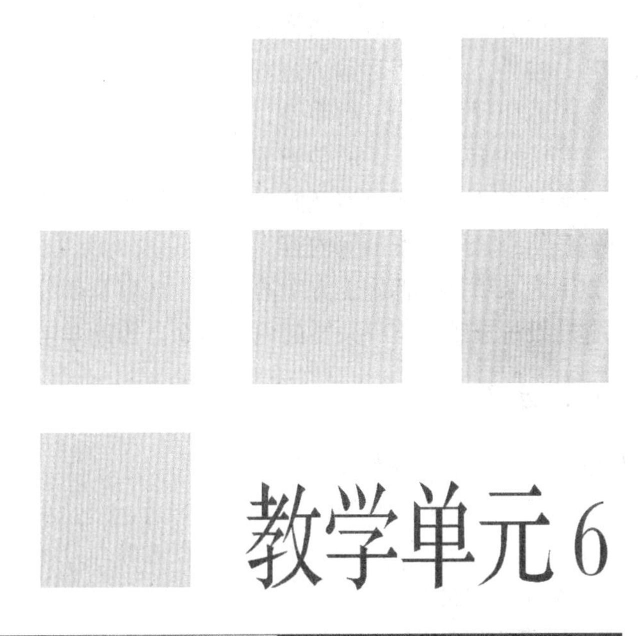

教学单元6

案例节选

【教学目标】 通过本单元教学，使学生建立起编制高层建筑施工方案的整体性框架概念，掌握投标施工方案与实施性施工方案的区别，具备编制高层建筑施工测量方案和钢结构施工方案的能力。

高层建筑的性质决定施工比较复杂，一项大型建筑工程有成千上万各种专业的建筑工人，使用着几十台机械，消耗着上万吨的材料，除直接进行生产活动外，还要组织建筑材料、构件、设备等运输、进场储存。只有通过编制合理的施工方案，提高管理水平，才能适应现代化施工的需要。同时建筑企业为承揽工程任务，也必须编制投标施工方案。实施性施工方案，通常把重点放在组织施工的合理性与技术的可行性上，而投标施工方案则除此之外还要涉及施工单位资质条件，协调多方经济关系以及提供必要的技术证据和信誉、资质证书等内容。

以下为某项目投标施工方案的目录、内容及部分主要的施工方案，通过学习为学生建立起对投标施工方案框架性的内容概念，协助学生明确编制施工方案的方向。

一、目录

第1章　技术标编制综合说明

第1节　工程目标承诺

第2节　我公司对承接本工程的综合优势

1. 企业品牌优势
2. 工程业绩优势
3. 合作关系优势
4. 总承包管理优势
5. 资源优势
6. 强大的技术优势
7. 先进的质量理念

第3节　工程概况

1. 工程性质
2. 工程地理位置及周边环境
3. 工程水文地质条件
4. 建筑概况
5. 结构概况
6. 基坑围护概况
7. 机电安装概况

第4节　工程承包范围

第5节　工程特点、关键施工技术要点分析

1. 工程特点
   - 1.1　规模大、体量大
   - 1.2　功能丰富、总包管理要求高
   - 1.3　工期紧张、节点工期要求高
   - 1.4　地处城区、场地狭小
2. 工程重点、难点

第6节 编制依据

第7节 编制说明

第2章 施工现场总平面布置

第1节 施工现场平面布置总体原则

1. 施工生产布置原则

2. 文明施工原则

3. 前期准备

第2节 临时设施布置

1. 施工临时设施

2. 施工临时围墙

3. 施工临时道路

附图《各阶段施工现场平面布置示意图》

第3节 临时用电、用水、排污、消防

1. 施工临时用电

2. 临时用水、排水与消防

3. 现场卫生

附图《施工现场临电、临水、排水平面布置示意图》

第4节 施工大型机械

第3章 主要施工技术方案

第1节 施工总体安排

1. 工程承包准备

2. 总体部署

3. 影响总工期的关键技术路线的确定

第2节 施工总体流程附图《施工工况示意图(一)~(六)》

第3节 施工测量技术方案

1. 建立健全测量管理制度

2. 平面及高程控制网的建立

3. 测量定位

4. 土建施工测量

5. 钢结构测量校正工艺

6. 建筑物的沉降观测

7. 超高层结构施工垂直度控制

7.1 垂直控制网的布设

7.2 垂直传递投点的仪器、工具

7.3 控制点的分段确定与各段的投测

8. 塔楼竖向变形与标高补偿

9. 施工测量仪器配置

3.1 桁架支撑体系的选用

3.2 桁架式支撑楼板模板的构造设计

3.3 钢桁架安装

3.4 桁架式支撑楼板模板系统的拆除

4. 钢管混凝土施工技术方案

5. 裙房上部结构施工技术方案

5.1 钢筋工程

5.2 模板工程

5.3 混凝土施工

6. 土建与机电安装、专业设备安装的配合措施

7. 砌体工程

8. 悬挑钢平台布置

9. 脚手架施工技术措施

第7节 钢结构施工

1. 深化设计方案

2. 钢结构制作加工方案

3. 钢结构安装总体施工技术路线

4. 钢结构高空焊接

第8节 机电安装工程

1. 给排水、消防

2. 电气

3. 暖通

4. 调试

第9节 幕墙施工方案

1. 玻璃幕墙施工

2. 外墙石材幕墙施工方案

第10节 装饰工程技术方案

1. 施工流程

2. 装饰施工的总体要求

3. 内外粉刷

4. 精装修工程

第11节 屋面防水工程技术方案

1. 屋面防水卷材铺贴

2. 聚苯板保温层施工

3. 细石混凝土整浇保护层施工

4. 屋面施工安全技术要求

第12节 室外总体工程

2.2 原材料质量控制措施
2.3 现场计量器具管理措施
2.4 测量工程质量保证措施
2.5 模板及支撑技术质量控制措施
2.6 钢筋工程技术质量控制措施
2.7 混凝土施工技术质量控制措施
2.8 钢结构施工质量保证措施
2.9 砌筑工程技术质量控制措施
2.10 装饰施工技术质量控制措施
第4节 质量保证计划
1. 质量保证计划过程控制流程图
2. 质量管理体系的监视、测量、分析流程图
3. 质量管理体系改进过程流程图
第5节 工程质量创“鲁班奖”计划
1. 组织管理机构
2. 主要工作职责
3. 分阶段创优实施计划
4. 创优实施控制重点
第8章 安全防护、文明施工措施
第1节 安全施工管理措施
1. 安全及消防保证体系
2. 安全及消防保证措施
3. 钢结构安全施工控制要点
第2节 文明施工管理措施
1. 文明施工保证体系
2. 文明施工保证措施
第3节 环境保护措施
1. 工程过程中的环境目标及要求
2. 环境保护措施
第9章 竣工收尾阶段的配合和管理措施
第1节 产品保护
1. 成品保护组织措施
2. 成品、半成品保护要点
第2节 资料管理
第3节 工程保修
1. 工程保修承诺
2. 定期回访制度

第10节 拟委任的本工程项目部主要人员

1. 项目经理简历表

2. 项目技术负责人简历表

3. 项目管理班子配备情况表

二、章节选编

第1章 技术标编制综合说明

第3节 工程概况

1. 工程性质

(1) 建设单位：××

(2) 设计单位：××

(3) 围护设计单位：××

(4) 地质勘测单位：××

2. 工程地理位置及周边环境

本工程场地位于××市的老城区核心位置，东临××中路、××江，南至××街，西至××中路，北××路。本工程整个场地基本呈长方形，东西向宽约280m，南北向宽约150m，在3幢保留建筑之间的场地共约3400m^2；本工程用地面积36869m^2，总建筑面积约249113m^2，塔楼建筑高度212m，地上46层，包括地下室、裙房和主楼三部分。主楼位于场地西南角，为酒店和写字楼，裙房为大型商业中心及影院等配套设施。

3. 工程水文地质条件

3.1 场地地形、地貌

场地地貌类型属于残山、山前坡地、坡地前缘和××江河流沉积相交叉地貌，西侧远处为××山，东侧与××江一路之隔。场地原为老宅基地，场地整体已经初步整平。场地中有一条大污水沟，沟宽约4m，深约1.5～2.0m，污水自南向北穿过场地中间，整个场地西南高，东北低，总体地形起伏不大，场地高程在9.32～11.42m之间，最大高差约2m，场地基本平坦。场地位于市区中心地带，四周紧邻城市道路和重要部门单位，交通十分便利，地理位置十分优越。

3.2 气象条件

××市为亚热带季风性海洋性气候，湿润多雨，四季分明。春季，春暖花开，阴雨常见，春末夏初多梅雨。夏季，盛行东南风，多连续晴热天气，除局部雷阵雨外，还会受到台风等热带天气系统影响而出现大的降水过程，近年来常伴雷暴等强对流天气。秋季，常会出现阴雨天气。冬季，天气潮湿寒冷，盛行偏北风。据××市气象局资料，历年（1961～1992年）平均气温16.4℃，最高气温出现在七月份，极端最高气温39.5℃，最低气温在一月到二月，平均在3～4℃，极端最低气温－10.1℃，年降雨量1450.4mm，日最大降水量345.2mm，最大积雪深度24cm，年蒸发量为800～

1000mm，相对湿度80%左右，无霜期245天左右。历年平均最大风速21.7m/s，风向WWS，夏季主导风向为ES，冬季主导风向为WN；台风最大风速为34m/s。

3.3 地层情况

场地地层划分为六个工程地质层，其中（3）层可分为三个亚层和一个夹层，（6）层基岩，根据风化程度可分为三个亚层。各地基土层的工程地质特征自上而下描述如下：

（1）杂填土

灰、灰黑色，松散状或软～流塑状，不均匀。上部为松散状，其中表层主要为碎石、砂、砖瓦砾和少量混凝土块组成；往下为黏性土、碎石、砂及砖瓦砾组成；中下部主要以软～流塑状淤泥及淤泥质土组成，并夹有碎石、砖瓦砾、砂、朽木、腐殖质、贝壳和杂质等。局部地段分布有旧建筑基础。该层全场分布，层厚在0.30～6.90m不等。

（2）淤泥质黏土

灰色，流塑，饱和，中等韧性，干强度中等，稍有光泽，高压缩性，含有机质，局部为淤泥或粉质黏土性。该层主要分布于场地北、东侧，层厚0.50～6.80m。

（3）-1 粉质黏土

灰青、黄灰、灰黄等色，可塑状，饱和，中等韧性，干强度中等，稍有光泽，摇振反应无，中等压缩性。该层主要分布在场地中部、东北、东南部大部分地段，层厚0.60～5.20m。

（3）-2 黏质粉土

灰青、黄灰、灰棕等色，软塑～可塑状或松散～稍密状，饱和，低韧性，干强度低，无光泽，摇振反应中等，中等压缩性；该层分布于场地东侧、中东部，层厚0.80～5.10m。

（3）-3 含粉质黏土细砂

浅灰、黄灰、灰黄等色，松散～稍密状，以细砂为主，部分为中砂、粉砂，含黏性土，混合状，该层主要分布于场地北东侧和中间部分地段，局部东南侧也有零星分布，层厚1.40～3.0m。

（3）-4 含细砂粉质黏土

黄灰、浅灰黄等色，软塑状，由粉质黏土为主，含细砂，混合状，土性欠均匀，中等韧性，干强度中等，稍有光泽，摇振反应无，该层主要分布于场地西南侧局部地段，层厚0.70～2.60m。

（4）淤泥质粉质黏土

灰色，流塑，饱和，中等韧性，干强度中等，稍有光泽，摇振反应无，高压缩性，含有机质，局部为粉质黏土或淤泥性。该层主要分布于场地北东侧、东侧、东南侧部位，层厚0.90～6.40m。

（5）粉质黏土

灰黄、棕黄等色，硬可塑～硬塑状，饱和，中等韧性，干强度中等，稍有光泽，摇振反应无，中等压缩性；该层部分或层下部含风化状砂及少量风化碎屑物，局部含较多砂及碎屑物，呈混合状，为坡残积成因土。该层大部分地段分布，层厚0.40～7.20m。

(6)-1 强风化砂岩

浅紫红、紫红色，坚硬密实状、破碎状，岩石已强烈风化成碎块状、碎屑状和土状，岩石风化十分强烈，风化裂隙十分发育，原岩结构模糊不清，岩石矿物已基本氧化变质，裂隙间风化土充填，岩体很破碎。层厚0.30～5.60m，层顶高程－7.98～10.78m。

(6)-2 中风化砂岩

紫红色、暗紫红色，岩质较软，岩芯呈块状、短柱状，粉细砂结构，层状构造，部分含砾石，呈砂砾结构，块状，敲击时声较脆，不易破碎，原岩矿物已部分氧化变质，节理、裂隙发育。岩石饱和单轴抗压强度标准值 f_{rk}＝28.7kPa，属较软岩，岩体完整程度分类为较破碎，岩体基本质量等级为Ⅳ级。层厚0.50～6.90m，层顶高程－8.68～10.78m。

(6)-3 微风化砂岩

紫红色、暗紫红色，部分浅紫红色，岩质较硬，岩芯呈短柱状～柱状，部分长柱状，粉细砂、砂砾结构，层状、块状构造，致密，敲击声脆，原岩矿物基本未氧化，发育少量裂隙。岩石饱和单轴抗压强度标准值 f_{rk}＝44.3kPa，属较硬岩，岩体完整程度分类为较完整，岩体基本质量等级为Ⅲ级。该层层顶高程－11.07～9.28m，本次勘察最大控制厚度14.80m。

3.4 地下水情况

场地地下水类型为孔隙潜水（或上层滞水）和基岩裂隙水。

• 孔隙潜水（或上层滞水）

场地浅部分布有厚层的（1）层杂填土，其中该层上部由碎石、砂及黏性土组成，下部淤泥夹碎石、砖瓦砾等，为强透水层；（2）层淤泥质土垂直渗透系数10-7cm/s，(3)-1 层和（5）层土垂直渗透系数10-6～10-8cm/s，属弱透水层或隔水层。勘察期间测得孔内水位埋深在0.10～1.70m之间，相当于黄海高程8.10～11.07m，主要以浅层杂填土、淤质土和黏性土中孔隙水（或上层滞水）为主，部分属地表水（杂填土层内），受地表水径流和大气降水补给。根据地区经验，本地区地下水位常年变化幅度在0.50～1.0m左右，短时暴雨季节低洼地处可积大量地表水。

• 基岩裂隙水

基岩裂隙水赋存于（6）层风化基岩裂隙带中，经对Z007孔野外单孔抽水试验表明，涌水量为10t/d，渗透系数为 k＝9.03E-04cm/s，水量不大，对工程影响不大。

场地为Ⅱ类环境类型，该区地下水水质类型为重碳酸•硫酸-钙型、重碳酸-钙•钠型和重碳酸•硫酸-钙•钠型淡水，地下水对拟建场地混凝土结构具微腐蚀性，对钢筋混凝土结构中钢筋具微腐蚀性，对钢结构具弱腐蚀性。

4. 建筑概况

4.1 主要经济技术指标（见表6-1）

主要经济技术指标　　表 6-1

<table>
<tr><td colspan="3">总用地面积</td><td>36869.2m^2</td></tr>
<tr><td colspan="3">总建筑面积</td><td>249461m^2</td></tr>
<tr><td rowspan="4">其中</td><td colspan="2">地上部分</td><td>177535m^2</td></tr>
<tr><td rowspan="2">其中</td><td>计容积率</td><td>167722m^2</td></tr>
<tr><td>不计容积率</td><td>9813m^2</td></tr>
<tr><td colspan="2">地下部分</td><td>71926m^2</td></tr>
<tr><td colspan="3">容积率</td><td>4.5</td></tr>
<tr><td colspan="3">建筑密度</td><td>70%</td></tr>
<tr><td colspan="3">绿地率</td><td>10%</td></tr>
<tr><td colspan="3">停车位</td><td>1012 个</td></tr>
<tr><td rowspan="5">其中</td><td colspan="2">地上</td><td>12 个</td></tr>
<tr><td colspan="2">地下</td><td>1000 个</td></tr>
<tr><td rowspan="3">其中</td><td>普通停车位</td><td>989 个</td></tr>
<tr><td>货车停车位</td><td>6 个</td></tr>
<tr><td>零售卸货停车位</td><td>5 个</td></tr>
<tr><td colspan="3">自行车车位</td><td>990 个</td></tr>
<tr><td rowspan="3">其中</td><td colspan="2">地下</td><td>990 个</td></tr>
<tr><td rowspan="2">其中</td><td>商业自行车位</td><td>610 个</td></tr>
<tr><td>酒店自行车位</td><td>380 个</td></tr>
</table>

4.2　工程由地下室、塔楼和裙房组成，地下部分是一个连成整体的大型地下室，层数为二～三层，层高为 3.6m；裙房为地上四～六层，高度约 33.50m，层高为 5.7m、5.4m；塔楼为地上四十六层，建筑高度约 211.90m，层高为 2.9m、4.0m、5.4m 等。

4.3　本工程的使用功能为商业、酒店、电信办公、酒店式公寓等，根据建设单位要求，部分裙房需提前使用。

4.4　建筑外立面主要采用半反射玻璃幕墙，局部为灰色花岗岩石材幕墙。

5. 结构概况

5.1　本项目设计使用年限为 50 年，按设防烈度 6 度计算地震作用，设计地震分组取第一组，场地类别Ⅱ类。

5.2　本工程上部由一幢 46 层的酒店办公塔楼（结构高度 201m）以及 6 层商业裙房组成，裙房与塔楼上部设缝独立，底部则为整体两层（局部三层）地下室，地下室顶板作为塔楼的嵌固层。

5.3　塔楼采用混合框架—钢筋混凝土筒体结构，混合框架由方钢管混凝土柱和钢梁组成。商业裙房主体采用钢筋混凝土框架结构。塔楼结构抗震等级为：核心筒一级。裙房抗震等级为四级框架。地下室结构类型及抗震等级同上部结构。

5.4　塔楼上部楼盖采用钢梁组合现浇钢筋混凝土楼板形式，裙房以及地下室采用现浇钢筋混凝土梁板体系，商业裙房部分屋盖采用钢结构轻质屋面。

5.5　塔楼二十九层（设备转换层）设置加强层，加强层采用短向水平伸臂钢桁架与周边环向桁架结合的形式。

5.6　混凝土：主体结构采用C30～C60混凝土具体见表6-2，底板及顶板采用防水混凝土，抗渗等级为P6～P8；钢筋：采用HRB400级钢筋；钢材：采用Q345钢；填充墙体：地面以上楼层采用轻质砂加气混凝土砌块及专用黏结剂砌筑；地下室隔墙采用混凝土多孔砖及砂浆砌筑。

混凝土强度分布情况　　**表6-2**

楼层号	层高(m)	混凝土强度		方钢管柱（最大截面）	备　注
		墙、柱	梁、板		
B2层、B1层	4.9、6.4	C60	C35	1200×1000×40	
1层～6层	5.75、5.4、4.0				
7层～17层	4.0			1200×1000×35	
18层、19层	4.0	C50		1200×1000×30	
20层～28层	4.0				
29层	4.0				结构加强层
30层、31层	7.6、6.0				
32层	5.4			1000×1000×30	
33层～46层	6.05、5.4、3.8	C40	C30	1000×1000×25	
屋顶层、屋顶机房	4.5			1000×1000×20	

5.7　本工程基础持力层为中、微风化岩层，承载性能良好，但由于持力岩层存在起伏，基础形式较为复杂，采用了人工挖孔桩（墩）、柱下独立基础以及局部筏板基础。由于地下室埋深较大，地下水位较高，地下室抗浮设计确定采用岩石锚杆抗拉。

5.8　本工程±0.000相当于绝对标高12.200m，地下室底板顶面标高为−11.400，地下室底板厚度为800mm。

5.9　工程桩桩端持力层为6-2中风化砂岩，人工挖孔灌注桩直径ϕ800、ϕ900、ϕ1000，扩底直径ϕ1000、ϕ1100、ϕ1200，桩身混凝土强度C35。

6. 基坑围护概况

6.1　本工程场地±0.000相当于黄海高程12.000m，自然地面相对标高为−1.000、±0.000。基坑挖深11.00～12.00m。

6.2　整个基坑呈不规则多边形，总面积约31570m^2，基坑边长约840m。

6.3　基坑西临浦阳江、南侧3幢保留建筑（其中东南角的建筑将拆除，并施工相应部位的地下室和裙房）、北侧市政府大楼、公安局大楼以及周边管线等均是本次施工重点保护的对象。

6.4　本基坑主要采取两种围护形式。形式一：排桩加二道内支撑的支护形式；形式二：对撑结合角撑局部土钉墙布置形式。排桩区域三轴水泥土搅拌桩作为止水帷幕，基坑外排水采用明沟排水，坑内采用集水井排水。

6.5　搅拌桩采用三轴搅拌设备，直径 $\phi650$，桩中心间距 450mm；采用 32.5 级普硅水泥，水泥掺入量 22%，水灰比 1.5。

6.6　钻孔灌注桩桩径 $\phi600$、$\phi800$、$\phi1000$，桩长从 10.2～16.7m 不等。

7. 机电安装概况

本标包括地下室、裙房及塔楼，变电所、生活和消防水泵房、冷冻机房、锅炉房、柴油发电机房等一般布置在地下室，塔楼避难层应设置中间变电所、水泵房、热交换机房等机电用房。在结构阶段，机电系统即需进行套管、电气导管、箱盒等预留、预埋，在此阶段大量预留、预埋工作一般由结构施工单位完成，包括：

(1) 防雷和接地的联合接地系统连接，接地引下线施工及接地点引出；

(2) 照明、电力、弱电等系统的结构暗埋管道敷设；

(3) 地下室底板排水暗埋管道埋设；

(4) 强弱电系统进户套管埋设，给排水、消防进出户管道套管预埋；

(5) 给排水、消防、暖通、电气留洞。

第 3 章　主要施工技术方案

第 1 节　施工总体安排

1. 工程承包准备

(1) 组织准备（略）

(2) 技术准备（略）

(3) 物资准备（略）

(4) 装备准备：①塔式起重机机械；②施工电梯；③混凝土输送泵；④其他施工机械。

2. 总体部署

本工程施工流程将围绕加快地下室、裙房及主楼土建、装饰施工为主线展开，根据工程的进度安排、资源配置、现场条件，有计划、有步骤的展开各部分的施工流程，并以进度及质量、安全文明施工为控制前提，一切施工协调管理即人、材、物应首先满足以上先决条件，以确保结构施工总进度计划达到要求。在主体结构的施工流程中，可分为地下室结构施工期、上部结构施工期、装饰施工期、设备安装和调试施工期，通过各个工序间合理搭接、平衡协调及计划调度，紧密地组织成一体。

3. 影响总工期的关键技术路线的确定

就总工期而言，结构的施工最为关键。经过反复的策划研究和技术创新，拟定了“分区流水施工，突出主楼，兼顾裙房”的总体技术路线。以成功的实践经验为基础，有针对性地制定专项方案，确保整个建设过程的高效、安全和可靠。

根据目前已有的图纸和类似工程的施工经验，拟将本工程地下室划分为 9 个施工段（图 6-1），9 个施工段独立组织人员流水施工，并合理安排组织施工节点，按 1 区、2 区、3 区、4 区→5 区、6 区、7 区、8-1 区进行流水施工。8-2 区待裙房交付业主后施工。我公司将以确保各主要施工节点的如期完成，来保证总工期目标的实现。上部结构按主楼区和裙房区两个施工段组织施工。

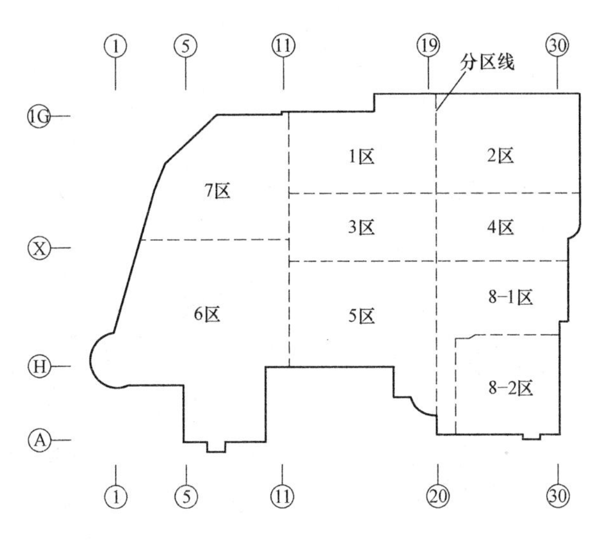

图 6-1 地下室施工分区示意图

地下室施工：土建塔式起重机尽早安装，解决地下结构施工需要，在基坑土方开挖前，在裙房区域安装 1 台 ST6015 塔式起重机和 1 台 ST5015 塔式起重机，负责基坑支撑、基础底板施工材料运输。基础底板完成后，在主楼区域安装 1 台 M440D 动臂式塔式起重机。

上部结构施工：沿用地下室施工阶段设置的塔式起重机，同时在主楼边增加 1 台 ST7023 塔式起重机作为施工的主要垂直运输机械，主楼混凝土浇捣采用可满足 212m 施工高度的高性能固定泵。

为了满足工程进度的要求，主楼上部结构施工至 7 层后在主楼边安装 1 台变频中速施工电梯，在主楼结构施工至 20 层后增加 1 台变频高速电梯，人货电梯基础置于地下室顶板面，结构部位提请设计作相应加固处理。主楼外幕墙拟分 29 层以下和 30 层以上两段先后开展施工，在 30 层以上外幕墙收头前相应拆除施工电梯，并提请业主临时开通室内消防电梯供后期施工使用，总承包项目部将做好相应的保护措施。

根据主楼核心筒施工的特点，并为确保今后核心筒电梯井内电梯导轨的正常安装，保证混凝土板墙的外观尺寸、墙面平整度、垂直度以及层与层的接缝，考虑对于核心筒采用液压自动爬模系统进行筒体施工。

根据本工程结构及分布特点、建筑物高度，并从保证施工安全角度和文明施工角度考虑，裙房施工外脚手架采用钢管落地脚手架，脚手架外侧均采用密目网封闭。

第 2 节 施工总体流程（略）

第 3 节 施工测量技术方案

在本工程开工前依据业主提供的控制点（至少 2 个）对前期围护桩施工阶段现场设置的轴网控制点进行定位、标高测量复核；并将所有控制点延伸至施工影响范围以外的适当位置，且采取混凝土加固保护措施。整个定位工作由专职测量师完成。工程开工前及竣工后进行工程现场标高测量时，事先向监理、业主方提交有关方案。监理、业主方在场监督有关现场标高测量。提供各专业分包单位测量控制线及标高基准线。定位程序：资料审核→内业核算→外业校测→定位测放→定位自检→定位验线。组织各专业分包单位做好工程坐标控制网和原始水准点接受、复测、报请校核工作，做好建筑物总体的定位放线、复测和报请复核工作。

按有关规定定期做好测量、标养室计量器具等的检查，做好测量、计量资料的汇总、归档。

1. 建立健全测量管理制度

2. 平面及高程控制网的建立

3. 测量定位

4. 土建施工测量

(1) 基础工程施工测量(±0.000 以下)

基础工程测量采用外控法,将已建立的控制网投测到基坑中,根据这些轴线关系放出细部结构尺寸。

(2) 主体结构工程施工测量

1) 轴线投测

根据地面层设置的控制网、控制点逐层向上传递。测量仪器为激光垂直仪、经纬仪,具体方法为:经纬仪置中整平至垂直刻度,在开顶上方放置目标分划板激光光点调至最小,水平旋转经纬仪,移动分划板,使分划板中心点位于旋转光点的圆心,调整误差值,最后所取点即垂直控制点,连接控制点形成控制轴线,用钢尺校对,调整误差,最后细分全部轴线。

2) 标高传递

标高的控制采用钢尺从下层引入标高,基点位置固定,可通过结构中的预留孔引上来,同样应调整钢尺的温度及拉力误差,然后利用水准仪同层抄平。

(3) 砌体施工测量

内隔墙应弹出墙两边线,外墙弹出内边线,弹出 50cm 水平线。

(4) 装饰工程施工测量

根据各层轴线,放出建筑物内外装饰线,以保证装饰工程的正常施工。

以首层+50cm 线为准,重新在各层抄测+50cm 线,以防止由于不均匀沉降造成的水平线不水平,保证装潢效果。

5. 钢结构测量校正工艺

(1) 测量

1) 测量重点及难点

该工程整体精度要求较高,尤其在钢结构施工部分要求十分严格,不但要重视其空间绝对位置,更需精确控制各施工环节的相对精度。必须确保工程的整体安装精度符合要求,以满足结构完成后设计安全达到要求。

空间结构复杂,随着高度的变化,各点空间坐标均发生变化,施工前需充分掌握设计要求,做好内业计算工作。作为高度空间结构,必须充分考虑结构变形、环境温度的变化及日照对安装精度的影响,并妥善处理。

核心筒与钢结构之间存在一定的高差和施工时差,必须考虑用于核心筒施工的土建控制点同钢结构控制时的控制网的衔接问题。

为空间结构,高空架设仪器及棱镜困难,且稳定性差,需设计和制作适用于该工程的测量辅助装置和设施,以满足测量操作及精度控制需要。

需在充分考虑构件工厂制作误差、工艺检验数据、测量及安装误差、各类变形数据

（如光照、温度、沉降、焊接等）的基础上制订钢结构安装控制方案，并根据施工中实时反馈的实际监测数据，及时调整和制订阶段性控制方案。

2）测量方法

根据本工程特点，结合以往大型空间钢结构安装成熟经验，采取的测量应对方式如下：使用全站仪即可放样空间坐标点，但对该工程来说，使用垂准仪能够更好地保证相对关系的控制。为保证垂准仪传递精度，需间隔一定高度，进行原地转点。以多种方式增加多余观测，确保最终控制精度。使用全站仪精密天顶测距进行高程控制，使用精密水准仪进行校核。

对累积误差的处理，采用在每一节立柱安装时在立柱接缝处进行调整的办法，逐节消除，防止因累积量过大一次性消除而对结构产生影响。对测量数据，应在设计值的基础上加上预变形值后使用，并根据施工同步监测数据，及时调整预变形值。

由于环境温度变化和日照的影响，使测量定位十分复杂而困难。在精确定位时，必须监测结构温度的分布规律，规避日照效应，通过计算机模拟计算结构变形并调整。

3）测量实施的依据和保障（略）

4）测量技术实施原则和要求（略）

5）工程测量步骤（略）

6）工程测量管理机构（略）

7）测量仪器的选用与人员配置（略）

8）测量方案

① 控制测量

② 移交资料的复测

本工程的钢结构呈整体闭合，对相对精度的要求较高。在复测移交的场区平面控制网和高程控制网的同时，还必须复测同钢结构关联的土建结构相互关系，以保证最终钢结构施工的整体性，只有当所有复测精度满足要求后，才能进行下步工作。

③ 平面控制

为满足钢结构安装定位需要，需利用周边稳固建筑物构建平面网，选择控制点时应选择稳定的不受施工影响的场外，同时考虑今后的使用方便及通视问题。控制网须精确观测严密平差后方可使用。控制网观测墩采用强制归心形式，以减少对点误差。平面控制网应采用与测绘单位提供的相一致的控制系统。使用精密全站仪复测外控点，无误后方可使用。另外在核心筒外具有良好通视的地方设置 4 个测量基准点（图 6-2），这 4 个基准点作为工程的施工基准点，选取基准点时应尽量保证能够直接看到钢结构标高的最高处，即尽量保证垂直传递的视线通视，防止因转点而引起误差，同时应保证靠近核心筒外壁，以方便在各层安装固定测量支架，楼层施工控制点位置。

④ 高程控制

首级高程控制点应设在不受施工情况影响的场外。以精密水准仪检测首级高程控制网。用闭合水准的方式将高程控制点引入场内，并设定固定点作为高程点。场内地面高程点经复核无误后，在塔楼施工时分别引测到各个层面上，每个层面引测 4～6 个标高控制点，控制点应引测到稳固的构件上，在每一层上对引测点校核，误差应在精度要求范围内。高程引测时可使用水准仪以水准路线引测，高程传递以悬挂钢尺（图6-3）或全站仪天顶方向直接传递并相互校核。此外，应保证施工超出地面后，核心筒外的4个投影控制点同场外首级控制网能够通视，以方便传递后的校核及观测时将场外控制点作为后视。本工程地面施工控制点的使用频率较高，为防止对中误差同时为了方便全站仪的天顶高程传递，施工控制点拟布设成强制归心形式，同时作为平面和高程控制基准。

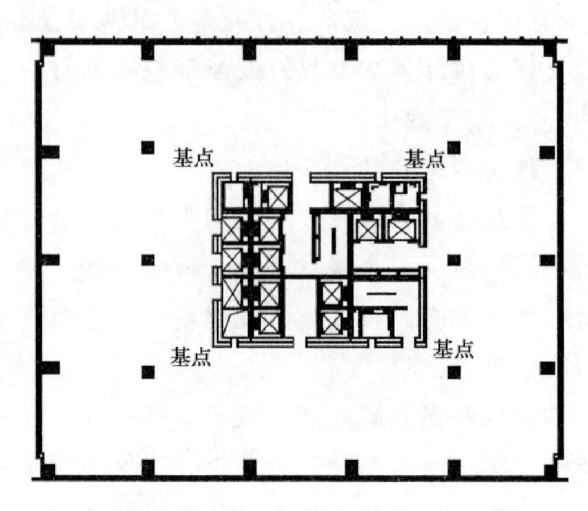

图6-2 施工测量控制点

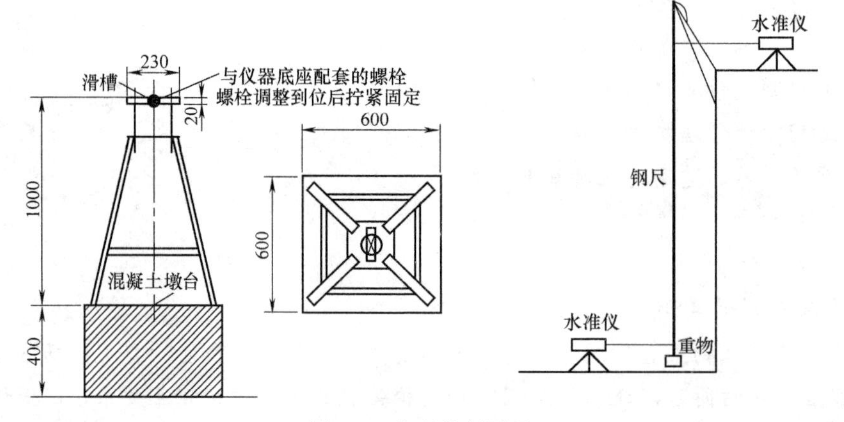

图6-3 高程控制测量

该投影点作为高程控制点使用时，主要是用于全站仪天顶方向高程直接传递，在传递过程中，全站仪需加弯管目镜，需固定一只螺丝及每次检测视准轴水平视线高，接收处使用反射贴片或棱镜（使用棱镜时，需事先确定接收点精确位置）。

⑤ 外筒钢结构安装测量

钢结构安装主要是控制立柱位置，基础上的立柱根部在做施工控制网时同时控制，每一施工段上的立柱控制时，主要控制立柱顶部，根部以对准前一段的顶部控制。在控制立柱顶部时，直接将顶部调整到设计位置，各种变形所引起的残差在两段立柱衔接处调整并消除。控制时平面坐标由垂准仪垂直向上传递，传递后，在层内以全站仪校核相对关系及用GSP校核其坐标值，并在间隔一定高度的层面，与核心筒内的土建控制传递点进行相互校核。高程由全站仪天顶方向直接测距，并由周边其他控制点，以钢尺垂直传递及三角高程的方式进行校核。使用垂准仪垂直投点的方式进行测量控制，能有效地避免结构变形影响，减少累积误差的存在。层内构件高程控制时，使用水准仪进行观测，对个别无法观测点或超出尺长的位置，使用钢尺进行传递。使用悬挂钢尺进行高程传递时，将钢尺一端固定在临时支架上，钢尺下端坠标准重物，以保持尺身铅垂。使用两台水准仪上下同时读数。观测值需加尺长改正、温度改正、拉力改正等。检查投影至施工层面上的各点相对尺寸，作为投点精度的检验。

⑥ 立柱顶部的测量控制

顶部控制时，主要由全站仪从控制点上观测立柱上的棱镜控制其空间位置。立柱安装到位后需检查其相对精度，确保放样准确。因高空无法使用钢尺量距且因钢尺的悬荡对精度有影响，因此相对距离使用手持测距仪进行检测。

⑦ 测量控制措施

选择合适时间观测，防止温差影响。保证测量仪器状态良好，按规范操作，全站仪观测应加温度气压改正。悬挂钢尺传递高程时，应加按鉴定公式对钢尺改正。为提高垂准仪投点精度，投点时气泡严格居中且每转 90°投点一次，然后取其平均值作为投影点。

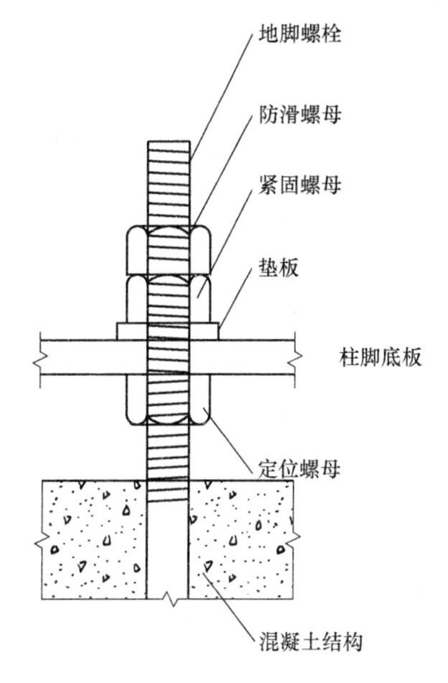

图 6-4 钢柱临时固定

(2) 校正

测量精度仪是结构安装精度的一个基础条件，结构构件的安装精度还必须采用有效的校正手段和固定措施来实现。

1) 钢柱的校正

① 底节钢柱的校正和固定

第一节钢柱是安装在混凝土柱上的，钢柱安装前先在每根地脚螺栓上拧上螺母，螺母的面标高应为钢柱底板的底标高（图 6-4），然后将钢柱或钢柱底板安装就位，再复测底板或钢柱的平整度与垂直度，如有误差，可用扳手微调底板下的螺母，直到符合要求为止。然后拧上底板面上的螺母，钢柱临时固定完成。

② 倾斜钢柱的校正和固定

鉴于外围钢框柱截面较大，拟采用手撳液压千斤顶组合操作装置来实现构件的校正，该装置轻巧灵便，易于安装和转移。虽为手动，但输出力大，可在 20～100t 范围内任意选择，且拉力和顶力均可提供（拉力为顶力的 1/3）。作业平稳连续，可用作精细调整，且具有液压和机械自锁机构，防止因泄漏而失效。拟在钢立柱连接节点，沿正交直径的两端，中心对称，设置 2 个拉压双作用液压千斤顶，负责钢框柱垂直度校正和标高的调整（图 6-5）。

2) 钢梁的校正

钢梁利用千斤顶或手拉葫芦来校正，一旦校正结束，各连接节点处用临时定位板进行固定。定位板采用摩擦型高强螺栓连接固定，以适应焊接变形调整的需要。

3) 外伸桁架的固定

由于核心筒比外围钢框架先行施工，而核心筒与外围框架之间存在不同的压缩量。为了减小由于压缩量不同而引起的结构附加应力，外伸桁架的最终固定是选择在主体结

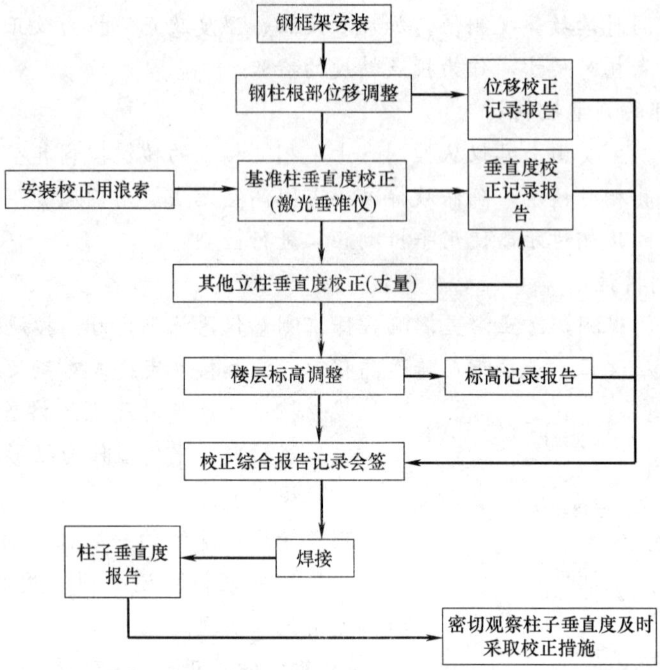

钢框架安装
钢柱根部位移调整
位移校正记录报告
安装校正用浪索
基准柱垂直度校正（激光垂准仪）
垂直度校正记录报告
其他立柱垂直度校正(丈量)
楼层标高调整
标高记录报告
校正综合报告记录会签
焊接
柱子垂直度报告
密切观察柱子垂直度及时采取校正措施

图 6-5　标准节钢柱校正工艺流程

构施工完成后进行，即在核心筒与外围框架之间的沉降差异可以忽略时。所以外伸桁架的斜腹杆在安装时先临时连接。

6. 建筑物的沉降观测（略）

7. 超高层结构施工垂直度控制

超高层结构施工中的垂直度控制是一个非常关键的控制因素，此处着重阐述测量控制措施。实际操作中还必须从模板脚手设计、施工操作方面予以控制。

7.1　垂直控制网的布设

为保证高层建筑施工的垂直度，通常采用外控与内控两种形式。外控是在建筑物外建立控制网，用经纬仪引投或交会，控制点位置距离建筑物（0.8～1.5）H 处；内控则是在建筑物内建立控制网，在控制点上直接用仪器通过各层楼板在投测位置所预留孔洞向上或向下作垂直方向的投测和传递。根据本工程的实际情况选用内控方式。在地下室选择控制点，分别位于各塔楼的内、外筒之间，组成各塔楼的矩形控制网。地下工程结束，转入地上工程时，用精密光学垂准仪，分别将四个控制点投测到首层楼面，经测角、量边核准后，得Ⅰ、Ⅱ、Ⅲ、Ⅳ四个控制点，此时，所建立的矩形控制网作为主楼施工全过程竖直控制和施工放样的依据，因此，以上各层楼面浇筑混凝土时，在对应于这四个控制点位置处，均预留 250mm×250mm 垂线传递孔，并在留孔处四周砌设 20mm 高阻水圈。

7.2　垂直传递投点的仪器、工具

垂直传递投点主要用 WILD—ZL 精密光学垂准仪进行。特制投点板配合投测，此板为有机玻璃板，长宽各300mm，厚5mm，过板中心互相垂直的两刻线使测板分为四个象限。在两对角象限上涂上红漆并注上象限数字。使用锤球投点对垂准仪投点进行检查比较。该锤球（钢）重15kg，用粗1mm钢丝悬吊。锤球为圆柱、圆锥旋套组成。锤球顶有一小活动螺杆上接钢丝，下连圆柱，投点时，圆锥部分可随意调节拧上旋下，使锥尖抵靠投点中心。锤球的圆柱与圆锥严格同轴，该轴线与悬吊钢丝重合并通过锥尖。

7.3 控制点的分段确定与各段的投测

为提高工效和防止误差积累，顾及仪器性能条件和削弱施工环境（如风力、温度等）的影响，缩短投影测程，采取分段控制、分段投点的方式。将主楼分为三段，第一段首层～15层；第二段16～30层；第三段31～顶层。当一段施工完毕，将各塔楼此段首层四个控制点的点位精确投至上一段的起始楼层，并进行矩形控制网的检测及校正，确认控制点位准确无误后，重新埋点。这相当于将下段首层的矩形控制网垂直升至此段首层并锁定，作为上段各层的施工依据。在底层垂线传递控制点上，用精密光学垂准仪两测回0°～180°、90°～270°，对径位置往上投点，每次，施工楼面上按对讲机指示方向移动投点觇板，使觇板十字刻线中心对准投点，然后将觇板互相垂直的两刻线分别延长到传递孔砌圈上标出，最后将四次投得的点位（一般受施工环境及仪器的影响，点位会有0～6mm的偏差），取矢量平均后确定最后点位（图6-6）。

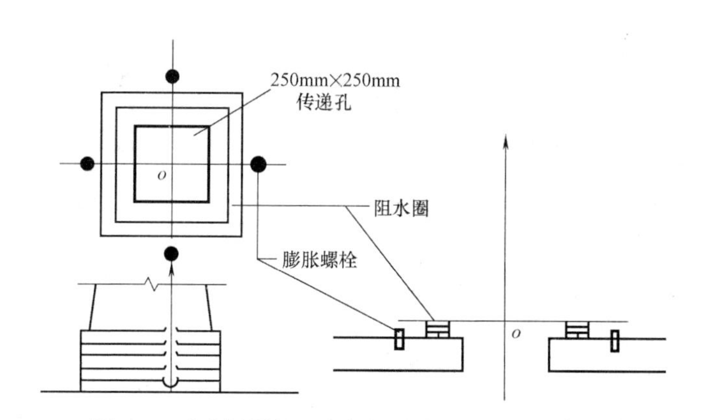

图6-6 垂准投影板（取矢量平均后确定最后点位）

8. 塔楼竖向变形与标高补偿

从问题的本质来讲，控制徐变与收缩可从混凝土材料本身着手，调整混凝土的组成材料及配合比，材料合理的养护方法，尽量减少混凝土的徐变和收缩。严格安排竖向结构构件的施工顺序和施工时间差，对控制结构的竖向变形差异是非常有效的。

9. 施工测量仪器配置（略）

第4节 土方工程技术方案

1. 基坑降水方案（略）

2. 土方工程（略）

3. 岩层爆破施工（略）

4. 钢筋混凝土支撑施工（略）

5. 基坑监测（略）

6. 施工应急预案（略）

第5节　地下结构工程技术方案

1. 垫层施工（略）

2. 工程桩施工（略）

3. 底板结构施工方案（略）

4. 地下室结构施工（略）

5. 人防工程施工（略）

6. 地下室外防水施工（略）

7. 肥槽回填（略）

第6节　上部结构工程技术方案

1. 主楼施工总体流程

主楼的核心筒结构施工至2层，开始组装爬模系统，主楼施工进入标准流水节拍。根据各工种的流水搭接要求和主楼核心筒悬臂高度限制，确定以下搭接关系：核心筒领先钢框架吊装约6层，焊接区域落后吊装2层。

1）以“绑扎筒体钢筋、模板爬升、支设筒体大模、浇筑筒体混凝土”标准施工流程施工塔楼核心筒；

2）利用塔式起重机吊装钢结构；

3）钢梁吊装，焊接探伤；

4）楼板施工；

5）在主楼外框构件区-节点区交界处楼层布置固定泵，进行钢管混凝土浇捣；

6）楼层清理，施工结构；

7）顺次开展机电安装、装饰工程。

2. 核心筒施工技术方案

2.1　筒体施工方案概述

筒体先于外围钢结构施工，为加快筒体以及外围钢结构施工速度，筒体内部的水平构件暂缓施工。筒体沿高度方向采取第二种方案施工，其中3层以下采用落地脚手；3～顶层可选用液压自动爬模系统进行筒体施工。爬模体系自筒体完成2层结构后安装，在设备层作空中分体转换。筒体设备层钢桁架及其锚固钢柱由钢结构施工大吨位塔式起重机吊装，桁架构件空中组装。筒体剪力墙混凝土由固定泵接泵管供料。泵管沿筒体内壁通过型钢支架登高。混凝土泵送采用普茨迈斯特泵或三一固定泵送系统，一泵到顶。

2.2　钢筋工程（略）

2.3　液压爬模施工方案

2.3.1　技术方案综述

(1) 液压爬模的平面布置

根据主楼核心筒平面形式的变化，核心筒液压爬模布置分为两个区段：

1）1～19层核心筒液压爬模机位平面布置（图6-7）

该区段共布置 10 组两机位的片架式液压自动爬升模板系统、3 组四机位的片架式液压自动爬升模板系统以及 4 组四机位的整体液压顶升平台系统，共有 48 个机位。

2) 20～46 层核心筒液压爬模平面布置（图 6-8）

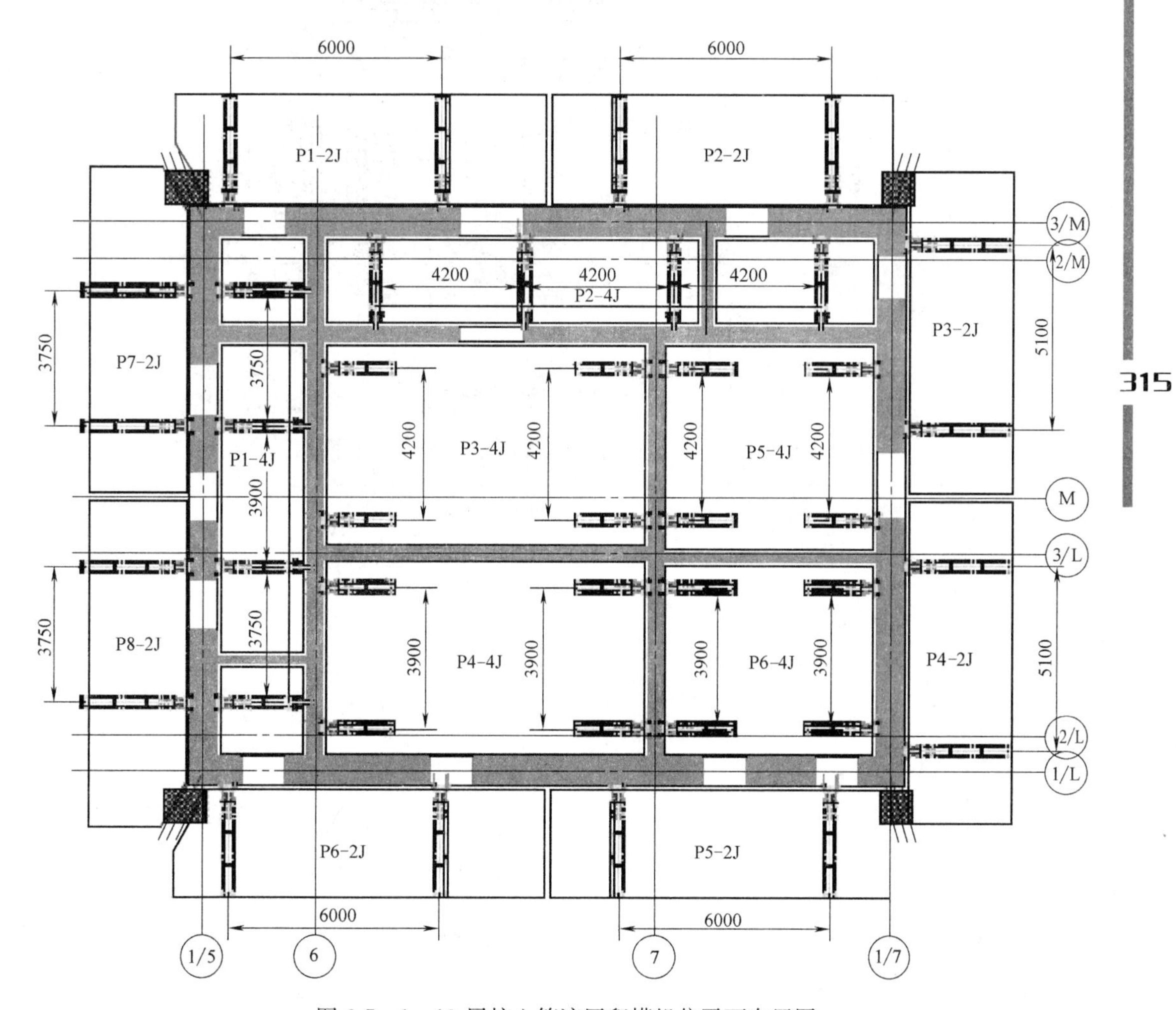

图 6-7 1～19 层核心筒液压爬模机位平面布置图

(2) 片架式液压爬模和整体液压顶升平台的结构组成

1) 片架式液压自动爬升模板系统（图 6-9）

2) 整体液压顶升平台系统

(3) 本工程液压爬模立面布置图（图 6-10）

(4) 液压爬模的应用技术要点

1) 组装

液压爬模的组装在施工第 K 层时，开始埋置液压爬模的固定螺栓，在核心筒剪力墙完成第 $K+1$ 层后，模板停留在第 $K+1$ 层，在第 K 层上开始挂装承重三脚架。一般在地面组拼成一个单元进行挂装，然后依次进行模板操作层的安装，绑筋操作层的安装，液压动力系统安装，周边安全围护的搭设等。

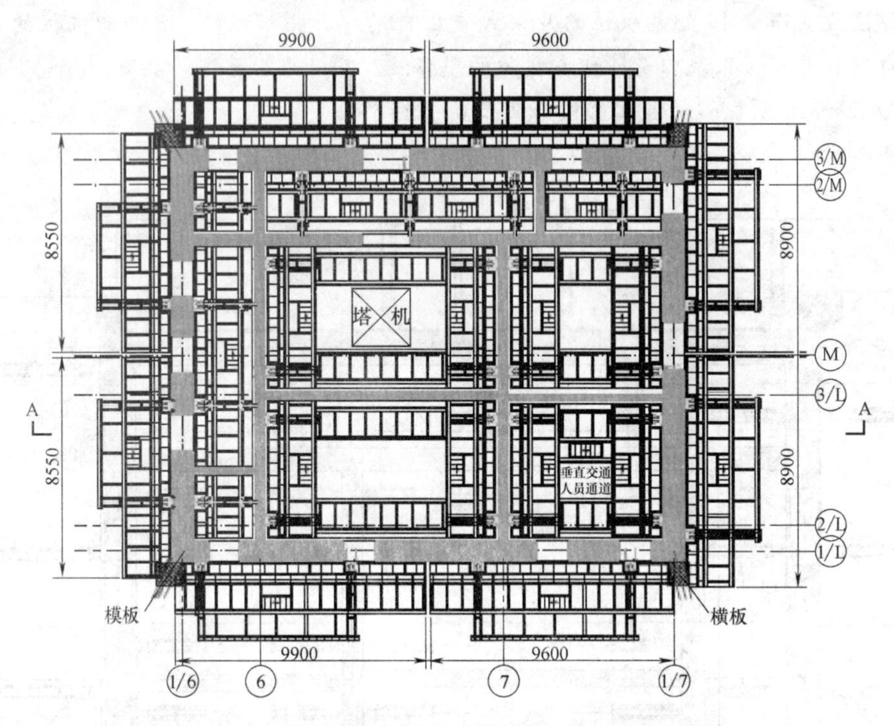

图 6-8 20～46 层核心筒液压爬模施工平台平面布置图

2）液压爬模的正常爬升

本工程的主楼基本层高为 4.0m 和 3.8m，选用的导轨总长度为 7.8m，能满足工程的爬升要求。

3）外墙剪力墙变截面收分的处理

为适应外墙剪力墙收缩变化，液压爬模也要作相应的变截面收分处理，具体收分的步骤和方法如下：液压爬模的收分要通过两个施工段的爬升施工来完成。

① 第一施工段先把导轨斜向爬升一个施工段向内 100mm，在支座处附加一个 100 厚垫块支座，在斜向爬升过程中依靠底部调节支座外顶 80mm 来实现。

② 液压爬模沿着导轨斜向爬升了一个高度，并进行下一施工段的施工。

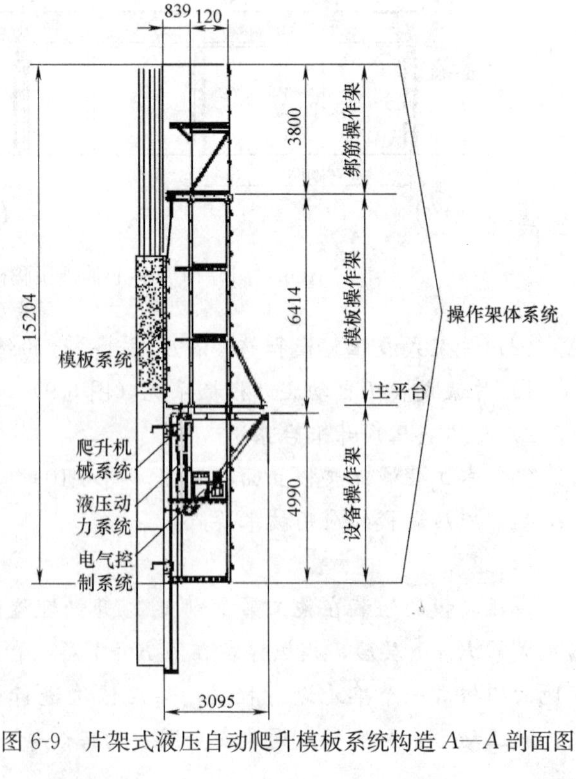

③ 待第二段剪力墙体施工毕

图 6-9 片架式液压自动爬升模板系统构造 A—A 剖面图

后，在导轨向上爬升过程中，使导轨恢复垂直状态。

4）液压爬模高空拆除

在核心筒混凝土施工至结构顶面后，需要在高空拆除，拆除需要塔机帮助。拆除按逆组装的步骤进行，其零部件拆至结构层上，成捆后下吊。其爬升机构以组为独立部件利用塔机下吊。

（5）液压爬模的固定

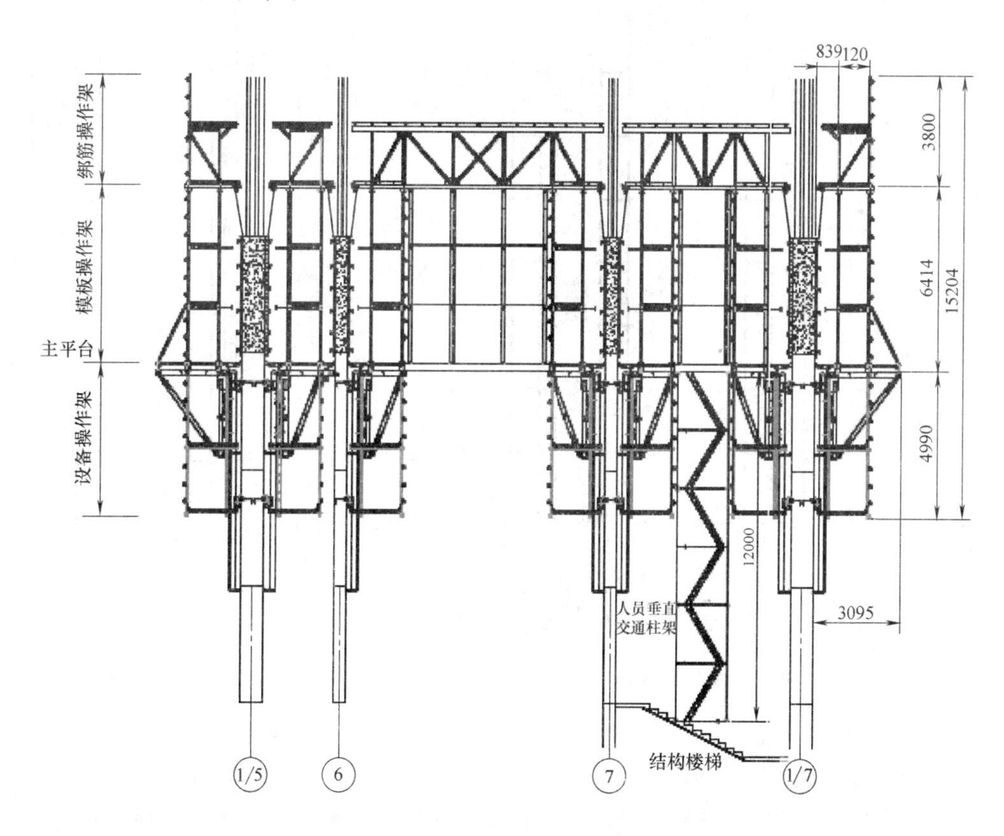

图 6-10 工程液压爬模立面布置图

液压爬模的固定采用在核心筒墙上预埋 H 形螺母的方法实施。H 形螺母规格为 M30，可重复周转应用，两个螺母的中心距为 380mm。内埋螺杆一次性埋入消耗，其埋入长度≥40d。埋入焊锚固板。固定螺母的定位通过在模板开孔的方法确定。

内埋螺杆可以根据实际情况选择图 6-11 所示三种埋置方法。

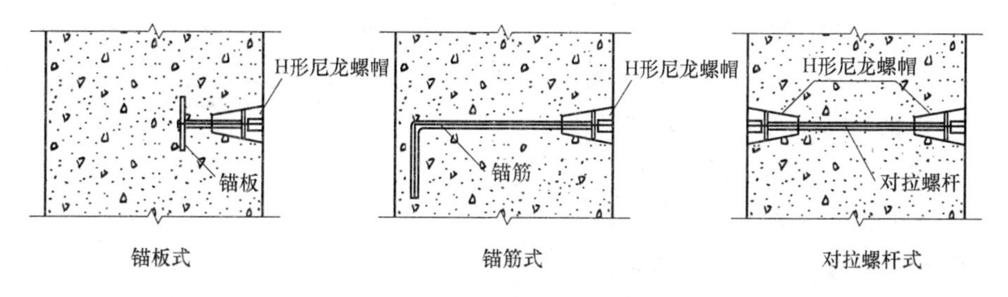

图 6-11 内埋螺杆埋置方法图

其中锚板式预埋件通常在墙体较薄、仅墙体单侧有机位时使用；锚筋式预埋件通常使用在墙体钢筋密集处；对拉螺杆式预埋件通常在墙体两侧有对称机位布置的情况下采用。

2.3.2　液压爬模的操作工艺

（1）液压爬模的组装（图6-12、图6-13）

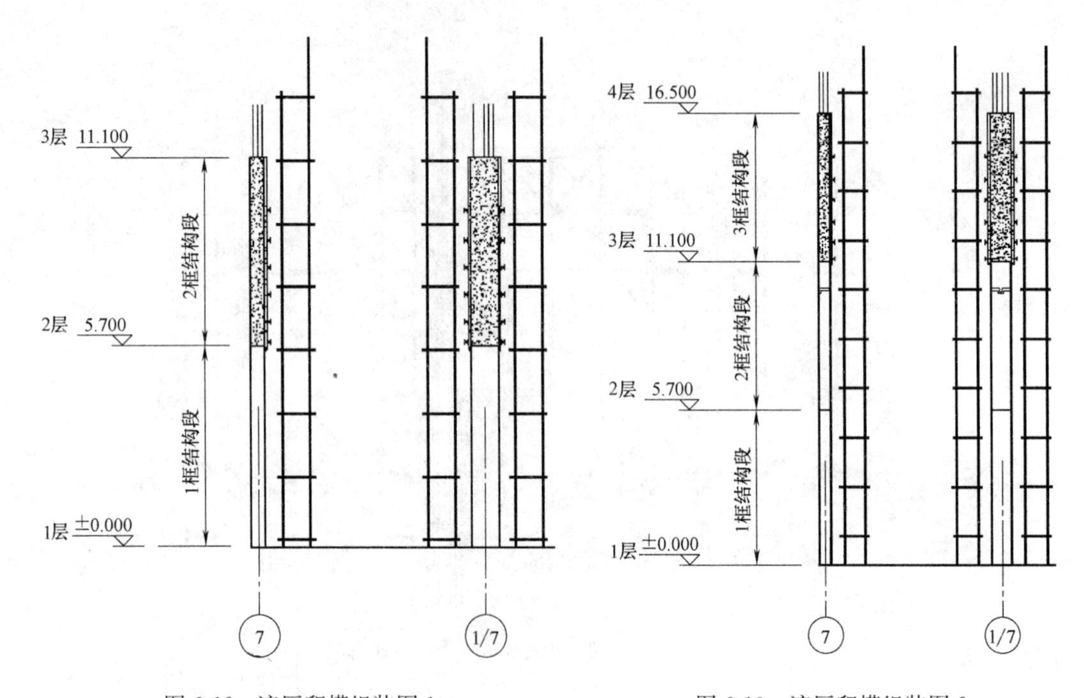

图6-12　液压爬模组装图1　　图6-13　液压爬模组装图2

（2）液压爬模的施工

1）爬升前技术施工准备

爬模爬升前进行技术学习交底培训，相关人员要熟悉掌握工作原理和操作程序，分工明确，统一联络信号和指挥号令，严明纪律。

检查爬模多余的荷载是否清除，残留荷载是否固定。检查爬模与建筑物之间有无碰撞与接触，使爬模处于符合设计规定的爬升待机状态。

逐台检查液压千斤顶设备，确保千斤顶没有出现漏油等问题，同时查看传感器是否工作正常，有否损坏，一旦发现问题应马上修理解决。

扳转上部及下部防坠装置卡脚扳手，使其相对应的导轨或架体处于提升状态。在上一层预留孔位处安装附墙装置，安装精度满足偏差±5mm要求。爬模架附墙作业时，工程结构附着点处的混凝土强度不得小于C15。

2）爬模标准层施工流程（图6-14）

（3）液压爬模的墙体变截面收分

（4）液压动力及控制系统的设计

（5）电气控制系统设计

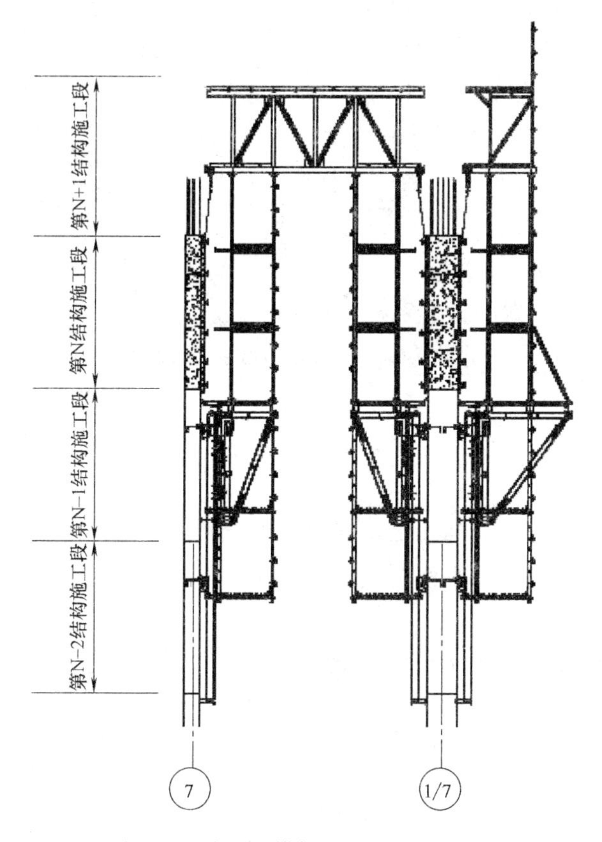

图6-14　液压爬模标准层施工流程图

2.4　核心筒混凝土泵送施工方案

(1) 泵送方案的确定

(2) 混凝土泵关键参数的分析

(3) 混凝土的泵管输送设计

3. 主楼核心筒周边楼盖施工

4. 钢管混凝土施工技术方案

5. 裙房上部结构施工技术方案

6. 土建与机电安装、专业设备安装的配合措施

7. 砌体工程

8. 悬挑钢平台布置

9. 脚手架施工技术措施

第7节　钢结构施工

1. 深化设计方案

(1) 钢结构深化设计管理

1) 钢结构深化管理体系

鉴于本工程钢结构体量较大，钢混凝土节点多，又有较为复杂的转换桁架结构，为

保证钢结构施工质量，并协调钢结构与其他专业之间的节点衔接，我们在总承包部框架下专门设置深化设计部，受项目总工程师直接领导，进行钢结构深化设计的对口管理。深化设计部的主要职责是对深化设计专业分包商进行系统、有效地管理；包括深化设计进度控制，满足材料采购、加工安装需要；审查校核深化设计图的质量，是否符合原设计的节点构造要求；并协调处理钢结构与其他专业之间的矛盾。保证图纸的正确性；确保钢结构工程的顺利进行。

2）钢结构深化管理

① 钢结构深化设计图和文件审批

深化设计分包商提交深化图和文件，供总承包商初审，如初审不合格，退回分包商整改后重新送审。

初审合格的深化图和文件，由总承包商签章发送原设计审批，审批结果分为A、

B、C三个等级：

◆ A级图纸和文件为正确无误，可以实施。

◆ B级图纸和文件原则上可以接受，但须稍加修改，经总承包商复审后方可交付施工。

◆ C级图纸和文件错误较大，不予接受，须重新设计，再经总承包商初审后发送原设计师审批。

A级和B级图纸和文件经复审无误后须由总承包商加盖施工图批准章，方可出图交付施工。

② 钢结构深化流程

钢结构深化设计进行全过程管理，有利于深化设计的质量、进度控制，我公司承建的多个高层项目的钢结构深化设计管理也借鉴了该流程。

③ 深化设计的进度管理

由深化设计部根据工程总体进度计划编制统一的钢结构深化设计出图计划，编制步骤是：

A. 根据施工总计划，统一编制年、季、月出图计划，发给深化设计分包商，并要求其按此进度进行出图。

B. 总承包商主管钢结构副总工程师，按期进行对口督促和检查；深化设计部及时与工程管理部等部门协调，并及时调整落实出图计划。

C. 总承包商深化设计部按时认真填写出图计划的实施记录。

D. 深化设计的质量管理

钢结构加工安装质量的好坏，在一定程度上与深化图设计质量有关，如果图纸不能保证应有的质量，必然影响构件的加工与安装质量，并导致不必要的返工现象。

总承包商为提高深化图的设计质量，具体做法是：

A. 根据原设计师要求，统一深化图的格式、表达方式及送审份数。

B. 认真初审深化图及文件，严格遵循原设计意图。

C. 坚持深化设计图纸的会签制度，只有当深化设计图纸准确无误、各工种都满意

会签后才出图交付施工。

D. 对已经原设计审核批准的A类深化图，由总承包商统一发送加工、安装方组织施工。同时，细致复核已经原设计审核批准的B类深化图。

（2）钢结构深化设计实施

深化设计工作为工程设计与工程施工的桥梁，需要准确无误地将设计图转化为直接供施工用的制造安装图纸。同时，深化设计还将按照规范规定及安全、经济的原则，从节点构造、构件的结构布置、材质的控制等方面对设计进行合理优化，使设计更加完善。为确保项目的顺利开展，我们已经着手开始深化设计工作。我们将在最短的时间内提供阶段性的深化设计图纸，提交结构设计师审核，以及时为落实备料和工厂加工做好图纸准备。

1）钢结构深化设计目的

钢结构深化设计的目的主要体现以下方面：

① 通过深化设计，对结构的整体安全性和重要节点的受力进行验算，确保所有的杆件和节点满足设计要求，确保结构使用安全。

② 通过深化设计，对杆件和节点进行构造的施工优化，使杆件和节点在实际的加工制作和安装过程中能够变得更加合理，提高加工效率和加工安装精度。

③ 通过深化设计，将原设计的施工图纸转化为工厂标准的加工图纸，使杆件和节点进行归类编号，加工形成流水加工，大大提高加工进度。

④ 通过深化设计，对钢混凝土连接节点进行优化，便于相邻工序顺利衔接。

2）深化设计重点、难点分析

本工程构件数量较多且主要连接节点十分复杂，特别是桁架层的节点处理方式是关系到整体施工质量的关键。节点设计应保证整个结构的受力安全，同时应尽量保证节点焊缝的完整性，避免重叠焊缝，这也需要对整个结构进行三维建模。另外本工程工期较为紧张，现场施工设计与各专业配合较多，工作量大，因此如何确保与各专业设计的配合以及保证出图时间等也是一大难点。

3）钢结构深化设计的关键问题

① 钢结构与土建钢筋施工的衔接

在钢混凝土超高层结构中，钢筋与钢构件之间的矛盾是比较突出的问题。本工程中地下室钢柱外包钢筋混凝土，上部结构中虽然箱型柱外露，但是楼板钢筋与梁柱节点的有效连接方式是必须解决的问题。特别是在桁架层，节点形式复杂数量众多，钢筋并存，钢结构与钢筋之间的矛盾尤为突出。依据我司的施工经验，常见的钢混凝土连接做法有如下三种：

钢构件上事先在钢筋连接位置增设连接板适用于地下室无钢梁的梁柱节点，现场施工时钢筋焊接于连接板上；或工厂加工时将钢筋接驳器焊接在连接板上，现场钢筋与接驳器连接，此法有利于施工进度，但施工成本较高。

图7-15为圆钢管柱与钢筋混凝土梁的主筋采用连接板焊接固定的解决实例，对于H型、箱形构件可以同样处理。

图 6-15　钢构件增设连接板法

在梁柱节点的钢牛腿上设垫板供钢筋搭接（图 6-16），此方法适用于钢框架节点的钢筋连接，楼板钢筋直接焊于牛腿的垫板之上（图 6-15）。

上述方法是将钢筋断开来解决矛盾，也可以采用钢筋不断，钢构件开孔的方法解决。但是构件开孔会造成截面削弱，同时对相互交叉的上下皮主筋间距需满足相应的规范要求，难度较高。

图 6-16　钢梁牛腿上设垫板法

② 钢结构与机电管线施工的衔接

超高层建筑楼层内机电等管线众多，受层高限制，很大部分需要从钢梁腹板穿过，由此削弱了钢梁的截面。为保证钢梁的承载力，需要在穿孔处进行处理。为保证钢梁留孔数量的正确及预留位置的准确，在钢结构深化设计阶段必须及时与机电安装的深化设计紧密联系。为保证各专业深化设计单位之间紧密联系和有效协调，我们在总承包组织体系中设置了专业的深化设计部，配备各专业的资深工程师，在项目总工程师的领导下，统一管理和协调各专业之间的矛盾。

③ 钢结构与幕墙施工的衔接

钢结构与幕墙连接节点之间的矛盾也是一个非常重要的问题。幕墙节点与钢结构的关系密切，需要在钢结构深化设计阶段就着手解决两者之间的界面协调问题，将矛盾消除在深化设计阶段，确保现场实施的顺利及保证质量。

④ 外围钢框架与核心筒连接节点的处理

外围钢框架架于核心筒的连接节点主要需解决两个问题：

A. 框架梁与核心筒的连接；

B. 加强层外伸桁架与核心筒的连接。

框架梁与核心筒的连接，常规做法是在核心筒剪力墙上设预埋件，供钢框梁连接，其节点如图 6-17 所示。

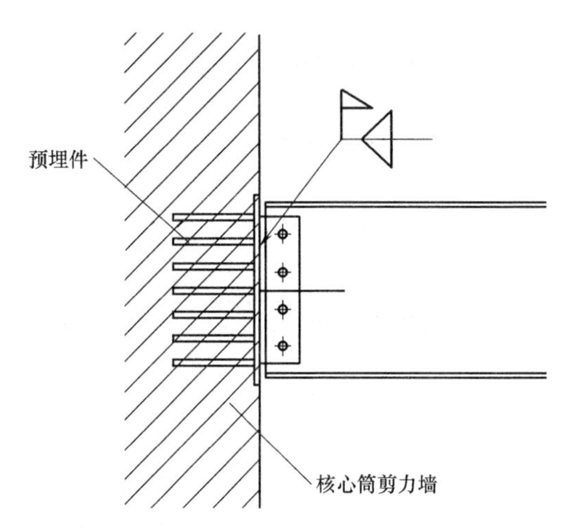

图 6-17 钢梁与核心筒连接示意图

加强层外伸桁架与核心筒的连接节点，必须考虑到钢筋混凝土核心筒与外围钢框架结构不同的压缩变形量，并采取相应措施予以解决。

2. 钢结构制作加工方案

(1) 钢结构加工制作难点、特点分析

本工程主体为典型的外框内桶超高层钢结构，框架柱、加强层桁架为箱型柱，钢梁为焊接 H 型钢，门厅区域地下部分有十字型钢骨柱，地上为箱型柱。我公司将选择有资质、有能力的长期合作单位作为本工程的钢结构加工制作单位。根据本工程结构特征，钢结构加工制作方面有以下难点和特点。

1) 高强钢厚板焊接质量保证

本工程钢材为 Q345，最大板厚达 40mm，可能存在焊接性较差、层状撕裂倾向严重、焊接残余应力大、焊接变形对精度的影响等不利因素，严重影响焊接质量，因此防止层状撕裂，保证接头质量和接头的延性、韧性性能，减小和消除焊接变形及残余应力，确保高强钢厚板焊接质量是本工程的重点。

解决措施：发挥以往工程厚板加工制作经验及多年钢结构高强钢厚板焊接技术积累的优势，针对本工程特点，按《钢结构焊接规范》AWSD1.1 及《建筑钢结构焊接技术规程》JGJ81-2002 的相关规定进行焊接工艺评定和焊工资格考试，制定 WPS，焊工全部持证上岗。优化焊接顺序，采取焊后消应处理等措施，保证厚板焊接质量。

2) 焊接残余应力的消减

本工程中可能采用高强螺栓连接形式，对构件的精度要求非常高，焊接残余应力如果得不到有效的消减，不但对构件精度及高强螺栓穿孔合格率有一定影响，还将给工程带来较大的潜在危险，因此焊接残余应力的消减是贯穿本工程整个工期的加工制作重点。

解决措施：根据本工程特点制定相应有效的残余应力消除方案。

3) 桁架等构件的工厂预拼装

桁架等构件的工厂预拼装在本工程中占有相当地位，是校验构件精度和高强螺栓孔穿孔合格率的有效手段和现场安装精度和高强螺栓孔一次穿孔率的有力保证。预拼装是本工程加工制作重点之一。

解决措施：根据预拼装构件的特点，制定相应地预拼装方案。

(2) 钢结构加工制作

1) 桁架加工工艺流程（图 6-18）

2) 预拼装方案

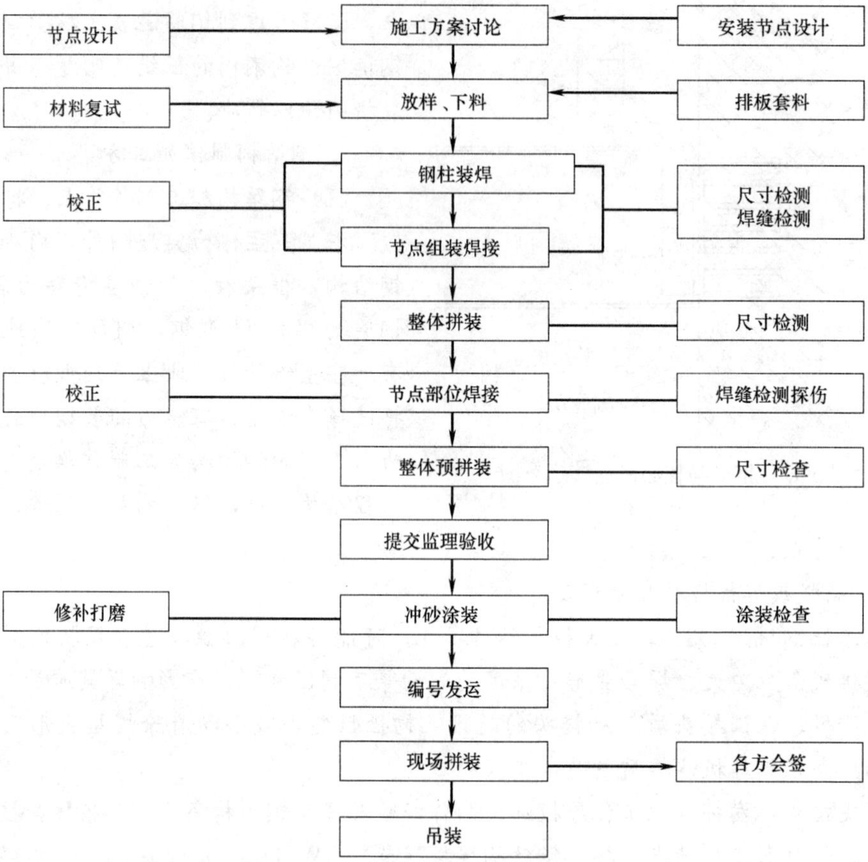

节点设计
施工方案讨论
安装节点设计
材料复试
放样、下料
排板套料
钢柱装焊
校正
尺寸检测
焊缝检测
节点组装焊接
整体拼装
尺寸检测
校正
节点部位焊接
焊缝检测探伤
整体预拼装
尺寸检查
提交监理验收
修补打磨
冲砂涂装
涂装检查
编号发运
现场拼装
各方会签
吊装

图 6-18　桁架加工工艺流程

① 预拼装的目的及内容

工厂预拼装目的在于检验构件工厂加工能否保证现场拼装、安装的质量要求，确保下道工序的正常运转和安装质量达到规范、设计要求，能否满足现场一次拼装和吊装成功率，减少现场拼装和安装误差。

为控制外筒钢结构、外伸桁架及带状桁架由于工厂制作误差、工艺检验数据等误差，保证构件的安装空间位置，减小现场安装产生的积累误差，必须进行所有外伸桁架和带状桁架的工厂预拼装，通过实样检验预拼装各部件的制作精度，修整构件部位的界面，定出构件的实际尺寸，复核构件各类标记。

根据本工程实际情况拟对外伸桁架和带状桁架进行预拼装。

② 预拼装方法

在找平的场地上按图纸尺寸 1∶1 放出预组装构件的大样，然后在大样上搭置胎架，要求有足够的强度和刚度，经 QC、作业部门主管检查验收后报监理确认后才能使用。

大节点及柱、梁、腹杆在预装就位前需按图纸画出几何线，以便正确定位。

预装时先将大节点在大样上就位，然后依次将梁、柱、腹杆就位，按水平标高调整各构件的高度。

预装时在每个节点上穿入一定数量的临时螺栓和冲钉。

抹完孔的构件，先按位置和方向敲上构件钢印，然后按抹孔基准圈圆、敲梅花眼。采用钻床按梅花眼基准进行打孔。

将打完孔的构件按编号和方向就位至大样内，打上销钉和临时螺栓。

检查桁架的轴线尺寸、对角线、平面度、拱度和穿孔率。

构件预装后的检测，应在结构形成空间刚度单元并连接固定后进行。

螺栓孔检测。

3）残余应力消除方案

厚板焊接产生的拉伸残余应力，对结构的各项性能指标都存在不利的影响，我们将通过以下方法消除残余应力。

① 厚板受拉对接接点焊接残余应力消除的措施——局部消除应力热处理（图6-19），工厂由于施工条件相对便利，对受拉厚板的拼接节点，焊接后进行接头的局部消除应力热处理以消除焊接残余应力，该方法消除应力效果明显且彻底，为消除应力首选方法，被广泛应用于焊接结构。

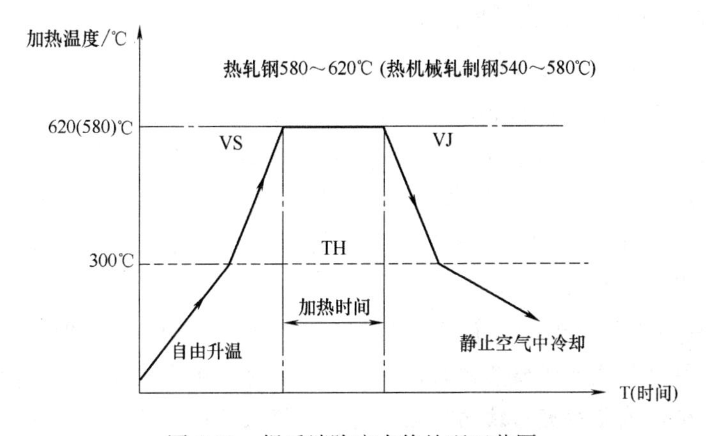

图6-19 焊后消除应力热处理工艺图

② 钢柱及现场拼装桁架消除残余应力措施——振动消除应力法

第一步：针对大节点构件的结构特点设置振动台，振动台的刚度须大于构件刚度，确保振动台和时效处理构件结成一体，中性面尽量靠近振动台和构件的接触面；

第二步：胶垫支撑好构件，将激振器用弓形夹具固定在工件上，把测试工件振动情况的传感器用磁座吸紧在工件上，并用电缆线将激振器、传感器和控制器连接起来；

第三步：进行振前扫描，自动检测出工件的固有频率和应该给工件的振动能量；

第四步：振动时效设备以第二步测得的参数为依据自动确定出对工件进行振动处理的振动频率，并对工件进行时效处理，在处理过程中随时检测振动参数和工件残余应力的变化，当残余应力不再消除时自动停止；

第五步：振动处理完毕后，进行振后扫描，自动打印工艺曲线作为质量检验的依据。质量检验结果满足《振动时效工艺评定效果》中的规定的下列任一结果即判为合格：

A. 振幅时间（A-t）曲线上升后变平；

B. 振幅时间（A-t）曲线上升后下降然后变平；

C. 振幅频率（A-F）曲线振后比振前峰值升高；

D. 振幅频率（A-F）曲线振后比振前峰值点左移；

E. 振幅频率（A-F）曲线振后比振前频带变窄。

③ 超声波冲击消除应力——特殊接头或现场安装接头

超声冲击（UIT）的基本原理就是利用大功率超声波推动工具以每秒二万次以上的频率冲击金属物体表面，由于超声波的高频、高效和聚焦下的大能量，使金属表面产生较大的压塑变形，同时超声冲击波改变了原有的应力场，产生一定数值的压应力，并使被冲击部位得以强化。此种方法应用于采用其他方法难以实施特殊的焊缝交叉接头及安装焊接中的特殊的焊接接头。

3. 钢结构安装总体施工技术路线

（1）钢结构工程总体施工技术路线

将整个工程划分为地下室施工与地上施工两个阶段，分别予以考虑。

1）地下室施工阶段施工技术路线

塔楼结构：基础底板完成后，150t 履带吊下基坑组装 1 台 M440D 型 600t·m 动臂式塔式起重机，并流水吊装地下 2 层钢柱。

门厅结构：基础底板完成后，50t 履带吊下基坑，流水吊装地下钢柱。

2）地上结构施工阶段施工技术路线

塔楼结构：M440D 型塔式起重机随核心筒结构自爬内升，外围钢框架分段流水吊装，加强层钢桁架高空散装。

门厅结构：50t 履带吊上地下室顶板，定点加固，由北向南节间综合安装。

根据本工程钢混凝土塔楼结构的特点，在核心筒内布置一台 M440D 型 600t·m 动臂式塔式起重机，覆盖所有的结构位置；同时将框架柱按 2 层一节进行分段，由下至上流水吊装。地下室部分，由 150t 履带吊下基坑安装塔式起重机，然后按平面流水吊装地下室钢柱，完成后退出地下室。门厅钢结构地下部分由一台 50t 履带吊吊装完成，在地下室顶板完成后，50t 履带吊上该平台节间综合安装。

3）立面施工流程

核心筒与钢框架施工由上至下形成立体交叉施工，其顺序如图 6-20 所示。

从立面流程来看，核心筒领先钢框架吊装约 6 层，焊接区域落后吊装 2 层。

裙房网架结构施工技术路线设想：

裙房网架高 1.8m，平面投影尺寸约 69m×70m，顶标高约为 21.85m，如图 6-21 所示。

现有图纸未明确网架结构的空间形式及其截面情况，根据常规施工方法，在结构投影区域内设满堂脚手，最大高度近 20m，采用土建塔式起重机高空散装。

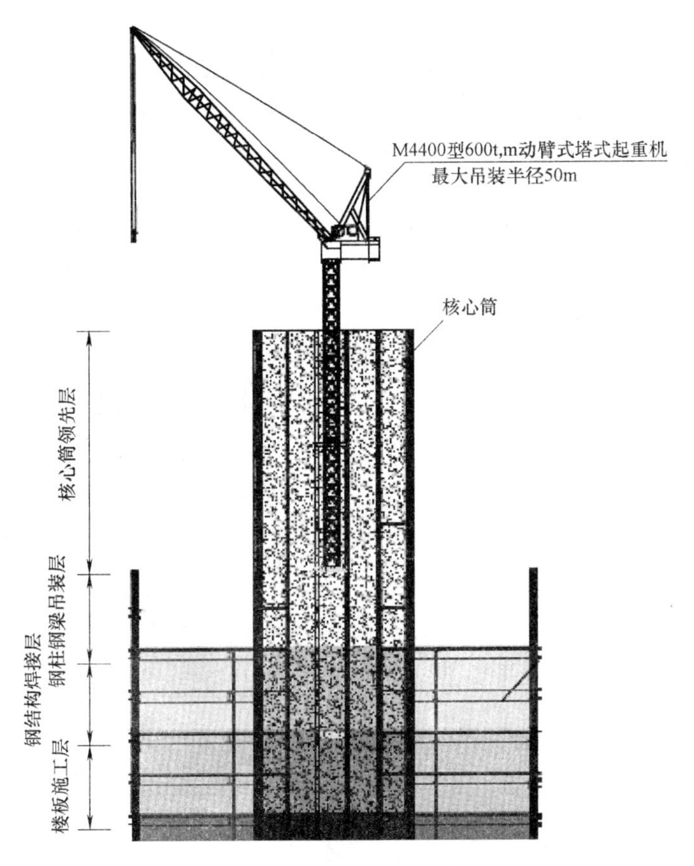

图 6-20 立面施工流程示意图

根据业主提供的围护设计图纸，裙房提前交付区与后作区在 L 轴处进行分隔。在此位置将造成玻璃天窗被一分为二，无法进行相应的土建及钢结构施工，故建议业主与设计调整分隔位置，满足施工需要。

(2) 施工机械的选择与布置

为协调钢结构吊装与钢管混凝土施工，将塔楼型柱按 2 层一节进行分段后控制重量为 17t，选用一台 M440D 型 600t・m 动臂式塔式起重机，布置于核心筒内，另配备辅助机械；门厅结构主要采用 50t 履带吊进行吊装施工。所用机械性能要求见表 6-3。

机械性能要求 **表 6-3**

序号	型　号	数量	性　能	备　注
1	M440D 型 600t・m 塔式起重机	1	$R=30m,Q=18t$	塔楼钢结构吊装
2	SCC1500 型 150t 覆带吊	2	$L=50.4m,R=30m,Q=18.3t$	塔楼地下钢结构吊装 塔式起重机安装地下室构件翻驳
3	QUY50 型 50t 覆带吊	1	$L=43m,R=9m,Q=12.4t$	门厅钢结构吊装

地下室施工与地上结构施工两阶段的平、立面布置如图 6-22～图 6-25 所示。

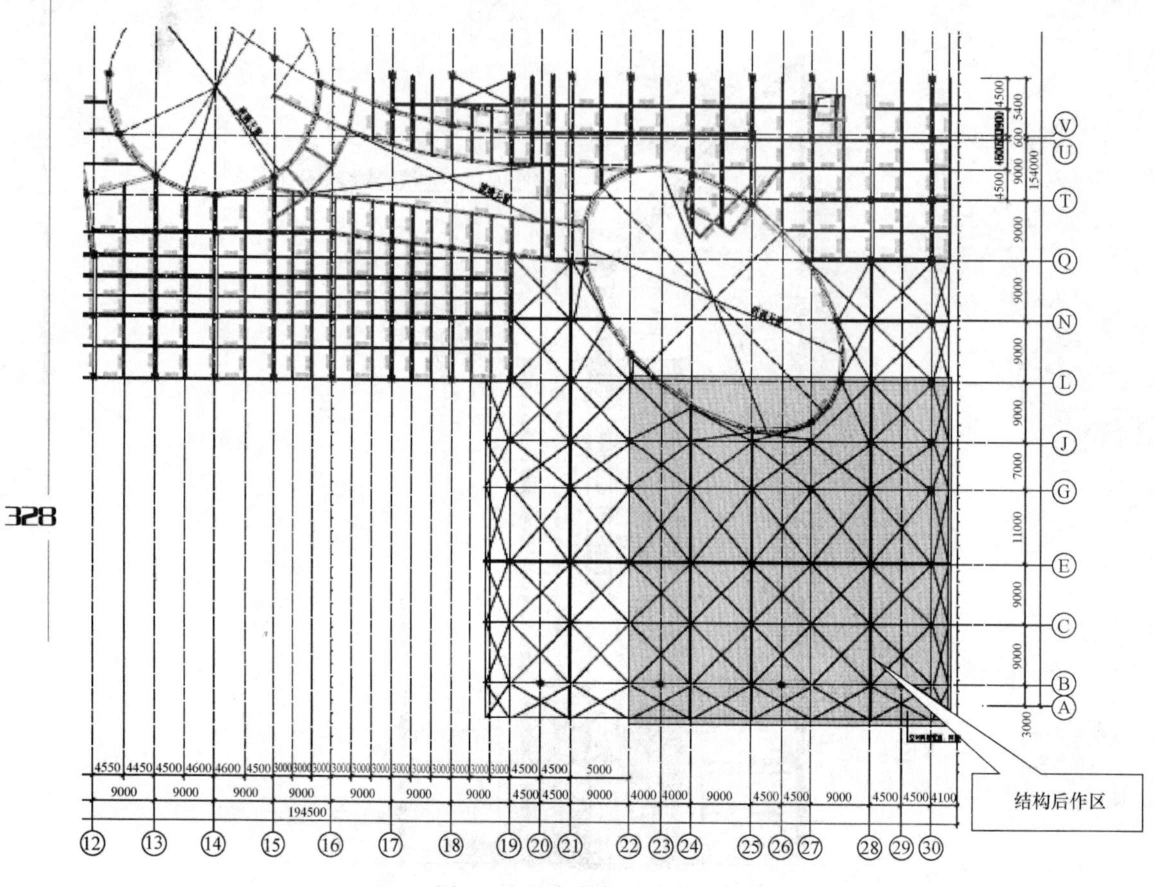

图 6-21　网架结构平面布置示意图

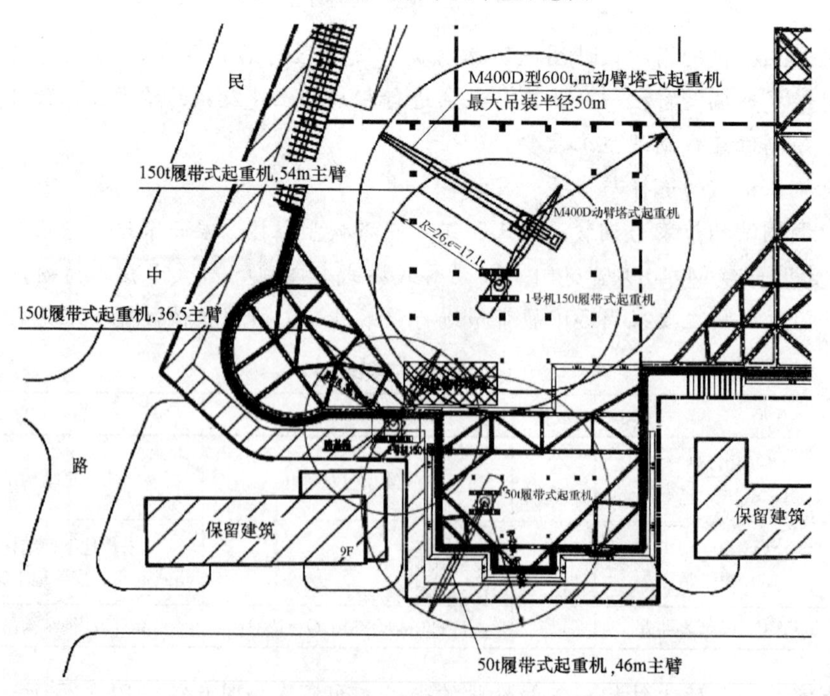

图 6-22　地下室施工阶段施工机械平面布置图

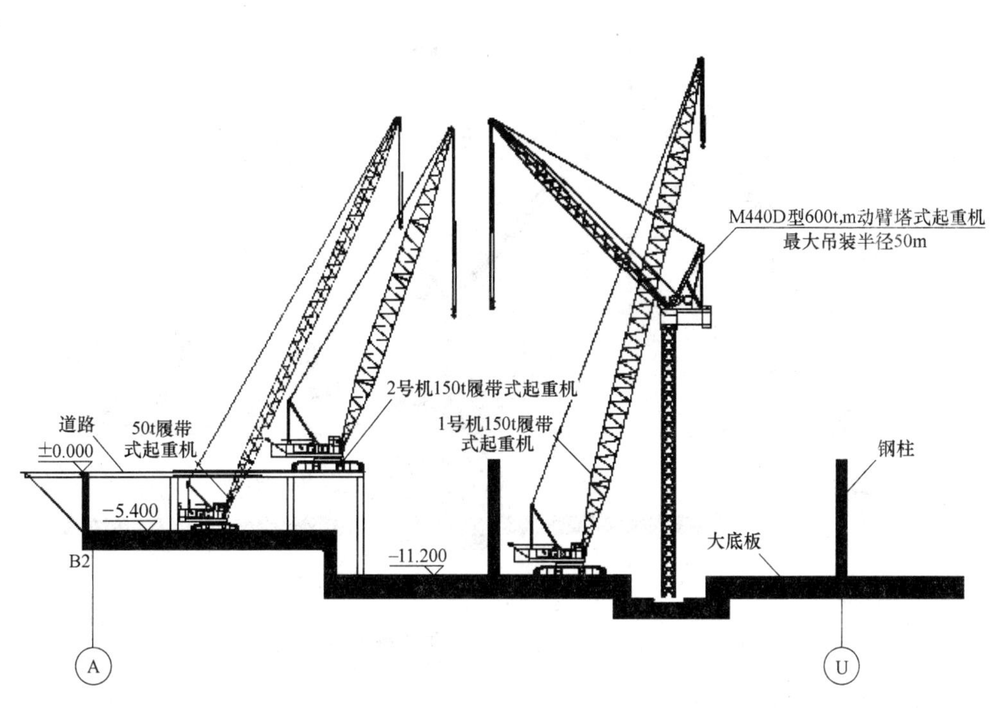

图 6-23　地下室施工阶段施工机械立面示意图

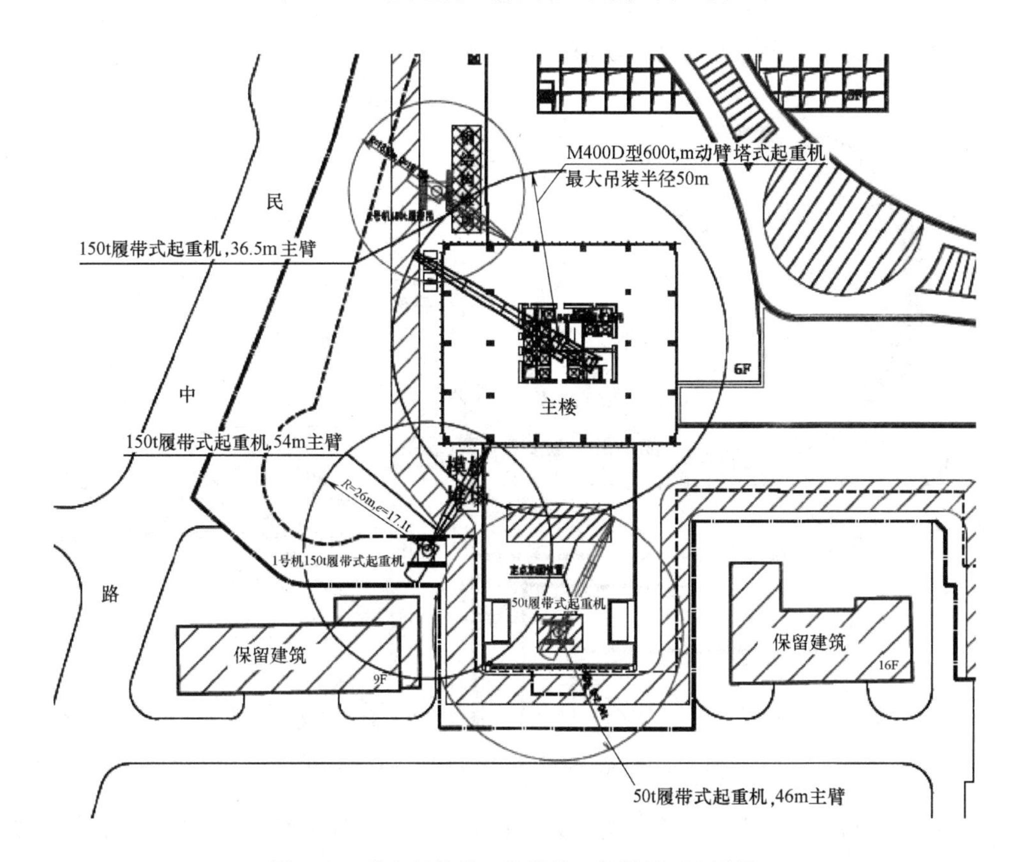

图 6-24　地上结构施工阶段施工机械平面布置图

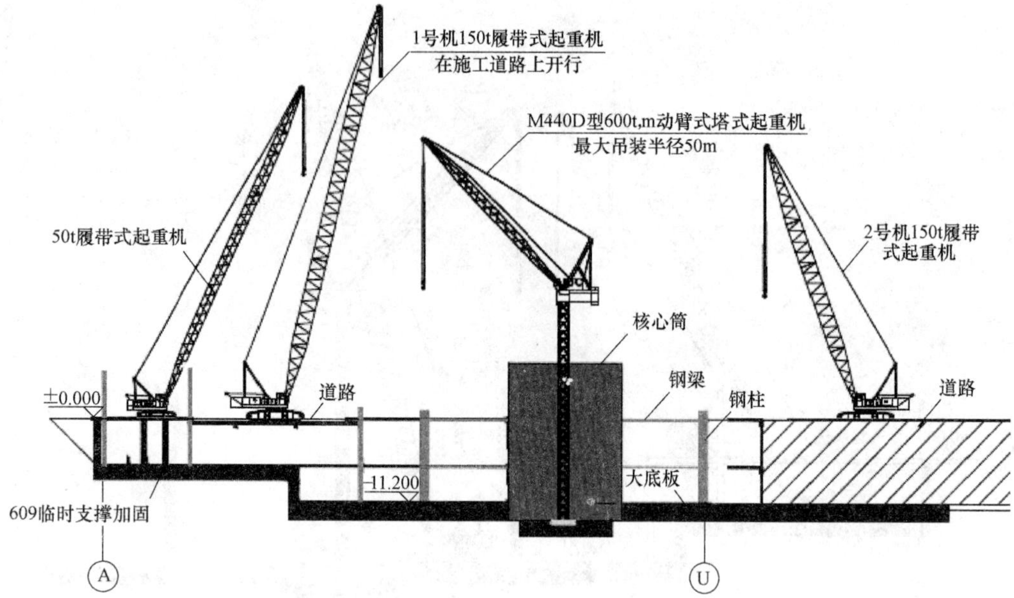

图 6-25　地上结构施工阶段施工机械立面示意图

（3）塔式起重机的安装与拆除

鉴于塔楼区域地下室结构仅两层，在其基础底施工完成后将 1 台 150t 履带吊吊运至基坑内，进行塔式起重机安装与拆除，其顺序如图 6-26 所示。

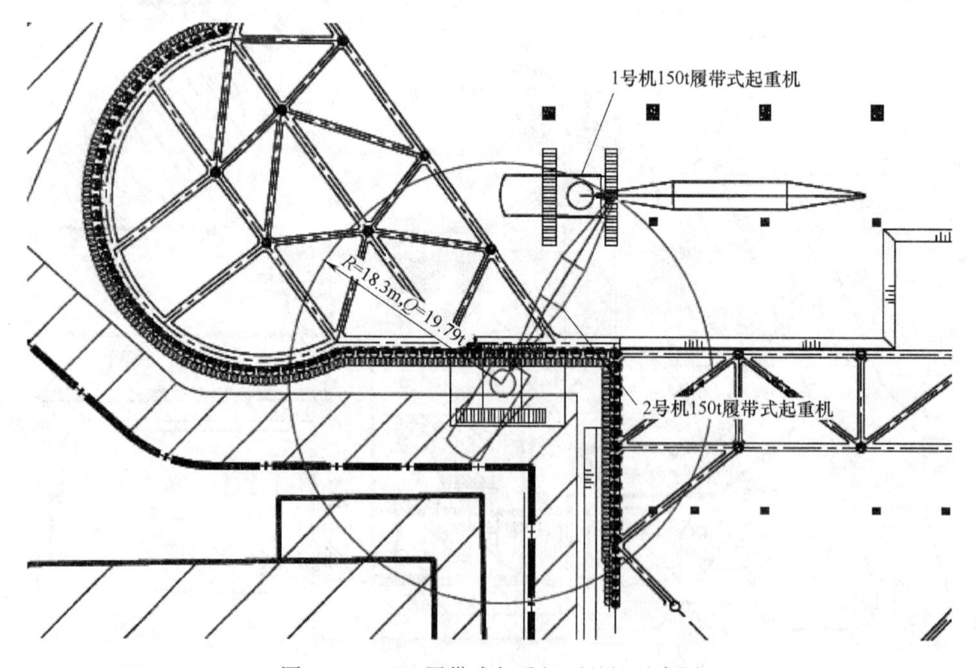

图 6-26　150t 履带式起重机下基坑示意图

在塔楼结构施工完成后，在屋顶安装一台中型屋面吊拆除大型塔式起重机，在利用小型塔式起重机拆解中型塔式起重机，最后由人工拆除小型塔式起重机。

(4) 钢结构堆场布置

现场基坑外围可利用的场地极为有限，钢构件堆场的布置施工进度可大致分为地下、地上两个阶段布置。

1) 地下室施工阶段

主要解决塔楼地下室塔楼与门厅钢结构的临时堆放，其布置见地下室施工阶段施工机械平面布置图。

2) 地上结构施工阶段

地下室结构施工完成后，利用地下室顶板作为主要的构件堆放场地，但需经过严格的结构验算，若有需要应进行加固，确保结构安全，地上结构施工阶段的堆场布置详见地下室施工阶段施工机械平面布置图。

(5) 钢结构吊装单元划分

主楼结构相对较高，且采用方钢管混凝土柱设计。根据经验，钢柱重量较重，暂拟按2层/节划分吊装单元，一方面可降低对起重机的要求；另一方面，便于柱内混凝土的浇筑。根据现有资料，加强层钢结构是由外圈带状桁架与核心筒至外框架的外伸桁架共同组成的。外伸桁架按其上下弦杆与腹杆断开，带状桁架相邻直腹杆间的弦杆与腹杆也断开，形成独立的吊装单元。

(6) 柱脚吊装施工

按照常规的超高层结构做法，钢框柱柱脚通过预埋在基础底板内的地脚螺栓来定位并固结。因此，确保钢柱地脚螺栓的安装精度是控制首节柱乃至整个外围框架安装质量的基础，一般采用支架将地脚螺栓连为整体进行预埋，其做法如图6-27所示。

(7) 外伸桁架及带状桁架安装要点

1) 吊装分段

如上节所述，外伸桁架按其上下弦杆与腹杆断开，带状桁架相邻直腹杆的弦杆与腹杆也依次断开，如图6-28所示。

2) 安装方法

外伸桁架采用核心筒内外伸桁架随土建先期施工，外部后接的两阶段施工法吊装。外伸桁架及带状桁架总体安装顺序遵循先里后外、确保稳定、对称安装的原则，即：

① 安装核心筒内的外伸桁架部分，包括核心筒剪力墙板内的劲性部分；后安装核心筒外的外伸桁架，即两阶段施工法；

② 外伸桁架与带状桁架从中间向两端综合安装，确保构件的吊装稳定。

3) 外伸及带状桁架安装精度的控制

外伸及带状桁架施工精度控制要求很高，借鉴以往工程经验，拟从以下几个方面着重进行桁架安装精度的控制：

① 桁架要求工厂预拼装；

② 严格安装精度要求，确保安装质量：对桁架层下二节钢柱的标高和轴线误差在制作厂和现场安装中逐步实施调整，使桁架底部钢柱顶部标高和位移控制在0～3mm的误差之内；

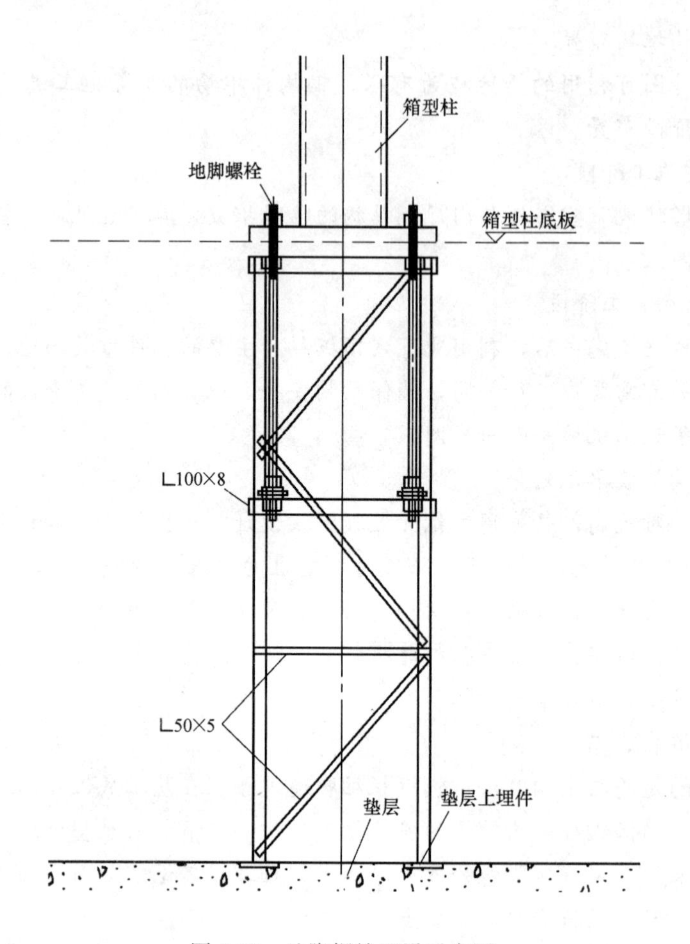

图 6-27　地脚螺栓埋设示意图

③ 制定合理的安装顺序：对称安装核心筒两侧的桁架结构，由下至上依次吊装下弦杆腹杆与上弦杆。

4）结构竖向变形协调问题

由于钢混结构塔楼是由钢与混凝土两种不同的材料组成的，混凝土的变形与钢结构的变形不一致。造成沉降差异的原因和时间不尽相同，两者之间将发生不同的沉降。此时，对于将核心筒（混凝土）与带状桁架或外围周边结构（钢）两者连为一体的外伸桁架而言，不采取措施解决竖向变形协调将增大对结构不利的应力。

多个工程实践表明，采用桁架部分构件临时固定的方法可以有效解决了竖向变形差异与外伸桁架应力之间的矛盾。

临时固定的方法可以有设置临时转动轴销法和连接板滑动临时固定法等。

当然，不同的工程由于其特性决定了不可能完全照搬经验。我们将通过如下的工作解决本工程的实际问题：

通过对主楼施工全过程的有限元模拟分析，计算各道外伸桁架处的差异变形值，研究选择适宜的解决方法。借鉴以往工程成功做法，采用部分构件临时固定的方法解决问

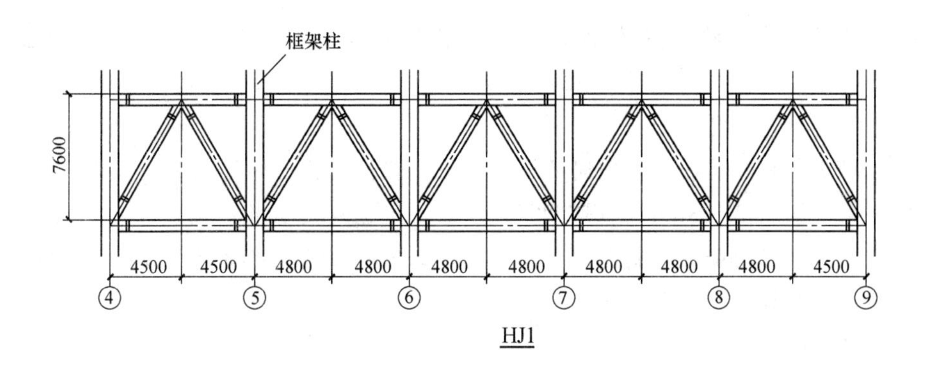

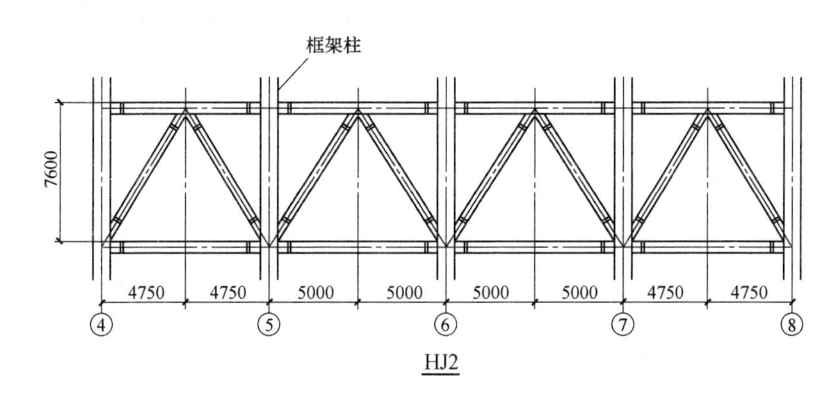

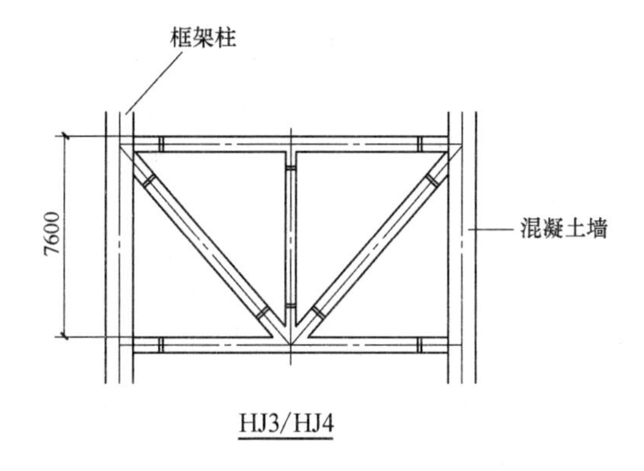

图 6-28　桁架构件分段示意图

题；我们将就临时固定的方法以及临时固定变永久固定的时机等具体问题，与业主、设计及监理等各方一起探讨，原则是遵循设计意图，确保结构安全。

4. 钢结构高空焊接

（1）焊接方法

重要节点焊接均采用 CO_2 气体保护焊工艺，次要节点可采用 CO_2 气体保护焊或手工电弧焊工艺。

（2）焊工要求焊工应具有相应的合格证书，并在有效期内。

严禁无证上岗或者低级别焊高级别。对所有从事本工程焊接的焊工进行技术培训考核，主要根据焊接节点型式、焊接方法以及焊接操作位置，以达到工程所需的焊接技能水平。此外，我们将从具有超高层钢结构焊接经验的焊工中选拔参加本工程的人选。

(3) 焊接工艺评定

在工程正式施焊前，根据不同的焊接方法、焊接材料、焊接位置、预热要求以及坡口类型等等，按照 AWS D1.1（或 JGJ81）进行工艺评定试验，确定合适的焊接参数，作为焊接工艺规程的依据。制定出具体的焊接工艺规程后，将要求焊工严格执行，不得随意改变工艺参数。

(4) 厚板高空焊接

在超高层钢结构现场施工过程中，焊接技术的好坏不仅对钢结构施工工期有着直接的影响，而且对现场钢结构的安装质量起着至关重要的作用。厚板焊接作为焊接技术中的重点、难点，历来就是钢结构施工的关键控制点。厚板焊接主要采用以下针对性措施及方法确保焊接质量：

1) 选用合理的接头坡口形式

尽量采用对称的 U 形或 X 形坡口，如只能单面焊接，应在保证焊透的情况下采用小坡口，以降低熔敷金属量，减少焊接收缩，从而减小焊接变形及残余应力。

2) 选用低氢的焊接材料

由于低合金高强钢对氢致裂纹敏感性较强，应优先选用低氢（或超低氢）焊条。

3) 采用 CO_2 气体保护焊技术

CO_2 气体保护焊加热集中，速度比较快，焊件熔深大，热影响取较窄，焊接变形和应力较少。CO_2 在高温下具有强氧化性，可减少金属熔池中游离态氢的含量，其熔焊金属中的含氢量比低氢焊条的还小，大大降低了金属的冷脆倾向。另外使用 CO_2 气体保护焊的耗电量仅为交流电手工焊的一半左右，且清渣工作量极少，效率比手工焊接提高 1～2 倍，大大缩短施工周期。但 CO_2 气体保护焊设备复杂，对操作人员的要求比较高。

4) 焊接热输入的控制

正火或正火加回火钢对焊接热输入较敏感，为确保焊接接头的韧性，不宜采用过大的焊接热输入。焊接操作上尽量不用横向摆动和挑弧焊接，采用多层窄焊道焊接。而热轧钢相对可以适应较大的焊接热输入。

5) 预热及层间温度控制

随着碳当量、板厚、结构拘束度、焊接材料含氢量的增加和环境温度的降低，相应提高焊前预热温度。对于多层多道焊，为了促进焊接区氢的逸出，防止焊接过程中氢致裂纹的产生，应控制层间温度不低于预热温度，必要时进行中间消氢热处理。预热主要采用电加热和氧—乙炔火焰加热方法，预热范围为坡口及坡口两侧不小于板厚的 1.5 倍宽度，且不小于 100mm。测温点应距焊接点各方向上不小于焊件的最大厚度值，但不得小于 75mm 处。温度测定可用测温器或测温笔。

6) 焊后处理

焊后处理包括后热及消氢处理，后热温度一般为 150～250℃，消氢温度则是在

300～400℃，加热好后保温一段时间。目的都是加速焊接中氢的扩散逸出，消氢处理比后热处理效果更好。

复习思考题

1. 投标施工方案与实施性施工方案的主要侧重点有什么不同？
2. 常见钢结构工程测量重点和难点有哪些？
3. 确保厚板焊接质量的常见措施和方法有哪些？

主要参考文献

[1] 赵志缙编著. 高层建筑基础工程施工. 北京：中国建筑工业出版社，1988

[2] 赵志缙，赵帆编著. 高层建筑施工. 第三版. 北京：中国建筑工业出版社，2005

[3] 赵志缙编著. 高层结构工程施工. 北京：中国建筑工业出版社，1987

[4] 陈启元，崔京浩编著. 土钉支护在基坑工程中的应用. 中国建筑工业出版社，19 [97

[5] 胡世德主编. 高层建筑施工（第2版）. 北京：中国建筑工业出版社，1998

[6] 蔡泽芳主编. 基础工程施工实例. 杭州：浙江大学出版社，1990

[7] 益德清. 深基坑支护工程实例. 北京：中国建筑工业出版社，1996

[8] 杨澄宇，周和荣主编. 建筑施工与机械（国家规划教材）. 北京：高等教育出版社，2002

[9] 杨嗣信主编. 高层建筑施工手册.（上、下册）. 第2版. 北京：中国建筑工业出版社，2001

[10] 李顺秋，刘群，曹兴明主编. 高层建筑施工技术. 哈尔滨：黑龙江科学技术出版社，2000

[11] 《建筑施工手册》（第3版）编写组. 建筑施工手册（缩印本第2版）. 北京：中国建筑工业出版社，1999

[12] 黄长礼，刘古岷主编. 混凝土机械. 北京：机械工业出版社，2001

[13] 李大华，杨博主编. 现代建筑施工技术. 合肥：安徽科学技术出版社，2001

[14] 韩林海，杨有福著. 现代钢管混凝土结构技术. 北京：中国建筑工业出版社，2004

[15] 杜荣军主编. 建筑施工脚手架实用手册. 北京：中国建筑工业出版社，1994

[16] 龚剑，周虹，李庆，刘伟. 上海环球金融中心主楼钢筋混凝土结构模板工程施工技术. 《建筑施工》杂志，第28卷第11期，2006年

[17] 郑志雄，郑星桃，陈洪，梁晓劼. 高层建筑逐层空滑现浇楼板并进法施工工法 RJGF 闽—70—2010

[18] 袁龙生. 滑模施工工艺在筒框结构超高层建筑施工中的应用. 中国施工企业滑模工程协会. 滑模工程，1995年第4期

[19] 吴杰. 高层建筑的预制构件安装及灌浆施工. 《建筑施工》第25卷第6期，2003年

[20] 罗梦恬. 同济大学土木工程学院. 国金中心高层钢结构施工过程中若干问题研究. 2008